Jetzt helfe ich mir selbst

Start-Schwierigkeiten

Dieser Wegweiser soll Ihnen helfen, bei streikendem Motor schnell den Fehler einzukreisen. In Frage kommen bei Anlaß-Schwierigkeiten fast immer nur diese beiden Störungsquellen: Zündsystem (elektrische Anlage) oder Kraftstoffanlage. Am aussichtsreichsten ist folgender Weg: Von beiden Gruppen zunächst die Anfangsfrage beantworten und dann mit der Fehlersuche beim Zünd-

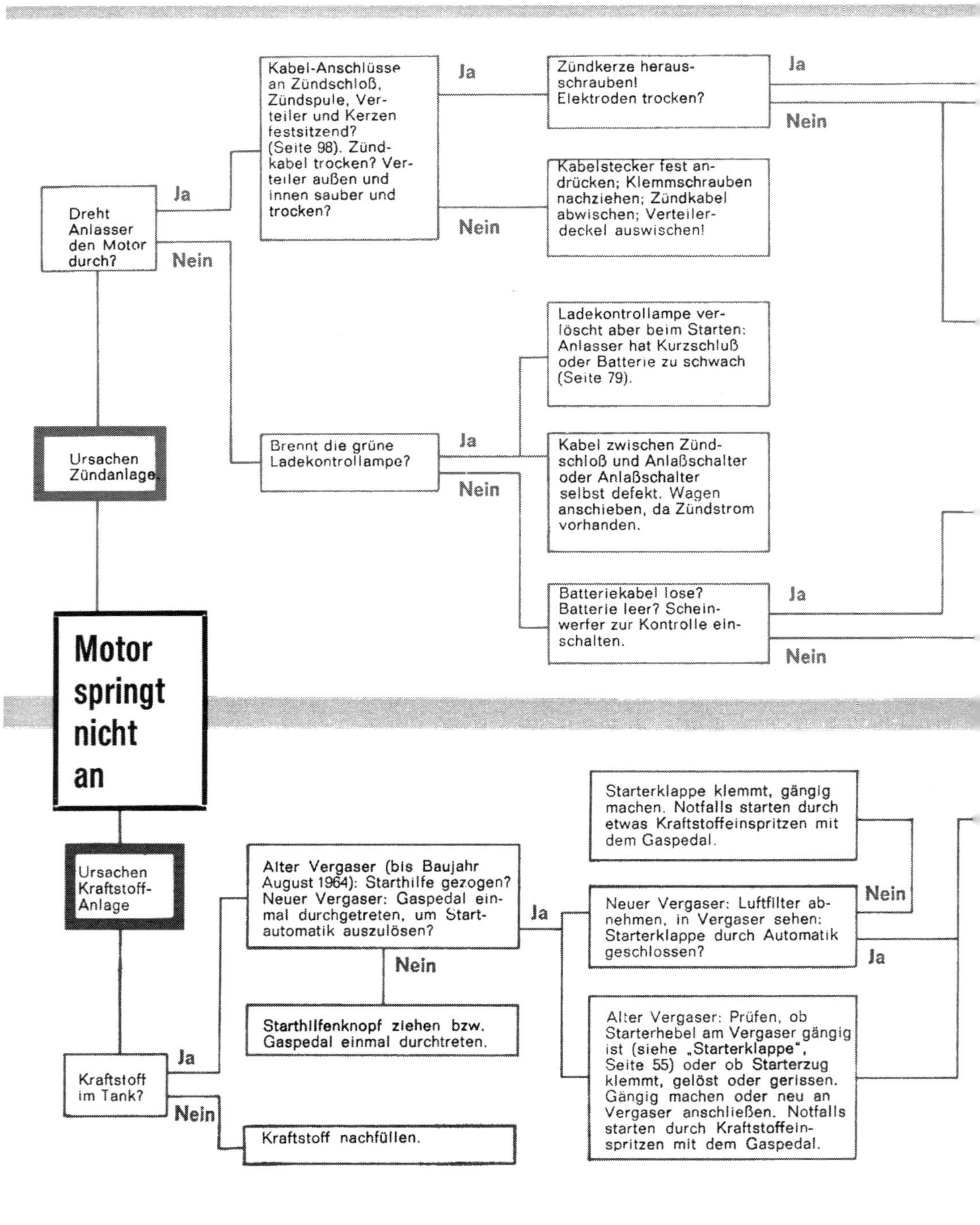

system beginnen. Entsprechend dem Aufbau der Tabelle läßt sich der Motor auch bei unregelmäßigem Lauf oder Leistungsschwund durchprüfen. Noch ausführlicher ist der im gleichen Verlag erschienene »Soforthelfer« für den Ford 12 M. Weniger wahrscheinlich als Ursache von Startschwierigkeiten: Mechanische Störungen, z. B. Vergaserbetätigung oder Luftklappenzug defekt.

Falls Hilfskraft vorhanden: Kerzenstecker auf herausgeschraubte Kerze stecken, Anlasser betätigen lassen, Kerze gegen Masse halten. Starker Funke an Elektrode?

Ja → Obgleich Zündanlage wahrscheinlich in Ordnung, möglichst neue Zündkerze einsetzen. Springt Motor nun an?

- Ja → Neuen Satz Zündkerzen gelegentlich einbauen.
- Nein → Fehler in der Kraftstoffanlage suchen.

Nein → Statt Zündkerze Schraubenzieher in Zündkabelstecker drücken und gegen Masse kurzschließen. Anlasser betätigen. Funken zwischen Schraubenzieherklinge und Masse?

- Ja → Zündkerzen defekt, austauschen.
- Nein → Hauptzündkabel aus Verteilerkappe ziehen und gegen Masse halten; starten. Starker Funke?
  - Ja → Verteiler prüfen (Seite 93). Zündkabel prüfen (Seite 94).
  - Nein → Unterbrecher prüfen (Seite 88). Zündspule prüfen (Seite 87).

Motor ersoffen durch zu starkes Betätigen der Beschleunigungspumpe; Starten mit konstant durchgetretenem Gaspedal. Kerzen trocknen, besser gegen trockene auswechseln; Motor bei offenen Zündkerzenlöchern ohne Gasgeben mit Anlasser innen „trocknen".

Batteriekabel festklemmen oder bei leerer Batterie: Wagen anschieben oder durch Leihbatterie starten. Batterie laden lassen.

Zündschloß defekt oder Kabel daran lose oder gebrochen (Werkstatt).

Wird Vergaser mit Kraftstoff versorgt?
1. Prüfung: Luftfilter abnehmen, Gaspedal oder Gasgestänge betätigen: Wird Benzin (durch Beschleunigungspumpe) eingespritzt? (Beobachten und hören.) (Oder: Verschlußschraube an Schwimmerkammer [f. Hauptdüse] lockern, fließt Benzin heraus?)

Ja → Vergaser wird mit Kraftstoff versorgt. Störungen im Vergaser: Schwimmer oder Schwimmernadelventil klemmt. Gegen Vergaser klopfen od. Vergaserdeckel abnehmen und Ventil gängig machen oder auswechseln. Oder: Leerlaufdüse verstopft. Herausschrauben und reinigen.

Ja, aber Motor springt nicht an

2. Prüfung: Die von der Kraftstoffpumpe zum Vergaser führende Zuleitung am Vergaser abnehmen. Kurz Anlasser betätigen. Läuft Benzin heraus?

- Ja → Zulauf zum Vergaser gestört. Leitung vom Tank an Kraftstoffpumpe abnehmen. Läuft Benzin heraus?
  - Ja → Zulauf vom Tank bis vor Pumpe in Ordnung. Pumpe fördert nicht. Pumpe defekt (oder Sieb in Pumpe verschmutzt).
  - Nein → Zulauf vom Tank unterbrochen. Zum Beispiel Tankentlüftung verstopft oder Tankauslauf verschmutzt.
- Nein → Zulauf vom Tank bis vor Pumpe in Ordnung. Pumpe fördert nicht. Pumpe defekt (oder Sieb in Pumpe verschmutzt).

Eingehende Störungstabellen finden Sie in diesem Buch auf den Seiten

Dieter Korp

Ford 12 M
Jetzt helfe ich mir selbst

Unter der Mitarbeit von
Albrecht G. Thaer und Engelbert Männer

Motorbuch Verlag Stuttgart

ISBN 3-87943-042-X

Umschlagentwurf und Buchgestaltung: Peter Werner/Siegfried Horn

Auflage Nr. 109279

Lizenzausgabe des Motorbuch-Verlages, Stuttgart 1, Postfach 1370.
Eine Abteilung des Buch- und Verlagshauses Paul Pietsch GmbH. & Co. KG.

Idee und Gestaltung des Störungsfahrplanes in der vorderen Buchklappe: Verfasser.
Fotos: Thaer 104, Traub 15, Korp 3, Botzenhardt 1.
Zeichnungen: Dippert 2, Werner 1; Werkszeichnungen und Werksfotos: Ford 9, Solex 6, Veith 2, Holert 1, Michelin 1, Fulda 1, Mann & Hummel 1.
Den Schaltplan in der hinteren Buchklappe zeichnete Siegfried Blandow nach Vorlage der Ford-Werke AG.
Druck: KN Digital Printforce GmbH, Schockenriedstraße 37, 70565 Stuttgart
Printed in Germany.

Sie finden in diesem Buch

Die Karosserie

Preise und Kosten

DER PRAKTIKER-TEIL

Der Motor

Das Fahrwerk

Vorher gesagt

Vielleicht ist es Ihnen unterwegs schon passiert: Ohne ersichtlichen Anlaß klettert der Zeiger des Kühlwasserthermometers in das rote Feld. Es dampft aus der Motorhaube, der Kühler kocht. Erschreckt lassen Sie ihn eine Weile abkühlen, aber nach kurzer Fahrt kocht er schon wieder. Muß der Wagen abgeschleppt werden? Wird man in der Werkstatt sofort Zeit für die Reparatur haben? Oder kann man sich zunächst selbst helfen? *

In der großen Motorisierungswelle bis etwa 1966 waren die Werkstätten vielfach überlastet, und es kam zu mancher Vertrauenskrise. Das steckt vielen Autofahrern noch in den Knochen. Ford-Werkstätten bemühen sich wieder um die Gunst des Kunden. Aber der Werkstattbesuch wird immer teurer.

Unser Handbuch möchte in dieser Situation helfen. Es will keinen Ford Taunus 12 M von seiner Werkstatt fernhalten. Die fachliche Betreuung wird immer notwendig sein. Aber es will raten, wann man sich den Werkstattbesuch sparen kann und wann man ihn in Anspruch nehmen muß. Das spart der Werkstatt die Belastung mit „Kleinkram“ und dem Besitzer eines 12 M Wartezeiten und Geldausgaben. Dieses Handbuch, das sich mit dem Ford 12 M (P 4, ab Baujahr September 1962 bis August 1966) mit 40-PS- und 50-PS-Motor und dem 12 M TS befaßt, will den Blick und den Sinn des Autofahrers für die pflegliche Behandlung seines vierrädrigen Freundes schärfen. Dem 12 M/15 M (P 6, ab September 1966) gilt ein neues Handbuch.

Viele freundliche Leute haben bei der Abfassung dieses Buches geholfen. Herzlichen Dank dafür!

Dipl.-Ing. Dieter Korp

---

*) Man kann sich selbst helfen: Das dreistufige Kühlsystem des 12 M schaltet bei 96° C automatisch das Kühlgebläse ein. Läuft es bei kochendem Kühler nicht, dann kann vielleicht seine Sicherung durchgebrannt sein. Kontrolle: Druck auf den Hupenknopf, denn die Hupe hängt an der gleichen Sicherung. Oder: Das dünne Massekabel vom Gebläsegehäuse zur Karosserie ist lose. Läuft das Kühlgebläse, dann ist wahrscheinlich der Thermostat, der bei 80° C den Weg zum Frontkühler freigeben soll, hängengeblieben. Man kann ihn mit dem Bordwerkzeug ausbauen (siehe Seite 65) und weiterfahren.

Von diesem Ford sagt man, daß er sich auf das größte Werkstatt-Netz stützen konnte, das es je gab: Jeder Dorfschmied konnte ihn reparieren. Mit einer Handvoll Maismehl wurde z. B. der Kühler wieder dicht. Über 15 Millionen baute man in den Jahren von 1908 bis 1927 von diesem Ford Modell T, ein Rekord, der erst 1972 vom VW-Käfer übertroffen wurde. Der Ford 12 M hat manches von seinem ruhmreichen Ahnherrn übernommen: unkompliziert im Aufbau und in der Wartung. Letzteres jedoch mit Ausnahme der notwendigen verschiedenen Schmierstoffe.

Wir helfen uns selbst

Etwa 520000 Fahrzeuge des Ford 12 M/12 M TS-Modells — vom Werk als P 4 bezeichnet — haben die Werkstore in Köln und Genk verlassen, bis im September 1966 der neue Ford 12 M/15 M/15 M TS (Werksbezeichnung P 6) auf den Markt kam. Getreu dem in aller Welt geübten Ford-Brauch gab es den 12 M aus einer Art Baukastensystem — dessen Einzelteile die verschiedenen Motorentypen, Karosserien und Ausstattungen sind — in den unterschiedlichsten Versionen. Einen Wagen davon besitzen Sie. (Oder Sie haben zumindestens ein interessiertes Auge darauf geworfen.)
Haben Sie schon die Seiten dieses Buches durchgeblättert? Nein? Dann tun Sie's spätestens, wenn Sie dieses Kapitel zu Ende gelesen haben. Denn dieses Buch will nicht von Seite 1 bis Seite 240 der Reihe nach durchgelesen werden wie ein Roman — Sie wüßten auf Seite 211, wenn Sie dort über das Getriebe lesen, sicher nicht mehr, wie das auf Seite 45 mit dem Getriebeöl war. In diesem Buch sollen Sie „naschen" (obgleich man es zur Kategorie der „Sachbücher" rechnen muß), wenn Ihnen dies oder jenes wissenswert erscheint, wenn Sie sich überlegen: „Wie ist das eigentlich an meinem Ford?"

Erste Pannenhilfe

Dazu ein gewichtiger Tip: Im Bücherschrank nimmt sich dieses Handbuch zweifellos recht schmuck aus. Was nützt es jedoch dort, wenn man sich unterwegs neben dem nicht-mehr-weiter-wollenden Auto die Haare rauft und sich nicht zu helfen weiß? Darum ist des Buches bester Platz im Handschuhkasten, immer griffbereit. Jeden Wagen trifft nämlich einmal unterwegs eine Panne, auch bei sorgfältigster Pflege. Deshalb nehmen in diesem Handbuch die Hinweise zur planmäßigen Störungssuche bei überraschenden Pannen (besonders wichtig: „Entstörungs-Fahrplan" in der vorderen Buchklappe) einen breiten Raum ein. Denn Hilflosigkeit unterwegs kommt meist teuer zu stehen. Ganz abgesehen von den Abschleppkosten, die schnell 50,- DM oder noch mehr betragen und die sich mit einem „Gewußt wie" so oft vermeiden lassen.

Ein Hobby pflegen

Vielen Autofahrern ist ihr „fahrbarer Untersatz" mehr als nur eine Maschine zur Fortbewegung. Sie freuen sich am Anblick ihres Autos, fahren es mit Genuß und möchten es mit viel Sorgfalt pflegen und hegen, kurzum, sie sehen in ihm sozusagen ein vollwertiges Familienmitglied. Aber nicht selten geschieht es, daß ein so liebevoll umhegtes Auto in Wirklichkeit zu Tode gepflegt wird, denn das ist leicht möglich, wenn es an der rechten Sachkenntnis und der richtigen Wahl der Hilfsmittel mangelt. So hält sich dieses Buch auch für den Fall bereit, beim Auto-Pflege-Hobby ein getreulicher Berater zu sein.

Viele Ford-Händler veranstalten von Zeit zu Zeit kostenlose „Pannenkurse“ für ihre Kunden. Redegewandte Meister erklären den Besuchern, wie sie sich unterwegs bei kleinen Pannen selbst helfen können. Bei diesen lobenswerten Veranstaltungen läßt sich manches lernen.

Diese Selbstpflege braucht sich keinesfalls auf das wochenendliche Autowaschen und die gelegentliche Lackpflege zu beschränken – vor allem hier ist allzuviel schnell ungesund –, denn bald werden Sie feststellen, daß sich viele der regelmäßigen technischen Wartungsarbeiten ohne große Mühe selber machen lassen und jene Umständlichkeiten ersparen, die mit dem Weg zur Werkstatt verbunden sind.
Auch hat ein vom ADAC veranstalteter Werkstätten-Test, bei dem immerhin die Ford-Werkstätten noch am besten abgeschnitten hatten, gezeigt, daß man heute aus personellen und zeitlichen Gründen in den Werkstätten oft nicht in der Lage ist, sich um alle Wartungspunkte wirklich gründlich zu kümmern. Selber nachschauen kann also nicht nur Spaß machen – es dient auch der Zuverlässigkeit des Wagens.

Erleichterungen sind möglich

Schließlich wird die von den Kraftfahrzeugherstellern nach jeweils sehr rundem Kilometerstand empfohlene Werkstatt-Inspektion sowieso der individuellen Fahrpraxis nicht sehr gerecht. Denn bei zunehmender Erfahrung stellt mancher Autobesitzer fest, daß er seinen Wagen der Werkstatt nur deshalb weggab, weil sich im Kundendienst-Scheckheft ein Blatt für den gerade erreichten „runden“ Kilometerstand vorfand, dem Wagen in Wirklichkeit aber eigentlich gar nichts fehlte. Kann man daraus dem Fahrzeughersteller den Vorwurf machen, er locke die Autobesitzer unnötig in die Werkstatt (was ja schließlich Geld und Zeit kostet)? Keineswegs, denn die regelmäßig vorgeschriebenen Wartungs- und Pflegearbeiten müssen notgedrungen ein Kompromiß aus der Vielzahl unterschiedlichster Beanspruchungen sein, denen die Wagen in der Fahrpraxis unterworfen sind. Der eine fährt seinen 12 M nur bei gutem Wetter oder am Wochenende, der andere muß immer und auf allen Sorten von Straßen fahren. Stadtfahrten oder Schleichfahrten bei Autobahnstauungen beanspruchen den

Wagen grundsätzlich anders als schnelle Fahrten auf „Landstraßen letzter Ordnung". Das erfordert bei der Aufstellung der Wartungspläne im Kundendienst-Scheckheft einen „Sicherheitsfaktor", der auch höchste Beanspruchung einzelner Auto-Teile berücksichtigt.

Preise und Kosten

Auf den einzelnen Abschnitten des Kundendienstheftes sind für die Kontroll- und Inspektions-Dienste keine Preise, wie bei manchen anderen Automarken, vermerkt. Auch für die Ersatzteile und Reparaturarbeiten gibt Ford seinen Kunden keine Preisliste in die Hand. Das ist nicht zu loben, denn man tappt oftmals über die voraussichtlichen Kosten im dunkeln. Um so ungenierter sollte man sich von dem Reparaturannehmer der Werkstatt einen möglichst genauen Kostenvoranschlag machen lassen und auf seine Einhaltung dringen. Geben Sie dabei Ihre Telefon-Nummer an, damit man Ihnen Nachricht geben kann, wenn die Sache teurer werden sollte. Mehr über die wichtigsten Ersatzteile-Preise und durchschnittlichen Kosten für Reparaturarbeiten ab Seite 174.

Die Kosten für die alle 5000 km fälligen Kontrolldienste und für die alle 10 000 km vorgesehenen Inspektionen sind aber nur die Grundgebühren, die jedesmal mehr oder weniger erheblich überschritten werden, denn Schmierstoffe, Dichtungen, Filter, Zündkerzen, Kontakte, die beliebten „Kleinteile", Auswuchten der Räder usw., sind darin nicht enthalten. Sie runden die Wartungskosten meistens recht kräftig nach oben ab.

Gezielte Inspektionsarbeiten

Wenn Sie die Beschreibung des Wartungsdienstes ab Seite 31 studieren, werden Sie bald dahinterkommen, daß man vor allem das Geld für den alle 5000 km fälligen Kontrolldienst sparen kann, weil man diese einfachen Arbeiten am nächsten Wochenende selbst macht. Ebenso lassen sich auch viele, wenn nicht die meisten Arbeiten der 10 000-km-Inspektion mit einigem Geschick und ohne besonderen Aufwand selbst erledigen. Man braucht dann nur aus zwei Gründen in die Werkstatt zu gehen: Wenn Störungen vorliegen oder wichtige Inspektionsarbeiten ausgeführt werden müssen, die das Wissen und das spezielle Werkzeug des Fachmannes erfordern. Dazu gehören etwa:

- Einstellen des Ventilspiels (Hinweise Seite 181)
- Zündzeitpunkt und Leerlauf einstellen (Seite 91 und Seite 194)

„Jetzt helfen wir uns selbst", sagten auch die Männer um diesen 12 M, denn es ging um die Wurst, nämlich um den Weltrekord im 300 000-km-Langstreckenfahren 1963 in Miramas (Südfrankreich). Bei km-Stand 284 275 war ein Fahrer in voller Fahrt eingeschlafen. Der zerschundene Wagen mußte mit „Bordmitteln" repariert werden, sonst wäre alle Mühe umsonst gewesen. Weltrekord-Durchschnitt dieses 12 M: 106 km/h Durchschnitt, einschließlich aller Aufenthalte!

- Scheinwerfereinstellung prüfen (Seite 101—103)
- Bremssystem kontrollieren (Seite 134)
- Vorspur vermessen (Seite 218)
- Räder nachwuchten (Seite 125)
- Radlager einstellen (Seite 50)

Aber auch diese Punkte erfordern nicht unbedingt den regelmäßigen Weg zur Werkstatt. Soweit man die Arbeiten nicht selbst ausführen kann, sagt ein allerdings schon stärker geschultes Auge und Ohr, ob an dem betreffenden Teil überhaupt ein Mangel zu vermuten ist: Läuft beispielsweise das Profil der Vorderreifen gleichmäßig ab und zeigt keine außergewöhnlichen Abnutzungsspuren, braucht die Vorspur nicht neu vermessen zu werden.

Wie diese Prüfungen durch Sehen, Hören und Fühlen ausgeführt werden, erfährt man im zweiten Teil dieses Buches, der gewissermaßen für „Fortgeschrittene" geschrieben ist. Solche Arbeiten, die zwar sicherheitshalber vom Werk in den Wartungsplan aufgenommen sind, aber bei eigener Erfahrung nur in wirklichem Bedarf durchgeführt werden müssen, entlasten nicht nur die Finanzen. Sie helfen auch vermeiden, daß man sein Fahrzeug für einen ganzen Tag und für einen kompletten Inspektionsdienst in der Werkstatt lassen muß. Stattdessen braucht man sich beispielsweise nur gelegentlich zum neuen Auswuchten der Räder oder zum Nachstellen des Ventilspiels anzumelden. Das kann von der Werkstatt oft kurzfristig zwischen die langen Inspektionsarbeiten an anderen Wagen eingeschoben werden.

Auch Tankstellen können helfen

Suchen Sie sich eine gut geführte Stamm-Tankstelle. Während die Werkstätten allgemein überlastet sind, gibt es viele Tankstellen mit ungenutzten Pflege-Kapazitäten und Zeit für den Kunden, oft von Mineralölmarken, die hierzulande noch keine große Bedeutung gewonnen haben. Den geringeren Zuspruch suchen diese Tankstellenhalter, deren Benzin und Öl an sich so gut wie jene der großen Marken sind, durch besonders höfliche, schnelle und gute Bedienung auszugleichen. An solch einer Tankstelle ist man gut aufgehoben, denn ihre technische Ausstattung bietet mehr als nur Benzin für den Tank. Man hat durchweg dort alle Geräte zum Abschmieren, zum Ölwechsel, zur Reifenpflege und oft auch zur Batteriepflege. Und noch ein Vorteil: Der persönliche Kontakt ist an Tankstellen immer gegeben. Man kann bei seinem Wagen bleiben und zuschauen, was gemacht wird. Das ist sonst nur bei besonders freundlichen Werkstätten möglich.

Sicherheit zuerst

Die Frage der Verkehrssicherheit ist ein gewichtiges Argument, das die Autohersteller für ihre ausführlichen Inspektionslisten ins Feld führen. Im Prinzip haben sie recht, denn wer gerade den Führerschein nur mit Mühe erklommen hat, wird kaum beurteilen können, wann sich sein Fahrzeug der Verkehrsunsicherheit nähert. Deshalb soll es in gleichmäßigen Abständen in die kundige Hand des Fachmannes gebracht werden. Aber bei Ford ist man sich klar, daß auch viele Autofahrer durchaus in der Lage sind, die Verkehrssicherheit ihres Fahrzeuges zu beurteilen und zu beobachten. Man hat zum Beispiel einen besonderen Werkzeugsatz (siehe Bild Seite 21) für Ford-Besitzer zusammengestellt, die ihren 12 M in Heimpflege nehmen wollen. Und in Fragen der Verkehrssicherheit ihres 12 M werden Sie in diesem Handbuch eine Menge ernsthafter Ratschläge finden, die schon im nächsten Kapitel über das Prüfen ohne Werkzeug beginnen.

»Hohe Schule« der Selbsthilfe

Der erfahrene Auto-Praktiker – es gibt viele in anderen Berufen außerhalb des Kraftfahrzeughandwerks – kann sich natürlich noch mehr helfen. Allerdings muß sein Werkzeugschrank etwas besser gefüllt sein; aber das läßt sich nach und nach kaufen. Der zweite Teil dieses Handbuches, der „Praktiker-Teil", ist auf diese „Hohe Schule" der Eigenhilfe abgestimmt, wobei jedoch nicht verschwiegen wird, was Sache der Werkstatt bleiben muß.

Wer also Freude daran findet, sich aufmerksam mit seinem Wagen zu befassen, oder wissen will, was der Mann in der Werkstatt mit seinem 12 M macht, wird im zweiten Teil dieses Buches die praktischen und theoretischen Ford-Kenntnisse vertiefen können. Diese Wissensvertiefung sollte nicht unterschätzt werden. Auch wenn zu Anfang der Kraftfahrzeugmeister etwas gequält das Gesicht verzieht, wenn man sein neues Wissen anzubringen versucht, mit der Zeit wird man schon bei der Reparatur-Annahme seine Sorgen und Wünsche präzise vorbringen können. Ein schneller behobener Schaden erspart Arbeitszeitkosten. Umgekehrt lernt man Fachausdrücke der Werkstattsprache auf den Rechnungen verstehen und kann den dahinter stehenden Betrag ins rechte Verhältnis zur Arbeit bringen.

Für Autofahrer, die lieber unter berufener Anleitung selbst Hand anlegen möchten, gibt es in einigen Großstädten auch spezielle Betriebe. In diesen Autohobby-Werkstätten kann man Eigenhilfe durch zur Verfügung stehendes Werkzeug und praktische Ratschläge des Personals wirkungsvoller gestalten.

Sparen helfen

„Erst unter dem Strich wird zusammengezählt", sagt man. So auch in diesem Kapitel. Und darum steht an letzter Stelle desselben, jedoch keineswegs an letzter Stelle in der Bedeutung, das Bestreben dieses Handbuches, Ihnen sparen zu helfen. Denn mit dem Autokauf ist das Geldausgeben ja keineswegs beendet. Das gute Stück will auch betrieben werden. Dies kostet nicht nur Benzin, Öl, Steuer, Versicherung und eventuell Garage. Das kostet auch Wartung, Reparaturen und Reifenabnutzung. Ganz abgesehen von der Wertminderung, die Ihr Wagen bei jedem Kilometer und an jedem Tag erleidet. Kann man daran etwas sparen? Auf keinen Fall an der Steuer. Auch nicht an der Versicherung; eher legt man bei ihr noch einige Mark hinzu, um höher haftpflichtversichert, kaskoversichert oder auch noch Insassen-versichert zu sein. Also hier ist nichts zu holen, abgesehen von den Schadenfreiheitsrabatten, die man sich bei der Versicherung durch schadenfreies Fahren während mehrerer Jahre erringt.

An Kraftstoff und Öl können Sie aber bereits sparen. Darüber geben verschiedene Kapitel des Buches Auskunft. Und auf die vielen Möglichkeiten, durch richtige Wartung und Pflege zur Werterhaltung des Wagens beizutragen, sowie die Wartungskosten durch Selbsthilfe zu senken, haben wir bereits ausführlich hingewiesen. Da ist es unser ganzer Stolz, daß Sie schon bei einer ersparten Werkstattstunde – mit Hilfe dieses Handbuches durch Selbsthilfe erspart – bereits den Kaufpreis dieses Buches fast oder ganz „herausgewirtschaftet" haben. Fürwahr, so kann man sagen: Guter Rat ist gar nicht teuer. Sollten Sie aber nun noch dies und jenes in unserem Handbuch vermissen, was Ihnen als Heimwerker wissenswert erscheint, dann seien Sie bitte nicht gleich ungehalten. Wollte man alles berücksichtigen, was an einem Auto zu tun ist, müßte dieses Buch viermal so umfangreich werden. Sie wollen aber auch noch andere Dinge im Handschuhkasten Ihres Wagens unterbringen und ihn nicht von einem dicken Werkstattwälzer blockieren lassen. Alsdann -

Prüfen ohne Werkzeug

Üb Aug' und Hand

Kennen Sie Ihren Wagen schon richtig? Nicht nur vom Türaufreißen – Anlassen – Davonbrausen? Sie sollten ihn noch besser kennenlernen. Dazu brauchen Sie ihn nicht auseinander zu nehmen. Werkzeug ist noch gar nicht notwendig. Sie benötigen nur einen Bogen Packpapier. Damit Sie sich gelegentlich mal unter das Auto legen können, ohne daß Ihr Anzug Schaden leidet. Durch Vergleichen ihres 12 M mit anderen Wagen, durch kritisches Beobachten und Aufmerksamkeit können Sie so mit Hilfe Ihrer Sinne manchem Schaden vorbeugen. Aber seien Sie beim Hören nicht zu ängstlich; nicht jedes außergewöhnliche Geräusch muß eine Vorankündigung sein, daß Ihr Wagen kurz vor dem Zusammenbruch steht. Zu ängstliches Hinhören kann Ihnen lediglich die Freude am Auto nehmen.

Prüfen im Stand

Vor dem Einsteigen gelegentlich ein kleiner Rundgang um den Wagen. Am Tage:

- Neue Kratzer?
- Beulen?
- Rostansatz?
- Reifenzustand?

Und bei Dunkelheit:

- Rückleuchten?
- Bremslichter?
- Abblendlicht?
- Standlicht?
- Fernlicht?
- Scheinwerfer verschmutzt?

Ein Blick unter die Motorhaube bei stehendem Motor:

- Ölstand?
- Vergaser feucht?
- Ölspuren?
- Scheibenwaschbehälter gefüllt?
- Keilriemenspannung?
- Kühlung?
- Batteriepole sauber?

Bei laufendem Motor:

- Runder Leerlauf?
- Horn (gleiche Sicherung wie Kühlung!)
- Ventilgeräusche?

Boden unter dem Wagen betrachten:

- Neue Flecken von Flüssigkeiten?
- Wenn ja, woher? Ursache?

Blick von unten, wenn etwa der Wagen beim Ölwechsel auf der Hebebühne steht; andernfalls mit dem erwähnten Packpapier sich auf den Boden legen:

- Rostansatz?
- Bremsschläuche ölfeucht?
- Stoßdämpfer ölverschmiert?
- Handbremsseil locker?
- Leichtgängige Räder?
- Ölfeuchtigkeit an Ölwanne?
- Getriebedeckel feucht?
- Radlager mit zu viel Spiel?
- Auspuffrohre durchgerostet?
- Reifenlauffläche?

Betrachten Sie gelegentlich, wenn Sie unterwegs etwas Zeit haben, eine Fahrt als prüfende Probefahrt. Diese ist ohnehin ein Teil des Kontroll- und Inspektionsdienstes nach Werksvorschrift. Größere Ford-Betriebe lassen aus rationellen Gründen (Zeitverlust durch zu großen Stadtverkehr) diese Probefahrt sozusagen im Saale stattfinden, nämlich auf einem Prüfstand. Die Probefahrt soll Auskunft geben, ob alles funktioniert, was durchgesehen wurde und sie kann neue Mängel erkennen lassen. Führt man sie zwischendurch einmal selber aus, ist sie von vorbeugender Wirkung und erhöht das Gefühl der Fahrsicherheit. Was die Reihenfolge der Kontrollen betrifft, so hält man sich am besten an folgendes Schema:

Prüfen während der Fahrt
Pflegearbeit Nr. 48

Bremsen – Lenkung – Motor – Kupplung – Getriebe.

Zunächst wird die Wirkung von Hand- und Fußbremse festgestellt. Dabei soll auch mit losgelassenem Lenkrad, zunächst aus mäßiger Fahrt, die Fußbremse betätigt werden. Zieht der Wagen auf ebener, nicht gewölbter Straße nach einer Seite? Dann die Lenkung: Lenkrad kurz anreißen und wieder loslassen. Kommt der Wagen in die Geradeausfahrt zurück? Auch aus Kurven? Ist die Lenkung leichtgängig? Dann die Leerlauf-Einstellung überprüfen. Läuft der Motor im Leerlauf gleichmäßig? Sauberer Übergang beim Gasgeben während der Fahrt? Gaswegnehmen bei schneller Fahrt: Unnormale Geräusche im Motor oder an den Antriebswellen? Patschen im Vergaser oder Auspuff? Weitere Prüfungen: Trennt die Kupplung ganz? Rutscht sie nicht durch? Arbeitet die Synchronisation im Getriebe einwandfrei?

Es ist ein Unterschied, ob man auf alle diese Dinge bewußt achtet oder sie routinemäßig ausführt. Man gewöhnt sich nämlich an vieles. Zu jeden der genannten Punkte finden Sie im Verlauf des Buches ausführliche Erläuterungen.

Benzinverbrauch messen

Wieviel Liter verbraucht Ihr 12 M auf 100 km? Bei einer Autobahn-Langstreckenfahrt von Süden nach Norden, mit Rückenwind und in zufällig verkehrsschwacher Zeit wird man bei einem 80-Kilometer-Einheits-Tempo mit 7 Liter/100 km auskommen. Bei Stadtfahrten in den Hauptbetriebszeiten kann der Verbrauch bis auf 12 Liter/100 km ansteigen. Das ist allein der verkehrs- und kraftfahrzeugtechnische Einfluß auf den Kraftstoffverbrauch. Hinzu kommt der Einfluß durch die Fahrweise des Fahrers. Wer nervös auf dem Gaspedal herumtippt, stößt jedesmal einen Fingerhut voll Kraftstoff über die Beschleunigungspumpe in den Vergaser. Das geht ins Geld. Den Jahres-Durchschnitts-Verbrauch kann man nur genau ermitteln, wenn man sorgfältig Fahrtenbuch führt und alle Tankungen einträgt. Die monatliche Zwischenbilanz gibt genauere Hinweise auf eventuelle motorische Mängel als die gefühlsmäßige Schätzung, der Wagen verbrauche auf einmal zu viel Benzin.

Frische Ölflecken unter dem Wagen dürfen nicht übersehen werden. Wenn schon bei stehendem Wagen und kaltem Motor etwas abtropft, können während der Fahrt bei heißem Motor größere Ölverluste eintreten. Ein Papierbogen unter dem Motor gibt Aufschluß über Nacht.

Was ist der Normverbrauch?

Die Verbrauchsangabe auf den Prospekten des 12 M (7,5 Liter/100 km für den 12 M mit 40-PS-Motor; 7,8 Liter/100 km für den 50-PS-Motor; 8,4 Liter/100 km für den 12 M/TS und den 12 M Kombi mit 40-PS-Motor) kann man in der eigenen Fahrpraxis auch erreichen, wenn man so fährt, wie es die DIN-Vorschrift 70 030 für die Ermittlung des Kraftstoff-Normverbrauches vorschreibt: Der Wagen muß mit halber Nutzlast und gleichbleibend bei ¾ seiner Höchstgeschwindigkeit auf ebener Straße bei vorschriftsmäßigem Reifendruck gefahren werden. Das wären beim 12 M mit 40-PS-Motor 200 kg Zuladung einschließlich Fahrergewicht und Tankfüllung bei gleichbleibend 90 km/h. Zu der so ermittelten Verbrauchsmenge wird noch ein Sicherungszuschlag von 10 % gegeben. Im Jahresdurchschnitt wird man den Norm-Verbrauch allerdings überschreiten.

Messen durch Volltanken

Um innerhalb eines kurzen Zeitraumes einen Anhaltspunkt zu bekommen, wieviel Ihr 12 M bei einer bestimmten Fahrweise verbraucht, können Sie 2 Methoden anwenden. Die einfachste ist die Volltankmethode. Bevor man auf die „Meßstrecke" geht, wird der Tank bis zu einem bestimmten Punkt im Einfüllstutzen vollgetankt, etwa 3 Finger breit unter dem oberen Rand. Dabei muß der Wagen waagerecht stehen. Wenn man den Wagen kurz wippt, damit eventuelle Luftblasen aus dem Tank strömen, läßt sich vielleicht noch ein Liter „unterbringen" (zur höheren Genauigkeit). Kilometerstand auf der Quittung notieren. Nach ein paar hundert Kilometer wird der Wagen wieder bis zur gleichen Höhe im Einfüllstutzen vollgetankt. Diese Menge wird durch die zurückgelegte Entfernung geteilt. Beispiel: km-Stand bei der ersten Tankung 27 233, bei der abschließenden Tankung 27 588. Die Meßstrecke beträgt 355 km. Nachgetankt wurden 30,9 Liter. Also 30,9 : 355 = 0,087 Liter pro km oder 8,7 Liter/100 km.

Messen durch Nachtanken in gleichen Abständen

Ohne Rechenarbeit geht es ab, wenn man den Tank, wie oben beschrieben, volltankt, den Kilometerstand notiert und darauf achtet, daß nach ziemlich genau 100, 200 oder 300 km Fahrtstrecke wieder aufgefüllt wird. Die nachgetankte Menge entspricht dem Verbrauch pro 100 km. Auf diese Art lassen sich beispielsweise die recht unterschiedlichen Verbrauchszahlen bei unterschiedlichen Fahrbedingungen anschaulich ermitteln.

Zu hoher Verbrauch

Bei diesen Meßmethoden muß es zwangsläufig zu leicht unterschiedlichen Ergebnissen kommen. Die einzelnen Faktoren, die den Benzinverbrauch beeinflussen, sind weiter unten beschrieben. Man sollte nicht zu kleinlich sein. Nicht um seinen Tankwart mit höheren Umsätzen zu erfreuen, sondern um kein rollendes Verkehrshindernis zu werden, dessen Fahrer den Tritt auf das Gaspedal scheut. Bei der Berechnung des eigenen Verbrauches sollte man sich auch nicht durch die – angeblich – sagenhaft niedrigen Verbräuche anderer Fahrer des gleichen Wagentyps irritieren lassen.
Als Richtwerte können folgende Verbrauchswerte für den 12 M (Normalbenzin) und 12 M/TS (Superbenzin) dienen:

■ Autobahnfahrt zwischen 80 und 100 km/h	7–8,0 Liter/100 km
■ Autobahnfahrt zwischen 100 und 120 km/h	8,5–9,5 Liter/100 km
■ Autobahnfahrt mit Vollgas	10,5–11,5 Liter/100 km
■ Landstraße in mittlerem Tempo	8,5–9,5 Liter/100 km
■ Gebirgsfahrten in mittlerem Tempo	9,5–10,5 Liter/100 km
■ Stadt- und Nahverkehr	9,5–10,5 Liter/100 km
■ Großstadtverkehr im Winter	12,0–13,5 Liter/100 km

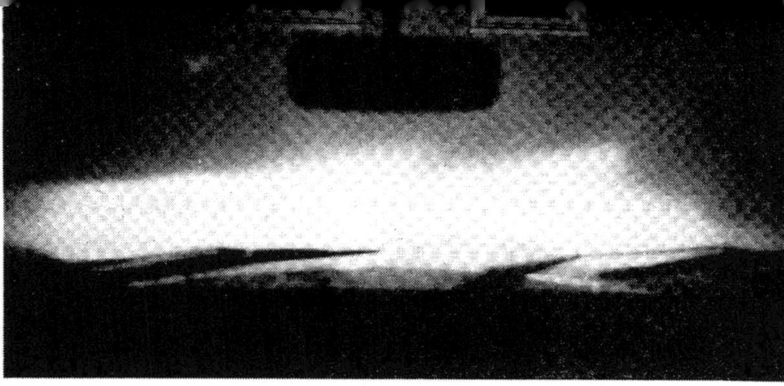

Die Scheinwerferprobe an einer hellen Wand zeigt, ob an beiden Scheinwerfern Fern- und Abblendlicht funktionieren. Der nach rechts ansteigende Lichtkegel des asymmetrischen Abblendlichtes ist auf dem Bild deutlich erkennbar.

Wenn bei Ihren Messungen der Verbrauch höher liegt, dann studieren Sie die nachfolgenden Faktoren, die diesen beeinflussen. Entweder liegt darin eine Erklärung oder ein Anhaltspunkt zur Herabsetzung des Verbrauchs. Wenn es keine technische Störung durch falsche Vergasereinstellung oder ähnliches ist, dann gibt die Fahrweise meistens den Ausschlag.

Fahrerursachen

■ Die Gänge werden beim Beschleunigen zu scharf ausgefahren. Der günstigste Verbrauch liegt im Bereich der höchsten Durchzugskraft des Motors (= günstigstes Drehmoment bei bester Zylinderfüllung). Das größte Drehmoment liegt beim 40-PS-Motor bei 2400 Umdrehungen pro Minute, beim 50-PS-Motor bei 2100 U/min und beim TS-Motor (55 bzw. 65 PS) bei 2300 U/min. Dementsprechend liegt der verbrauchsgünstigste Bereich beim

	1,2-Liter-Motor	1,5-Liter-Motor	1,5-Liter-TS-Motor
im 1. Gang	etwa 15–20 km/h	etwa 15–20 km/h	etwa 15–20 km/h
im 2. Gang	etwa 25–30 km/h	etwa 25–35 km/h	etwa 28–40 km/h
im 3. Gang	etwa 40–50 km/h	etwa 45–55 km/h	etwa 48–60 km/h
im 4. Gang	etwa 60–80 km/h	etwa 65–85 km/h	etwa 68–90 km/h

Aus dieser Aufstellung ergibt sich, daß man im Stadtverkehr im 3. Gang sparsamer als im 4. Gang fahren kann.

■ Unruhiger Gaspedalfuß. Die Beschleunigungspumpe spritzt bei jedem leichten Pedaldruck bis zu einem Fingerhut voll Kraftstoff in den Vergaser, der aber nicht zum Beschleunigen gebraucht wird.

■ Beschleunigen mit voll durchgetretenem Gaspedal. Man spart Benzin, wenn man das Pedal langsam und zunehmend nur soviel durchdrückt, wie der Motor Gas annehmen kann.

■ „Bleifuß fahren." Bei schnellem Fahren wird das Gaspedal bis zum Bodenbrett heruntergetreten. Wenn man den Fuß etwas zurücknimmt, verringert sich die Geschwindigkeit nur unwesentlich. Der Kraftstoffverbrauch ist jedoch erheblich geringer.

Ungünstige Fahrbedingungen

■ Hauptsächlich Stadtverkehr. Der Motor dreht zu viel im Leerlauf. Plötzliches Beschleunigen an Kreuzungen. Dies läßt den Verbrauch stark ansteigen.

■ Kalte Witterung. Es dauert länger, bis der Motor die günstige Betriebstemperatur erreicht. Die Schmierstoffe in Motor, Getriebe und Radlagern bleiben länger steif und leisten höheren Widerstand.

■ Schnee und Matsch. Sie erhöhen den Rollwiderstand, der mit etwas tiefer durchgetretenem Gaspedal überwunden werden muß.

■ Vorwiegend Pflaster- und Schotterstraßen. Sie erhöhen ebenfalls den Rollwiderstand, der höheren Verbrauch verursacht.

■ Gebirgige und kurvenreiche Strecken: vieles Schalten und Beschleunigen.

Wagenursachen

■ Hohe Belastung des Wagens. Deshalb braucht man bei der Urlaubsreise mit dem vielen Gepäck durchschnittlich mehr Benzin. Eine Faustregel besagt, daß 100 kg Zuladung etwa 0,5 bis 1,0 Liter Mehrverbrauch bedingt.

■ Zu niedriger Reifendruck. Der weiche Reifen hat einen höheren Rollwiderstand. Deshalb sind die hohen Drücke bei Autobahnfahrt vorteilhafter.

■ Schwergängige Räder. Zu knappes Radlagerspiel oder schleifende Bremsbacken. An den Hinterrädern verursacht auch eine leicht angezogene oder falsch eingestellte Handbremse zusätzliche Reibung.

■ Reifenart. Nicht alle Reifenmarken haben gleiche Rollwiderstände. Geringer ist der Rollwiderstand bei Gürtelreifen. Auch Normalreifen bringen Verbrauchs-Unterschiede bis zu 10 %. Höheren Verbrauch bringen Winterreifen.

■ Radeinstellung stimmt nicht. Ist am ungleichmäßigen Abrieb der Vorderräder und den unsauberen Lenkeigenschaften zu erkennen.

■ Wagen in praller Sonne geparkt. Benzin verdunstet durch die Tank-Entlüftung.

Motorursachen

■ Schmutziges Luftfilter. Verbrennungsluft hat Widerstand zu überwinden und ergibt schlechte Zylinderfüllung. Kraftstoff-Luftgemisch wird zu „fett".

■ Neuer Motor. Die innere Reibung ist bei neuen Motoren höher. Erst bei etwa 3000 bis 5000 km stellt sich die beste Leistung ein.

■ Zündung nicht in Ordnung: Zündzeitpunkt verstellt, Zündkerzen verschmutzt oder verbraucht, verschmorte Unterbrecherkontakte.

■ Störungen am Vergaser: Düsen verschmutzt, Vergaser falsch eingestellt. Vergaserdichtungen defekt, Schwimmer beschädigt oder klemmt.

■ Motorverschleiß stark fortgeschritten. Ventile schließen nicht dicht. Verbrennungsrückstände im Zylinder, auf dem Kolbenboden und im Auspuff.

■ Starterklappe (Baujahr vor September 1964) zu lange betätigt.

Die Höchstgeschwindigkeit

Ein Ford Taunus 12 M soll nach Werksangaben maximal 125 km/h mit dem 40-PS-1,2-Liter-Motor erreichen, mit dem 1,5-Liter-Motor von 50 PS bereits 130 km/h und der 12 M/TS mit 65-PS-Motor 140 km/h.
Wenn man Autofahrer hört, sind ihre Wagen meistens schneller. Gewiß wird die Höchstgeschwindigkeit von den PKW-Produzenten vorsichtig angegeben, um Kundenbeschwerden wegen zu geringer Höchstgeschwindigkeit vorzubeugen. Aber so schnell, wie viele Autofahrer meinen, sind ihre Autos doch nicht. Meistens vergessen sie – oder wissen es nicht –, daß die Höchstgeschwindigkeits-Angabe nur für topfebene Strecken – ohne Rückenwind! – gilt und die Tachos durchweg ein paar km dazuschwindeln. Das dürfen sie sogar, denn nach den gesetzlichen Vorschriften darf das Tachometer niemals zuwenig anzeigen, aber in den beiden oberen Dritteln des Anzeigebereiches bis zu 7 % voreilen. Diese Möglichkeit wird natürlich von der Industrie gerne in Anspruch genommen. Wenn also der Tacho auf 140 steht, sind es oft nur ca. 130 km/h.

Tachometer-„Eichung"

Wie eilig es die Tachonadel vor der tatsächlichen Geschwindigkeit hat, läßt sich mit der Stoppuhr — zur Not auch mit einer Armbanduhr mit Sekundenzeiger — und einem Beifahrer oder einer Beifahrerin ermitteln. Auf einer mäßig befahrenen Autobahn kann man seinen Tacho „eichen". Auf dem Mittelstreifen oder seitlich finden sich in 500 Meter Abstand km-Markierungen, die allerdings nicht immer genau vermessen sind. Deshalb nützt eine Messung wenig, sondern man

muß aus mehreren Messungen einen Mittelwert ziehen und ihn in km/h umrechnen.
Vor Beginn jeder Messung muß man zuerst einen langen Anlauf nehmen, bis die Tachonadel sich ruhig auf die nachzuprüfende Tachomarke eingespielt hat, damit sich die Geschwindigkeit innerhalb der Ein-Kilometer-Meßstrecke nicht mehr unbeabsichtigt verändert. Wenn der nächste Kilometerstein über die Blickrichtung des linken Türpfostens nach hinten verschwindet, drücken Beifahrer oder -in auf den Stoppuhr-Knopf; dasselbe geschieht 1 Kilometer weiter noch einmal. Vor allem die 50-km-Marke sollte man genau vermessen, um zu wissen, wie schnell man innerorts nach Tacho fahren darf.
Die gestoppten Werte läßt man vom Beifahrer sogleich in eine dafür vorbereitete Tabelle eintragen. Hat man beispielsweise bei genauer Fahrt nach der 50-km-Marke für den Kilometer aus 3 Messungen durchschnittlich 77 Sekunden gebraucht, dann teilt man 1 Stunde (= 3600 Sekunden) durch diese 77 Sekunden. Das sind 3600 : 77 = 47,4. Also fährt Ihr 12 M mit 47 km/h, während der Tacho 50 km/h anzeigt. Dieser Wert liegt innerhalb der 7-%-Grenze. Oft findet man bei dieser Tachoüberprüfung auch eine fast durchlaufende Voreilung um 4,5 oder 6 km/h.
Wenn Ihr Tacho ganz ehrlich wäre, müßten die Kilometermessungen folgende Ergebnisse zeigen:

■ 30 km/h = 120 sek	■ 80 km/h = 45 sek
■ 40 km/h = 90 sek	■ 90 km/h = 40 sek
■ 50 km/h = 72 sek	■ 100 km/h = 36 sek
■ 60 km/h = 60 sek	■ 110 km/h = 32,7 sek
■ 70 km/h = 51,5 sek	■ 120 km/h = 30 sek

Wenn Sie sich die Ergebnisse bei der 50 km/h-, der 80 km/h- und der 100 km/h-Anzeige genau merken, wissen Sie zukünftig, was die Tachonadel anzeigen darf, wenn Sie auf geschwindigkeitsbegrenzten Strecken fahren, ohne daß ein Radarwagen Anstoß nehmen kann.
Lassen Sie sich dann auch nicht von unbeherrschten (vogelzeigenden) Autofahrern verwirren. Diese kennen ihren eigenen Tachometer nicht!

Das ist die Spitze

Schließlich lassen Sie bei Ihrer Tacho-Eichung auch einmal die Pferdchen tüchtig laufen, um die Höchstgeschwindigkeit Ihres 12 M zu erfahren. Für diese Messung muß allerdings die Autobahn ganz eben sein und die Reifen müssen den vorgeschriebenen höchsten Druck haben. Damit leichtes Fahrbahngefälle und Windeinflüsse das Ergebnis nicht verfälschen können, müssen die Messungen auf der gleichen Strecke in beiden Richtungen vorgenommen werden. Wenn Sie zum Schluß die wahre Spitzengeschwindigkeit Ihres 12 M errechnen, werden Sie merken, was von „mein 12 M fährt über 140 Sachen" zu halten ist. Viel Spaß und Vorsicht bei diesen Messungen!
Übrigens zeigen auch die km-Zähler meistens zu viel an, was günstigeren Kraftstoffverbrauch vortäuscht. Vergleichen Sie einmal vor und nach einer längeren Autobahnfahrt Ihren km-Zähler mit den km-Tafeln rechts der Autobahn.

Die Axt im Hause

Das Werkzeug, das Sie in einer grauen Plastiktasche im Kofferraum eines neuen Ford 12 M finden, ist so dürftig, wie solches serienmäßiges Bordwerkzeug in serienmäßigen Personenwagen zu sein pflegt: Wer sich unterwegs darauf verlassen will, ist sehr schnell verlassen. Das Bild auf dieser Seite zeigt den Inhalt der Werkzeugtasche.

Empfehlenswerte Grundausrüstung

Im Unterschied zu anderen Marken, deren Bordwerkzeug kaum besser ist, hat man sich aber bei Ford Gedanken gemacht, wie man den 12 M-Besitzern, die sich selbst um ihren Wagen kümmern wollen, und den überlasteten Ford-Vertretungen helfen könnte. So wird seit Herbst 1963 ein für den 12 M zusammengestellter Werkzeugsatz angeboten, den unser Bild auf der nächsten Seite oben zeigt und der für 35 DM (Ersatzteile-Nummer 1 490 881) bei Ford-Vertretungen bestellt werden kann. Das ist eine gute Idee und die Sortierung ist praktisch, wenn auch die Teile des Bordwerkzeuges darin noch einmal enthalten sind. Was an sich überflüssig gewesen wäre, wenn man die Qualität des serienmäßigen Werkzeuges besser gewählt hätte.

Wem die schwarz-brünierten Teile des Zusatz-Werkzeuges in der Qualität noch nicht gut genug sind und wer sich lieber silbrig-glänzendes Chrom-Vanadium-Werkzeug anschaffen will, der sollte sich bei der Anschaffung der einzelnen Teile nach der Zusammenstellung des Zusatz-Werkzeuges richten. Die beiden Steckschlüssel für die Ribe-Schrauben am Schließdorn der Türen gibt es allerdings nur über Ford-Vertretungen. Man braucht sie, um das Klappern der Türen abzustellen. Zu diesem zusätzlichen Werkzeugsatz würden wir in erster Linie noch folgendes Werkzeug empfehlen:

1 Schraubenzieher in kurzer, dicker Form mit nicht mehr als 25 mm Klingenlänge und kräftigem Griff. Er kostet etwa 3 DM. Man braucht ihn dort, wo zum Lösen

Mit Bordwerkzeug war der Ford 12 M so kümmerlich ausgestattet wie die meisten anderen Serienwagen. Bald fiel es bis auf den Schraubenzieher vollständig weg. Für 12-M-Fahrer, die damit nicht zufrieden sind, hat jedoch Ford den rechts oben abgebildeten Werkzeugsatz zusammengestellt, der als Zubehör für 35 DM zu haben ist.

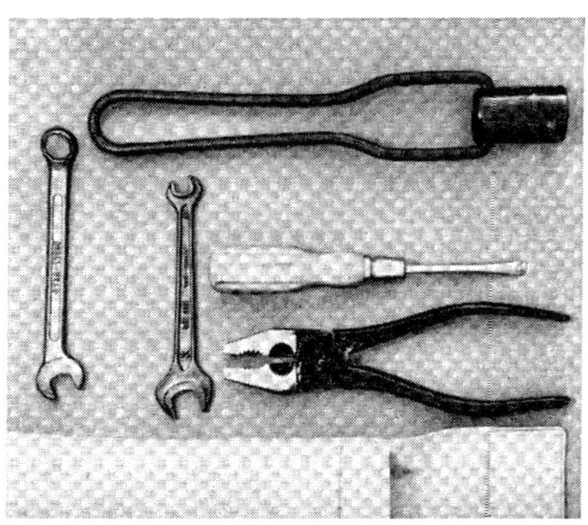

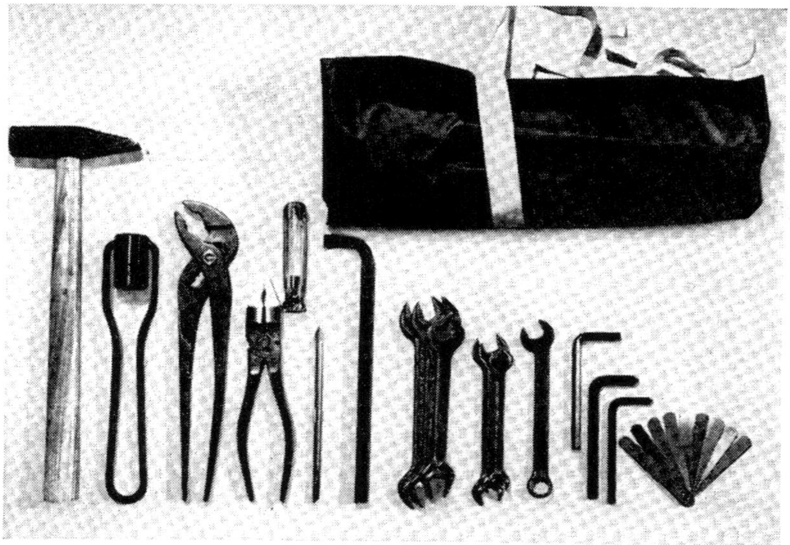

Der zusätzliche Werkzeugsatz für den Ford 12 M enthält:
1 Hammer, 300 g schwer
1 Zündkerzenschlüssel
1 Rohrzange
1 Kombizange
1 Kombi-Schraubenzieher
1 Innen-Vierkant-Steckschlüssel
1 Satz Doppel-Gabel-Schraubenschlüssel in den Größen 8 x 10, 9 x 11, 12 x 14, 16 x 18, 17 x 19.
1 Doppel-Schraubenschlüssel, beidseitig ½″
2 Spezial-Steckschlüssel für Ribe-Schrauben
1 Innen-Sechskant-Steckschlüssel ¼″
1 Satz Fühl-Lehren

von Schrauben kein Platz für einen langen Griff ist, beispielsweise am Vergaser. 1 Doppel-Ringschlüssel lang, flach gekröpft, mit dünnwandigen Köpfen, SW 14 und SW 17. Er kostet 5,30 DM in bester Qualität. Da am 12 M der 14-mm-Schlüssel sehr viel gebraucht wird und sich viele Schrauben mit den einfachen Gabelschlüsseln nicht leicht lösen lassen, ist dieser 14-mm-Ringschlüssel sehr wichtig, vor allem zum Gegenhalten, wenn z. B. die Halteschrauben der Lichtmaschine angezogen werden sollen. Um ihn vielseitig verwenden zu können, darf er nicht zu hoch gekröpft sein. Dazu Gabelschlüssel SW 24 für Ölwechsel.

Was die Größenangaben bedeuten

Bei der Aufzählung der Schraubenschlüssel ist von SW 14, 11 × 9 oder ½″ usw. die Rede. Natürlich sollten Sie wissen, was das bedeutet. In der Bundesrepublik werden Maschinenteile und Werkzeuge in der Regel nach dem metrischen Maß-System gemessen. In manchen Fällen ist aber auch noch das amerikanische oder englische Maß-System üblich. Im metrischen Maß-System werden alle Größen in Zentimeter und Millimeter angegeben, im amerikanischen und englischen Maß-System in Zoll. Das Kennzeichen für Zoll ist ein obenstehendes Gänsefüßchen (″). 1 Zoll (″) entspricht 25,4 mm. Zumeist kann man schon an den Zahlen selbst erkennen, welchem Maß-System sie zuzuordnen sind. Zollangaben werden in der Regel mit Bruchstrichen gemacht, also ½″ (= 12,7 mm) oder etwa 2¼″ (= 37,15 mm), während Zentimeterangaben entweder ein Komma haben oder in Millimetern geschrieben werden.
Bei Schraubenmuttern mißt man den Abstand der einander gegenüberliegenden Flanken in mm oder Zoll und schreibt auf den jeweils dafür passenden Schraubenschlüssel die entsprechende Schlüssel-Weite (Kurzbezeichnung: SW). Ein Doppel-Maulschlüssel 8 × 14 aus unserem Bordwerkzeug hat also auf der einen Seite eine Gabel oder ein Maul für eine 8 mm breite und auf der anderen Seite eine Gabel für eine 14 mm breite Mutter. Da nun verschiedene Teile des 12 M aus Amerika kommen – dort wurde dieses Auto ja entworfen – braucht man für einige Fälle auch einen Schraubenschlüssel nach dem Zoll-Maß-System. Das ist aus dem Bordwerkzeug der Spezialschlüssel ½″, der auf der einen Seite eine Gabel und auf der anderen Seite einen Ring für eine ½″ (= 12,7 mm) breite Mutter hat.

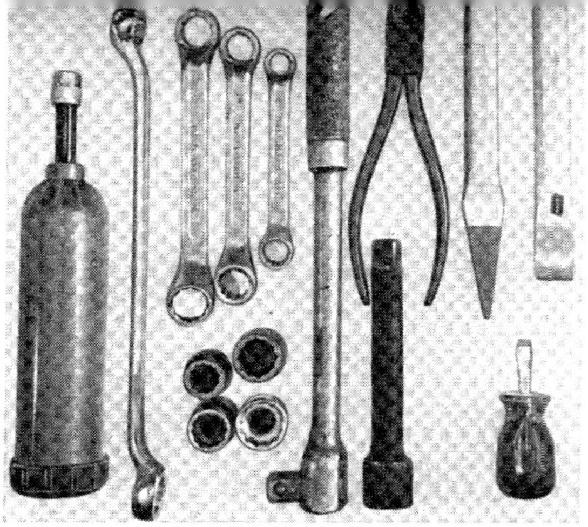

Ring- und Steckschlüssel erleichtern die Arbeit am eigenen Auto noch mehr. Mit ihnen sind die Schrauben besser und kräftiger zu fassen. Besonders wichtig ist der kurze, massive Schraubenzieher rechts unten, den man bei Einstellarbeiten am Vergaser braucht. Zum Abschmieren der beiden Kreuzgelenke genügt eine einfache Hand-Fettpresse.

Ergänzung nach Bedarf

Wer seine Werkzeugausrüstung für den 12 M noch weiter vervollständigen will, sollte sich in erster Linie weitere Ringschlüssel anschaffen. Deren Vorteile gegenüber Gabel- oder Maulschlüsseln: Sie fassen eine Mutter an allen 6 Kanten gleichmäßig, während ein Gabelschlüssel nur an 2 Flanken angreift. Man kann also den Ringschlüssel wesentlich kräftiger handhaben, während bei gleichem Druck ein Gabelschlüssel einfach die beiden anliegenden Kanten abwürgt oder, wenn er von minderer Qualität ist, sich auseinander biegt und abgleitet. Meist kostet das dann blutende Fingerknöchel. Ringschlüssel rutschen dagegen nur ab, wenn man die falsche Größe gewählt hat oder vorher die betreffende Schraube mit einer Kombizange mißhandelt wurde.

Ein kompletter Satz von Ringschlüsseln lohnt nicht, manche Größen brauchen Sie nie. Deshalb sollte man sich in den zu wählenden Größen an die Schlüsselweiten halten, die im Schraubenschlüssel-Satz des Zusatz-Werkzeuges aufgeführt sind. Diese Ringschlüssel wählt man besser nicht flach, sondern hoch gekröpft, im Gegensatz zu dem bereits erwähnten Ringschlüssel 14 × 17. Mit hoch gekröpften Schraubenschlüsseln läßt sich nämlich, wenn etwas Bewegungsfreiheit ist, besser arbeiten. Letztere kosten pro Stück zwischen 4,20 DM und 6,50 DM je nach Größe.

Wer es ganz fein machen will, legt sich einen Satz Steckschlüssel der gleichen Größe mit Sechskant-Einsätzen zu. In diesem Buch ist bei der Beschreibung von Aus- und Einbau-Arbeiten gelegentlich auf den vorteilhaften Gebrauch eines Steckschlüssels hingewiesen. Auch hier wäre der Steckeinsatz SW 14 an erster Stelle zu nennen und danach kämen die im Zusatz-Werkzeug aufgeführten Schlüsselweiten. Die Steckeinsätze haben auf der Werkseite den jeweils angegebenen Sechskant und auf der Halteseite ein Vierkantloch von ½" Kantenlänge zum Einstecken des Betätigungswerkzeuges (dafür z. B. 1 Gelenkgriff zu rund 18,— DM; 2 Verlängerungsstücke, kurz und lang, zu 3,90 DM und 5,20 DM). Weitere Betätigungswerkzeuge, wie Schiebegriff, Knarre, Kardangelenk usw. sind für den Eigenpfleger nicht notwendig. Die Steckeinsätze kosten pro Stück 2,50 bis 3,20 DM (Preise der Firma Hazet).

An Werkzeug wären weiterhin vorteilhaft	Preise in DM
1 Flachmeißel	etwa 4,30
1 Kreuzmeißel	etwa 4,30
1 Durchschläger	etwa 2,85
1 Plastik-Hammer zum Ausbeulen	von 6,— bis 17,50
1 Universal-Handfaust zum Ausbeulen	etwa 21,—

1 Satz Schlüssel-Feilen (flach, dreikant, rund)	etwa 12,10
1 Schraubstock mit 80 mm Backenbreite	ab etwa 68,—
1 Paar Montageeisen für Reifen	etwa 10,—
1 Seitenschneider für Draht und Splinte	etwa 15,50
1 Stahlsäge	etwa 9,80

Gelegentlich werden Sie bei einem Bekannten oder in einer Werkstatt weiteres Werkzeug sehen, das man sich auch kaufen möchte. Überhaupt hat ein eifriger Heimwerker mit der Zeit Lieblings-Werkzeug, mit dem er besonders gerne arbeitet und bis zur Anschaffung eines Drehmomentschlüssels zu 83 DM oder einer Bohrmaschine, Gewindeschneidern und einem bestens ausgestatteten Werkzeugschrank sind keine Grenzen gesetzt.

Hierbei möchten wir aber die praktischen Vorsatzgeräte von Bosch erwähnen, die sich mit wenigen Handgriffen an eine dazu vorgesehene Bohrmaschine koppeln lassen. Mit solchen Geräten kann man schleifen, polieren, Karosserieblech sägen, aber auch – mit zusätzlicher Hilfe eines kleinen Kompressors – spritzlackieren und sogar die Reifen aufpumpen.

Ein speziell für Selbsthilfe zusammengestelltes Sortiment liefert die Werkzeug-Union GmbH Wuppertal. Dieser Dowidat-Werkzeugsatz enthält neben fast allen nötigen Schlüsselgrößen und -arten auch verschiedene Schraubenzieher und Meißel, einen Hammer, zwei Zangen und eine Fühlerlehre. Der komplette Satz, der mit einem Plastikkoffer für Kleinteile im Handel ist, kostet etwa 180,– DM.

Gewarnt sei aber vor sogenanntem Universal-Werkzeug, mit dem man beispielsweise – wir übertreiben nur wenig – zugleich Schrauben anziehen, Draht abkneifen, die Gartenhecke scheren, Nägel einklopfen und vielleicht noch Butterbrot schmieren können soll. Es nützt in Wirklichkeit nur wenig.

Umgang mit Werkzeug

Wenn Sie es zusammenrechnen, kostet ordentliches Werkzeug eine hübsche Stange Geld. Dieses Kapital sollte man zweckdienlich ausnutzen und sorgsam pflegen. Deshalb grundsätzlich das Werkzeug nur zum gedachten Zweck verwenden. Einen Schraubenzieher etwa als Meißel zu benutzen ist genauso schädlich, wie etwa das Lösen oder Anziehen einer Schraubenmutter mit der Zange. Eine Zange hat an einer Schraube grundsätzlich nichts zu suchen, denn ihre scharfen Zähne beschädigen die Ecken und Flanken einer Mutter rücksichtslos, so daß später jeder richtige Schraubenschlüssel abgleiten muß. Eine

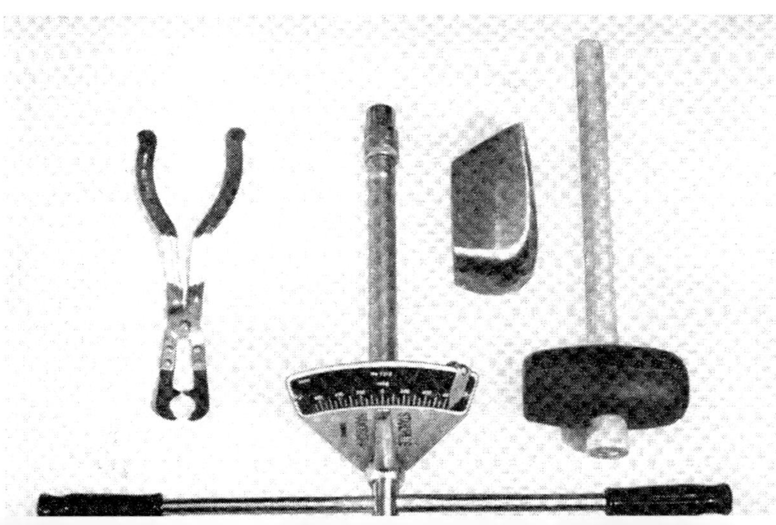

Werkzeug für gehobene Leistungen: der Drehmomentschlüssel zu Montagearbeiten an Motor und Fahrwerk, Gummihammer und Handfaust zum Ausbeulen und links die Spezial-Federzange, die zum Abnehmen der inneren Türverkleidungen erforderlich ist. Dies sind nur einige Beispiele — nach eigenem Können und Geschmack lassen sich noch viele weitere Werkzeuge nutzbringend anwenden. Die Ford-Werkstätten beziehen ihre Spezialwerkzeuge von der Firma V. Löwener, Köln-Niehl.

Zange ist nur ein Haltewerkzeug und mit der Rohrzange darf man, wie ihr Name sagt, nur an Rohren und Wellen herumdrehen, aber nicht an Schrauben. An den Schraubenziehern soll die Klingenspitze immer sauber gerade geschliffen sein, aber sie darf keine scharfe Schneide bilden, sondern muß flach wie ein Messerrücken sein. Eine scharf zugeschliffene Klingenspitze dreht sich nämlich leicht aus dem Schraubenschlitz, da ihre Flanken schräg sind, und bricht außerdem leicht ab. Wenn man sich nicht das teurere Chrom-Vanadium-Werkzeug angeschafft hat, sondern das schwarz-brünierte des Ford-Zusatz-Werkzeuges besitzt, darf man es an der entsprechenden Pflege mit Öl oder Vaseline gegen Rost nicht fehlen lassen.
Zum Aufbewahren der Werkzeuge genügt anfangs eine Holzkiste oder Tischschublade. Am besten baut man sich einige Trenn-Brettchen ein, damit nicht alles durcheinanderfällt und umgerührt werden muß, bis ein gesuchtes Stück gefunden ist. Später kann man sich einen Werkzeugkasten aus Holz oder Blech kaufen, wobei der fünfteilige mit Tragegriff, wie ihn die Schlosser haben, besonders praktisch zum schnellen Greifen der einzelnen Werkzeuge ist. Er kostet etwa 42,50 DM.

Weitere Hilfsmittel

Zum eigentlichen Handwerkszeug gehören noch einige Hilfsgeräte, die nicht vergessen werden dürfen. Wir nenen davon

	Preise in DM
1 Ölspritzkanne	etwa 4,—
1 kleine Hand-Fettpresse	etwa 8,50
1 Prüflampe	etwa 5,50
1 Reifendruckprüfer	etwa 6,50
2 Fensterleder	je etwa 14,—
1 Benzin-Waschpinsel ohne Metallfassung	etwa 2,50
1 Auto-Schwamm	etwa 2,50
2 Kunststoff-Wascheimer	je etwa 6,—

Wie diese Hilfsgeräte benutzt werden, ist in den diesbezüglichen Kapiteln beschrieben. Auch hier kann man mehr tun und sich beispielsweise statt eines Autoschwammes eine APA-Waschbürste zu 15 DM kaufen, die direkt auf den Wasserschlauch zum Wagenwaschen aufgesetzt wird. Hinweise auf die verschiedenen Mittel zur Wagenpflege finden Sie in den entsprechenden Kapiteln auf Seite 138 und Seite 144.

Flüssige Hilfen

Als Lösemittel für starken Rost und festsitzende Schrauben haben sich „Multigliss" von Molykote und „LM Liqui-Multi" von Liqui-Moly besonders bewährt. Man muß nur ein wenig Geduld haben und die Flüssigkeiten lange genug wirken lassen (Frühstückspause derweilen machen), bevor man den Ringschraubenschlüssel ansetzt. Darüber hinaus haben die beiden oben genannten Rostlöser auch intensiv wasserverdrängende Eigenschaften, wodurch man Feuchtigkeit aus einer streikenden Zündanlage erfolgreich vertreiben kann. Als Schutz gegen Rost kann man einzelne Teile sehr wirkungsvoll mit „Tectyl" von Valvoline oder „Rostokal" von Teroson überziehen. Diese flüssigen Wachse gibt es in Sprühflaschen. Und schließlich ist eine kleine Sprühflasche mit der Originalfarbe der Wagenlackierung von „Ducolux" oder „Dupli-Color" zum Ausbessern kleiner Lackschäden sehr nützlich. Wie man diese Arbeit ausführt, ist auf Seite 166 beschrieben. Dabei eine Zwischenbemerkung zum Rostschutz:

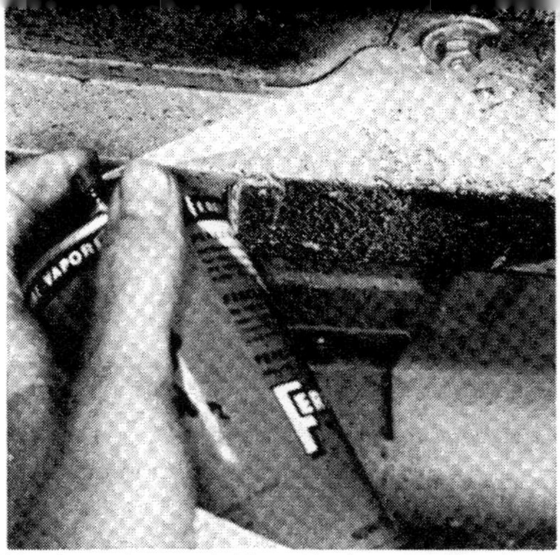

Mit Ferex-Rapid lassen sich auch sehr festgerostete Schrauben wirkungsvoll behandeln. Man muß allerdings etwas Geduld aufbringen, bis sich das Mittel durch den Rost „gefressen" hat. Auf dem Bild wird eine Bodenhalteschraube der vorderen Sitzbank von der Wagenunterseite her besprüht.

Man kann dazu auch Motoröl oder reine Vaseline nehmen. Aber auf keinen Fall Altöl! Denn Altöl enthält sehr oft rostfördernde Säuren. Man erreicht also das Gegenteil der Absicht. Gute Erfahrungen haben wir bei verrosteten Fahrwerksteilen mit „Bostik Antirost" und Pingo Rost-Stop gemacht. Das sind Flüssigkeiten auf Säure-Basis, die den Rost in widerstandsfähige Eisenverbindungen umwandeln und dadurch weiteres Rosten verhindern.

Hilfe unterwegs

Es gibt Autofahrer, die so sorglos drauflosfahren, daß man in ihren Wagen vergebens nach einem Reservekanister sucht, und im Ersatzreifen ist auch keine Luft. Andere dagegen führen aus Furcht vor Pannen ein ganzes Arsenal von Ersatzteilen und Hilfsmitteln mit sich. Hier ist, wie zumeist, der Mittelweg goldene Richtigkeit. Wir wollen hier aufführen, was man mitführen sollte, auch wenn es nachher nur dazu dient, anderen hilflosen und sorglosen Autofahrern unterwegs damit auszuhelfen:

Reservekanister	nähere Hinweise Seite 53
Abschleppseil	nähere Hinweise Seite 28
Ersatzlampen	nähere Hinweise Seite 100
Zündkerzen	nähere Hinweise Seite 97
Hilfsmittel für Winterfahrten	nähere Hinweise Seite 149

Warnlampe und sonstige Warnvorrichtungen (Warndreieck)
Verbandskasten (DIN-Normen beachten)
Feuerlöscher
Rolle Draht, Rolle Tesa-Film

Fahrten in ferne Länder

Wenn Sie sich mit Ihrem 12 M auf unwegsame Straßen in fernen Gegenden wagen wollen, sollten Sie noch einige Teile mitnehmen. Dazu gehören Sicherungen, eine Kraftstoffpumpen-Membrane, verschiedene Schlauchstücke für die Kühlanlage, dazu passende Schlauchbinder, einen Keilriemen, ein Satz Unterbrecherkontakte, elektrische Kabel und Flachstecker sowie je ein Kanister Wasser und Motor-Öl. Weiter ist zu empfehlen: ein Reserveschlauch (falls die schlauchlosen Reifen nicht zu flicken sind), eine kräftige Fuß-Luftpumpe und ein Kraftstoffpumpenoberteil (mit den Flatterventilen).
Diese Teile bei Auslandsreisen mit sich zu führen, dürfte recht ratsam sein, denn in fernen Landen ist es nicht zu garantieren, daß diese in Werkstätten auch wirklich zu finden sind. Zu den Hilfsmitteln für unterwegs gehört auch der Wagenheber. Dessen Handhabung wird auf Seite 33 erläutert.

Der Spezialist macht's möglich

An sich fühlt man sich als Ford-Besitzer zu den Ford-Werkstätten hingezogen und ist damit im Prinzip auch gar nicht schlecht dran. Lassen Sie sich mal von Autobesitzern weniger verbreiteter Marken berichten, die bis zur nächsten Vertragswerkstatt bis zu 100 km fahren müssen! Also werden Sie auch unterwegs in Notfällen zuerst das blaue Firmenschild einer Ford-Vertretung ansteuern. Ist diese überlastet oder liegt eine spezielle Störung vor, dann lohnt der Weg zum Spezialisten. Das sind entweder Werkstätten, die sich ganz speziell auf Karosserie-Reparaturen, auf Auto-Lackierung, auf Reifendienst oder Kraftfahrzeug-Elektrik verlegt haben und die sich selbstverständlich auch mit einem Ford 12 M auskennen, denn nicht selten schickt man ihnen die Wagen von den verschiedenen Werksvertretungen bei kniffligen Arbeiten zu. Anschriften dieser Spezialwerkstätten im Telefonbuch, Adressen herausschreiben. Oder es sind die Vertragswerkstätten von Spezialfirmen, die selbst Ford mit ihren Erzeugnissen beliefern. Man ist bei diesen Werkstätten gewissermaßen beim Spezial-Arzt, der sich in seinem eigenen Fach besonders gut auskennt. Bei ihnen kommt es manchmal zum aufklärenden Fachgespräch, das man von einem noch so guten Kraftfahrzeugmeister gar nicht erwarten kann.

Für spezielle Fragen stehen Ihnen im In- und Ausland die Vertragswerkstätten folgender Autozubehör-Firmen zur Verfügung:

■ Die Bosch-Vertretungen für alle Fragen der Auto-Elektrik. Man beschränkt sich dort keineswegs auf Zündkerzen und Scheinwerferlampen, sondern unterhält teil- und vollelektronische Motortestgeräte, die u. a. auch zur Prüfung der Unterdruckverstellung der Zündung, für die richtige Zündeinstellung, den Druck der Kraftstoffpumpe und weitere Messungen geeignet sind. Wenn man dort neue Teile kauft, erfolgt der Einbau und die richtige Regulierung sehr oft kostenlos. Die Firma Robert Bosch GmbH, Kundendienst-Abteilung, 7016 Gerlingen-Schillerhöhe, Robert-Bosch-Platz 1, schickt auf Anforderung ein Verzeichnis aller Bosch-Dienste im In- und Ausland. Anschriften auch im Telefonbuch. Außerdem wurde mit der Deutschen Vergasergesellschaft (Solex) ein Übereinkommen getroffen, daß man auch Prüf- und Einstellungsarbeiten für Vergaser und Kraftstoffpumpen übernimmt.

■ Die Solex-Vertretungen sind für alle Probleme des Vergasers und der Kraftstoffpumpe zuständig. Die Adressen der Solex-Dienste sind in einer Liste von der Deutschen Vergaser-Gesellschaft mbH, 404 Neuß am Rhein, Leuschstraße 1, zu haben. Besonders in Frankreich ist Solex gut vertreten.

■ Schließlich sollte man auch nicht die Tankstellen übersehen, von denen sich manche neben dem Kraftstoffverkauf mit dieser oder jener Reparaturarbeit befassen. Meist ist von außen, wenn die Tankstelle nicht ein kleines Anhängsel einer großen Werkstatt ist, davon nicht viel zu sehen, denn die Mineralölfirmen schätzen diesen Eifer ihrer Vertrags-Partner nicht immer. Man findet trotzdem an manchen Tankstellen recht fachkundige Hilfe.

Anhänglichkeiten

So gut Sie Ihren 12 M auch kennen und so oft Sie sich vielleicht schon zu helfen wußten, eines Tages kann es Ihnen doch einmal passieren, daß Sie hilflos am Straßenrand stehen, weil irgendetwas am Wagen streikt. Ihr Wagen müßte abgeschleppt werden. Natürlich kann man einen Abschleppdienst herbeirufen lassen. Aber das wird unter Umständen eine saftige Rechnung geben (mindestens 30 bis 50 DM). Billiger ist es, wenn Sie ein mildtätiger Zeitgenosse mit seinem Wagen ins Schlepptau nimmt.

Eigenes Seil empfehlenswert

Sie sollten selbst ein Abschleppseil im Kofferraum haben. Man hat nur selten Glück, wenn man sich für diese Gelegenheit auf andere Leute verlassen will. Wenn Sie jedoch Ihr eigenes Seil am Wagen befestigen und mit dem anderen Ende hilfeheischend winken, weiß jeder Autofahrer auf hundert Meter, was Ihre Bitte ist. Schneller, als Sie zu hoffen wagen, wird jemand anhalten und Sie anhängen, weil ja schon alles vorbereitet ist.

Im Schlepptau

Der 12 M ist mit 845 bis 890 kg (leer) kein allzuschwerer Brocken. Ein gutes Perlonseil oder ein schlichtes Hanfseil genügt. Ersteres braucht jedoch an beiden Enden unbedingt verschiebbare Manschetten – am besten aus Leder –, die das gegen Aufscheuern sehr empfindliche Perlonseil an den scharfen Kanten des Fahrwerks, der Karosserie oder der Stoßstange schützen.
Wer sich auf das Abschleppen mit Gefühl versteht, hat es am einfachsten mit einem Schleppseil, an dessen Enden sich Befestigungskrallen für die Stoßstange befinden. Man braucht zum Anbringen nicht unter den Wagen zu kriechen. Voraussetzung ist jedoch, daß die Haltekrallen unbedingt dort an der Stoßstange angesetzt werden, wo sich der Stoßstangenhalter direkt dahinter befindet.

Da der 12 M kein Schwergewicht ist, genügt zum Abschleppen in der Regel ein Perlonseil mit Haltekrallen für die Stoßstangen. Die Stoßstangenhalterungen des 12 M, in deren Nähe das Seil angeklammert werden muß, sind stabil genug. Allerdings: Bei unvorsichtiger Kurvenfahrt können die Haltekrallen auf der Stoßstange hin- und herrutschen, wenn sie nicht gesichert sind.

So wird das übliche Abschleppseil durch die dafür vorgesehene Öse hinter den Halterungen der vorderen Stoßstange gezogen. Perlonseile müssen gegen Durchscheuern an scharfen Kanten gesichert werden.

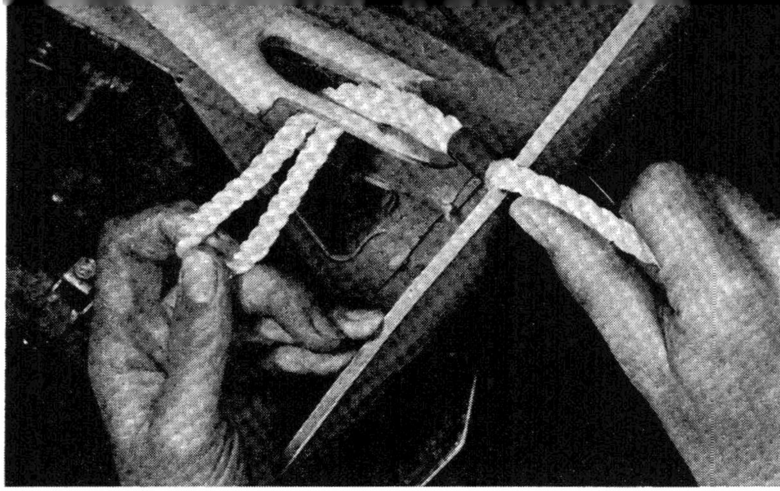

Eine solidere Anbringung des Abschleppseiles ist vorne durch die Öse in jedem der beiden Stoßstangenhalter gegeben. Wer seinen 12 M auch von unten schon eingehend studiert hat, braucht sich zur Befestigung des Schleppseiles nicht unter das Auto zu legen, sondern kann in der Hocke die Befestigungsöse mit der Hand ertasten. Sie liegt eine Handlänge hinter der Stoßstangenvorderkante, wo diese – durch den Schraubenkopf erkennbar – mit dem Stoßstangenhalter verbunden ist.

Wenn man nur ein dickes Tau oder ein Seil mit breiter Metallschnalle zur Verfügung hat, für das die Öse im Stoßstangenhalter zu klein ist, muß das Seil um die vorderen Arme der beiden Vorderachsquerlenker geschlungen werden. Es ist nicht zu ändern: Einer muß dann unter das Auto kriechen. Die Anbringung an nur einem Querlenker ist übrigens gefährlich, weil dann das Seil nach außen rutschen und bei scharfem Anrucken die Radaufhängung beschädigen kann.

Einen anderen abschleppen

Die Ford-Betriebsanleitung schweigt sich darüber aus, wie man andere abschleppt. Wer sich aufs Abschleppen versteht und ein anderes Auto wie eine Kiste roher Eier fortzubewegen weiß, kann es mit einem doppelt so schweren Personenwagen aufnehmen. Die Kupplung wird zwar dabei etwas stöhnen, aber der Motor wird es bei nicht zu langer Strecke schaffen. In der Regel sollte aber ein abgeschleppter Wagen nicht viel größer als das Schleppfahrzeug sein.

Wenn sich ein dickeres Abschleppseil nicht durch die Abschlepppöse — oberes Bild — fädeln läßt, muß es um beide vordere Dreieckslenker geschlungen werden, wie dies hier bei einem Ford-Pannenkurs am aufgebockten 12 M gezeigt wird. Anbringung an nur einem Dreieckslenker kann gefährlich werden, wenn das Seil nach außen rutscht.

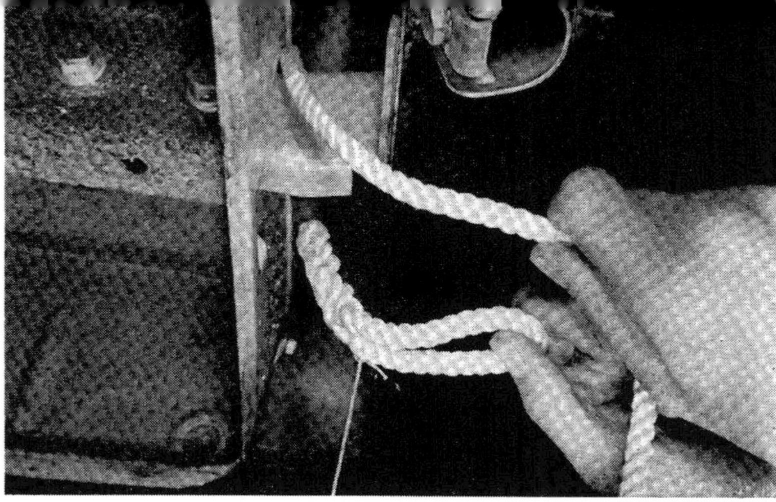

An den Halterungen der hinteren Stoßstange fehlt eine Öse zur Anbringung eines Abschleppseiles. Statt dessen kann man es, wie hier gezeigt, um die Halterung selbst schlingen. Bei feinfühligem Abschleppen kann dabei kein Schaden entstehen.

Die Anbringung des Abschleppseiles ist hinten ähnlich wie vorne. Ein leichtes Perlonseil mit Haltekrallen für die Stoßstangen wird wieder unmittelbar vor einem der beiden Stoßstangenhalter an der Stoßstange befestigt. Das abgeschleppte Fahrzeug darf dann aber auch nur ein Leichtgewicht sein und seine Stoßstange muß ebenso massiv wie beim 12 M mit der Bodenplatte des Fahrzeuges Verbindung haben.
Für andere Seile haben die hinteren Stoßstangenhalter keine Durchsteck-Öse. Da sie aber massiv angebracht sind, kann man das Abschleppseil in einer Schlinge um den Halter herumlegen. Ein dickes Tau, das sich nicht um einen Stoßstangenhalter hinten schlingen läßt, muß an dem hinteren Lagerbock einer Blattfeder angehängt werden. Es bleibt Ihnen dann nicht erspart, unter den Wagen zu kriechen. An der Hinterachse soll man kein Abschleppseil befestigen, denn diese ist für solche Zugbeanspruchungen nicht eingerichtet.

Schleppfahrt mit Gefühl

Abschleppseile bringt man in der Regel in Fahrtrichtung links an, also am Stoßstangenhalter links hinten oder links vorne. Dadurch hat der Fahrer des abgeschleppten Fahrzeuges das Seil unmittelbar vor Augen. Denn er muß ja wachsam darauf achten, daß es immer straff gespannt ist. Die Fußspitze hat er stets am – nicht auf! – dem Bremspedal, damit er sofort ganz sanft bremsen kann, falls das Seil einmal durchhängt. Bei hartem Bremsen würde es entweder reißen oder an einem der Wagen geht etwas verbogen. Die Linksanbringung des Abschleppseiles ist auch wegen der Gewichtsverteilung in den beiden Wagen – links sitzen die mehr oder weniger gewichtigen Fahrer – günstiger. Die Beifahrer steigen zur Erleichterung des Schleppgewichtes möglichst in das abschleppende Fahrzeug um.

Schub-Betrieb

Eine sehr praktische Hilfsfortbewegung gibt es noch, wenn die Stoßstangenhörner mit Gummipuffern versehen sind. Voraussetzung ist aber, daß das andere Fahrzeug die nahezu gleiche Stoßstangenhöhe hat. Dann braucht man kein Abschleppseil, sondern das Hilfsfahrzeug setzt sich hinter den Hilflosen und schiebt ihn durch direkte Berührung Stoßstange an Stoßstange. Diese Schub-Methode eignet sich auch, wenn ein Auto wegen entladener Batterie fremde Starthilfe braucht. Das geht dann folgendermaßen: Im anzuschiebenden Wagen Zündung einschalten, bei kaltem Motor Starterknopf ziehen, Kupplung treten,

Im „Schub-Betrieb" kann man einen anderen Wagen mit dem 12 M vor sich herschieben, denn seine Stoßstangenhörner haben Gummiauflagen. Chromschmuck wird also nicht verkratzt, wenn die „gegnerische" Stoßstange die gleiche Höhe hat. Sitzen auf der anderen Stoßstange auch Hörner, muß ihr Abstand voneinander wesentlich anders als jener beim 12 M sein, sonst gibt es beim Kurvenfahren seitliche Verklemmungen.

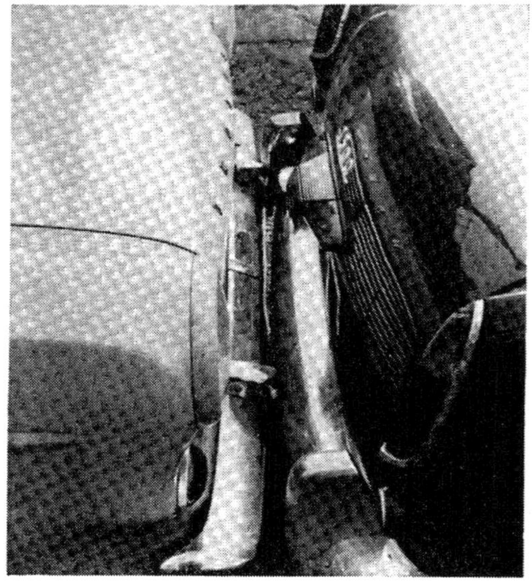

2. Gang einschalten und bei getretener Kupplung anschieben lassen. Wenn der Wagen Schwung hat, Kupplung kommen lassen und sofort wieder auskuppeln, wenn der Motor anspringt, damit er unbelastet auf Touren kommt.
Das Abschleppen ist nach den Gesetzen eine Notmaßnahme. Es darf nur dazu dienen, ein aus eigener Kraft nicht fahrfähiges Fahrzeug in die nächste zumutbare Werkstatt oder an seinen nahegelegenen Heimatstandort zu bringen. Der Fahrer des mit einem Seil abgeschleppten Fahrzeuges muß nicht einmal den betreffenden Führerschein haben.

Eigenes Haus am Haken

Was man sonst hinter seinem Ford 12 M herziehen will, muß mit diesem durch eine typgeprüfte und amtlich zugelassene feste Anhängerkupplung verbunden sein. Das gilt für kleine Musterkofferanhänger, für Bootsanhänger oder das eigene Haus auf Rädern, welches allerdings nur eine bescheidene Häuslichkeit sein darf, denn die zulässige Anhängerlast beträgt nicht mehr als 400 kg, einerlei, ob der Anhänger eine oder keine eigene Bremse hat. Es reicht also nur zu einem Wohnwagen, der leer höchstens 300 kg auf die Waage bringt und für 400 kg Gesamtgewicht zugelassen ist (Ausnahmegenehmigung möglich, Ford gestattet in einem Grundgutachten für den TÜV in Sonderfällen mit dem 1,5-Liter-Motor eine gebremste Anhängelast bis maximal 750 kg, ungebremst bis 460 kg). Einem gebremsten Anhänger sollte man den Vorzug geben. Übrigens: Mit Anhänger darf man auch auf der Autobahn nicht schneller als 80 km/h fahren. Anhängerkupplungen darf man sich nicht selbst basteln. Auch vom eigenen Anbau der für den 12 M zugelassenen Anhängerkupplung möchten wir abraten, da das Fahrzeug dem TÜV vorgeführt werden muß und natürlich die Montage kritisch überprüft wird. Abschließend wird die Anhängevorrichtung im Kfz-Brief und im Kfz-Schein (Zulassung) eingetragen.

Geschniegelt und gestriegelt

Regelmäßig wie das Zähneputzen – wenn auch in anderen Zeitabständen – läßt sich der gepflegte Mensch die Haare schneiden, kürzt sich die Fingernägel, zieht frische Socken an die Füße und spart auch nicht mit Wasser und Seife an sich. Bei einem Auto ist es nicht anders. Bei regelmäßiger und sorgfältiger Pflege gewinnt es an Aus- und Ansehen. Und was noch wichtiger ist: an Zuverlässigkeit und Lebensdauer.
Jedes Werk stellt zu diesem Zweck einen ausführlichen Fahrplan darüber auf, was wann und wo gepflegt, gewartet oder kontrolliert werden soll. Diese Pflege- und Inspektionsarbeiten finden Sie nachfolgend aufgeführt und dazu vermerkt, auf welchen Seiten genauer beschrieben ist, wie die einzelnen Pflegearbeiten ausgeführt werden sollen. Die Bedeutung der Buchstaben S, T, W ist auf Seite 33 erläutert.

Was muß wann und wo gemacht werden?

			Nähere Hinweise Seite
Alle 5000 km	**Kontrolldienst**		
	S	1. Motorölstand	36
	S/T	2. Getriebeölstand	37
	S	3. Batteriesäurestand	37
	S	4. Kühlflüssigkeitsstand	38 und 60
	S/T	5. Reifendruck	38
	S	6. Prüfen aller Scheinwerfer und Lampen	38
	S/W	7. Pedalspiel an Kupplung und Bremse, Funktion der Handbremse	38
	Pflegedienst		
	S	8. Scheibenwaschanlage auffüllen	38
	S/T	9. Luftfilter-Papiereinsatz ausblasen	39
	S/T	10. Kurbelgehäuse-Belüftungsfilter reinigen	39
	S	11. Zündverteiler ölen	39
	S	12. Gummifreie Gelenke des Schaltgestänges ölen	39
Dazu alle 10 000 km	**Pflegedienst**		
	S T	13. Motorölwechsel	40
	S T	14. Ölfilteraustausch	40
	S/T	15. Kreuzgelenke der Antriebswelle durchschmieren	48
	S/T	16. Fettvorrat im Lenkgehäuse bei Bedarf ergänzen	51
	S	17. Verschluß an Motorhaube und Kofferraumhaube einfetten	49
	S	18. Lichtmaschine ölen	45
	S	19. Türscharniere ölen	46
	S	20. Handbremsgelenke ölen	46
	S	21. Batterie reinigen, Pole einfetten	73
	S	22. Kraftstoffpumpe reinigen	54
	S/W	23. Vergaser reinigen	195
	S/T W	24. Zündkerzen reinigen, Elektrodenabstand nachstellen	96
	S T	25. Bremsflüssigkeit nachfüllen	135

	Inspektionsdienst		
	T W	26. Ladezustand und Säuredichte der Batterie prüfen	71
	S/W	27. Kompressionsdruck prüfen	184
	S/W	28. Zündverteiler kontrollieren	93
	S/W	29. Schließwinkel und Zündzeitpunkt einstellen	91
	S/W	30. Leerlauf einregulieren	196
	S/W	31. Ventilspiel bei Ventilgeräusch berichtigen	183
	S/W	32. Schrauben bzw. Muttern am Vergaser, Kraftstoffpumpe, Ansaugkopf und Auspuffanlage nachziehen	194 55 186
	S	33. Keilriemen nachstellen	76
	S/W	34. Scheinwerfereinstellung prüfen	101
	S	35. Handbremse auf Funktion prüfen	136
	S	36. Fußbremswirkung prüfen	134
	S/W	37. Bremsbeläge und Bremstrommeln prüfen	225
	S/W	38. Dichtheit der Bremszylinder prüfen	135
	S/W	39. Türschließkeile prüfen	50
	W	40. Getriebe-Schaltgestänge prüfen	213
	S/W	41. Federbefestigungsschrauben nachziehen	215
	S/W	42. Kupplungsspiel nachstellen	201
	W	43. Spurstangen-Endstücke prüfen	220
	W	44. Vorspur messen	220
	S/T	45. Reifenzustand prüfen	121
	W	46. Räder nachwuchten	125
	S/T	47. Räder austauschen	122
	S/W	48. Endkontrolle auf Probefahrt oder Prüfstand	15
Dazu alle 20 000 km	**Pflegedienst**		
	S T	49. Getriebeölwechsel	45
Dazu alle 50 000 km	**Pflegedienst**		
	W	50. Nutenstücke der Antriebswellen einfetten	50
	W	51. Fettvorrat für die Nutenstücke erneuern	50
	W	52. Fettfüllung der Kugelgelenke an den Vorderrädern ergänzen	50
	W	53. Alle Radlager einstellen und Fettfüllung erneuern	50

Was kann man selbst machen?

Wenn Sie diesen umfangreichen Fahrplan mit den entsprechenden Werksangaben vergleichen, werden Sie feststellen, daß wir nichts hinzugefügt – aber auch nichts weggelassen – haben. Die Werksangaben sind jedoch auf Bedienungsanleitung und Kundendienstheft verteilt. Da fällt es nicht so stark auf, wieviel an solch einem Auto zu pflegen und zu kontrollieren ist. Erschrecken Sie aber nicht vor der langen Liste. Bei näherem Hinsehen ist vieles nur eine Halbminutenarbeit.

Es ist lebensgefährlich, sich unter den nur mit dem Wagenheber hochgewundenen 12 M zu legen. Wenn der nur leicht angesetzte Wagenheber abgleitet, sackt der Wagen durch und schlägt dem Mann darunter auf Kopf und Brust! Will man seinen Wagen von unten beschauen, muß er vorher abrutschsicher unterbaut werden.

Das ist falsch: Der Wagenheber ist schief angesetzt. Er neigt sich um so starker, je höher der Wagen „gepumpt" wird. Der schräg stehende Wagenheber wird auch den abgebremsten 12 M unvermeidbar wegdrücken und dabei der Wagenheber von der Stoßstange abgleiten.

Sie wollen hören, was Sie von den Pflege- und Inspektionsarbeiten selbst machen können? Das haben wir gleich bei dieser Aufstellung durch einen oder mehrere Kennbuchstaben vor jeder Zeile angezeigt. Es bedeuten:

S = Selbst machen. Das sind Arbeiten, die man ohne Fachkenntnisse und besonderes Werkzeug selbst ausführen kann, nachdem man den entsprechenden Abschnitt auf der betreffenden Seite dieses Buches durchgelesen hat.

S/T = Selbstmachen oder Tankstelle. Auch hier sind keine besonderen Fachkenntnisse notwendig, aber vielleicht fehlt Ihnen das entsprechende Gerät zur Ausführung dieser Arbeit und die Tankstelle besitzt es.

S/W = Selbstmachen oder Werkstatt. In diesen Fällen sind neben einfachen Fachkenntnissen etwas Geschick, Einfühlungsvermögen und zusätzliches, aber kein aufwendiges Werkzeug Voraussetzung. Manchmal, aber nicht in jedem Falle, kann auch eine gut ausgestattete Tankstelle helfen, wenn Sie diese Arbeit nicht selbst machen wollen.

T = Tankstelle. Der sparsame Mann überläßt diese Arbeit am besten der Tankstelle, obgleich er sie auch selbst ausführen könnte. Er spart dabei Zeit und Mühe, denn der Warenpreis, der bei dieser Arbeit entsteht, ist gleich, einerlei, ob man die Ware – in der Regel das Öl – selbst verarbeitet oder von der Tankstelle verarbeiten läßt. Denn in diesen Fällen berechnet die Tankstelle keinen zusätzlichen Arbeitslohn. Selbsthelfer mit Ehrgeiz werden sich jedoch auch diese Arbeit nicht

So ist es richtig: Der Wagenheber steht auf einer festen Unterlage und ist anfangs mit dem oberen Teil der Zahnstange etwas nach außen geneigt. Bei hochgepumptem Wagen steht er dann senkrecht und schiebt das Fahrzeug nicht weg.

Zur Pflege des Fahrgestells und der Fahrzeugunterseite muß der Wagen stabil aufgebockt sein. Die Räder sollen sich frei drehen lassen. Am besten besorgt man sich 4 Hohlblocksteine und 4 Backsteine als Unterlage. Die großen Hohlblocksteine sind wichtig, weil ein gleich hoher Aufbau aus Backsteinen nicht stabil genug ist.

nehmen lassen. Billiger wird es für den Selbsthelfer nur, wenn er die notwendige Ware besonders günstig einkaufen kann.

W = Werkstatt. Diese Arbeiten erfordern spezielle Fachkenntnisse, teure Meß- und Arbeitsgeräte, die man nur in einer Fachwerkstatt besitzt. Nur in Ausnahmefällen und bei besonderer Sachkenntnis sollte man sich selbst dieser Arbeiten annehmen. Trotzdem sind sie beschrieben, damit Sie wissen, was die Werkstatt dabei macht.

In einigen Zeilen stehen mehrere Buchstaben. Sie haben dann die Wahl, wer diese Arbeit ausführen soll. Natürlich könnte in jeder Zeile auch ein „W" stehen, denn die Werkstatt ist ja mit allen diesen Arbeiten vertraut. Wir schlagen Ihnen aber die Reihenfolge Selbstmachen – Tankstelle – Werkstatt vor, denn an der Tankstelle kommen Sie zumeist leichter an als an der überlasteten Werkstatt. Wenn es nicht gerade Wochenende ist, kann man im allgemeinen an der Tankstelle gleich darauf warten, bis die Arbeit erledigt ist.

Nun gibt es beim Pflege- und Inspektionsdienst alle 10 000 km einige Arbeiten, die nur mit einem „W" gekennzeichnet sind. Sie bleiben, wenn Sie Inspektion und Pflege selbst machen oder an Ihrer Stamm-Tankstelle machen lassen, „übrig". Trotzdem dürfen sie nicht übergangen werden, und Sie brauchen keine Scheu zu haben, diese Arbeiten gesondert bei der Ford-Werkstatt in Auftrag zu geben. Das ist immer noch billiger als ein kompletter Inspektionsdienst. Aber den Kontroll- und Pflegedienst alle 5000 km können Sie ohne besondere Probleme selbst bestreiten. Jeden zweiten Weg in die Werkstatt ersparen Sie sich.

Zuerst legt man zwei Backsteine als Hindernis gegen die überdies mit der Handbremse festgelegten Hinterräder und windet den Vorderwagen hoch, bis beidseitig die vordere Bodenrahmenkante dicht hinter den Vorderrädern, wie im oberen Bild erkennbar, mit je einem Hohlblockstein und je einem Backstein unterlegt werden kann. Dann wird der Hinterwagen hochgewunden und beidseitig das vordere Federauge vor den Hinterrädern, wie auf dem nebenstehenden Bild dargestellt, unterbaut.

Der Pflegeplatz

Sie wollen also Ihrem Ford Taunus 12 M zur Eigenpflege zu Leibe rücken. Wo soll das Fest stattfinden? In Ihrer Garage? Nur selten wird eine Garage so geräumig sein, daß man von allen Seiten ungehindert an das darin abgestellte Fahrzeug heran kann. Günstiger ist es also im Freien – schon wegen des besseren Lichtes, das Ihnen auch bei der kritischen Inspektion der Fahrzeugunterseite die elektrische Handlampe oder Taschenlampe spart.
Aber nicht jeder Platz im Freien ist für Pflege und Wartung eines Wagens geeignet. Auf einer Wiese oder einem Rasenplatz bleibt die versehentlich herabgefallene Schraube in der Regel unauffindbar. Ebenso „gefährlich" ist die unmittelbare Nähe eines Gullys, eines Wasserablaufes. Er zieht herabfallende Schrauben oder Autoschlüssel geradezu magisch an. Gekiester Boden auf festem Untergrund geht schon eher, wenn man vorher den Kies mit einem Drahtbesen geglättet hat. Am besten ist natürlich ein ebener und glatter Zement oder Asphaltboden. Vorher wird er natürlich gekehrt, damit man sich nicht im Schmutz umherwälzt und ohne Gefahr für den Hosenboden auch einmal hinsetzen darf.
Um sich unter das Auto zu legen, genügt schon der bereits erwähnte Bogen Packpapier. Besser ist ein ausgebrauchtes Kunststoff-Tischtuch, denn es hält Feuchtigkeit ab und läßt sich leicht reinigen.

Aufgebockten Wagen sichern

Wenn Sie an die Unterseite Ihres 12 M heranwollen, z. B. bei der Getriebeöl-Kontrolle, dann werden Sie merken, daß zwischen Boden und Autobauch nicht viel Platz ist. Also muß das Auto hochgewunden werden. Hüten Sie sich jedoch davor, unter ein Auto zu kriechen, das nur von einem Wagenheber irgendwie und einseitig hochgehalten wird. Auch der dem 12 M beigegebene Wagenheber ist so unstabil, daß er bei einem Rütteln am Wagen leicht abgleitet oder umknickt.
Um Bewegungsfreiheit unter seinem Auto zu haben, muß es stabil aufgebockt sein. Die auf dem Boden bleibenden Räder müssen sicher blockiert werden (Backsteine, große Holzklötze). Es ist nicht zu empfehlen, sich aus Brettern und Backsteinen eine Auffahrtrampe zu basteln. Das ist zumeist wackelig und nützt auch nicht viel, weil zu einigen Kontroll- und Pflegearbeiten die Räder frei hängen müssen. Sonst kann man sich beispielsweise nicht die Schmiernippel des Antriebswellen-Kreuzgelenkes arbeitsgerecht hindrehen.

Den machen wir selbst

Wie wir schon sagten: Den 5000-km-Kontrolldienst selbst auszuführen ist kein Problem, weder von der Seite fachlicher Kenntnisse, noch was das Werkzeug betrifft. Wir sparen damit einige Markstücke und entlasten die Werkstatt für echte Reparatur-Arbeiten. Stichwortartig haben wir nachstehend zusammengefaßt, was bei diesem 5000-km-Dienst zu tun ist. Wer sich noch genauer über die einzelnen Maßnahmen orientieren möchte, schlage die Seiten auf, die neben der Gesamtwartungs-Tabelle im vorhergehenden Kapitel angegeben sind.

1. Motorölstand prüfen

Der Ölpeilstab ragt auf der linken Motorseite – in Fahrtrichtung gesehen – zwischen hinterer Zündkerze und Auspuffrohr empor. Er ist an dem runden Griffstück erkennbar. Herausziehen und mit sauberem Lappen – nicht mit Putzwolle oder Watte! – abwischen, noch einmal bis zum Anschlag hineinstecken, warten und wieder herausziehen. Die Peilstabspitze muß mindestens bis zur Markierung „MIN" mit Öl benetzt sein. Wenn tiefer, dann Motoröl (siehe Seite 42) nachfüllen. Bis zur Markierung „MAX" können etwa 1,25 Liter nachgefüllt werden. Überfüllung ist schädlich für Motor und Geldbeutel. Wenn Ölstand im geriffelten Feld, ist Nachfüllen nicht notwendig.

Ölstand nur genau zu ermitteln, wenn Motor mindestens seit einigen Minuten stillsteht und Wagen auf waagerechter Fläche abgestellt ist. Bei laufendem Motor zu viel Öl im Umlauf, so daß Ölspiegel zu niedrig erscheint. Motorölstand prüft man öfters als alle 5000 km. Kurz vor nächstem Wechsel nichts mehr nachfüllen, wenn Ölstand bis knapp unter „MIN"-Marke abgesunken ist.

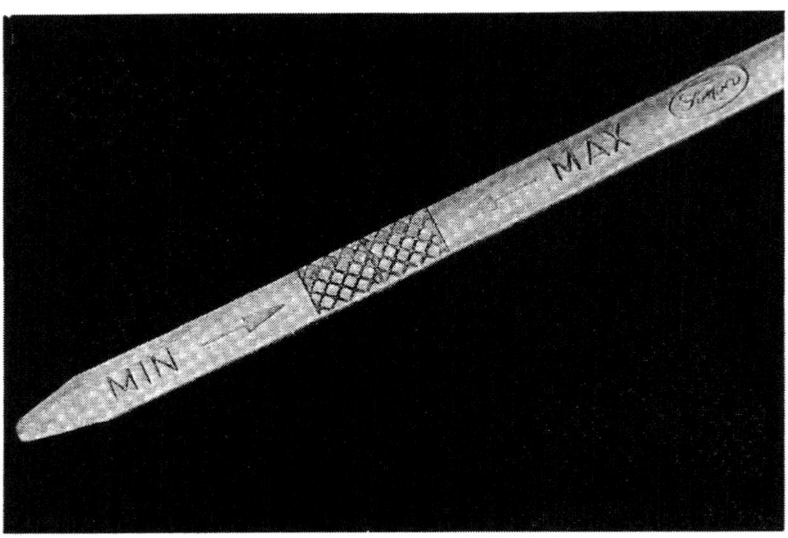

Im geriffelten Feld des Ölpeilstabes soll das Motoröl stehen. Solange der Ölstand noch nicht unter die „MIN"-Marke gerutscht ist, braucht kein Öl nachgefüllt zu werden. Vor dem Ziehen des abgewischten Stabes tunlichst 2—3 Minuten warten, damit alles Öl zurück in die Ölwanne gelaufen ist; am besten: Ölstand morgens vor dem Wegfahren prüfen.

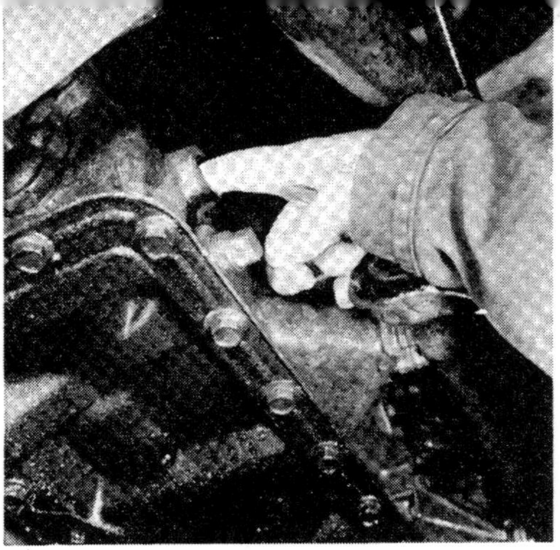

Mit dem Finger wird der Ölstand des Getriebes kontrolliert. Das Getriebeöl soll bis zur Unterkante dieser Kontrollöffnung stehen. Unter der Kontrollöffnung ist an der Seite des Getriebegehäuses die Ölablaß-Schraube erkennbar (Außen- oder Innenvierkant).

2. Getriebeölstand prüfen

An der rechten Seite des Getriebegehäuses — in Fahrtrichtung gesehen — befinden sich zwei Vierkantschrauben übereinander. Unten Ölablaß-Schraube, oben Einfüll- und Kontroll-Schraube. Unter den Wagen legen und obere Vierkantschraube mit Gabelschlüssel mit Schlüsselweite (SW) 14 herausschrauben. Zeigefinger hineinstecken und fühlen, ob Öl bis zur Unterkante Einfüllöffnung steht. Wenn ja, Ölstand in Ordnung. Wenn nein, siehe Seite 45. Kontrollschraube hat innen Magnet. Vor dem Einschrauben daranhängenden Metallabrieb abwischen. Ölmangel im Getriebe zumeist durch ölverschmiertes Gehäuse von außen zu vermuten. Normalerweise tritt kein Getriebeölverbrauch ein.

3. Batteriesäurestand prüfen

Da Batterie im Wärmefeld des Motors liegt, verdunstet relativ viel Wasser aus der Säure. Alle drei Verschlußstopfen herausdrehen und Batteriesäurestand in jeder der 3 Batteriezellen durch Augenschein prüfen. Batteriesäure muß 10 bis 15 mm über oberen Plattenrand stehen. Wenn Plattenoberkante aus der Säure ragt, destilliertes Wasser – niemals Säure! – nachfüllen (für ein paar Groschen in der Drogerie erhältlich). Nicht über 15 mm einfüllen, da Batteriesäure im Ladebetrieb sonst überlaufen kann. Bei dieser Gelegenheit auch Batterieoberseite reinigen; am besten mit einem harten Pinsel ohne Metall-Einfassung.

Besser als nach Augenmaß prüft man den Säurestand der Batterie mit sauberen Pappestreifen, langen Zahnstochern oder am besten mit einem Kunststoffröhrchen. An Pappestreifen oder Zahnstochern braucht man jeweils 3 Stück — für jede Batteriezelle einen. Ein Kunststoffröhrchen, wie es unser Bild zeigt, ist dagegen immer wieder verwendbar. Es wird in die Batterie gesteckt, das obere Ende mit dem Daumen zugehalten und herausgehoben. Im unteren Ende des Röhrchens ist dann der Säurestand der betreffenden Batteriezelle erkennbar.

4. Kühlflüssigkeitsstand prüfen

Kühlerverschlußdeckel auf dem Wärmetauscher an der Rückwand des Motors öffnen. Nicht nachfüllen, wenn unter dem Einfüllstutzen sichtbares Blech noch bedeckt ist. Auffüllen bis zum Rand des Einfüllstutzens führt zum Überlaufen beim Betrieb und Verdünnen der Frostschutzmischung. Nur in Notfällen Wasser nachfüllen, andernfalls bei Ford-Vertretung vorgeschriebene Kühlflüssigkeit nachfüllen lassen.

5. Reifendruck prüfen

Druck in atü	12 M vorne	12 M hinten	12 M/TS vorne	12 M/TS hinten	12 M Kombi vorne	12 M Kombi hinten
2 Personen	1,5	1,3	1,5	1,3	1,4	1,2
5 Personen	1,6	1,5	1,6	1,6	1,5	1,5
voll ausgelastet und Autobahnfahrt	1,6	1,7	1,7	1,7	1,5	2,5

Wenn man nicht grundsätzlich allein fährt, sollte man höchsten Druck, der in der Tabelle angegeben ist, fahren. Es verbessert die Lenkeigenschaften und spart Kraftstoff. Etwas mehr Luftdruck ist den Reifen weniger schädlich als zu wenig Druck. Ungleichmäßiger Luftverlust der Reifen läßt Schaden am Reifen mit dem niedrigsten Druck vermuten.

6. Scheinwerfer und Lampen prüfen

Alle Schalter für Beleuchtung und Signaleinrichtungen nacheinander betätigen. Um den Wagen gehen und Leuchten kontrollieren, Auf- und Abblenden nicht vergessen. Bei dieser Gelegenheit: Mit Lappen alle Lichter säubern – die Lichtausbeute wird größer! Auch Bremslichtprobe! Roten Widerschein an Hauswand oder anderen Wagen beobachten oder einen Helfer hinter den Wagen gehen lassen. Wie schadhafte Lampen ausgewechselt werden, ist auf den Seiten 100 bis 105 ausführlich beschrieben.

7. Fußpedalspiel und Handbremse prüfen

Die Pedale müssen etwas „Leerlauf" haben, bis sie greifen – man nennt dies „Spiel" – damit Kupplung und Bremse nicht unbeabsichtigt schleifen und nach kurzer Zeit unbrauchbar werden. Pedale mit der Hand langsam herunterdrücken. Nach kurzem Eindrücken deutlich einsetzender Widerstand spürbar (bei Kupplungspedal besser spürbar).

Spiel des Bremspedals soll $^1/_3$ des gesamten Bremspedalweges nicht übersteigen. Bei größerem Spiel nachstellen, wie im 2. Bremsenkapitel beschrieben.

Spiel des Kupplungspedals soll – am Pedalende gemessen – 20 bis 25 mm betragen. Bei größerem oder kleinerem Spiel nachstellen, wie auf Seite 210 beschrieben.

Wirksamkeit der Handbremse prüfen: Bremsstock langsam herausziehen, bis 4. Raste deutlich knackend einrastet. Fahrzeug darf sich nicht mehr hin- und herschieben lassen. Andernfalls Handbremse nachstellen, wie im 2. Bremsenkapitel beschrieben.

8. Scheibenwaschanlage auffüllen

Flüssigkeitsbehälter an hinterer Spritzwand im Motorraum vor Beifahrersitz. Am durchsichtigen Behälter von außen erkennbar, ob Flüssigkeitsstand ausreicht. Zum Nachfüllen Kunststoffdeckel mit Schlauch abziehen, Behälter aus der Halterung nehmen. Dem Scheibenwaschwasser zur besseren Wirkung gegen Öldunst auf der Windschutzscheibe Scheibenreinigerflüssigkeit beimischen. Gibt es portionsweise in kleinen Kunststoffkissen für eine Behälterfüllung an Tankstellen. Im Winter damit Waschwasser frostfest machen oder Spiritus im Verhältnis 1 : 1 beimischen. Reicht bis –35° C.

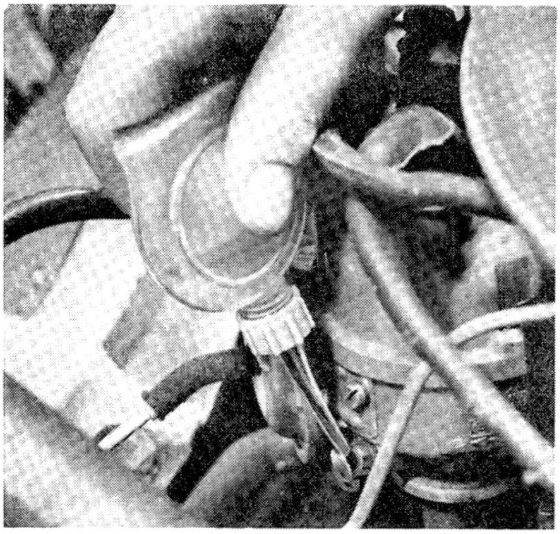

Der Verteiler hat an der Seite zur Batterie einen kleinen Öldeckel, den unser Bild zeigt. Dort hinein werden alle 5000 km einige Tropfen Motoröl gegeben — nicht mehr als wenige Tropfen! —, um die Verteilerwelle zu schmieren.

9. Luftfilter-Papiereinsatz ausblasen

Flügelmutter oder Sechskantmutter (13-mm-Schlüssel) auf Luftfilterdeckel lösen. Oberteil abnehmen. Großen Filterring herausnehmen, leicht ausklopfen, dann mit Luft von innen ausblasen. Arbeit mit Handluftpumpe oder Staubsauger, letzterer mit Luftschlauch an der Druckseite angeschlossen. Neuerdings schreibt Ford diesen Pflegedienst nur noch alle 10 000 km vor. Wir meinen, alle 5000 km kann es, vor allem im Sommer, nicht schaden. Vorsicht: Befestigungsmutter des Luftfilters nicht zu fest ziehen, sonst verzieht sich Vergaser-Oberteil, und Starterklappe klemmt.

Hinweise: Der zum Luftfilter führende Schlauch für die Kurbelgehäuse-Entlüftung ist nur lose aufgesteckt und nicht immer dicht. Abhilfe gegen Ölverschmutzung schafft eine Befestigung mit einem Spannband.

Der Papiereinsatz zum Luftfilter kann durch Wasser oder hohe Luftfeuchtigkeit aufquellen und dichter werden. Dann wird zu wenig Luft durchgelassen, das Gemisch wird zu fett: Motorlaufschwierigkeiten, vor allem nach dem Start.

10. Kurbelgehäuse-Belüftungsfilter reinigen

Einfülldeckel für das Motoröl vorne auf dem rechten Zylinderkopfdeckel – in Fahrtrichtung gesehen – ist zugleich Kurbelgehäuse-Belüftungsfilter. Deckel abziehen, in Benzin ausschwenken, mit Luftpumpe oder Staubsauger – in Druckrichtung arbeitend! – ausblasen, Drahtfilter mit Öl benetzen. Beim Aufsetzen des Deckels muß Pfeil in Fahrtrichtung zeigen.

11. Zündverteiler ölen

Seitlich am Zündverteiler in Richtung auf die Batterie ist ein Öler, mit Klappdeckel verschlossen. Einige Tropfen Motoröl – nicht zu viel! – einspritzen.

12. Gummifreie Gelenke des Schaltgestänges ölen

Bei stehendem Motor durch Helfer alle Gänge durchschalten lassen. Dadurch alle beweglichen Teile des Schaltgestänges im Motorraum vor dem Fahrersitz erkennbar. An alle Gelenke, die nicht in Gummi oder Kunststoff gelagert sind, einige Tropfen Motoröl geben. Vorsicht: Bewegliche Teile des Schaltgestänges beim Ölen nicht mit der Hand verstellen! Getriebe ist dann durch Hebel an der Lenksäule eventuell nicht mehr schaltbar. Mehrere Gänge können gleichzeitig eingelegt sein. Getriebeschaden möglich.

Öl und Fett erhalten Werte

Wo bewegliche Teile aufeinander gleiten, gibt es Reibung. Diese Reibung erzeugt einerseits Widerstand und andererseits Wärme. Beides kostet Kraft und nutzt das Material ab. Reibung ist also zumeist unerwünscht, von Bremse und Kupplung einmal abgesehen.
Um also Kraftverschwendung und unerwünschte Hitze-Entwicklung zu vermeiden, muß man bewegliche Teile möglichst leicht aufeinander gleiten lassen. Dazu bringt man eine Schicht zwischen die gleitenden Teile, die sich den Bewegungen und der Oberfläche der Teile anpaßt und diese trennt. Die Schicht besteht beim Auto zumeist aus Schmierstoffen, aus Öl oder Fett. Fett ist nur in festere Form gebrachtes Öl. Ob man Fett oder Öl nimmt und welche spezielle Sorte es jedesmal sein muß – denn es gibt hunderterlei Sorten Fette und Öle zum Schmieren –, das hängt weitgehend ab von der Geschwindigkeit der gleitenden Teile, von der dort auftretenden Temperatur und von den äußeren Einwirkungen, etwa durch Wasser oder Schmutzteilchen. Außerdem bekommen die Schmierstoffe an manchen Stellen noch besondere Aufgaben, z. B. Kühlung heiß werdender Teile, Abdichtung gegen Gase, Wasser oder Schmutz, Reinigung von Abriebteilchen und Verbrennungsrückständen, Schutz gegen Rost und anderes.
Es ist klar, daß bei diesen vielfältigen Aufgaben, die an den verschiedenen Schmierstellen ganz unterschiedlich zu bewältigen sind, mit einer einzigen Ölsorte nicht auszukommen ist. Motorenöl im Getriebe würde dieses genauso zerstören, wie Getriebeöl den Motor.

Motoröl wechseln

Pflegearbeit Nr. 13 und Nr. 14

Man kann den Motorölwechsel in der Ford-Werkstatt, in der Tankstelle oder zu Hause machen. Wir ziehen im allgemeinen die Tankstelle vor. Das hat eine Reihe von Gründen.
1. Das Motoröl soll warm gewechselt werden, damit aller Schmutz gut ausläuft. An Werkstätten muß der Wagen oft lange warten, bis er drankommt. Inzwischen ist das Motoröl kalt geworden und schwemmt nicht allen Schmutz heraus. An Tankstellen hat man dagegen oft schon nach wenigen Minuten Zeit für diese Arbeit.
2. Wenn Sie Motoröl nicht durch gute Beziehungen billiger kaufen können und es von der Tankstelle beziehen, kostet es den gleichen Preis, ob der Ölwechsel an der Tankstelle oder zu Hause gemacht wird. Die eigentliche Arbeit des Ölwechsels wird an den Tankstellen nicht berechnet. Man kann sich also die Mühe zu Hause sparen. Zudem geht es mit den geübten Händen des Tankwarts schneller.
3. Beim Ölwechsel fällt Altöl an. Wohin damit? In die Kanalisation schütten oder im Garten vergraben darf man es nicht. Das kostet wegen des Grundwasser-

oder Ringschlüssel SW 24 geöffnet. Zuvor muß ein Ge- Die Ölablaß-Schraube des Motors wird mit einem Maul- faß, das mindestens 3,25 Liter Altöl aufnehmen kann, untergestellt werden. Beim darauffolgenden Eindrehen der Ablaß-Schraube darf diese nicht mit Gewalt angezogen werden. Das leicht konische Gewinde dieser Schraube wird sonst beschädigt.

schutzes Strafen. Nicht mal zum Einpinseln der Wagenunterseite gegen Rost taugt das Altöl, da es rostfördernde Säuren enthält. Allenfalls können Sie es zum Imprägnieren hölzerner Gartenpfähle verwenden. Bei der Tankstelle ist das Altöl besser aufgehoben.

Wenn man aber den Ehrgeiz hat, es selbst zu machen, dann wird benötigt:

- 3,25 Liter Motoröl (verwendbare Sorten auf Seite 42)
- 1 neue Ölfilterpatrone (verwendbare Typen siehe nächste Seite oben)
- Ringschlüssel SW 24 zum Öffnen der Ölablaßschraube
- Trichter zum Einfüllen des Motoröls
- Gefäß zum Auffangen des Altöles

Wagen aufbocken; vorne aufbocken genügt, da Ölablaßschraube am hinteren Ende der Ölwanne unten in Richtung auf rechtes Vorderrad. Wanne oder sonstiges Gefäß zum Auffangen des Altöles unterschieben, Ablaßschraube öffnen, Öl auslaufen lassen, Ölfilterpatrone am Motorblock unten rechts hinten – in Fahrtrichtung gesehen – nach links abdrehen. Wenn dies mit der Hand nicht möglich ist, starken Riemen um die Patrone legen, Riemen mit einer Zange zusammenklemmen und Patrone abdrehen. Wenn alles Motoröl ausgelaufen ist, Ölablaßschraube wieder einsetzen. Schraubengewinde der Ablaßschraube ist leicht konisch, deshalb nicht mit Gewalt andrehen. Dichtfläche des Ölfilters am Motorblock mit faserfreiem Lappen sorgfältig abwischen, Dichtring der neuen Ölfilterpatrone rundum mit Öl benetzen, neue Filterpatrone mit der Hand anschrauben bis Dichtung fest anliegt. Zum Andrehen der Filterpatrone kein Werkzeug benutzen! Alte Ölfilterpatrone wegwerfen.

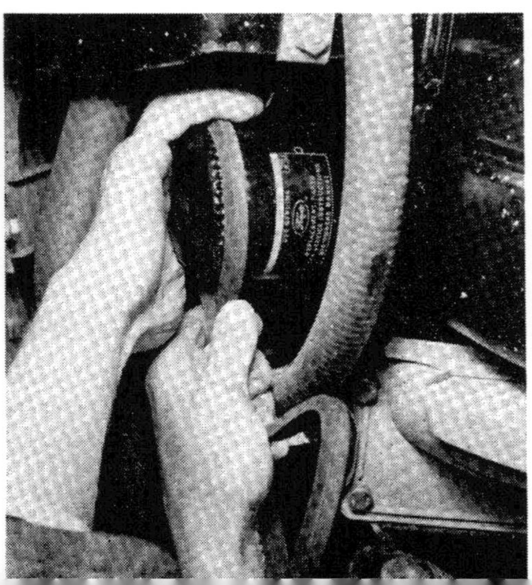

Das Hauptstromölfilter an der rechten Seite des Motors läßt sich nur selten ohne Werkzeug mit der Hand abdrehen. Wenn das Spezialgerät dazu nicht zur Verfügung steht, kann auch ein starkes Band oder, wie auf diesem Bild, ein Ersatz-Keilriemen dazu verwendet werden. Der Riemen wird straff um die Riffelung der Ölfilterpatrone gelegt und damit gedreht. Die neue Ölfilterpatrone darf jedoch nur mit der Hand ohne Werkzeug festgedreht werden!

Hauptstrom-Ölfilter

Das Ölfilter am Ford 12 M ist ein sogenanntes Wegwerffilter. Es wird also nicht gereinigt, sondern beim Ölwechsel durch ein neues ersetzt. Da es im Öl-Hauptstrom liegt, also alles Motoröl ständig hindurchfließt, darf seine Durchflußfähigkeit nicht gestört sein, sonst wird durch ein Kurzschluß-Ventil ungefiltertes Öl zu den Schmierstellen gefördert. Man kann sich also den Filteraustausch nur mit schlechtem Gewissen sparen. Es kostet 8,65 DM und ist als Ford-Ersatzteile-Nr. 405 640 erhältlich oder im Auto-Zubehörgeschäft als eines der folgenden Fabrikate zu kaufen: Mann-Filter WF 9.16/10, Fram-Filter PH-964, Knecht-Filter FO 355, Hengst-Filter H 8 W oder VTE-Filter 14 AP/1. Filter mit gleichem Markennamen, aber anderen Kennziffern sind nicht verwendbar.

Motorenöl-Sorten

Abschließend wird das frische Motoröl in den Einfüllstutzen auf dem rechten Zylinderkopfdeckel vorne eingefüllt. Da der Einfüllstutzen teilweise von einem Kühlwasserschlauch überdeckt ist, muß dazu ein Trichter oder ein sogenannter Auslauföffner (Tülle) für Öldosen verwendet werden.

Verwendbare Ölsorten

Bezeichnung	Viskosität	Eignungsbereich	Preis pro Liter
HD-Öl für Otto-Motoren	SAE 20 W/20	Temperaturen über —10° C	3,35—4,80 DM
HD-Öl für Otto-Motoren	SAE 10 W	Temperaturen unter —10° C	3,35—4,80 DM
HD-Öl für Diesel-Motoren	SAE 20 W/20	Temperaturen über —10° C	3,00—3,85 DM
HD-Öl für Diesel-Motoren	SAE 10 W	Temperaturen unter —10° C	2,85—3,85 DM
Mehrbereichs-HD-Öl	SAE 10 W-30	ganzjährig	4,80—6,00 DM
Mehrbereichs-HD-Öl	SAE 10 W-40	ganzjährig	6,00—7,50 DM

Dazu einige Erläuterungen: Für den Ford-Motor ist ein sogenanntes HD-Öl vorgeschrieben. HD bedeutet „Heavy Duty" = schwere Beanspruchung. Was ein HD-Öl an Eigenschaften haben muß, ist international genormt. Auf der Öldose, die Sie erwerben, oder auf dem Faß, aus dem Sie sich Motoröl abfüllen lassen, muß irgendwo deutlich HD eingeprägt oder aufgemalt sein. Motoröl, dem die Bezeichnung HD fehlt, ist zumeist unlegiertes Öl. Es kann nicht, wie es das HD-Öl kann, Schmutzteilchen in der Schwebe halten. Motoren, die mit unlegiertem Motoröl gefahren werden, haben inwendig Schmutzkrusten, bei Motoren mit HD-Öl sind nach dem Ablassen alle inneren Winkel blitzsauber.

Unlegiertes Öl wird lose aus den Ölkabinetten verkauft, manchmal auch in Dosen. Es kostet zwischen 2,20 und 3,30 DM pro Liter. Wir möchten davon abraten. Es wird nur von solchen „schlauen" Leuten geschätzt, die ihr Auto mit ausgeklappertem Motor möglichst gut verkaufen wollen. Da unlegiertes Öl am Kolben bei der Verbrennung Ölkohle absetzt, sind vorher lose klappernde Kolben scheinbar wieder dicht.

Preisgünstig: HD-Öl für Dieselmotoren

Vielleicht wundern Sie sich, daß in der ersten Spalte auch HD-Öle für Dieselmotoren erscheinen. Betrachten Sie daraufhin die letzte Spalte: HD-Diesel-Motorenöle sind besonders preiswert. Sie haben aber alle guten Eigenschaften wie die HD-Öle für Ottomotoren. Sie sind nur aus marktpolitischen Gründen billiger, allerdings auch nicht an allen Tankstellen zu haben. Man bekommt sie jedoch bestimmt an Tankstellen mit Dieselzapfsäule. Ein-Liter-Dosen dieser Ölsorte gibt es auch nicht immer, sondern es wird zumeist für etwa 3,30 DM pro Liter aus dem Faß abgefüllt.

Die zweite Spalte gibt die Viskosität, die Zähflüssigkeit des Öles an, d. h. hier wird durch Zahlenwerte angegeben, ob ein Motoröl schneller oder langsamer aus einem Röhrchen gleichen Durchmessers fließt, ob es also dick- oder dünnflüssiger ist. Diese Frage ist ebenfalls international von der amerikanischen „Society of Automotive Engineers" genormt und ihr zu Ehren werden die Zähflüssigkeitsklassen mit **SAE** und einer Zahl bezeichnet. Je kleiner die Zahl ist, um so dünnflüssiger ist das Öl. Dünnflüssiges Öl ist für den Winter bestimmt, deshalb SAE 10 W — das „W" bedeutet „Winter" — etwas dickflüssigeres Öl ist für den Sommer, deshalb SAE 20W/20. Die Bezeichnung 20W deutet an, daß es auch in verschiedenen Motoren als Winteröl geeignet ist.

Mehrbereichsöle

Bei den bisher erwähnten Ölen handelt es sich um „Einbereichsöle". Eine Sonderstellung nehmen die Motorenöle SAE 10'W-30, SAE 10'W-40 oder SAE 20W-50 ein. Es sind ebenfalls HD-Öle und Ford schreibt sie für seine neueren Modelle auch vor, wobei diese Öle nach der Ford-Spezifikation ESE — M 2 C — 101 B geprüft und „freigegeben" sein sollen. Man nennt diese Motorenöle „Mehrbereichsöle". Sie können immer dann verwendet werden, wenn Öle von SAE 10 W, SAE 20 W/20 oder SAE 30 vorgeschrieben sind. Es kann, wenn es mit 10 W beginnt, das ganze Jahr über im Motor bleiben. Die Tankstellen und Werkstätten bieten es besonders gerne an, weil es — siehe letzte Spalte — besonders teuer ist und deshalb auch den besten Verdienst bringt. Aber es ist ihr Geld, das Sie in Mehrbereichsöl nur dann gut anlegen, wenn Sie mit Ihrem 12 M um das ganze Jahr nur 10 000 km fahren, also im Jahr nur einen Ölwechsel brauchen.

Genau genommen handelt es sich bei Mehrbereichsölen um dünnflüssige Öle der Klasse 10 W, denen spezielle chemische Zusätze beigegeben wurden. Diese „quellen" bei höheren Temperaturen, halten also das Öl auf diese Weise schmierfähig. In der Werbung für diese Mehrbereichsöle wird oft von enormer Ölersparnis zwischen den Ölwechseln gesprochen. Da ist etwas dran, wenn auch nicht mit den gern zitierten hohen Prozenten. Und es gilt auch nur für Langstreckenfahrer, weil dann im heißgefahrenen Motor dieses Öl „dicker" als Einbereichsöl ist und deshalb nicht so leicht in den Verbrennungsraum dringt und dort verbraucht wird. Bei Autos, die zumeist im Kurzstreckenbetrieb fahren, ist weniger oder gar keine Ersparnis spürbar. Rechnet man den höheren Preis für das Mehrbereichsöl, bleibt „unterm Strich" kaum noch was übrig oder es hat sogar mehr gekostet.

Temperaturbereiche

Die dritte Spalte unserer Tabelle auf Seite 42 gibt an, für welche Temperaturbereiche das Motoröl bestimmt ist. Dabei schließt der Begriff „Temperaturen über —10 °C" alle in unseren Breiten möglichen Temperaturen nach oben ein, also auch die hochsommerlichen. Übrigens ist der Grenzbereich fließend und Sie müssen das vielleicht im Motor befindliche Öl SAE 20W/20 nicht sofort wechseln, wenn das Thermometer vorübergehend unter —10° C rutscht. Der wesentlichste Nachteil ist, daß sich die Batterie beim Starten mehr anstrengen muß, Motor und Getriebe mit dem kälte-steifen Öl durchzudrehen. Und man muß rücksichtsvoller anfahren, damit im kalten Motor der Ölfilm an den Zylinderwänden nicht abreißt.

Die letzte Tabellen-Spalte sagt, was es kostet. Die Preise sind von Marke zu Marke etwas unterschiedlich – das teurere Öl gleicher Sorte muß aber deshalb nicht entsprechend besser sein. Der Preis richtet sich da nämlich auch nach dem Marktwert der Ölmarke – ein besonders zugkräftiger Name läßt sich halt teurer verkaufen. Kein Vorwurf, in anderen Markenartikel-Branchen ist es genauso.

Unterwegs Öl nachfüllen

Wenn Sie durch Ölverbrauch Motoröl nachfüllen müssen, dann ist es am besten, wenn Sie die gleiche Sorte der gleichen Marke nachfüllen. Überhaupt ist es gut, wenn man sich einer Ölmarke verschreibt. Wenn man dann mal am Motor einen Schaden hat, der eigentlich nicht auftreten durfte, kann man sich eventuell auch an die stets treu beanspruchte Ölfirma wenden, um festzustellen, ob das Öl an der Schadensstiftung mitbeteiligt war. Das ist allerdings nur selten der Fall. Andererseits kann man alle HD-Ölsorten und HD-Ölmarken fröhlich durcheinander mischen. Lassen Sie sich nicht weismachen, die eine Ölmarke vertrage sich nicht mit dieser oder jener anderen – es stimmt nicht. Es ist nämlich eine grundsätzliche Bedingung der Auto-Industrie, daß alle Motoröle gleicher Sorte, aber unterschiedlicher Marke sich störungslos miteinander mischen lassen.

Das Mischen unterschiedlicher Sorten – also etwa Mehrbereichsöl mit HD-Diesel-Öl – nutzt weniger, da sich hierbei die speziellen Eigenschaften des einen oder anderen Öles aufheben können. So wird auch eine Mischung aus den beiden Einbereichsölen HD-Öl SAE 20 W/20 und HD-Öl SAE 10 W noch lange kein Mehrbereichsöl. Zusammenfassend: Mischen schadet zwar nichts, aber es nützt auch nichts.

Allenfalls läßt sich aber Geld sparen, wenn beispielsweise nach 500 km der nächste Ölwechsel fällig wird und der Ölspiegel steht unter der „MIN"-Marke. Dann kann man sogar einen halben Liter „offenes" Motoröl, also billiges unlegiertes Öl SAE 20 aus dem Ölkabinett nachfüllen lassen. Es kommt nach kurzer Zeit ja doch wieder raus. Andere Lösung: Gar nicht nachfüllen und den Ölwechsel vorverlegen. Man kann beim nächsten Ölwechsel die 500 oder 1000 km wieder zugeben, denn im heutigen Motoröl stecken noch durchweg gute Reserven für längere Haltbarkeit. Sie müssen also nicht nach haargenau 10 000 km die nächste Tankstelle zum Ölwechsel ansteuern.

Im Winter pünktlicher Ölwechsel

Ob man einen Motorölwechsel noch etwas hinausschieben kann, hängt von den vorherrschenden Betriebsbedingungen ab. Das Motoröl wird verhältnismäßig wenig beansprucht im Sommerhalbjahr und bei Langstreckenfahrten. Es wird stark beansprucht im Winter und bei Kurzstreckenfahrten. Der Winter und Kurzstreckenfahrten lassen den Motor nur selten betriebswarm werden, das Öl hat viele Verbrennungsrückstände, Kondenswasser und kondensierten Kraftstoff aufzunehmen. Dann muß das Motoröl pünktlich gewechselt werden. Eine flotte Autobahnfahrt im Sommer macht dem Öl dagegen wenig aus. Es ist also genau umgekehrt, wie viele Leute meinen: Im Winter, bzw. nach Winterende, ist pünktlicher Ölwechsel wichtiger als im Sommer.

Ölzusätze überflüssig?

Von vielen Firmen werden Zusatzmittel zum Motoröl angeboten. Sie kosten Geld – und bringen durchaus nicht immer etwas ein. Viele Kraftfahrzeug-Hersteller lehnen Zusätze sogar ausdrücklich ab. Die modernen HD-Motorenöle sind nämlich so „konstruiert", daß sie alle Ansprüche der heutigen Motoren erfüllen. Einen gewissen Sinn könnte man höchstens in Zusätzen auf der Basis von Molybdän-Disulfid erblicken (MoS_2). Hier konnte Liqui-Moly immerhin an hoch beanspruchten Motorteilen (etwa Kolbenringen) Verschleißminderungen bis zu 40 % nachweisen! MoS_2-Zusätze erscheinen besonders sinnvoll, wenn man sie nicht nachträglich zumischt, sondern wenn sie von Haus aus im Öl enthalten sind – wie etwa im „Super Motor Oil" von Molykote (SAE 10 W–40 oder 20 W–50) oder im neuen „LM super motoroil mos_2" von Liqui-Moly. Leider sind diese Öle mit rund 6,– DM pro Liter recht teuer.

Getriebeöl wechseln
Pflegearbeit Nr. 49

Für den alle 20 000 km fälligen Getriebeölwechsel gilt dasselbe wie für den Motorölwechsel: Am bequemsten geht's an einer Tankstelle. Es kostet dort nur den Preis für das Getriebeöl. Aber Sie müssen darauf achten, daß der Tankwart keine der sonst für andere Wagen vorgeschriebenen Getriebeölsorten nimmt. Ford hat für das Getriebe des 12 M ein Öl mit besonderen Eigenschaften von der Mineralölindustrie gefordert. Für diese war es keine Freude, allein für den Ford 12 M ein besonderes Getriebeöl herzustellen, zu lagern und im Sortiment zu führen. Da es sehr darauf ankommt, daß nur dieses Spezial-Getriebeöl eingefüllt wird – andere Getriebeölsorten können zu Schäden führen! – haben wir eine Liste mit den bekanntesten Ölsorten, die den Ford-Bedingungen entsprechen, zusammengestellt (Preis pro Liter 4,15 bis 4,85 DM). Ford selbst bezeichnet es als „Hypoid-Öl Spezifikation M 2 C 28 B".

Aral Getriebeöl M-2C 28-B	Optimol Hypoid-Getriebeöl „F"
BP Energol Spezial-Getriebeöl FS 90	Total Getriebeöl SCL
Esso Getriebeöl LC 90 (Hypoid)	Castrol SCL
Shell Getriebeöl S 1747 A (SCL)	Mobil-Getriebeöl 28
Chevron Special Gear Lubricant AIF	Fina Pontonic SCL
Autol Hypoid-Getriebeöl F SAE 90	Viscobil Hypoid 90 F

Noch ein Grund, den Getriebeölwechsel an der Tankstelle machen zu lassen: Man braucht zum Einfüllen ein gekrümmtes Rohr, welches in das Einfülloch paßt und noch Platz für die ausströmende Luft läßt. Das muß man sich erst zurechtbasteln, wenn man den Wechsel selbst erledigen will. Außerdem ist das Getriebeöl zähflüssig, so daß das Einfüllen eine Geduldsprobe wird. Mit der Getriebeölpumpe oder der Füllspritze der Tankstelle geht es schneller.

Wenn man es selbst machen will

Benötigt werden:
- 3 Liter Getriebeöl der Ford-Spezifikation M 2 C 28 B
- Gabelschlüssel SW 14 zum Öffnen der beiden Schrauben
- Gefäß für 3 Liter zum Auffangen des Altöles
- Einfüllvorrichtung (z. B. Plastik-Spritzflasche mit dünnem Schlauch)
- Geduld beim Einfüllen des Getriebeöles

Beide Verschlußstopfen am Getriebegehäuse rechts hinten mit Gabelschlüssel SW 14 herausdrehen, solange Öl noch warm ist. Vorher Wagen aufbocken, Gefäß für Altöl unterschieben. Warten, bis alles Öl ausgelaufen ist. Inzwischen die beiden Verschlußschrauben reinigen und Metallabrieb vom Magneten entfernen. Ablaßschraube wieder eindrehen, aber nicht zu fest „anknallen", da konisches Gewinde. Getriebeöl behutsam einfüllen. Damit es schneller fließt, kann man es vorher anwärmen. Es kommt nicht darauf an, genau 3 Liter Getriebeöl einzufüllen, entscheidend ist die Ölstandkontrolle mit der auf Seite 37 gezeigten Fingerprobe. Zuletzt Einfüllschraube eindrehen.

Lichtmaschine ölen
Pflegearbeit Nr. 18

Am hinteren Ende des Lichtmaschinengehäuses, in Verlängerung der Ankerwelle, sitzt eine kleine drehbare Kappe, die eine Ölbohrung verdeckt. Alle 10 000 km werden in die Bohrung bei stehendem Motor einige Tropfen Motoröl gegeben. Zum Schluß ist die Bohrung durch Verdrehen der Kappe wieder zu verschließen.

Fingerzeig: *Für diese Pflegearbeit, wie für das Ölen der Türscharniere, des Zündverteilers, der verschiedenen Gelenke und des Schaltgestänges ist Motoröl vorgesehen. Die Mengen, die bei diesen Arbeiten gebraucht werden, sind zwar gering, aber man braucht sich hierzu kein teures HD-Öl, wie es*

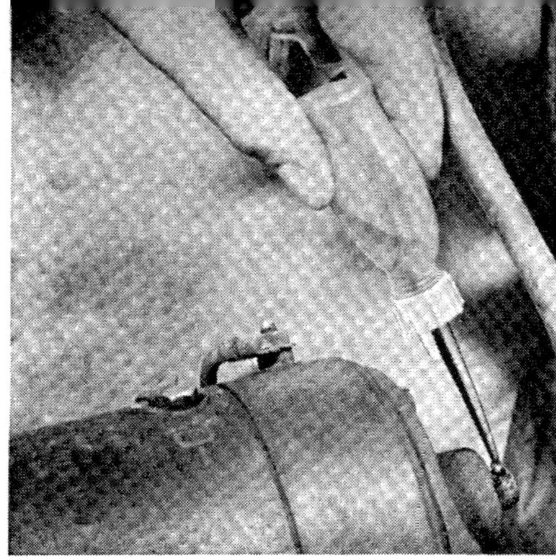

Zum Schmieren der Ankerwelle ist die kleine Ölerkappe am hinteren Ende der Lichtmaschine nach oben zu drehen. Wenige Tropfen Motoröl werden eingespritzt und abschließend die Ölerkappe wieder nach unten gedreht.

für den Motor empfohlen wird, zu kaufen. Die Ölzusätze, die das HD-Öl wertvoll machen, sind beim Ölen der Gelenke usw. überflüssig. Es genügt also, wenn man sich gelegentlich an seiner Tankstelle einen Viertel Liter „offenes Öl" aus dem Ölkabinett kauft und in eine Schraubdose füllt, bis man es nach und nach zu Hause braucht. Aber nicht das Öl der Viskosität SAE 40 nehmen – das ist für Zweitakter bestimmt –, sondern das dünnflüssigere Öl SAE 20; noch besser wäre SAE 10 W, aber das gibt es nur selten als „offenes" Öl.

Türscharniere ölen
Pflegearbeit Nr. 19

Jede Tür des Wagens ist vorne mit zwei Scharnieren befestigt. Das untere hat jeweils noch einen besonderen Federmechanismus zum Offenhalten. In den Scharnieren zeigen schräge Ölbohrungen an, wo einige Tropfen Motoröl alle 10 000 km – oder wenn die Tür quietscht – eingefüllt werden sollen. Auch die Gelenke des Federmechanismus erhalten zwei, drei Tropfen Öl.

Handbremsgelenke ölen
Pflegearbeit Nr. 20

Das frei unter dem Wagenboden hängende Handbremsseil ist in der Mitte kurz vor der Hinterachse in einen Hebelarm eingeklinkt, der den Zug auf die beiden Handbrems-Bowdenzüge zu den beiden Hinterrad-Bremstrommel überträgt (siehe auch Bild auf Seite 225). Das Gelenk des Übertragungshebels und die daran befestigte Zugstange erhalten ein paar Tropfen Öl alle 10 000 km.

Notwendige Fettsorten

Am Ford 12 M sind insgesamt 23 Schmierstellen mit 7 verschiedenen Fettsorten zu versorgen. Das ist etwas viel, um ihn „wartungsfrei" oder „wartungsarm" nennen zu können, auch wenn er nur 2 Schmiernippel hat. Eine zusätzliche Erschwernis ist es, daß man bei Ford bezüglich der Eigenschaften, die die verschiedenen Fettsorten ganz speziell haben sollen – wie man in Köln sagen würde –, etwas pingelig ist. Genau wie beim Getriebeöl schreibt das Werk besondere Fettsorten vor, die aber teilweise nur von wenigen Mineralölgesellschaften hergestellt werden. Ford läßt diese Fette auch nicht in eigener Regie herstellen. Praktisch kommt es darauf hinaus, daß der 12 M an Tankstellen nur

selten genau nach Vorschrift abgeschmiert wird und auch bei den Vertragswerkstätten macht man sich nicht in allen Fällen große Sorgen wegen dieser Vorschriften. Wobei diese Fachleute allerdings wissen, was sie an gängigen Schmierstoffen gefahrlos als Ersatz und unter welchen besonderen Bedingungen sie sie nehmen dürfen.
Wer seinen Ford 12 M selbst pflegen will, für den ist es ziemlich schwierig, sich durch das Labyrinth der verschiedenen Fettsorten hindurchzufinden. Denn es genügt auf keinen Fall, aus einem „Einheits-Fett-Töpfchen" alle Schmierstellen versorgen zu wollen. Wir werden deshalb nachstehend durch einige Erläuterungen klarstellen müssen, welche Sorte man wo nehmen oder nicht nehmen darf.

Fettvorschriften des Werkes

Schmierstelle	Anzahl	Pflege-intervall	Pflegearbeit Nr.	Ford-Fettsorten
Kreuzgelenke	2	10 000 km	15	M 1 C 71 A
Haubenverschlüsse	2	10 000 km	17	M 1 C 71 A
Radlager	4	50 000 km	53	M 1 C 71 A
Kugelgelenke	2	50 000 km	52	M 1 C 71 A
Türschließkeile	2 (4)	10 000 km	39	M 1 C 71 A
Nutenstücke	2	50 000 km	51	M 1 C 72 A
Nutenstücke	2	50 000 km	50	M 1 C 37 A
Batteriepole	2	10 000 km	21	Bosch NBH 6-15
Verteilernocken	1	10 000 km	28	Bosch Ft 1 v 4
Türschlösser	2	nach Bedarf		Flockengraphit
Kofferraum-Schloß	1	nach Bedarf		Flockengraphit

Unter den von Ford herausgegebenen Bezeichnungen sind allerdings diese Fettsorten – mit Ausnahme der beiden Bosch-Spezialfette – im Handel nicht erhältlich (außer natürlich bei Ford-Vertretungen). Allenfalls ist auf der Packung vermerkt, daß dieses Fett der Ford-Spezifikation soundso entspricht. Deshalb ein paar Hinweise auf die Anwendbarkeit beim Ford 12 M:
Die Fette zum Schmieren von metallischen Lagern entstehen aus Seifen – chemisch gesehen, es handelt sich also nicht etwa um eine Badeseife –, die in Mineralöl gekocht werden. Je nach der chemischen Zusammensetzung der Seife, der sonstigen Zutaten und dem Herstellungsverfahren entstehen Schmierfette, die in ihrer Zähigkeit und in ihrem Verhalten gegenüber Wasser, Säuren und Hitze ganz unterschiedlich sind.

Abschmierfett

Es ist ein Kalkseifenfett, zumeist rot oder blau gefärbt. Der Tankwart führt es in der Regel in seiner großen Fettpresse. Es ist wasserabstoßend, kann aber keine hohen Temperaturen vertragen – Abschmierfett wird dann flüssig und läuft aus. Es eignet sich deshalb vorzugsweise für Schmierstellen am Fahrgestell, die mit Spritzwasser und Schmutz in Berührung kommen. Beim 12 M sollte dieses Fett nicht verwendet werden. Wenn ein Fett nach der Ford-Vorschrift M 1 C 71 A nicht zur Verfügung steht, kann es zur Not zum Durchschmieren der Antriebswellen-Kreuzgelenke verwendet werden. Sie müssen dann jedoch etwa alle 2500 km abgeschmiert werden und es darf nicht bis zu 10 000 km mit dem nächsten Abschmieren gewartet werden! Man sollte es sich also grundsätzlich nicht in die eigene Hand-Fettpresse vom Tankwart einfüllen lassen und sollte auch darauf achten, daß der Tankwart gewöhnliches Abschmierfett nicht verwendet, wenn er die Kreuzgelenke abschmieren soll.

Wälzlagerfett

Es ist ein Natronseifenfett, zumeist honigbraun oder honiggelb in der Farbe. Wenn es mit Wasser in Berührung kommt, gibt es eine hellbraune Emulsion, die keine Schmierfähigkeit hat. Es ist, weil wasserempfindlich, nur an dicht verschlossenen Schmierstellen verwendbar, in die kein Spritzwasser eindringen kann. Dafür ist es hitzebeständig und kann die bei schneller Drehung der Wälzlager auftretenden Temperaturen und Drücke ohne weiteres vertragen. Am Ford 12 M kommt es zur Schmierung der Radlager notfalls in Frage, wenn kein Fett nach der Vorschrift M 1 C 71 A zur Verfügung steht. Dann sollten die Radlager jedoch wieder nach 20 000 km und nicht erst nach 50 000 km neu befüllt werden. In Ford-Vertretungen wird es nicht selten zum Befüllen der Radlager benutzt. Man sollte darauf achten und diese Pflegearbeit dann entsprechend öfter vornehmen lassen. Ein Wälzlagerfett mit besonderen Eigenschaften ist das in der Tabelle aufgeführte Bosch-Fett Ft 1 v 4, mit dem der Verteilernocken geschmiert wird.

Mehrzweckfett

Es ist ein lithiumverseiftes Fett, das die guten Eigenschaften des Abschmierfettes mit denen des Wälzlagerfettes vereinigt. Es ist also wasserabstoßend und hitzebeständig. Es wird genau wie Abschmierfett und Wälzlagerfett von allen Mineralölgesellschaften im Schmierstoffprogramm geführt.

Mit einem Mehrzweckfett lassen sich notfalls alle Schmierstellen an den Antriebswellen, die Radlager, Türschließkeile und Haubenverschlüsse des 12 M versorgen, also alle Schmierstellen, für die ein Fett nach Vorschrift „M 1 C . . . 1" vorgeschrieben ist, wenn diese Fettsorte selbst nicht verfügbar ist. Aber dann sollten die Pflegeintervalle auf die Hälfte verkürzt werden, also Kreuzgelenke alle 5000 km und Schmierstellen der Antriebswellen und Radlager alle 20 000 km.

Auch diese Mehrzweckfette sind Ford noch nicht gut genug, deshalb schreibt Ford ein Mehrzweckfett mit Molybdändisulfid vor. Dieses Fett entspricht endlich der Ford-Vorschrift Spezialfett M 1 C 71 A, ist aber für neuere Ford-Modelle auch schon durch die noch anspruchsvollere Ford-Spezifikation Ford GES-C-M 1 C 75-A ersetzt. Das Molybdändisulfid ist ein sogenannter „Fest-Schmierstoff", der sich gewissermaßen in die Metallporen einreibt und auch dann noch schmiert, wenn der eigentliche Fettfilm durch starke Beanspruchung einmal abgerissen sein sollte. Auch an Stelle des Bosch-Fettes Ft 1 v 4 kann der Verteilernocken damit geschmiert werden. Nachfolgende Fettsorten entsprechen der Ford-Spezifikation M 1 C 71 A:

- Shell Retinax AM
- Molykote Fett BR 2
- BP Mehrzweckfett L 2
- Esso Mehrzweckfett M
- Liqui-Moly LM 47 L/Kfz 3
- Optimol Olistamoly

Anmerkung: Die ähnlich lautenden Fettsorten Shell Retinax A und Esso Mehrzweckfett (ohne Buchstaben „M") entsprechen nicht der Ford-Vorschrift.

Der anspruchsvolleren Ford-Spezifikation GES-C-M 1 C 75-A, die natürlich immer an Stelle von Fetten der Sorte M 1 C 71-A verwendet werden kann, entspricht bislang nur

- Molykote Fett Longterm 2

Diese Fette werden in Kilo-Dosen von Liqui-Moly (8,20 DM) und Molykote (9,30 DM) geliefert, auch in Füllpatronen (etwa 4,50 DM) zum Befüllen von Fettpressen.

Kreuzgelenke der Antriebswellen schmieren

Pflegearbeit Nr. 15

Der Ford 12 M hat nur zwei Schmiernippel. Sie sitzen innen in den Kreuzgelenken der Antriebswellen beidseitig dicht neben dem Getriebe. Für diese Nippel, die alle 10 000 km durchgeschmiert werden müssen, genügt die Anschaffung einer kleinen Handstoß-Fettpresse mit etwa 200 ccm Inhalt, die es schon ab 8,– DM im Autozubehörhandel gibt.

Um den Schmiernippel des Kreuzgelenkes mit Fett versorgen zu können, muß der Wagen nicht unbedingt hochgebockt werden. Allerdings muß der Wagen dann eventuell ein Stück vorwärts oder rückwärts geschoben werden, um das Kreuzgelenk so zu drehen, daß man an das Nippel mit einer kleinen Handpresse — weißer Pfeil — herankommt.

Um die Kreuzgelenke der Antriebswellen durchschmieren zu können, muß der Vorderwagen aufgebockt werden, damit sich die beiden Vorderräder frei drehen lassen. Die Antriebswellen dann so zurecht drehen, daß die in den Kreuzgelenken liegenden Schmiernippel nach oben zeigen und von der Fettpresse erreicht werden können. Nippelköpfe sauber wischen und so viel Fett einer der vorher aufgeführten Sorten einpressen, bis seitlich am Kreuzgelenk altes Fett austritt. Dieses nicht abwischen, da es den sogenannten „Fettkragen" bildet, der das Kreuzgelenk gegen Spritzwasser und Schmutz schützen hilft.
Wenn ein Schmiernippel verstopft oder beschädigt ist, bei nächster Gelegenheit an der Tankstelle oder in der Werkstatt ausbauen lassen. Schmiernippel durchpressen, notfalls durch neuen ersetzen. Im Schmiernippelloch sitzendes Fett mit Draht auskratzen und nach Einbau des Nippels durchschmieren, um festzustellen, ob die Fettführung im Gelenk verstopft ist. Etwa verstopftes Gelenk muß ausgebaut, zerlegt und gereinigt werden, sonst Schaden wegen mangelnder Schmierung zu befürchten.

Haubenverschlüsse einfetten

Pflegearbeit Nr. 17

Alle 10 000 km sind die Verschlußbolzen an der Motorhaube und an der Kofferraumhaube leicht einzufetten. Diese Schmierstellen sind natürlich anspruchslos, es genügt statt des von Ford angegebenen Fettes nach Vorschrift M 1 C 71 A auch ein zähes Abschmierfett, Mehrzweckfett, Vaseline oder sogar Polfett. Nur Wälzlagerfett wäre da nicht richtig. Man reibt die gleitenden Teile der Verschlüsse – dazu gehört nicht das Kofferraumschloß! – leicht mit der Fingerspitze ein, damit nicht durch zu viel Fett eine Verschmutzung des Anzugs beim Öffnen der Haube möglich ist.

Schloß-Pflege

Das Kofferraumschloß und die Türschlösser sollen nach der Ford-Empfehlung nach Bedarf mit Flockengraphit gängig gemacht werden. Graphit ist ein „Fest-Schmierstoff". Man bekommt ihn im Zubehörhandel in kleinen Dosen, z. B. Teroson Spezial-Graphit zu 3 DM. Von diesem Graphitpulver soll man etwas ins Schloß mit Luftdruck blasen. Graphitpulver kann übrigens auch von einem weichen Bleistift abgeschabt werden. Da das schwarze Pulver aber am Schlüssel haften bleibt, macht man sich die Anzugtaschen dadurch leicht schmutzig. Deshalb auch kein Öl in die Schlösser geben. Besser scheint uns aus eigenen

Erfahrungen im Winter ein Tropfen Frostschutzmittel zu sein, der einerseits den Schloßzylinder schmiert und andererseits verhindert, daß durch eingedrungene Feuchtigkeit das Schloß zufriert.

Türschließkeile

Pflegearbeit Nr. 39

Die Türschlösser sind alle 10 000 km auf saubere Gängigkeit zu prüfen. Der Türschloßzylinder kann durch das Schlüsselloch mit Flockengraphit oder im Winter, wie bereits erwähnt, mit einem Tropfen Frostschutzmittel gängig und eisfrei gehalten werden. Die Türschließkeile und der Türdorn am Türholm werden mit der Fingerspitze leicht eingefettet, nachdem das alte Fett abgewischt wurde. Auch hier können Sie statt des vorgeschriebenen Molybdän-Mehrzweckfettes nach Vorschrift M 1 C 71 A ein zähes Abschmierfett, normales Mehrzweckfett oder Vaseline nehmen. Motoröl hier nicht anwenden, da Sie sich beim Ein- oder Aussteigen leicht die Bekleidung verschmutzen können.

Falls eine Tür nicht sauber schließen oder klappern sollte, muß der Schließdorn am Türholm verstellt werden. Dazu sind die beiden Halteschrauben der Schließdornplatte mit dem Ribe-Spezialschlüssel aus dem Sonderwerkzeugsatz zu lockern und der Schließdorn so zu verstellen, daß die geschlossene Tür mit dem anschließenden Karosserieteil flächenglatt – „bündig" sagt der Fachmann – steht. Wenn sich das Türklappern dadurch nicht beseitigen läßt, ist der Schließdorn ausgeschlagen und muß durch einen neuen ersetzt werden.

Antriebswellen und Radlager

Pflegearbeiten Nr. 50 bis 53

Alle 50 000 km erhalten die Antriebswellen und die 4 Radlager eine „General-Pflege". Das ist eine Werkstatt-Arbeit, denn dazu sind Spezialwerkzeuge notwendig. Verschleißteile müssen bei Bedarf ersetzt werden und abschließend ist die Vorspur neu zu justieren. Außerdem sollen bei dieser Haupt-Inspektion die Einzelteile auf Verschleiß überprüft werden. In diesem Falle ist also der Bastler-Ehrgeiz zu zähmen und die Werkstatt aufzusuchen. Wie es die Werkstatt macht, wird hier kurz beschrieben:

Ford schreibt entlang der Antriebswellen bis zum Radlager 3 verschiedene Fettsorten vor, wie aus der Tabelle auf Seite 47 ersichtlich.

Ford-Fett-Vorschrift M 1 C 71 A bzw. **GES-C-M 1 C 75-A**
Zugelassene Fettsorten auf Seite 48 aufgeführt

Ford-Fett-Vorschrift M 1 C 72 A
Mehrzweckfett mit 10% Molybdändisulfid
Nur von Ford in Tuben zu 250 g unter Bestell-Nr. 599 121

Ford-Fett-Vorschrift M 1 C 37 A
Molybdändisulfid-Paste
Molykote Paste G in Tuben zu 50 g für 6,20 DM

Radlager schmieren

Zum Schmieren der Radlager zuerst Räder demontieren, dann Bremstrommeln abschrauben und, wenn nötig, mit Spezialwerkzeug abziehen. Bremsbelagstaub ausblasen. Kronenmuttern auf den Achsschenkeln lösen und Radnaben mit Hilfe eines Radabziehers von den Radachsen ziehen. Die Achsstummel und die darauf laufenden Radlager mit Benzin sorgfältig waschen, bis aller Schmutz und das verbrauchte Fett beseitigt sind. Alle Teile auf Verschleiß prüfen, im Bedarfsfall ersetzen und die Radlager mit einem Mehrzweckfett nach Ford-Vorschrift M 1 C 71 A oder GES-C-M 1 C 75 A schmieren, wobei das Fett in die Rollenkäfige gedrückt werden muß. Statt des Spezial-Mehrzweckfettes wird vielfach auch Wälzlagerfett verwendet, wogegen an sich nichts einzuwenden ist, dafür aber müssen dann die Radlager unbedingt häufiger gewartet werden.

Kugelgelenke schmieren

Hinter der Bremsträgerplatte befindet sich in der Antriebswelle bei den Vorderrädern ein Kugel-Gelenk (Rzeppa-Gelenk), welches das Lenken der angetriebenen Räder ermöglicht. Das Kugelgelenk ist gegen Verschmutzung durch eine Manschette geschützt. Diese Manschette wird am großen Schlauchbinder gelöst und umgestülpt. Alles Fett am Gelenk und in der Manschette wird mit einem nichtfasernden Lappen abgerieben und das Gelenk mit etwa 90 g des gleichen Fettes wie zum Schmieren der Radlager und des Kreuzgelenkes neben dem Getriebe eingestrichen. Die Manschette muß zum Schluß unter dem großen Schlauchbinder mit einem Ford-Spezialkleber M 2 G 51 (von Ford unter Bestell-Nr. 425 246 in Tuben zu 140 Gramm für 8,50 DM erhältlich) abgedichtet werden.

Nutenstücke der Antriebswellen

Da sich die Antriebswellen durch das Einfedern der Vorderräder in ihrer Länge verändern müssen, sind die Wellen in der Mitte durch ein ineinander bewegliches Nutenstück geteilt. Dieses Nutenstück schützt ein ziehharmonikaartiger Gummibalg gegen Verschmutzung. Zugleich dient dieser als Vorratsbehälter für das Schmierfett. Zum Erneuern der Fettfüllung die Manschette auf der Seite zum Getriebe lösen und das Kreuzgelenk auseinandernehmen, damit das obere Gabelstück der Antriebswelle abgezogen werden kann. Die Nutenstücke mit Benzin vom alten Fett reinigen und sorgfältig säubern. Die Verzahnungen mit Molykote Paste G (Fettvorschrift M 1 C 37 A) einreiben und das Gabelstück mit etwa 50 g Fett der Vorschrift M 1 C 72 A befüllen, nachdem die Vierkant-Belüftungsschraube am oberen Gabelende geöffnet wurde. Dann alle Teile wieder zusammenbauen, die Entlüftungsschraube einschrauben und die Manschette mit dem Ford-Spezialkleber M 2 G 51 abdichten.

Fettvorrat im Lenkgehäuse ergänzen

Pflegearbeit Nr. 16

Für die Kugelumlauflenkung des 12 M schrieb Ford früher ein sogenanntes Fließfett nach der Spezifikation M 4738 vor — so steht es sicherlich auch noch in Ihrer Betriebsanleitung. Dieses sehr weiche Fett kann man, solange der Vorrat reicht, auch noch weiter verwenden. Danach nimmt man aber besser nach der neueren Ford-Empfehlung ein Hypoid-Getriebeöl SAE 80, also flüssiges Schmiermittel. Das bekommt man in allen Tankstellen.

Alle 10 000 km soll der Schmiervorrat im Lenkgehäuse nachgeprüft und bei Bedarf ergänzt werden. Dazu muß die Einfüllschraube mit einem 13-mm-Steckschlüssel geöffnet werden. Mit einem Ring- oder Gabelschlüssel ist die Schraube kaum zu öffnen. Diese Einfüllschraube befindet sich etwas seitlich auf dem tieferen Teil des Gehäusedeckels. Sie darf nicht mit der Lenkungs-Einstellschraube – eine geschlitzte Schraube mit Kontermutter – verwechselt werden. Wenn diese versehentlich gelockert wird, muß das Lenkungsspiel neu eingestellt werden.

Verteilernocken schmieren

Pflegearbeit Nr. 28

Im Verteiler läuft der Unterbrecherhebel auf der vierkantigen Nockenbahn der Verteilerwelle. Diese Nockenbahn alle 10 000 km beim Kontrollieren des Zündverteilers mit der Fingerspitze leicht einfetten. Dazu soll das Bosch-Fett Ft 1 v 4, ein Spezial-Wälzlagerfett, verwendet werden. Es ist braungrün und in Tuben zu 45 g für —,50 DM im Zubehörhandel erhältlich.

Das belebende Naß

Im vorhergehenden Kapitel hatten wir uns mit allem beschäftigt, was nach Schmierstoff in flüssiger oder fester Form verlangt. Auch was mit dem alles belebenden Kraftstoff zu tun hat, braucht eine gewisse Pflege. Allerdings haben wir es hier erheblich einfacher. Im wesentlichen handelt es sich bei den verschiedenen Kraftstoff-Wegen um kontrollierende Maßnahmen. Die wichtigsten Teile, nämlich Vergaser und Kraftstoffpumpe, behandeln wir noch ausführlicher im Praktiker-Teil.

Kraftstoff-Tank

Er ist im Heck des Wagens in einer entsprechenden Öffnung des Kofferraumbodens eingesetzt. Befestigt ist er dort mit zehn Schrauben und Muttern (**Schlüsselweite 10 mm**).
Der Ausbau des Tanks kommt selten vor. Es empfiehlt sich allenfalls, wenn das Sieb in der Kraftstoffpumpe oder Vergaserdüsen auffallend oft verschmutzt sind und Motorstörungen die Folge waren. Dann lag es entweder an verunreinigtem Kraftstoff oder an Wasser im Tank. Der Zinkspritzguß von Vergaser und Kraftstoffpumpe verträgt sich **nicht mit Wasser**, und es bilden sich Quellungen. Vielleicht hat Ihnen auch mal irgendjemand etwas in den Tank getan, was kein Benzin war. Der Tank ist ja nicht verschließbar. Ein absperrbarer Deckel kostet etwa 10 DM.
Fremdstoffe im Tank können **sich auch vor das Sieb** legen, das am Ende der in den Tank mündenden Kraftstoffleitung sitzt. Bevor man also den Tank ausbaut, prüft man besser **dieses Sieb**.

Ausbau

Vor dem Ausbau des Tanks ist der restliche Kraftstoff durch Herausschrauben der Ablaß-Schraube unten am Tank (19-mm-Schlüssel) abzulassen. Dann den Schlauch und die **Kabelsteckverbindung** abziehen und die Kombination Kraftstoffgeber-Saugleitung – **für die Kraftstoff-Anzeige** – ausbauen (siehe Seite 114). Darauf Bodenbelag im Kofferraum herausnehmen und die Befestigungsschrauben des Tanks lösen. Verschlußdeckel abnehmen, Tank nach oben herausnehmen, wobei der Einfüllstutzen aus der Gummitülle genommen wird. Der Einbau erfolgt sinngemäß in umgekehrter Reihenfolge.

Reservekanister soll nicht fehlen

Einen Reservekanister sollte eigentlich jeder Autofahrer besitzen. Es ist strafbar, ohne Benzin auf der Autobahn liegen zu bleiben. Tankstellen verkaufen recht preiswerte 5-Liter-Kanister. Dafür nimmt man die Firmenfarben in Kauf. Und allzulange haltbar sind sie auch nicht. Angenehm klapperfrei sind Kanister aus Kunststoff. Aber nur wenige sind tatsächlich für Kraftstoff geeignet. Der Kunststoff, aus dem sie gefertigt sind, muß nämlich benzin- und benzolfest sein. Vor allem Benzol ist Kunststoff gegenüber sehr aggressiv. Auch wenn sie

ursprünglich mit Motoröl gefüllt waren – manche Mineralölfirmen verkaufen 5 Liter Motorenöl in Kunststoffkanistern –, sind sie damit noch nicht gegen Kraftstoff immun. Der Kraftstoff kann im Sommer durch den Kunststoff hindurch verdunsten oder der Kunststoff kann sich verformen und brüchig werden. Deshalb vor dem Kauf feststellen, ob der Hersteller für Kraftstoffbrauchbarkeit garantiert. Es gibt im Zubehörhandel praktische Kanister, die platzsparend in das Reserverad eingeklemmt werden können.
Nicht zu empfehlen ist das längere Lagern von Reservemengen in irgendwelchen Abstellräumen. (Laut Vorschrift dürfen in Garagen höchstens 15 Liter Benzin gelagert werden.) Die leichtflüchtigen Anteile im Kraftstoff finden ihren Weg auch durch anscheinend dichte Verschlüsse. Damit sinken die Qualität und die Klopffestigkeit. Daher: gelagerte Reservemengen öfters auswechseln.
Beim Auftanken aus dem Kanister empfiehlt sich ein feinmaschiges Sieb. Aber wir möchten Sie nicht kopfscheu machen. Haben Sie keines zur Hand, können Sie immer noch auf das Sieb in der Kraftstoffpumpe vertrauen.

Kraftstoff-Leitungen

Es gibt heute Personenwagen, bei denen die gesamte Leitungsanlage aus Kunststoff besteht. Bei ihrem Ford 12 M sind nur kurze Verbindungsstücke direkt hinter dem Tank, vor und nach der Kraftstoffpumpe und vor dem Vergaser nichtmetallisch. Diese Zwischenstücke bestehen aus gewebe-umhülltem Gummi. Die übrigen Leitungen sind verzinktes Metall (zur Pumpe) bzw. verkupfert (zum Vergaser). Die Gefahr, daß die Leitungen durch Steinschlag oder durch Mutwilligkeit geknickt oder beschädigt werden, ist also gering. Während die Leitung auf dem kleinen Stutzen am Vergaser leicht abzuziehen ist, was vorteilhaft bei der Störungssuche ist, stecken die anderen Verbindungsstücke fest auf den Anschlüssen. Gegebenenfalls mit Maul eines 8-mm-Gabelschlüssels abdrücken oder vorsichtig mit Lappen umwickeln und mit Kombizange abstreifen. Zu leicht abziehbare Leitungen müssen ausgewechselt werden (Brandgefahr).

Kraftstoff-Anzeige

Die Anzeige erfolgt durch einen Schwimmer im Tank, der seinen Pegelstand über einen elektrischen Widerstand auf die Kraftstoff-Uhr am Armaturenbrett signalisiert. Wenn der Zeiger das rote Feld erreicht, sollen theoretisch noch 3 Liter Restmenge im Tank sein. Aber es gibt in keinem Wagen der Welt, auch nicht im teuersten, eine genaue Vorratsanzeige. Sie alle dienen nur der überschlägigen Orientierung. Mit dementsprechend ungenau eingestellter Anzeige kommen deshalb im allgemeinen die Wagen vom Werk. Genau gehende Benzin-Uhren müßten als Durchflußzähler gebaut werden, wie die Wasser-Uhr im Keller. Wie man die tatsächliche Reservemenge ermittelt und wie man die Anzeige-Genauigkeit überprüfen und justieren kann, ist im Kapitel über die „Elektrischen Hilfsarbeiter" beschrieben.

Fingerzeige: *Stockende Kraftstoff-Versorgung kann auch an verstopfter Tank-Belüftung liegen, weil dann das Benzin wegen des sich über ihm bildenden Unterdrucks nicht nachfließen kann. Diese Tank-Belüftung erfolgt über die kleinen Rippen im Tankverschlußdeckel, die die Außenluft um die Tankdeckeldichtung führen. Setzt man bei beschädigter Dichtung eine zu große ein, die den Deckel vollkommen ausfüllt, oder stopft stattdessen ein Stück alten Schlauchgummi dazwischen, dann ist die Außenluft abgesperrt.*
Wenn der Wagen längere Zeit abgestellt wird, empfiehlt es sich, vorher den Tank ganz aufzufüllen. Sonst Kondenswasser-Bildung!

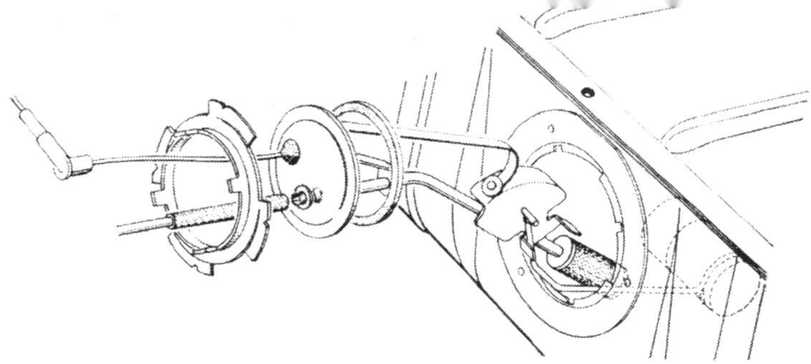

Die Teile des Gebers für die Benzin-Uhr am Armaturenbrett. Der Geber sitzt in der Frontseite des Tanks. Man erkennt das Zuleitungskabel, Verschluß- und Dichtringe und das Schwimmergerät.

Kraftstoffpumpe reinigen

Pflegearbeit Nr. 22

Gebraucht werden: 1 Gabelschlüssel 8 mm.

Die Kraftstoffpumpe saugt das Benzin vom Tank an und drückt es hinauf zum Vergaser. Sie sitzt vorn unten links am Motor (in Fahrtrichtung gesehen). Sie enthält ein Kunststoff-Sieb, das die zweite Sicherung gegenüber Fremdstoffen darstellt. Der Werks-Inspektionsplan sieht seine Reinigung, zusammen mit dem Vergaser, alle 10 000 km vor. Wir haben aber schon erlebt, daß es schon nach 2000 km mit allerlei Schmutzteilchen bedeckt war, die allerdings den Motorlauf noch nicht beeinträchtigten. Wir haben es aber trotzdem gereinigt.

Die Befestigungsschraube des Pumpendeckels wird herausgeschraubt. Der Deckel sitzt dann meistens noch ziemlich fest. Man steckt deshalb am besten einen kräftigen hakenförmigen Draht in die Öffnung und hebelt den Deckel heraus. Damit fällt einem auch der Dichtring entgegen, weil die Pumpe schräg nach unten geneigt ist. Man muß also aufpassen, daß die Teile nicht in den Schmutz fallen. Wenn das Sieb noch festsitzt, ergreift man es vorsichtig an den kleinen Kunststoff-Zäpfchen, die meistens noch daran sitzen. Das Sieb wird dann mit einem nicht fasernden Lappen abgeputzt oder durchgeblasen – falls mit dem Mund, möglichst nicht mit Spucke. Das Wiedereinsetzen ist umständlich. Entweder von oben mit der linken Hand oder noch besser von unten – dazu unter den Wagen legen – zunächst das Sieb einsetzen, dann den Dichtring, den Deckel und die Schraube nebst Unterlegscheibe. Aufpassen: Die Öffnung des Siebes muß genau über der entsprechend geformten Ventil-Öffnung der Pumpe liegen. Der Dichtring müßte erneuert werden. Die Schraube nicht zu fest anziehen, damit der Deckel nicht beschädigt wird.

Störungen durch beschädigte Pumpenmembrane gehören heute zu den Seltenheiten. Unter besonders ungünstigen Umständen kann die Membrane bei Kondenswasserbildung innerhalb der Pumpe im Winter vereisen und dann beim Starten des Motors brechen. Wie man die Pumpe zerlegt und mehr über ihre Funktion wird auf Seite 202 erklärt.

Dieses Kunststoff-Sieb in der Kraftstoffpumpe ist die letzte Sicherung gegen das Eindringen von Fremdstoffen in den Vergaser. Leider kommt man nicht so leicht an die Pumpe heran, wie hier im Bild; sie wurde der besseren Anschaulichkeit wegen ausgebaut. Die Membrane läßt sich noch besser an einem kleinen Zäpfchen ergreifen, das man im Ausschnitt des Siebes sieht.

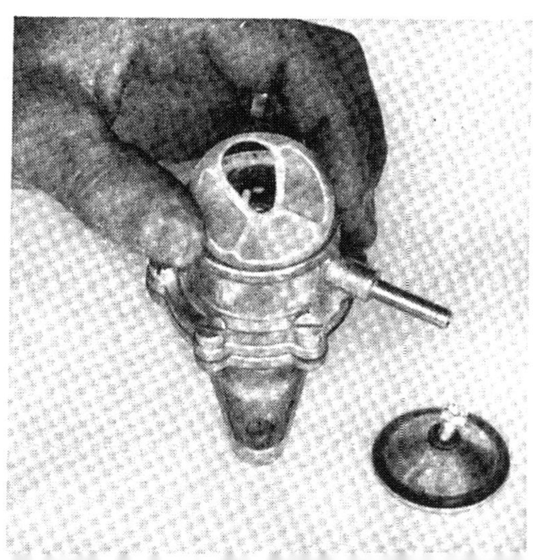

Schrauben an Kraftstoffpumpe festziehen

Pflegearbeit Nr. 32

Mit einem kurzen, kräftigen Schraubenzieher sind die sechs Schlitzschrauben zu überprüfen, die das Pumpenober- und -unterteil verbinden. Sind sie locker, gibt es Undichtigkeiten, auch stimmt dann der Förderdruck nicht. Die Pumpe ist am Motor mit zwei Schrauben angeflanscht. Mit einem 14-mm-Schlüssel (am besten Steckschlüssel) sollten auch diese auf festen Sitz kontrolliert werden. Leider kommt man schlecht an die sehr tief und schräg sitzende Pumpe heran. Entweder unter den Wagen legen oder ihn hochwinden.

Vergaser

Die nächste Station des Kraftstoffes auf seinem Weg zum Motor ist der Vergaser. Er ist an sich wartungsfrei, doch kann es nichts schaden, ihn vorbeugend in größeren Abständen zu reinigen. Da man ihn eigentlich dazu zerlegen und einige Düsen herausnehmen sollte, beschreiben wir das alles ausführlich im Praktiker-Teil. Weil das wirklich keine schwierigen Arbeiten sind, sollte man das dort Erklärte nicht übergehen. Vergaser mit Startautomatik siehe S. 197.

Starterklappe

Wenn Sie den Luftfilter abnehmen (dazu Mutter mit Gabelschlüssel SW 13 lösen), sehen Sie im Vergaserstutzen eine Klappe, die normalerweise senkrecht steht. Ziehen Sie den Starterknopf (Motoren bis Aug. 64) im Armaturenbrett, dreht sich diese Klappe derart, daß sie das Saugrohr fast ganz verschließt. Unter der Klappe entsteht dadurch starker Unterdruck, der die beim Kaltstart erforderliche größere Benzinmenge aus dem Leerlaufsystem saugt. Dadurch wird ein zündfähiges Kraftstoff-Luft-Gemisch gesichert.

Starterzug befestigen

Es kann vorkommen, daß Sie eines Tages beim Kaltstart den Starterknopf mit samt dem daran angeschlossenen Drahtzug aus dem Armaturenbrett herausziehen. Entweder hat sich mit der Zeit die Klemmschraube am Starterklappenhebel gelockert oder Sie haben zu viel Energie angewendet oder beides. Die Abhilfe ist einfach: Stecken Sie den Knopf wieder in sein Loch. Damit schieben Sie auch den Drahtzug wieder in seine Hülle. Das Bild zeigt, wo sein Ende am Vergaser sitzen muß. Er wird dort durch seine ihm zustehende Bohrung geschoben und die Klemmschraube wieder angezogen (8-mm-Schlüssel). Der Drahtzug muß aber so eingestellt werden, daß bei ganz geöffneter (senkrecht stehender) Starterklappe der Starterknopf 2–3 mm vom Armaturenbrett absteht. Bei Schwergängigkeit des Drahtzuges bringen ein paar Tropfen Öl auf das Führungsstück beim Instrumentenbrett oder am vorderen Ende der Hülle Abhilfe.

Richtiges Starten

Motoren bis August 64 ohne Startautomatik: Man spart Benzin, wenn man möglichst bald nach dem Kaltstart den Luftklappenknopf wieder soweit hineinschiebt, daß der Motor gerade noch rund läuft. Wie lange er gezogen bleibt, hängt ganz von der Außentemperatur ab. 1–2 Minuten sollten dafür auch im Winter genügen. Bei großer Kälte ist es nützlich, vor dem Betätigen des Anlassers ein- bis zweimal durch Niederdrücken des Gaspedals Kraftstoff einzuspritzen. Sonst wird beim Start das Gaspedal nicht berührt, da die Drosselklappe ohnehin durch Betätigen des Starterzuges etwas geöffnet wird. Bei warmem Motor bleibt letzterer aus dem Spiel, dagegen Gaspedal etwas treten.
Wenn der Motor durch zu häufiges Betätigen des Gaspedals beim Start „ersoffen“ ist: Gaspedal ganz durchtreten und Anlasser einige Male betätigen. Durch die ganz geöffnete Drosselklappe wird wegen zu geringen Unterdrucks kein Kraftstoff mehr angesaugt, dafür aber Luft, welche die Zylinder durchbläst.

Der Starterzug (12 M bis August 1964) dient dazu, die Luftklappe im Vergaser bei Kaltstart zu schließen. Hat er sich aus seiner Klemmvorrichtung gelöst, weil man vielleicht zu kräftig am Starter-Knopf gezogen hat, muß er, wie hier zu sehen, wieder festgeklemmt werden. Hier auch Verwendung eines praktischen Ringschlüssels. Startautomatik: Siehe Seite 197

Anlaß-Schwierigkeiten sind häufiger auf zu fettes Gas (nervöser Gasfuß, gezogene Luftklappe bei warmem Motor) als auf Kraftstoff-Mangel zurückzuführen. Im Interesse der Motorlebensdauer den kalten Motor erst dann voll belasten, wenn Kühlwassertemperatur-Anzeige anzeigt.

Richtiges Abstellen

Es gibt Fahrer, die noch einmal kurz und kräftig Gas geben, bevor sie die Zündung abschalten. Sie meinen, das wäre besser für das spätere Wiederstarten. Der Ford-Motor ist ein guter Kaltstarter. Er braucht diese Methode nicht. Sie ist außerdem schädlich. Das auf solche Art noch im letzten Moment von den Zylindern eingeatmete Kraftstoff-Luft-Gemisch verbrennt nicht mehr. Denn die Zündung war ja ausgeschaltet worden. Der Benzinnebel verdünnt nun den Ölfilm an den Zylinderwänden. Beim nächsten Kaltstart aber würde eine gute Ölschicht sehr nützlich und verschleißmindernd sein. Ferner: Benzin kann in die Kurbelwanne sickern und dort das Öl verdünnen. Und: Bei Kurzstreckenbetrieb, wobei der Motor nicht genügend warm wird, bilden sich saure Verbrennungsrückstände (schweflige Säuren), die die ungeschützten Zylinderwände angreifen. Das bedeutet Verschleiß über Nacht – Abnutzung im stillen.

Klingeln und Klopfen

Klingeln wird hörbar bei scharfem Gasgeben aus niedrigen Drehzahlen heraus, wenn Sie beispielsweise im 3. Gang aus 20 bis 25 km/h heraus voll beschleunigen oder an einer Steigung schaltfaul fahren, den Motor also quälen. Mit dem Klingeln – man spricht manchmal auch von Klopfen, was aber das Geräusch weniger genau bezeichnet – hat es folgende Bewandtnis:
Normalerweise verbrennt das Kraftstoff-Luft-Gemisch im Zylinder auf Befehl der Zündkerze. Springt an ihren Elektroden der Funke über, so entflammt das Gemisch. Es kann aber auch so heiß werden – u. a. durch die vorangegangene Verbrennung oder bei mangelhafter Kühlung –, daß es sich von allein entzündet: Der Motor „klingelt". Dabei entstehen Flammenfronten, nämlich die von der Zündkerze und die durch Eigenzündung ausgelöste, die aufeinander zueilen. Es bilden sich örtliche Überhitzungsherde und Druckwellen, die den Motor bis in seine Kurbelwellen- und Pleuellager erschüttern. 5 km Strecke, die unter diesen Klingelerscheinungen zurückgelegt werden, können den Motor mehr verschleißen als 150 km normale Fahrstrecke.
Damit ein Motor klopffrei betrieben werden kann, mischen die Hersteller dem Kraftstoff bestimmte Zusätze bei, die man als „Klopfbremse" bezeichnet. Es handelt sich meist um Bleitetraäthyl, einen stark giftigen Stoff. Normalkraftstoff enthält weniger Blei als Superbenzin. Bei letzterem wird die Klopffestigkeit noch

durch andere Anteile (wie Benzol und besonders veredelte Raffinationsprodukte) gesteigert. Unverbleiten Kraftstoff gibt es heute nicht mehr, er wird aber aus Gründen der Abgasentgiftung wieder angestrebt.
Diese ist international genormt und dient als Vergleichsfaktor für den Grad der Klopf- oder Klingelfestigkeit eines Kraftstoffs. Ermittelt wird die Oktanzahl durch Vergleich mit einem Modell-Kraftstoff, der besonders klopffeste chemische Verbindungen (ISO-Oktan) enthält. Der Gehalt der Vergleichsmischung an ISO-Oktan (in Volumenprozent) ergibt die Oktanzahl (ROZ).

Bleiarmes Benzin

Ab Januar 1972 wurde die Zumischung einer Bleiverbindung als Antiklopfmittel von Gesetz wegen auf 0,4 Gramm je Liter Kraftstoff begrenzt. Dies geschah wegen der Giftigkeit von Blei zum Schutz gegen Umweltverschmutzung. Durch diese Maßnahme sinkt die Oktanzahl um etwa 1 bis 2 Punkte, wodurch manche Motoren, besonders jene mit einem Verdichtungsverhältnis von mehr als etwa 9 : 1, zu dem motorschädigenden Klingeln neigen können.
Bei Normalbenzin soll die Oktanzahl 91 und bei Super auch noch 98 betragen, doch man wird sich auf diese Werte nicht immer bei allen Tankstellen verlassen können. Ein Mittel, das Klingeln bei den Super-bedürftigen Motoren zu vermeiden, ist die Zurücknahme des Zündzeitpunktes von dem werksseitig angegebenen Normalwert der Frühzündung auf etwas weniger Frühzündung (also in Richtung Spätzündung), siehe dazu Seite 91. Ford empfiehlt die Zurücknahme des Zündzeitpunktes um 3 °.
Für den Motor der mit Normalkraftstoff zu betreibenden Ford-Modelle ist diese Gefahr an sich nicht gegeben. Man sollte aber, wie beschrieben, auf das Klopfen beim Beschleunigen achten. Tritt es auf, muß man etwas verhaltener beschleunigen. Normal und Super mischen.
Auch Nachlaufen – Nachdieseln genannt – nach Abschalten der Zündung ist möglich: Der Motor wurde durch Klopfen zu heiß. Man muß dann den Motor abwürgen, und zwar läßt man bei eingelegtem großen Gang und angezogener Handbremse langsam die Kupplung kommen.
Ob man nun Normal oder Super fährt, es lohnt sich auf jeden Fall, den Wagen zwischendurch zügig auf einer Überlandstrecke zu fahren. Das bläst nach schleichendem Stadt- und Vorortverkehr manche Rückstände zum Auspuff hinaus und läßt auch ins Öl gekommenen Kraftstoff verdunsten.

Wohltemperiert

Wer das Kühlsystem des Ford 12 M betrachtet, dem fällt auf, daß sich hinter dem Kühler, im Gegensatz zu anderen wassergekühlten Fahrzeugen, kein Ventilator dreht und der Einfüllstutzen für das Kühlwasser auf einem besonderen Behälter dicht vor der hinteren Spritzwand des Motorraumes sitzt. Diese Anlage ist neuartig und mit der Heizung wirkungsvoll kombiniert. Sie verfügt über zwei verschiedene Kreisläufe für die Kühlflüssigkeit.

Die wichtigsten Teile des Heiz-Kühl-Systems sind

- der Kühler dicht hinter dem Kühlergrill, der nur durch den Fahrtwind gekühlt wird,
- die Wasserpumpe rechts unten vorne am Motor; sie wird durch den Keilriemen angetrieben, der auch die Lichtmaschine treibt,
- der Wärmetauscher, der unter dem Kühlwasserbehälter im Motorraum sitzt. Daran ist seitlich angeflanscht
- der Gebläsemotor, der nach Einschalten Frischluft von den Gittern vor der Windschutzscheibe durch den kühlergrillartigen Wärmetauscher saugt und je nach Hebelstellung der Heizung den Innenraum erwärmt oder die Warmluft nach außen bläst,
- der Thermostat, der im Motorblock vorne oben sitzt und zu regeln hat, durch welchen Kreislauf die Kühlflüssigkeit laufen soll.

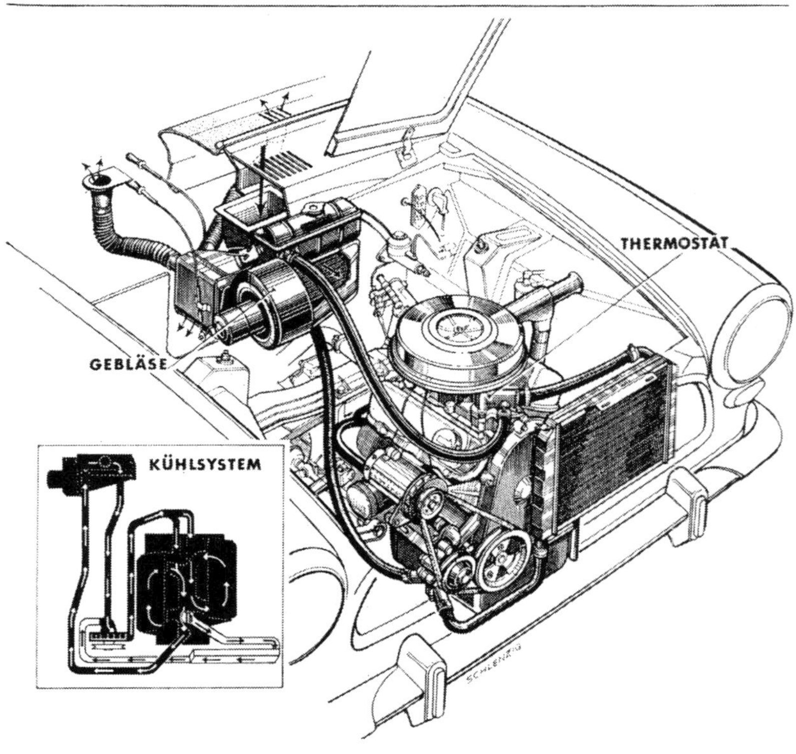

Die Teile des neuartigen Kühl- und Heizungssystems im Ford Taunus 12 M. Vor der hinteren Spritzwand des Motorraumes der Kühlflüssigkeitskasten mit Kühl- und Heizgebläse, der Frischlufteintritt vor der Windschutzscheibe, vorne der Frontkühler, auf dem Motorblock das Verteilerstück mit Thermostat und unten am Motor die Wasserpumpe. Die beigefügte Skizze veranschaulicht — von oben gesehen — die beiden Kühlflüssigkeitskreisläufe. Während die 1. Stufe schwarz gezeichnet ist, zeigt sich die 2. Stufe nach Öffnen des Thermostats als weiß umrandeter Flüssigkeitsweg.

Die Kühlung mißt mit dem Thermostat und einem Thermoschalter laufend die Kühlflüssigkeitstemperatur und schaltet automatisch in folgenden 3 Stufen:

Die Kühlung

1. Stufe

Beim Starten und bei kaltem Kühlsystem fließt die an den heißen Zylinderwänden erwärmte Kühlflüssigkeit im Motorblock nach vorne oben zum Thermostat. Der Thermostat ist geschlossen, so daß die Kühlflüssigkeit durch den langen Kühlschlauch zum Kühlflüssigkeitskasten und Wärmetauscher an der hinteren Wand des Motorraumes fließt. Aus dem Wärmetauscher, dessen Gebläsemotor nicht läuft, saugt die Wasserpumpe die Kühlflüssigkeit wieder ab und treibt sie in die Kühlkanäle des Motorblocks.

2. Stufe

Wenn die Temperatur der Kühlflüssigkeit in diesem Kreislauf auf 80 ° C steigt, öffnet der Thermostat im Motorblock vorne oben und gibt damit auch den zweiten Kühlkreislauf frei. Die Kühlflüssigkeit fließt dann teilweise zum Frontkühler und wird dort durch den Fahrtwind abgekühlt. Die Wasserpumpe saugt dabei Kühlflüssigkeit aus beiden Kreisläufen. Der Thermostat öffnet sich umsomehr, je höher die Temperatur steigt.

3. Stufe

Steigt die Temperatur der Kühlflüssigkeit auf 96 ° C, weil durch hohe Außentemperaturen, durch Kriechfahrt oder Bergfahrt der Fahrtwind die Kühlflüssigkeit im Frontkühler nicht mehr ausreichend kühlen kann, dann schaltet sich durch einen neben dem Kühlwasserkasten sitzenden Thermoschalter automatisch der Kühlgebläsemotor ein. Er saugt Frischluft durch den Wärmetauscher, die bei geschlossener Heizung nach unten abgeblasen wird. Wenn sich durch den Gebläsemotor die Kühlflüssigkeit auf 92 ° C abgekühlt hat, schaltet der Thermoschalter das Gebläse wieder automatisch ab.
Diese Anordnung hat den Vorteil, daß durch den Umlauf der Kühlflüssigkeit im ungekühlten ersten Kreislauf die günstigste Betriebstemperatur des Motors schnell erreicht wird.

Im Stand warmlaufen lassen?

Man kann den Motor des Ford 12 M, im Gegensatz zu anderen Personenwagen-Motoren, im Stand warmlaufen lassen. Im allgemeinen wird mit gutem Grund davon abgeraten, im Winter bei Frost den Motor nach dem Starten zu lange im Stand laufen zu lassen, sondern man soll, sobald der Motor „rund" dreht, anfahren, da der Motor unter der Belastung schneller zu der für ihn günstigen Betriebstemperatur kommt. Dies gilt nicht mehr für den 12 M, da die angewärmte Kühlflüssigkeit ungekühlt durch den ersten Kreislauf zirkuliert und auch den unbelasteten Motor schnell zur günstigen Betriebstemperaturen bringt. Trotzdem würden wir zu langen Leerlauf auch nicht empfehlen. Das fettere Gemisch bei Leerlauf hinterläßt im Motor bei der Verbrennung mehr Rückstände. Da der Wärmetauscher für die Heizung im ersten Kühlflüssigkeitskreislauf liegt, ist schnell genügend Temperatur vorhanden, um beim Einschalten des Gebläsemotors durch den Handschalter die Frischluft für die Innenheizung aufzuwärmen. In Fahrt genügt auch der Luftstau vor der Windschutzscheibe zum Eintritt von Frischluft in den Wärmetauscher und die Erwärmung des Innenraumes. Der stärker wirkende Gebläsemotor läßt sich in zwei Stufen schalten, so daß auch das stehende Fahrzeug bei laufendem Motor beheizt werden kann. Bei Leerlauf des Motors muß man jedoch daran denken, daß der für den Gebläsemotor notwendige elektrische Strom der Batterie entnommen wird, da die Lichtmaschine dann noch keine genügende Eigenleistung hat. Übrigens: Bei Stufe 1 braucht man etwas mehr als die Hälfte des Stromes für Stufe 2, da hierbei ein Teil des von der Batterie abgenommenen Stromes durch Widerstand in Wärme umgesetzt wird.

Die richtige Kühlflüssigkeit
Pflegearbeit Nr. 4

Das Kühlsystem des Ford 12 M ist mit einem „Langzeit-Kühl-Konzentrat", wie man es bei Ford nennt, befüllt. Diese Füllung bleibt Sommer und Winter im Kühlsystem. Sie kocht erst zwischen 110 und 120 ° C und verhindert das Einfrieren des Motors bis zu –37 ° C. Außerdem schützt sie das Kühlsystem gegen Rost. Die Kühlflüssigkeit soll alle zwei Jahre erneuert werden.

Kühlflüssigkeits-Mischung Ford 12 M:
3,25 Ltr. Ford-Kühlerfrostschutz (Permanent Anti Freeze)
3,25 Ltr. Wasser
6,5 Ltr. Langzeit-Kühl-Konzentrat

„Ford-Permanent Anti Freeze" ist bei Ford-Vertragswerkstätten in 1,5-Liter-Dosen erhältlich. Es kostet pro Dose 8,40 DM (Best.-Nr. 1 508 517).

Das Kühlsystem des 12 M hat nur sehr geringe Verdunstungsverluste. Bei diesem geringen Bedarf kann im Laufe des Sommers reines Wasser nachgefüllt werden. Aber nicht bis zum Rand des Einfüllstutzens auffüllen, da die erwärmte Kühlflüssigkeit überläuft und damit eine ständige Veränderung des Konzentrates bewirkt wird. Wenn das Schaublech im Kühlflüssigkeitsbehälter unterhalb des Einfüllstutzens bedeckt ist, nichts mehr nachfüllen.

Schutz gegen Frost

Vor dem Winter muß die Kühlflüssigkeit auf ihre Frostfestigkeit geprüft werden. Diese ist am spezifischen Gewicht erkennbar. Ähnlich wie bei der Prüfung der Batteriesäure wird dazu eine Meß-Spindel benutzt, wie sie fast jede Tankstelle und auf jeden Fall jede Ford-Werkstatt besitzt. Der Schwimmer in dem Hebermesser, das Aräometer, ist jedoch etwas anders als beim Batteriesäuremesser gebaut. Auf ihm müssen zwei Werte abgelesen und zueinander in Beziehung gesetzt werden.

Aus dem Einfüllstutzen wird etwas Kühlflüssigkeit angesaugt, bis das Aräometer in der Glasröhre frei schwimmt. Der Flüssigkeitsspiegel zeigt auf der oberen Meßskala den Prozentanteil des Frostschutzmittels an. Das Thermometer im unteren Teil der Spindel gibt die Wärme der Kühlflüssigkeit an. Auf einer dem Hebermesser beigegebenen oder daran befestigten Tabelle läßt sich mit den beiden festgestellten Werten ablesen, bis zu welcher Temperatur die Kühlflüssigkeit Frostschutz bietet. Wenn das Thermometer der Meß-Spindel knapp 20 ° C Wärme für die Kühlflüssigkeit zeigt und auf der oberen Skala 50% abgelesen werden, stimmt jedenfalls die Mischung im Kühlsystem.

Kühlflüssigkeit ablassen

Wenn durch einen besonderen Umstand ein großer Teil der Kühlflüssigkeit verloren ging, etwa weil ein Kühlschlauch brach oder sich eine Schlauchschelle

Zum Prüfen der Kältefestigkeit des Kühl-Konzentrats braucht kein Spezial-Hebermesser verwendet zu werden, sondern es ist jeder Hebermesser, der etwa mit „Glysantin" oder „Genantin", den bekannten Frostschutzmitteln, gekennzeichnet ist, ebenso verwendbar zur Messung.
Das Kühl-Konzentrat kann auch mit diesen Frostschutzmitteln gemischt werden, wenn bei plötzlichem Kälteeinfall das Ford-Spezialmittel „Permanent Anti Freeze" nicht zum Nachfüllen zur Verfügung steht und die Frostfestigkeit andernfalls ungenügend wäre.

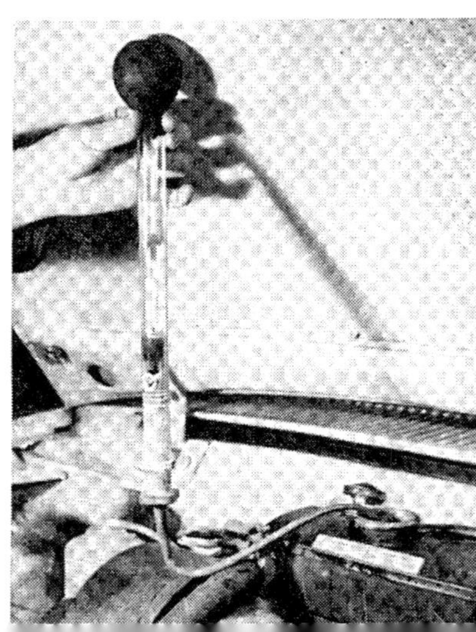

löste, kann nach der Instandsetzung normales Wasser aufgefüllt werden. Es soll natürlich baldmöglich durch die vorgeschriebene Kühlflüssigkeit ersetzt werden. Deshalb muß das Wasser – oder bei besonderem Anlaß auch die Kühlflüssigkeit – möglichst restlos aus dem Kühlsystem abgelassen werden. Dazu öffnet man zuerst die Schlauchschelle eines Kühlschlauches (Schraubenzieher) unten an der Wasserpumpe, zieht den Kühlschlauch ab und läßt dort das Wasser ab, bzw. fängt die Kühlflüssigkeit zur Wiederverwendung in einem Gefäß – über 6 Liter! – auf. Bei manchen Motoren des 12 M sitzt unten an der Wasserpumpe eine Ablaß-Schraube, die an Stelle des Schlauchabziehens geöffnet werden kann. Neuerdings fehlt aber diese Schraube.

Mit dem Ablassen der Kühlflüssigkeit an der Wasserpumpe ist das Kühlsystem noch nicht entleert. Damit auch der Frontkühler restlos leer läuft, muß seine Entlüftungsschraube – eine Flügelschraube an der oberen Schrägkante vor der Motormitte – geöffnet werden. Und zum Entleeren der Kühlkanäle des Motorblocks müssen die beiden Ablaß-Schrauben geöffnet werden, die beidseitig jeweils auf der Mitte der Seitenwand unten sitzen. Rechts sitzt die Ablaß-Schraube knapp vor dem Ölfilter, links die zweite Schraube genau gegenüber. Beide Ablaß-Schrauben sind für Schraubenschlüssel kaum zugänglich; man braucht zum Öffnen und Schließen einen Steckschlüssel mit Schlüsselweite 11.

Kühlflüssigkeit einfüllen

Die Kühlflüssigkeit muß in einem Eimer vorgemischt werden; es genügt bei Frost nicht, nacheinander die erforderlichen Mengen Wasser und Frostschutzmittel in den Einfüllstutzen zu füllen, denn die Durchmischung braucht im Kühlsystem zu lange Zeit, so daß inzwischen der Motor frostgefährdet ist.

Vor dem Einfüllen müssen zuerst die Ablaß-Schrauben im Motorblock fest geschlossen werden. Sodann wird geprüft, ob alle Schlauchanschlüsse fest sitzen und die Schlauchschellen gut angezogen sind. Ebenso soll der feste Sitz des Verteilerstückes auf dem Motorblock vorne oben geprüft werden.

Während des Einfüllens der Kühlflüssigkeit muß die Entlüftungsschraube am Frontkühler geöffnet bleiben, bis dort Kühlflüssigkeit austritt. Bleibt sie geschlossen, bilden sich Luftblasen, die eine vollständige Füllung des Kühlsystems vortäuschen, aber die Wirksamkeit des Frontkühlers im Betrieb stark beeinträchtigen. Wenn an der Entlüftungsschraube Flüssigkeit austritt, wird diese geschlossen und weiter eingefüllt, bis der Kühlkasten kurz unter den Einfüllstutzen befüllt ist. Dann wird der Motor gestartet; im Kühlkasten steigen Luftblasen auf und der Flüssigkeitsspiegel sinkt ab. Weiter auffüllen, bis keine Luftblasen mehr aufsteigen.

Wenn der Keilriemen unterwegs reißt und kein Ersatzstück zur Hand ist, läßt sich aus einem Paar Nylon-Strümpfen ein brauchbarer Ersatz knoten. Beide Strümpfe werden, jeder für sich, um die Scheibenräder gelegt. Jeder Strumpf wird so stramm gezogen, wie es nur irgend geht — er wird dabei nicht reißen — und in sich fest verknotet. Dann werden die an den Knoten überstehenden Enden, die Füße und der obere Saum, so kurz, wie auf dem Bilde sichtbar, abgeschnitten. Dieser „Ersatzkeilriemen" hält, wenn er gut verknotet ist, eine längere Strecke aus. Am einfachsten: Strumpf nur noch um Wasserpumpenrad schlingen, denn dieses läuft leicht mit und mit Batteriestrom zur Werkstatt fahren (S. 77 unten).

So sieht die Wasserpumpe von innen aus. Ihre zentrifugal stehenden Förderstege treiben die Kühlflüssigkeit durch den Motorblock. Wenn die Wasserpumpe ausfällt, wird die Kühlflüssigkeit im Motorblock nicht mehr in Bewegung gehalten und sie erhitzt sich in wenigen Sekunden an den heißen Zylinderwänden bis zum Kochen, auch wenn dies am Kühlwasserthermometer nicht bemerkbar ist. Deshalb muß bei Ausfall der Wasserpumpe der Wagen abgeschleppt werden. Die Wasserpumpe ist wartungsfrei; Reparaturen sind Werkstattangelegenheit.

Wenn der Keilriemen reißt

Die Wasserpumpe, die für den schnellen Umlauf der Kühlflüssigkeit sorgt, wird zusammen mit der Lichtmaschine von einem Keilriemen angetrieben. Wenn dieser Keilriemen reißt, darf man auf keinen Fall weiterfahren, obwohl die ausgefallene Lichtmaschine durch Batterie ersetzt würde (S. 77 unten). Aber durch die ausgefallene Wasserpumpe kann die Kühlflüssigkeit den Motor nicht mehr kühlen.

Man kann sich jedoch helfen, wenn man keinen Ersatzkeilriemen zur Hand hat, aber eine Begleiterin mitfährt: Man bitte sie, ihre Perlon- oder Nylonstrümpfe zu opfern. Die Kosten für ein paar neue Strümpfe sind jedenfalls wesentlich niedriger als ein Abschleppwagen, der in diesem Falle unbedingt bestellt werden müßte. Wenn die grüne Ladekontrollampe aufflackert, haben sich die Strümpfe gelockert. Dann müssen sie durch Verstellen der Lichtmaschine (siehe Seite 76) nachgespannt werden. Siehe auch Bild S. 61.

Fingerzeige: *Bei heißem Motor den Verschlußdeckel des Kühlerkastens erst öffnen, nachdem man ihn mit einem dichten Lappen – Taschentuch genügt nicht – umwickelt hat. Das Kühlsystem steht unter Überdruck; an dem plötzlich ausströmenden heißen Dampf kann man sich leicht verbrennen. Ein dichter Lappen schützt dagegen.*

In einen eiskalten Motor kann man zwar heißes Wasser einfüllen. Aber eiskaltes Wasser in einen heißen Motor eingefüllt, kann schnell Schaden stiften; der erhitzte Motorblock kann durch die plötzliche Abkühlung reißen. Deshalb darf bei starkem Kühlflüssigkeitsverlust und heißem Motor kaltes Wasser nur langsam und bei laufendem Motor eingefüllt werden.

Entgegen üblichen Ratschlägen soll man bei Paßfahrten den heißen Motor nach dem Parken nicht laufen lassen, da er sich dabei nur noch mehr erhitzt. Motor abschalten, Zündung wieder ein, dann läuft der Ventilator und kühlt den Motor.

Gebläsemotor

Zusammen mit dem Kühlwasserkasten, dem Wärmetauscher und dem Luft-Verteilerkasten bildet der Gebläsemotor ein geschlossenes Bauteil im Motorraum vor der Spritzwand. Der Gebläsemotor hat zwei Aufgaben.

■ Er soll beim Erreichen einer Kühlflüssigkeitstemperatur von 96 ° C durch einen Thermoschalter automatisch in Tätigkeit treten und im Wärmetauscher die Kühlflüssigkeit abkühlen, wobei die erwärmte Luft durch eine Öffnung ins Freie strömt. Wenn die Temperatur der Kühlflüssigkeit auf 92 ° C gesunken ist, soll der Thermoschalter den Gebläsemotor wieder selbsttätig abschalten.

■ Er soll, durch einen zweistufigen Drehschalter am Armaturenbrett in Gang gesetzt, den Innenraum des Fahrzeugs erwärmen, wenn der Staudruck des Fahrtwindes vor der Windschutzscheibe nicht zur Erzeugung der notwendigen Warmluft im Wärmetauscher ausreicht oder die Außentemperatur zu niedrig ist. Bei dieser Handschaltung des Gebläsemotors ist die Temperatur der Kühlflüssigkeit nicht entscheidend.

Der Gebläsemotor ist wartungsfrei. Durch einen Kunststoffüberzug ist er gegen Wasser und Staub geschützt. Im Betrieb wird er durch die durchströmende Luft mitgekühlt. Er arbeitet bei der Handschaltung in zwei wählbaren Geschwindigkeitsstufen. Bei der Einschaltung durch den Thermoschalter läuft er jedoch nur in der höchsten Drehzahlstufe. Er braucht 120 Watt. Bei den 12 M, die bis zum September 1963 gebaut wurden, hat der Gebläsemotor nur einen Bedarf von 80 Watt Leistung.

Drehschalter und Thermoschalter

Der zweistufige Drehschalter, rechts unten auf dem Armaturenbrett, erhält seinen Strom bei eingeschalteter Zündung von der Sicherung Nr. 6. Beim Einschalten der niedrigen Drehzahl fließt der Strom weiter über einen Widerstand, der rückseitig auf das Gehäuse des Gebläsemotors montiert ist. Durch diesen Widerstand erhält der Motor nur einen Teil des verfügbaren Stromes. Wenn die höhere Drehzahl eingeschaltet ist, fließt der Strom jedoch vom Drehschalter am Armaturenbrett direkt zum Gebläsemotor.

Durch diese unterschiedliche Schaltung ist ein etwaiger Fehler leicht einzukreisen: Läuft nämlich der Gebläsemotor bei der Handschaltung ordnungsgemäß in beiden Stufen, beim Erreichen hoher Kühlflüssigkeitstemperaturen jedoch nicht, kann es nur am Thermoschalter oder seinen Anschlußkabeln liegen. Schaltet sich der Gebläsemotor durch den Thermoschalter automatisch ein, reagiert jedoch nicht auf den Drehschalter, ist im Bereich des Drehschalters und des Widerstandes der Fehler zu suchen. Sie werden es schon gemerkt haben: Der Drehschalter funktioniert nur, wenn zugleich die Klappe im Verteilerkasten auf Innenraumerwärmung gestellt ist, also der Drehschalter gleichzeitig gezogen ist. Dadurch soll vermieden werden, daß der Gebläsemotor versehentlich eingeschaltet wird, wenn die Warmluft nutzlos ins Freie geblasen wird.

Natürlich kann es auch vorkommen, daß der Gebläsemotor so und so keinen Pieps von sich geben mag. Der erste Blick gilt dann der Sicherung Nr. 6. Noch einfacher ist ein Druck auf den Hupenknopf, denn die Hupe hängt an der glei-

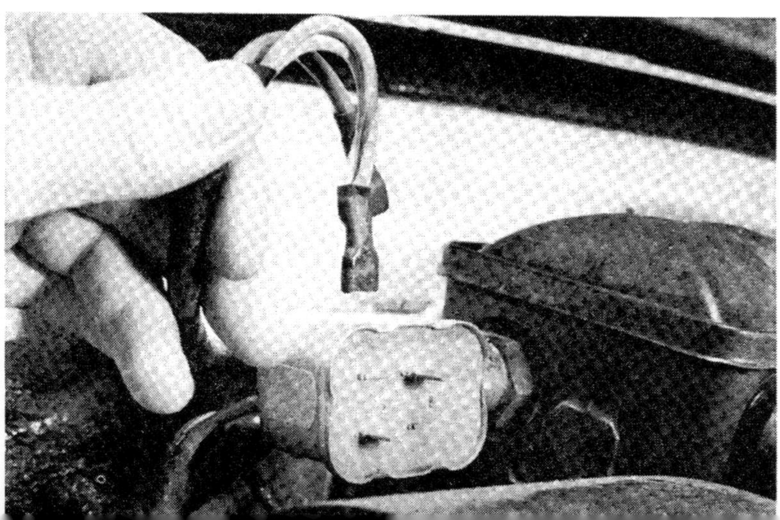

Der Thermoschalter am Kühlflüssigkeitskasten vor der hinteren Motor-Spritzwand hält die Kühlflüssigkeitstemperatur unter Kontrolle. Bei etwa 96° C schaltet er automatisch das Kühlgebläse ein und schaltet es bei etwa 92° C wieder ab. Bei Störungen zuerst festen Sitz der Kabelanschlüsse prüfen. Wenn es noch nicht hilft, mit einem Schlüssel dagegen klopfen — der Schalter bleibt manchmal hängen. Wenn dies öfter vorkommt, Thermoschalter auswechseln.

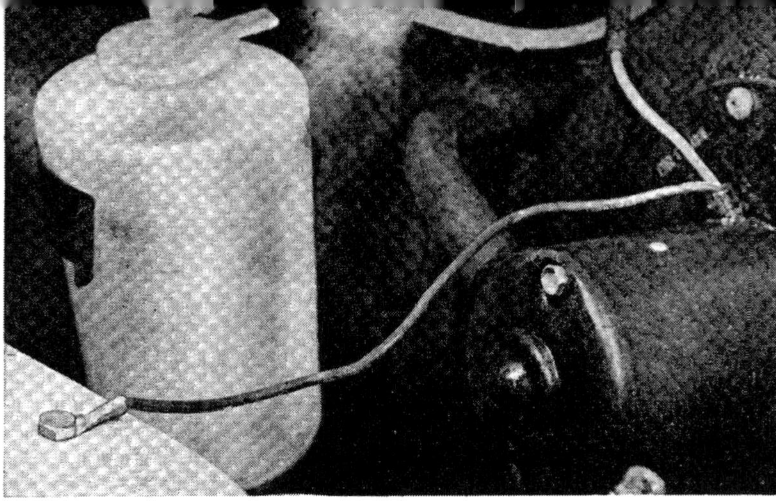

Mit dem quer durch das Bild laufenden Kabel ist der Gebläsemotor an „Masse" angeschlossen. Wenn das Kabel sich lockert, kann der Gebläsemotor nicht laufen.

chen Sicherung. Wenn die Hupe ertönt, ist die Sicherung jedenfalls nicht die Ursache des Fehlers. Um allzulanges Suchen zu vermeiden, schaltet man den Gebläsemotor einfach kurz, d. h. man verbindet das weiße Anschlußkabel, das vom Thermoschalter zum Gebläsemotor läuft, durch ein geeignetes Zwischenkabel direkt mit dem Plus-Pol der Batterie. Läuft dann der Motor, sind Bedienungsschalter oder Anschlußkabel nicht in Ordnung. Wenn der Motor allerdings auch in diesem Falle versagt, muß er ausgebaut werden.

Ausbau des Gebläsemotors

Zuerst werden alle Kabelanschlüsse, das Massekabel am Gebläsemotor und der Belüftungsschlauch für den Motor gelöst. Dann sind die 4 seitlichen Halteschrauben zur Befestigung der Ankerplatte des Motors am Gebläsegehäuse herauszuschrauben und der Gebläsemotor mit Ankerplatte und Gebläserad herauszuziehen. Zum Schluß ist die Innensechskantschraube zur Befestigung des Gebläserades auf der Ankerwelle des Motors zu lösen, das Gebläserad abzuziehen und die Ankerplatte vom Gebläsemotor abzuschrauben. Der Zusammenbau erfolgt sinngemäß umgekehrt.

Heizungsschalter ausbauen

Der Fehler kann auch im Handschalter des Gebläsemotors entdeckt werden. Dazu muß zuerst die seitliche Halteschraube des Zugknopfes gelöst und der Zugknopf abgezogen werden. Dann ist der Schraubring des Schalters vom Armaturenbrett her zu lösen. Dazu braucht man an sich einen Vierkant-Spezialschlüssel, den man auch nicht im Zusatzwerkzeug zum 12 M hat. Man kann sich helfen, indem man zwei kleine Schraubenzieher in die gegenüberliegende Nute stemmt und den Schraubring zu lösen versucht. Nach dem Herausdrehen des Schraubringes den Schalter unter dem Armaturenbrett wegziehen und die Kabelsteckverbindungen abziehen. Zuletzt den Bowdenzug für die Verteilerklappe der Heizung am Verteilergehäuse aushängen.

Störungen an Heizung und Kühlung

Wenn der Zeiger des Thermometers in das rote Feld wandert, gerät die Kühlerflüssigkeit ins Kochen. Falls der Gebläsemotor nicht läuft, zuerst versuchen, ob er sich mit dem Handschalter der Heizung einschalten läßt. Wenn der Gebläsemotor dann läuft, muß der Defekt irgendwo am Thermoschalter liegen. Sie können mit handgeschaltetem Gebläse ohne weiteres weiter fahren, bis Zeit zur Reparatur ist. Aber Temperatur-Anzeige ständig im Auge behalten.

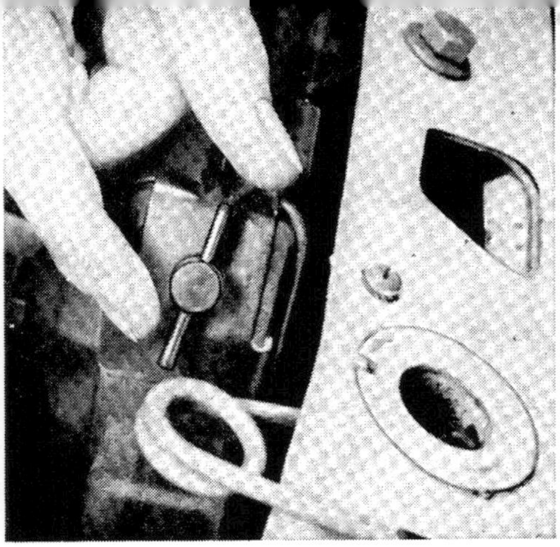

Damit sich beim Einfüllen keine Luftblasen im Kühlsystem bilden, hat der Frontkühler oben eine Entlüftungsschraube, die in diesem Falle geöffnet werden muß. Wird diese Schraube versehentlich bei laufendem Motor und offenem Kühlerverschluß geöffnet, saugt die Wasserpumpe den Frontkühler sofort leer; der Kühlerkasten vor der Spritzwand läuft über und im Kühlsystem bilden sich Luftblasen. Der Motor muß sofort abgestellt und Kühlflüssigkeit bei nunmehr absichtlich geöffneter Entlüftungsschraube nachgefüllt werden.

Hupe und Heizung hängen an der gleichen Sicherung. Wenn die Hupe ausfällt, wird auch der Gebläsemotor nicht mehr laufen, so daß bei warmer Witterung bald mit einem Ansteigen der Kühlertemperatur zu rechnen ist. Bei zügiger Fahrt besteht diese Gefahr weniger als bei Kriechfahrten auf verstopfter Autobahn oder im Büroschlußverkehr in der Stadt. Nächste Tankstelle aufsuchen und eine neue 16-Ampere-Sicherung einsetzen lassen. Hupe dann probeweise betätigen; wenn Sicherung sogleich wieder durchbrennt, hat die Hupe Kurzschluß. Man kann mit einer weiteren neuen Sicherung fahren, darf aber die Hupe nicht benutzen, bis sie bei nächster Gelegenheit repariert ist.

Wenn der Thermostat klemmt, so daß der zweite Kreislauf nicht geöffnet wird – man spürt dies am wesentlich kälteren Frontkühler –, kann die Kühlflüssigkeit im ersten Kreislauf leicht ins Kochen geraten. Man kann den Thermostat einfach ausbauen. Er ist zum Weiterfahren bei warmer Witterung nicht notwendig; die Kühlflüssigkeit läuft dann ständig durch beide Kreisläufe, das Überkochen wird verhindert. Fehlendes Wasser nachfüllen. Bei nächster Gelegenheit einen neuen Thermostat einsetzen.

Umgekehrt ist es, wenn im Winter die Heizung erst spät und nur ungenügend wirksam wird. Dann besteht der Verdacht, daß die Kühlflüssigkeit zu früh durch den Frontkühler läuft, der Thermostat also nicht mehr abschließt. Man spürt dies, wenn sich bald nach dem Starten des Motors der Frontkühler bereits warm anfühlt. Dann muß möglichst bald ein neuer Thermostat eingebaut werden.

Wenn sich bei ständig laufendem Kühlgebläse die oberen Schläuche des Kühlsystems besonders heiß anfassen, die unteren jedoch wesentlich kühler sind,

Am vorderen oberen Motorende sitzt der Thermostat unter dem Kühlflüssigkeitsverteilerstück. Bleibt der Thermostat hängen und muß ausgebaut werden, sind die 3 Befestigungsschrauben des Verteilerstückes mit einem Ring- oder Gabelschlüssel SW 14 zu lösen. Der defekte Thermostat — in der linken Hand — kann dann einfach herausgezogen werden. Etwa 1,5 Liter Flüssigkeit laufen bei dieser Montagearbeit weg und müssen nachgefüllt werden.

dann deutet dies an, daß der Flüssigkeitsumlauf nicht schnell genug vonstatten geht; wahrscheinlich fördert die Wasserpumpe nicht genug. Dann muß unverzüglich eine Werkstatt aufgesucht werden, denn das im Motorblock kochende Wasser kann zu Kolbenklemmern und anderen Motorschäden führen.

Störungsbeistand
Kühlung und Heizung

Die Störung	— ihre Ursache	— ihre Abhilfe
A Gebläsemotor schaltet nicht ein	1 Wenn Handschaltung des Gebläsemotors funktioniert:	
	a) Thermoschalter-Steckkabel lose	Beide Kabelstecker blank reiben und fest andrücken
	b) Oder Steckkabel am Thermoschalter vertauscht	Braunes Kabel von Sicherung an Stecker rechts oben; mehradriges Kabel an Stecker links unten
	c) Oder Thermoschalterelement defekt	Defekten Thermoschalter austauschen; inzwischen Gebläsemotor von Hand schalten
	2 Wenn Handschaltung des Gebläsemotors nicht funktioniert: Massekabel zwischen Gebläsemotor und Karosserie lose	Massekabel fest anschrauben
	3 Wenn Hupe nicht funktioniert: Sicherung zum Gebläsemotor durchgebrannt	Neue Sicherung einsetzen
B Gebläsemotor läuft ständig	1 Wenn Kühlflüssigkeit fehlt:	
	a) Undichte Stelle im Kühlsystem	Abdichten und langsam Wasser auffüllen
	b) Oder Entlüftungsschraube am Frontkühler offen	Wasser auffüllen, bis es an Entlüftungsschraube austritt, dann Schraube fest schließen und weiter auffüllen
	2 Wenn Frontkühler nicht heiß ist: Thermostat klemmt, hat nicht geöffnet	Thermostat ausbauen, Wasser nachfüllen
	3 Wenn obere Kühlschläuche sehr heiß sind: Wasserpumpe fördert nicht genügend	Werkstattarbeit
C Heizwirkung ungenügend und erst nach längerer Zeit spürbar	1 Wenn Frontkühler schnell heiß wird: Thermostat defekt, schließt den 2. Kühlkreislauf anfangs nicht ab	Thermostat austauschen

Gesteuerte Warmluft

Im Fußraum unter dem Armaturenbrett sitzt der Verteilerkasten für die Warmluftheizung. In diesem Gehäuse aus Preßpappe lassen sich durch die entsprechenden Zuggriffe am Armaturenbrett über Bowdenzüge zwei Klappen bewegen, die der Warmluft die gewünschte Richtung geben. Wenn Sie sich einmal auf die Vordersitzbank legen, den Kopf unter das Armaturenbrett stecken und die beiden Zuggriffe ziehen, können Sie durch die Luftaustrittschlitze leicht sehen, wie diese Warmluftregulierung funktioniert. Bei geöffneter Hauptklappe (unterer Zuggriff am Armaturenbrett) und eingeschaltetem Gebläsemotor – mit dem gleichen Zuggriff einzuschalten – können Sie das Gebläserad drehen sehen. Dieser Verteilerkasten ist praktisch wartungsfrei. Es hat keinen Sinn, die Gelenke ölen zu wollen. Die heiße Luft würde dann im Innenraum einen penetranten Geruch nach heißem Öl verbreiten. Mit der Zeit können sich die Bowdenzüge etwas längen, so daß die Klappen nicht mehr einwandfrei schließen oder öffnen. Dann sind die beiden Halteklammern der Bowdenzugenden mit einem 8-mm-Schrauben-Schlüssel zu lockern und die Bowdenzüge neu justiert wieder festzuschrauben.

Die beiden Heizschläuche am hinteren Ende des Verteilerkastens führen die Warmluft zu den Entfrosterdüsen hinter der Windschutzscheibe. Bei Fahrzeugen aus der ersten Produktion war die Entfrostung der linken Windschutzscheibenseite ungenügend, da die Warmluft wegen der Führung der Heizschläuche bevorzugt zur rechten Scheibenhälfte strömte. Abhilfe ist möglich: Rechten Heizschlauch am Verteilerkasten abziehen und einen Streifen Tesafilm als „Teil-Luft-Bremse" quer über den Schlauchstutzen kleben. Dann strömt mehr Warmluft nach links.

Bis zum August 1964 gab es auch noch nicht die dann serienmäßig eingebauten Frischluftdüsen oberhalb des Armaturenbrettes. Bei diesen älteren Wagen muß man deshalb auch im Hochsommer nach einem Gewitterregen, wenn die Frontscheibe beschlägt, die Heizung einschalten, um wieder klare Sicht zu bekommen. Das ist unangenehm, aber nicht zu vermeiden. Bei den neuen Wagen ist dies durch die Frischluftdüsen einfacher, denn auch die kalte Luft beseitigt den feuchten Dunst auf der Innenseite der Scheibe. Die Frischluftdüsen müssen nur entsprechend auf die Scheibe gerichtet werden.

Belüftung im Sommer

Kalte Luft in den Innenraum gibt es in den 12 M bis zum August 1964 nur durch die beiden seitlichen Frischluftklappen, die im Fußraum vor den Vordersitzen in der Karosserie-Seitenwand sitzen. Leider sind diese Frischluftklappen weggefallen, sie waren zur Belüftung des Fußraumes bei sehr großer Hitze sehr angenehm. Die Frischluftdüsen oben auf dem Armaturenbrett sind da kein voller Ersatz, wenn auch zur Gesichtskühlung und zum Abtrocknen beschlagener Windschutzscheiben sehr angenehm. Die Frischluft wird ebenfalls dem Fahrtwindstau vor der Windschutzscheibe entnommen. Bei starkem Regen dringt an den seitlichen Frischluftklappen in den Fußraum Regenwasser ein. Deshalb müssen die Klappen, wenn keine Frischluft zugeführt werden soll, bis zum Einrasten eines kleinen Nockens geschlossen werden. Wenn die Klappen schwergängig sind, lassen sie sich einfach ausbauen. Der ganze Einsatz wird nur durch 4 Blechschrauben gehalten, die mit einem kleinen Kreuzschlitzschraubenzieher zu lösen sind. Das Scharnier der Klappe läßt sich dann mit einem zähen Fett – Abschmierfett, Mehrzweckfett, Vaseline – leichtgängiger machen. Vorsicht: Wiederabdichtung beim Einbau schwierig, Wassereintritt bei Regen dann möglich!

Fingerzeig: *Nur selten entdeckt der Besitzer eines Ford 12 M, daß unten am Kasten für den Wärmetauscher ein elastisches Ventil sitzt, mit dem eingedrungenes Regenwasser abgelassen werden soll. Gelegentlich mit der Hand unter den Kasten fassen und das Ventil aufstoßen, falls es verschmutzt ist. Auch prüfen, ob die Dichtungen des Kastens einwandfrei sind.*

Die Batterie

Kraft aus Zellen

Die Batterie in unserem Auto ist gar keine Batterie. Eine echte Batterie gibt elektrische Energie aus eigener Kraft ab, wie beispielsweise eine Taschenlampenbatterie. Die Batterie im Auto kann das nicht. Die Elektrizität, die sie abgibt, muß zuvor in sie „hineingepumpt" werden. Die „Batterie" ist also in Wirklichkeit ein Stromspeicher, auch Akkumulator oder kurz Akku genannt.
Die Batterie – wir schließen uns damit dem allgemeinen, wenn auch falschen Sprachgebrauch an – wird im Auto vor allem zum Starten des Motors benötigt. Während der Fahrt übernimmt die Lichtmaschine die Stromversorgung. Gleichzeitig lädt sie dabei die der Batterie entnommene elektrische Energie wieder auf. Im Leerlauf kann dies allerdings die Lichtmaschine nicht. Stadtverkehr zehrt daher an der Batterie, ebenso das Dahinkriechen bei Autostauungen. Im „Nebenberuf" hat die Batterie auch für die Beleuchtung des parkenden Wagens, für die Autoradio-Musik beim Picknick und die schnelle Erwärmung des Wageninnern durch das Heizgebläse zu sorgen.

Was die Batterie leistet

Die Batterie des Ford 12 M besteht aus 3 Zellen. Da jede Zelle einer Autobatterie ungefähr 2 Volt Spannung hat, ergibt das eine Stromspannung von 6 Volt. Darauf sind alle Stromverbraucher, vom Anlasser bis zur Schlußlichtlampe, ausgelegt. Auf einer der Metallbrücken, die die einzelnen Batteriezellen verbinden, ist die Bezeichnung 6 V / 77 Ah zu finden. Der erste Teil gibt die bereits erwähnte Stromspannung von 6 Volt an. Hinter dem Schrägstrich steht die Stromstärke, die in Ampere gemessen wird: die Batterie-Kapazität. Man bezeichnet sie in Ampere-Stunden, abgekürzt „Ah". Die 12-M-Batterie kann also theoretisch 77 Stunden lang 1 Ampere oder, umgekehrt, 1 Stunde lang 77 Ampere

Die Batterie des 12 M ist stark der Motorhitze ausgesetzt. Dementsprechend verdunstet der Wasseranteil der Batteriesäure stark. Das rechtzeitige Nachfüllen mit destilliertem Wasser ist für die Leistungsfähigkeit der Batterie sehr wichtig. Den praktischen Gummiverschluß für eine Batteriewasserflasche zeigt unser Bild. Er hat eine Ablauftülle für das Wasser und eine Luftöffnung, die beim Schließen mit dem Zeigefinger den Wasserfluß sofort unterbricht.

abgeben. Zur praktischen Feststellung ihrer Kapazität wird sie bei einer Temperatur von + 27 ° C geprüft. Sie muß nach der Normvorschrift dann 20 Stunden lang 3,85 Ampere abgeben. Das setzt eine vollgeladene Batterie in einwandfreiem Zustand voraus. Das aber kommt eigentlich nur bei sommerlicher Temperatur nach einer Autobahn-Langstreckenfahrt vor, so daß man in der Praxis vorsichtshalber nur mit ca. $^2/_3$ der angegebenen Kapazität rechnen kann. Es stehen also zumeist nur rund 50 Ah zur Verfügung. Wie lange sich die einzelnen Stromverbraucher aus der Batterie „ernähren" können, haben wir in der nachstehenden Tabelle zusammengefaßt.

Batteriebelastung durch Stromverbraucher

Verbraucher	Leistungsbedarf (Watt)	Stromstärke (Ampere) bei 6 Volt	Brenndauer	
			volle Kapazität (theoretisch)	$^2/_3$ Kapazität (praktisch)
Fernlicht, Standlicht, Schlußlicht, Kennzeichenleuchten, Instrumentenbeleuchtung zusammen	122 W	20,3 A	3 std 45 min	2 std 25 min
Abblendlicht und übrige Beleuchtung wie oben	115 W	19,2 A	4 std 5 min	2 std 40 min
Standlicht, Kennzeichenleuchten, Schlußlichter zusammen	26 W	4,3 A	17 std 50 min	11 std 50 min
Anklemm-Parkleuchte	3 W	0,5 A	145 std	102 std
Transistor-Radio	15 W	2,5 A	30 std 50 min	20 std 25 min
Scheibenwischer	30 W	5,0 A	15 std 25 min	10 std
Gebläsemotor	120 W	16,7 A	4 std 40 min	3 std
Zündspule	18 W	3,0 A	25 std 40 min	15 std
Anlasser	850—2500 W	250—500 A		

Durch den Anlasser wird die Batterie am meisten belastet. Der Anlasser leistet zwar nur 0,45 PS, aber durch Reibungsverluste frißt er etwa 850 Watt beim Durchdrehen des warmen Motors bis etwa 2500 Watt im Augenblick des Einschaltens. Beim Starten des Motors sinkt die Batteriespannung sehr schnell auf etwa 4,5 oder im Winter sogar 3,5 Volt ab. Auf eine solche niedrige Spannung ist der Anlasser eingerichtet. Der Strombedarf des Anlassers ist bei warmem Schmieröl in Motor und Getriebe geringer, wenn der Motor sich also leichter durchdrehen läßt. Je tiefer die Temperatur sinkt und je zäher demgemäß die Schmierstoffe sind, umso höher wird der Strombedarf des Anlassers. Das ist sehr ungünstig, denn bei kalter Temperatur verringert sich auch die Leistungskraft der Batterie an sich schon.

Der Anlasser sollte jeweils nicht länger als 5 Sekunden betätigt werden. Dann muß der Batterie und dem Anlasser eine kleine Erholungspause gegönnt werden. Theoretisch könnte man bei einer zu zwei Drittel geladenen Batterie den Anlasser etwa 100mal je 5 Sekunden lang betätigen. In Wirklichkeit sieht es aber ungünstiger aus, da die Spannung schnell abfällt und dadurch den für den Anlasser notwendigen Strom nicht mehr zustande bringt. In der Praxis reicht es also oft nur zu 20 Startversuchen.

Die obige Tabelle zeigt auch, daß die Batterie kaum eine ganze Winternacht

hindurch die Kraft für die Beleuchtung des geparkten Wagens hat. Da es beim Ford 12 M keine „Sparschaltung" für ein Parklicht gibt, lohnt sich deshalb für Laternenparker die Anschaffung einer Anklemm-Parkleuchte (kostet mit Birnchen etwa 7,50 DM). Sie wird oben auf die Kante des Kurbelfensters gesteckt, der Spezialstecker am langen Kabel kommt in die Steckdose des Zigarrenanzünders – der Spezialstecker dazu kostet beim Ford-Händler 3 DM –, das Kurbelfenster wird geschlossen. Dann zeigt ein ausreichend weißer Lichtstrahl nach vorne und ein roter nach hinten. Ohne die Batterie leerzusaugen, kann diese Anklemm-Parkleuchte ein paar Tage hintereinander brennen.
Ein Blick auf die Tabelle gibt auch die Erklärung, warum bei nächtlichen Verkehrsstockungen auf der Autobahn bei manchen Wagen plötzlich die Batterie leer ist und der Motor nicht mehr anspringen will. Zwar hat man beim Ford 12 M diese Situation weise vorausbedacht und beim Abschalten des Motors schalten sich zugleich Fern- und Abblendlicht aus, aber auch ein mitlaufendes Radio und besonders das zur Erwärmung eingeschaltete Heizgebläse, das ja 120 Watt verbraucht, können die Batterie in kurzer Zeit in die Knie zwingen.

Fingerzeig: *Bei längeren nächtlichen Verkehrsstockungen Motor nicht im Leerlauf bei eingeschaltetem Fern- oder Abblendlicht drehen lassen. Bei Leerlauf gibt die Lichtmaschine nur die für die Zündung notwendige Leistung ab. Deshalb Motor abstellen und Standlicht einschalten. Mit Radio und Heizgebläse sparsam umgehen. Bei nächtlicher Kolonnen-Kriechfahrt nicht mit höherem Gang und Motorleerlauf, sondern im kleinen Gang mit höherer Motordrehzahl fahren, damit Lichtmaschine Stromverbraucher und Batterie speist.*
Wenn die Lichtmaschine ausfällt, die Wasserpumpe aber noch funktioniert, läßt sich mit Hilfe der Batteriekapazität noch ein nicht allzu fernes Ziel erreichen. Wie man sich hilft, ist auf Seite 77 beschrieben.

Temperatur beeinflußt die Batterie

Wie bereits angedeutet, hat die Temperatur erheblichen Einfluß auf die Leistungskraft der Batterie. Angenommen, eine tadellos geladene Baterie 6 V/77 Ah gibt bei + 27 ° C – der Normtemperatur – ihre vollen 77 Ampere-Stunden ab, dann zeigt sich folgende Abhängigkeit von der Temperatur:

Temperatur in ° C	Kapazität der 77-Ah-Batterie	Verhältnis zur Nennkapazität
+ 30	80 Ah	104 %
+ 27	77 Ah	100 %
+ 20	74 Ah	96 %
+ 10	67 Ah	87 %
0	55,5 Ah	72 %
— 10	44 Ah	57 %
— 20	32,5 Ah	42 %

Bei – 20 ° C besitzt die Batterie also nicht einmal mehr die Hälfte ihrer Leistungskraft. Nach der Normvorschrift soll die vollgeladene Batterie bei – 18 ° C trotzdem noch einen Entladestrom von 270 Ampere abgeben können. Bei schlechtgeladenen oder alten Batterien kann es aber dazu nicht mehr reichen und der Anlasser vermag den kalten Motor nicht durchzudrehen. Es zeigt sich also, daß es sehr vorteilhaft ist, vor kalten Nächten die Batterie auszubauen – das ist beim 12 M mit wenigen Handgriffen zu machen – und sie in der Wohnung in die Nähe der Heizung zu stellen. Wer dies einmal versucht und festgestellt hat, wie leicht sein Wagen daraufhin am nächsten Morgen anspringt, wird sich diese Mühe vor wirklich kalten Nächten gerne machen.

Fingerzeige: *Daß die Batteriesäure zu Eis gefriert und die Batterie sprengt, wenn sie in fast entladenem Zustand Frost ausgesetzt wird, wird zwar oft gesagt, kommt aber in unseren Breitengraden so gut wie nicht vor. Beim weiteren Entladen entsteht Wärme, welche das völlige Erstarren verhindert.*
Das den Abschleppdiensten zu viel Geld verhelfende Batteriesterben setzt meistens im Herbst ein, wenn durch abfallende Außentemperaturen ihre Leistung abfällt und wenn sie dann deswegen stärker beansprucht wird.

Wie entsteht der Strom?

In den Zellen der Batterie, die eigentlich ein Stromspeicher ist, stehen ineinandergeschobene Plattenpakete aus unterschiedlichen Bleilegierungen. Immer eine positive und eine negative Platte befinden sich nebeneinander. Sie werden durch Separatoren aus nicht-leitfähigem Material voneinander getrennt. Das Ganze „schwimmt" in einer verdünnten Schwefelsäure von ganz bestimmtem spezifischem Gewicht. Beim Laden oder Entladen wandern zwischen den einzelnen Plattenpaaren in einem chemischen Prozeß Wasserstoff, Sauerstoff und Sulfat-Moleküle hin oder her. Beim Entladen der Batterie nimmt das Blei die Sulfat-Moleküle auf, so daß von der Schwefelsäure zum Schluß fast nur noch das Wasser übrig bleibt. Daraus erklärt sich die Frostanfälligkeit entladener Batterien. Die Beinahe-Wasserfüllung der entladenen Batterie hat natürlich ein niedrigeres spezifisches Gewicht als die Schwefelsäure in der geladenen Batterie. So kann man durch Messen des spezifischen Gewichtes, d. h. des Gewichtes von 1 Liter Flüssigkeit in Kilogramm (spezifisches Gewicht von reinem Wasser = 1), feststellen, in welchem Ladezustand sich die Batterie befindet.

Prüfen der Batterie

Pflegearbeit Nr. 26

Alle 5000 km soll der Säurestand der Batterie gemessen werden; ebenso, wenn Verdacht auf Säuremangel der Batterie besteht. Da nur der Wasser-Anteil der Schwefelsäure verdunsten kann, darf auch nur destilliertes Wasser nachgefüllt werden. Es ist für wenige Groschen in Drogerien erhältlich. Nur Glas- oder Plastikflaschen verwenden. Nimmt man Leitungswasser, gibt es Kurzschluß in der Batterie, denn Leitungswasser enthält leitfähige Salze. Ist Batteriesäure verschüttet worden, so daß Säure nachgefüllt werden müßte, geht man zur Fachwerkstatt, denn das Herumlaborieren ist in diesem Fall wahrscheinlich teurer und bringt unter Umständen Schaden. Die Batteriesäure soll 5–10 mm über den Plattenstegen stehen. Wenn man sich das rechte Augenmaß für 5–10 mm nicht zutraut, schneidet man sich drei saubere Pappestreifen oder drei Zahnstocher und steckt in jede Zelle eines dieser „Meßgeräte".
Wenn die Batterie schwach wird, spürt man dies vor allem beim Starten. Wenn sich der Anlasser nur müde dreht oder die zur Kontrolle gleichzeitig eingeschalteten Scheinwerfer – sie sollen in der Regel beim Starten ausgeschaltet sein! – trübe werden, fehlt es an der Batteriespannung. Ebenso ist dies zu erkennen, wenn die im Motorleerlauf trübe brennenden Scheinwerfer beim Gasgeben wesentlich heller werden. Dann sollte man zuerst den Säurestand prüfen. Durch die starke Hitzeeinwirkung des naheliegenden Motors kann mehr Wasser als gewöhnlich verdunstet sein. Platten, die aus der Batteriesäure herausragen, verlieren Spannung. Auffüllen mit destilliertem Wasser und eine längere Fahrt mit ladender Lichtmaschine bringen die Batterie wieder in Ordnung.
Wenn sich keine Besserung zeigt oder der Säurestand in Ordnung war, müssen die einzelnen Zellen der Batterie auf ihren Ladezustand geprüft werden.

Der Ladezustand der Batteriezellen muß von Zeit zu Zeit durch Messen der Säuredichte nachgeprüft werden. Dazu dient ein Hebersäuremesser, mit dem Säure aus jeder einzelnen Zelle angesaugt und an der Skala des Schwimmers, des Aräometers, die Dichte, also das spezifische Gewicht, abgelesen wird. Zum Ablesen der Säuredichte muß das Aräometer im senkrecht gehaltenen Hebersäuremesser frei schwimmen.

Dies geschieht durch Messen der Säuredichte, also des spezifischen Gewichtes, mit einem Hebersäuremesser, in dem ein Aräometer schwimmt. (Preis etwa 3,60 DM). Das spezifische Gewicht der zur Prüfung angesaugten Batteriesäure läßt sich auf dem Schwimmer, dem Aräometer, ablesen. Es bedeuten

Batterie voll geladen	= spez. Gewicht 1,285 kg/Liter
Batterie halb geladen	= spez. Gewicht 1,21 kg/Liter
Batterie entladen	= spez. Gewicht 1,14 kg/Liter

Anmerkung: Die Messung ist auf + 20 ° C bezogen. Je 14 ° C Temperaturunterschied ändern das spezifische Gewicht um 0,01 kg/Liter.

Es muß noch kein schlimmes Zeichen sein, wenn alle 3 Zellen eine gleichmäßig niedrige Säuredichte zeigen. Dann kann es, wenn die Batterie noch nicht zu alt ist, mit Nachladen getan sein. Bedenklich wird es jedoch, wenn eine einzelne Zelle entladen ist. Dann muß man in der Fachwerkstatt nachprüfen lassen, ob die Batterie noch brauchbar ist oder durch eine neue ersetzt werden muß.

Die Stromspannung der einzelnen Zellen wird mit dem Zellenprüfer (ab 15 DM) geprüft. Das ist ein Voltmeter mit zwischengeschaltetem Belastungswiderstand. Die Spitzen des Zellenprüfers werden 10 bis 15 Sekunden auf die beiden Pole jeder einzelnen Zelle gedrückt. Je nach dem Belastungswiderstand darf die Zellenspannung innerhalb der Meßzeit nicht unter einen bestimmten Wert sinken. Dieser Grenzwert ist der Gebrauchsanleitung des betreffenden Zellenprüfers zu entnehmen; zumeist ist auf dem Voltmeter ein entsprechendes farbiges

Die Leistungskraft der einzelnen Batteriezellen wird mit dem Zellenprüfer festgestellt. Ein Belastungswiderstand — auf dem Bild die drei wellenförmigen Metallbänder zwischen den Meßgerätespitzen — sorgt dafür, daß die Batterie sehr schnell hohen Strom abgeben muß. Nach etwa 10 Sekunden darf die Spannung jeder Zelle trotzdem nicht unter einen für den Zellenprüfer speziell festgelegten Wert absinken. Vor allem ist es wichtig, daß alle 3 Zellen den nahezu gleichen Endwert zeigen.

Feld markiert. Sinkt die Spannung tiefer, muß die Batterie aufgeladen werden. Die Anfangs-Meß-Spannung kann bis zu 2,7 Volt und im Mittel etwa 2 Volt betragen. Zeigt der Spannungsabfall bei dieser Prüfung, daß nur eine Zelle tiefer abfällt, hat diese Zelle wahrscheinlich Kurzschluß. Die Spannungen in den einzelnen Zellen sollen nicht mehr als 0,2 Volt voneinander abweichen.
Stark verbrauchte Batterien erkennt man auch daran, daß sich die Plattenblöcke in den Zellen hochdrücken. Dann wird es höchste Zeit, eine neue Batterie zu kaufen (ungeladen etwa 110 DM, geladen 2 DM mehr).

Pflege der Batterie

Pflegearbeit Nr. 21

Lose und oxydierte Polschuhe und Batteriepole oder verschmutzte Oberfläche schaden der Batterie. Die Oberfläche der Batterie muß sauber und trocken gehalten werden: Sonst entstehen leistungsmindernde Kriechströme.
Den Schmutz und die Oxydkristalle bürstet man mit einer Wurzelbürste und reinem Wasser ab und reibt die Pole und Kabelschuhe mit dem Lappen blank und trocken.
Zeigen sich auf der Batterie oder sogar auf ihrem Standblech Säurekristalle, dann ist die Batterie „übergekocht", entweder wurde zu viel destilliertes Wasser nachgefüllt oder der Regler der Lichtmaschine, der dafür zu sorgen hat, daß die Batterie nicht zu heftig aufgeladen wird, ist defekt.

Ausbau der Batterie

Die Batterie ist im Motorraum des 12 M leicht zugänglich. Soll sie ausgebaut werden, ist zuerst das Minus-Kabel (Zeichen auf dem Polkopf: —) mit dem Gabelschlüssel SW 14 zu lösen. Merke: Minus an Masse! Dann wird das Plus-Kabel (Zeichen auf dem Polkopf: +) gelöst. Sitzen die Anschlußklemmen durch Oxydation auf den Polköpfen sehr fest, keine Gewalt anwenden, sonst kann ein Polkopf abbrechen oder das Batteriegehäuse springen. Stattdessen mit einem Pinsel kochend heißes Wasser auf die Polköpfe streichen. Das löst die Oxydkristalle. Noch besser wirkt heiße Sodalösung. Die Batterie wird durch zwei Flügelschrauben gehalten. Bei dieser Gelegenheit Standblech der Batterie mit heißem Wasser abwaschen und einfetten.
Beim Einbau wird das Minuskabel zuletzt angeschlossen. Dadurch wird Kurzschlußgefahr beim Hantieren vermieden. Auch bei Arbeiten an der elektrischen Anlage immer das Minuskabel lösen, um Kurzschlüsse zu vermeiden.

Anleitung zum Laden

Die Batterie besitzt die unschöne Angewohnheit, sich auch im unbenutzten Zustand zu entladen. Im Winter geht die Selbstentladung etwas langsamer als im Sommer vor sich. Sie beträgt pro Tag ½ bis 1 % ihrer Kapazität. Eine vollgeladene Batterie kann also in 100 Tagen leer sein. Da eine Batterie im entladenen Zustand Schaden leidet, müssen Batterien stillgelegter Fahrzeuge ausgebaut und etwa jeden Monat nachgeladen werden. Oder man gibt sie bei einer Fachwerkstatt in „Pension", wo sie dauernd an ein Frischhaltegerät mit schwachem Ladestrom angehängt werden.
Wenn die Batterie zu viel Strom abgeben mußte und gar nicht oder ungenügend von der Lichtmaschine geladen wurde, muß sie an einem Ladegerät mit Gleichstrom wieder aufgeladen werden. Es gibt einfache Geräte für die Garage ab 40 DM; die meistgekauften liegen allerdings in der Preisklasse von 60 bis 80 DM. Wichtig: Batterie nicht überladen. Der Anfangs-Ladestrom darf 10 % der Batterie-Kapazität nicht übersteigen, das sind bei einer 77-Ah-Batterie etwa 8 Ampere, 10 Ampere sind auch noch möglich. Mit zunehmender Batterie-Spannung muß dann die Ladestromstärke bis auf 0 zurückgehen, wenn die Batterie

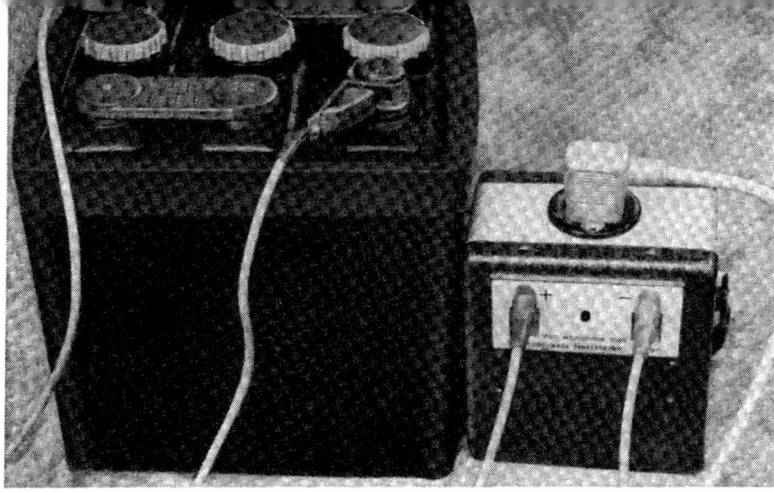

Wenn die Batterie stark beansprucht wurde, kann sie in der Garage über Nacht an ein Kleinladegerät angeschlossen werden. Bevor der Ladestrom eingeschaltet wird, müssen — im Gegensatz zu unserem Bild — die Verschlußstopfen der Batteriezellen herausgeschraubt werden, damit die aufsteigenden Gase entweichen können.

voll geladen ist. Bei Kleinladegeräten für die Garage braucht man die Batterie nicht unbedingt auszubauen; man kann sie direkt anklemmen. Beim Laden müssen übrigens die Verschlußstopfen der Zellen herausgeschraubt sein, und vor dem Laden soll nur so viel destilliertes Wasser aufgefüllt werden, daß die Plattenoberkanten gerade bedeckt sind, denn der Säurestand hebt sich während des Ladevorgangs. So kann die Batterie, wenn vorher zu viel Wasser eingefüllt wird, „überkochen". Die Batterie ist während des Ladevorganges gefährlich; sie entwickelt brennbares Knallgas.
Das Laden ist beendet, wenn eine Zellenspannung von je 2,6 bis 2,7 Volt erreicht wird und innerhalb von 2 Stunden die Säuredichte nicht mehr ansteigt. Bis zur Dichtemessung einige Zeit verstreichen lassen, damit sich die Säureballungen in der Flüssigkeit verteilen. Zwei Stunden nachher muß der Säurestand noch einmal überprüft und, falls erforderlich, destilliertes Wasser nachgefüllt werden.

Schadet die Schnelladung?

Das Laden der Batterie dauert im allgemeinen etwa 10 Stunden. Es geht durch Schnelladen auch schneller. Allerdings ist dies eine Roßkur, die nur gesunde Batterien ohne weiteres überstehen. Wenn sich eine einwandfreie Batterie beispielsweise über Nacht durch einen versehentlich eingeschalteten Stromverbraucher entladen hat, kann man sie an einem Schnelladegerät wieder aufputschen lassen. Den Rest der Ladung besorgt dann die Lichtmaschine. Aber zur Regel soll man dieses Verfahren nicht machen. Bei einer älteren Batterie heben sich dagegen die Plattenblöcke und sie ist hinüber. Fabrikneue Batterien darf man auf keinen Fall an den Schnellader hängen.

Starten mit leerer Batterie

Man kann die Batterie in der Regel wieder aufladen, und zwar mit der eigenen Lichtmaschine. Allerdings muß dazu erst einmal der Motor in Gang gebracht werden. Der einfachste Weg ist das Starten durch eine Fremdbatterie. Vielleicht läßt sich der Nachbar darum bitten. Er braucht keine Angst um seine Batterie zu haben, es geschieht ihr nichts. Er braucht auch keinen Ford zu fahren – jede Auto-Batterie (z. B. vom älteren VW) paßt zum Starten, sie muß nur unbedingt von gleicher 6-Volt-Spannung sein.
Die Sache geht dann so vor sich: Kabel an der eigenen Batterie lösen, Batterie herausheben. Fremdbatterie einsetzen, Kabel anschließen (auf die richtigen Polanschlüsse achten!). Motor starten. Nach kurzer Anlaufzeit für den Motor Gaspedal mit Schraubenziehergriff oder Holzscheit festklemmen, so daß Motor mit höherer Drehzahl läuft. Batteriekabel bei laufendem Motor lösen, zuerst das

Minus-, dann das Pluskabel. Keine Angst vor Stromschlägen; man bekommt sie nur, wenn die andere Hand den Gegenpol der Batterie anfaßt. Mit den losen Kabelenden nicht an Metall kommen, sonst gibt es Funken. Fremdbatterie herausheben, eigene Batterie einsetzen und Batteriekabel an dieser befestigen. Dabei wird die Motordrehzahl etwas zurückgehen, denn die Lichtmaschine hat durch die vollkommen leere Batterie hohe Leistung zu erbringen, die den Motor etwas drosselt. Motor weiterlaufen lassen, während die Fremdbatterie zurückgebracht wird. Bei der folgenden Fahrt, die mindestens 15 km weit führen sollte, Motor ständig auf Touren halten und möglichst keine weiteren Stromverbraucher einschalten. Danach ist eine gesunde Batterie wieder soweit aufgeladen, daß sie den nächsten Start schafft, wenn es nicht gerade kalter Winter ist.
Es geht aber auch ohne Fremdbatterie. Dann muß der Wagen im 2. Gang angeschleppt werden; die Lichtmaschine muß dabei auf mehr als 1600 Umdrehungen pro Minute gebracht werden, damit der Regler die Lichtmaschine als Stromspender für den Zündfunken voll einschaltet. Deshalb ist der 2. Gang notwendig. Es geht folgendermaßen: Abschleppseil an den Fahrzeugen sicher befestigen, da starkes Rucken gut möglich ist. Abschleppseil straff ziehen, 2. Gang einlegen, Kupplung treten, anfahren lassen und bei genügender Fahrt Kupplung langsam kommen lassen. Linke Hand an der Handbremse, linker Fuß auf dem Kupplungspedal, rechter Fuß auf dem Gaspedal. Wenn der Motor anspringt, sofort Kupplung treten und Gas geben, Handbremse in erste oder zweite Raste ziehen, damit der Wagen nicht auf den Vordermann auffährt, dem Schleppfahrer Hupsignal geben (das geht bei höherer Motordrehzahl auch mit leerer Batterie), 2. Gang herausnehmen, Kupplung loslassen und mit dem Schleppwagen zusammen langsam abbremsen, am besten mit der Handbremse. (Mit dem linken Fuß auf dem Bremspedal geht es schlechter, da dieser Fuß das Bremspedal nicht gewohnt ist; der rechte Fuß wird ja zum Gasgeben gebraucht, um den Motor auf Touren zu halten.) Auch in diesem Falle wird sich die gesunde Batterie bald wieder erholt haben. Hat jedoch die Batterie versagt, weil sie beispielsweise nahezu ausgetrocknet ist, dann sollte sie besser abgehängt werden, damit sie keinen Lichtmaschinenstrom sinnlos schluckt und der Wagen nicht dadurch bei niedrigerer Drehzahl des Motors plötzlich stehenbleibt. Die gelösten Batteriekabel müssen dann jedoch isoliert werden.
Auch durch Anschieben ist der Motor bei leerer Batterie in Gang zu bringen. Dazu muß allerdings die Zündanlage in guter Verfassung sein, sonst wird es schwierig. Das Anschieben wegen defekten Anlassers geht leichter, weil dann die volle Batterie sogleich einen brauchbaren Zündfunken liefert. Dann genügt das Anschieben im 2. oder sogar im 3. Gang. Für die Anschiebarbeit bei leerer Batterie werden je nach Fahrbahn zwei bis vier starke Männer gebraucht. Da man keine hohe Geschwindigkeit erreicht, die Lichtmaschine aber mehr als 1600 Umdrehungen machen muß, um zündfähigen Strom liefern zu können, muß der 1. Gang eingeschaltet werden. Es geht am besten so: 1. Gang einschalten, Kupplung durchgetreten lassen, Wagen anschieben, bis er in Schwung ist, dann Kupplung schnell kommen lassen. Der Wagen macht einen Hopser, bei dem der Motor plötzlich schnell genug durchgedreht wird. Sofort Kupplung treten und Gas geben.
Alle diese Mühen spart man sich aber, wenn ein Satz sogenannter „Starthilfekabel“ zur Verfügung steht (im Kaufhaus für etwa 14 DM). Damit wird eine direkte Verbindung zur Batterie eines dicht herangefahrenen Wagens mit laufendem Motor hergestellt – die zusätzlich Strom spendende Lichtmaschine des „Hilfswagens“ macht den Start des eigenen 12 M problemlos.

Motoren am Motor

Die Lichtmaschine, technisch gesehen ein Gleichstrom-Nebenschluß-Generator, erzeugt trotz ihres schönen Namens kein Licht, sondern elektrischen Gleichstrom. Sie liefert ab 2400 Umdrehungen pro Minute ihre Nennleistung von 200 Watt. Das entspricht etwa 30 km/h im 3. Gang.

Da ein solcher Generator um so mehr Strom liefert, je schneller er sich dreht, ist ein Regler zwischengeschaltet, da die Stromverbraucher und die Batterie solche schwankenden Leistungen nicht vertragen können. Der Regler ist neben der Lichtmaschine im Motorraum an der Seitenwand neben dem rechten Scheinwerfer zu finden. Er hat dafür zu sorgen,

- daß die Spannung unabhängig von der Drehzahl bleibt,
- daß die Lichtmaschine erst dann mit der Batterie zusammengeschaltet wird, wenn ihre Spannung mit der Batteriespannung übereinstimmt oder darüber liegt,
- daß die Lichtmaschine von der Batterie abgeschaltet wird, wenn ihre Spannung unter die der Batterie sinkt.

Wartung der Lichtmaschine

Pflegearbeit Nr. 33

Außer dem Ölen der Lichtmaschine alle 5000 km (Pflegearbeit Nr. 18 Seite 45) ist bei der Inspektion alle 10 000 km die Spannung des Keilriemens, der Wasserpumpe und Lichtmaschine treibt, zu prüfen. Wenn man mit dem Finger in der Mitte zwischen Lichtmaschine und Riemenscheibe auf den Keilriemen drückt, soll sich dieser um 1 bis 1 ½ cm leicht durchdrücken lassen. Sitzt der Keilriemen strammer, wird er schnell verschleißen und die einseitig belasteten Lager der Lichtmaschine und der Wasserpumpe beschädigen. Sitzt der Keilriemen zu lokker, kann er auf beiden Scheiben schleifen, wodurch die Lichtmaschine und die Wasserpumpe zu wenig leisten. Zum Korrigieren der Keilriemenspannung

Die Keilriemenspannung wird mit Daumendruck geprüft. In der Mitte soll sich der Keilriemen 1 bis 1½ cm leicht durchdrücken lassen. Weniger oder mehr Spannung muß durch Verstellen der Lichtmaschine korrigiert werden.

werden die 3 Halteschrauben der Lichtmaschine (2 innen, 1 außen, Schlüsselweite 14) etwas gelockert und die Lichtmaschine geschwenkt, bis der Keilriemen die richtige Spannung hat. Zuletzt die 3 Schrauben wieder fest anziehen. Muß ein neuer Keilriemen aufgezogen werden, wird die Lichtmaschine nach unten geschwenkt, bis sich der Keilriemen zwanglos über die Riemenscheiben streifen läßt. Neue Riemen strecken sich etwas. Nach etwa 500 km muß deshalb die Spannung knapp nachgestellt werden. Ohne Keilriemen weiterzufahren, ist sehr gefährlich. Weniger wegen der ausfallenden Lichtmaschine, deren Leistung ja für gewisse Zeit durch die Batterie ersetzt werden könnte. Gefährlich ist jedoch der Ausfall der Wasserpumpe. Das Kühlwasser kocht im Zylinderblock sofort; das kann im überhitzten Motor zum Kolbenfresser führen. Man kann es anstelle des Keilriemens mit einem Nylonstrumpf versuchen, wenn man ihn richtig zu knoten versteht. (Siehe Seite 62 und Foto Seite 61).

Fingerzeige: *Elektrostatisch aufgeladene Keilriemen können den Radioempfang stören. Kontrolle: In der Dunkelheit bei laufendem Motor Schraubenzieher dem Keilriemen nähern. Springen Funken über, wird der Keilriemen leicht mit Glyzerin eingerieben, das schafft Abhilfe.*
Wenn der Keilriemen quietscht oder pfeift, etwas Talg oder bei laufendem Motor einen kleinen Tropfen Öl auf seine Lauffläche geben. Verschwindet das Geräusch nicht, kann es das Lichtmaschinenlager oder die Wasserpumpe sein.

Prüfen der Lichtmaschine

Wenn die grüne Ladekontroll-Lampe am Armaturenbrett bei steigender Drehzahl des Motors nicht verlischt, muß geprüft werden:

- Stimmt die Keilriemenspannung?
- Wackeln Kabelanschlüsse?

Sind beide Punkte in Ordnung, obgleich die grüne Ladekontrolle nicht verlöscht, muß die Lichtmaschine zusammen mit dem Regler durchgemessen werden. Dazu sind jedoch Voltmeter, Amperemeter und ein Prüfstand erforderlich, die man nicht zur Verfügung haben wird. Deshalb fährt man in diesem Fall in die nächste Werkstatt oder Bosch-Vertretung, damit der Schaden behoben wird, bevor der Motor die Batterie leergesaugt hat.

Fingerzeige: *Die Tabelle auf Seite 69 zeigt, daß die Zündspule zum Aufbau der Zündfunken nur geringe Ansprüche an den „Elektrohaushalt" stellt. Es sind nur etwa 13 Watt bei mittleren Drehzahlen und etwa 18 Watt bei höherer Tourenzahl. Man kann also, wenn die Lichtmaschine ausgefallen ist, aber die Wasserpumpe funktioniert, noch mehrere Stunden mit der Batterie fahren. Theoretisch müßten es über 25 Stunden bei vollgeladener Batterie sein. Da die Zündspule aber einen Mindeststrom zum Aufbau des Zündfunkens braucht, funktioniert es nicht bis zur völligen Entladung der Batterie. Praktisch kommen also bei einer knapp zwei Drittel geladenen Batterie etwa 15 Stunden heraus. Im Winter bei Frost allerdings durch die geringere Leistungskraft der Batterie wesentlich weniger. Es kann also zur Heimfahrt reichen, wenn*

- *die Fahrt nicht unterbrochen werden muß*
- *das Heizgebläse nicht läuft (Kabelstecker am Thermoschalter abziehen)*
- *kein Radio eingeschaltet ist*
- *nachts nur mit Abblendlicht gefahren wird*
- *der Scheibenwischer nicht in Aktion tritt*
- *nicht gehupt wird*
- *das Kabel B+ am Regler abmontiert ist.*

Wenn bei laufendem Motor dauernd die grüne Ladekontrollampe brennt, können Lichtmaschine oder Reglerschalter defekt sein. Weiterfahrt bis zur Werkstatt mit Batterie. Vorher aber oberstes Kabel an Klemme B+ des Reglerschalters lösen und isolieren, wie auf unserem Bild. Diese Maßnahme verhindert Batterieentladung über den defekten Regler oder die Lichtmaschine.

Der letzte Punkt ist besonders wichtig, denn die Lichtmaschine oder der Regler können als Fehler Kurzschluß in sich haben. Dann entlädt sich die Batterie zusätzlich über den defekten Regler oder die defekte Lichtmaschine. Abhilfe: siehe obiges Bild nebst Text. Die Fahrt möglichst nicht unterbrechen, denn es ist fraglich, ob der Anlasser den Motor wieder in Gang bekommt. Notfalls den Wagen durch Anschieben starten.

Was sagt das grüne Licht?

Die grüne Ladekontrollampe im Armaturenbrett soll aufleuchten, wenn die Zündung eingeschaltet wird und verlöschen, wenn der Motor nach dem Anlassen beschleunigt wird. Das Erlöschen der grünen Lampe beweist, daß die Lichtmaschine selbst den Strom für die Zündung erzeugt, es besagt jedoch nicht, daß die Batterie bereits geladen wird. Sie sagt auch nichts über den Ladezustand der Batterie, es sei denn, sie flackert beim mühsamen Durchdrehen des Anlassers bei nahezu entladener Batterie. Es ist also durchaus möglich, daß der Batterie durch zusätzliche Stromverbraucher noch Strom entzogen wird, obgleich die grüne Ladekontrollampe nicht mehr brennt. Ihr Name „Ladekontrollampe" ist demnach, genau besehen, nicht ganz berechtigt.

Wenn das grüne Licht verlischt, beginnt die Lichtmaschine bei etwa 1600 U/min, wenn der Rückstromschalter des Reglers geschlossen hat, Ladestrom abzugeben. Der Ladestrom beträgt zwischen 3 und 50 Ampere, je nach Aufnahmefähigkeit der Batterie. Bei etwa 50 Ampere schaltet der Stromregler ab.

Diese 3 Kabel, die an die Klemmen D—, D+ und DF — auf unserem Bild von oben nach unten — der Lichtmaschine angeschlossen sind, müssen bei Störungen der Zündanlage auf einwandfreie Beschaffenheit und festsitzenden Kontakt untersucht werden.

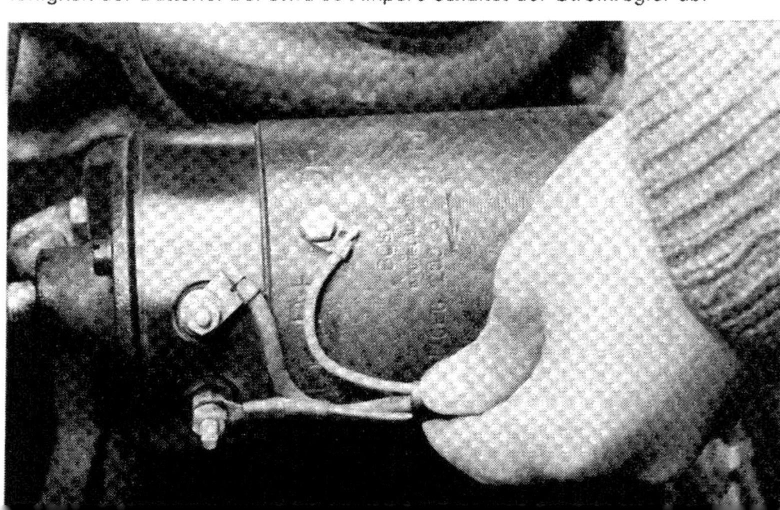

Die Störung	— ihre Ursache	— ihre Abhilfe
Grüne Ladekontrolllampe brennt nicht bei Motor-Stillstand und eingeschalteter Zündung	Anzeigelampe durchgebrannt Batterie entladen Batteriekabel lose oder defekt Reglerschalter schadhaft Zündanlaß-Schloß defekt	Neue Lampe einsetzen Batterie aufladen Batteriekabel kontrollieren Reglerschalter austauschen Instandsetzen
Ladekontrollampe erlischt bei höherer Drehzahl nicht	Keilriemen lose oder defekt Reglerschalter defekt Lichtmaschine defekt Kabel zwischen Batterie und Lichtmaschine lose oder defekt Leitung der Ladekontrolllampe hat Masseschluß	Nachspannen oder neuen aufziehen Instandsetzen Instandsetzen Nachprüfen und Kontakte anziehen Leitung austauschen
Ladekontrollampe flackert	Keilriemen locker	Nachspannen
Ladekontrollampe erlischt erst bei hoher Drehzahl	Lichtmaschine nicht in Ordnung Reglerschalter arbeitet falsch	Prüfen lassen Auswechseln
Lampe brennt bei ausgeschalteter Zündung weiter	Schaltkontakte des Reglers korrodiert oder festgebrannt	Regler auswechseln
Lampe brennt bei Nacht und vielen eingeschalteten Stromverbrauchern	Wackelkontakte in der Hauptleitung Batterie — Lichtmaschine	Leitungen prüfen, instandsetzen
Batterie durch längere Fahrt leer ohne Aufleuchten der Ladekontrolle	Ungenügende Batterieaufladung durch Schleichfahrt mit zu langsam drehendem Motor Reglerschalter defekt	Wagen anschieben, Motor flott drehen lassen, Batterie aufladen, Zündanlage durchmessen, Reglerschalter ersetzen

Störungsbeistand

Batterie und Lichtmaschine

Ausbau der Lichtmaschine

Zuerst wird das Minus-Kabel der Batterie gelöst, um Kurzschlüsse zu vermeiden. Dann Anschlüsse der Lichtmaschine abklemmen, nachdem markiert wurde, welche Anschlüsse an welche Kontakte kommen. Zuletzt die 3 Halteschrauben der Lichtmaschinenbefestigung (Schlüsselweite 14) lösen, Lichtmaschine nach unten drücken, Keilriemen abziehen, Befestigungsschrauben ganz herausdrehen und Lichtmaschine abnehmen.

Kohlebürsten und Kollektor

Verschleißteile der Lichtmaschine sind die Kohlebürsten und der Kollektor. Beide müssen frei von Staub, Fett und Öl sein. Die Kohlebürsten kann man nach Verschleiß austauschen. Wenn der Kollektor am hinteren Ende der Ankerwelle riefig oder unrund geworden ist, muß er in einer Spezialwerkstatt abgedreht werden. Eine „Heimbehandlung" mit Schmirgelleinen oder Feile ist auf keinen Fall möglich.

Im Ford 12 M hat ein Teil der eingebauten Lichtmaschinen seitlich am hinteren Ende des Lichtmaschinengehäuses Staubschutzbleche, die man mit einem Schraubenzieher leicht abheben kann. Dieser Lichtmaschinentyp braucht nicht ausgebaut zu werden, um den Kollektor und die Kohlebürsten zu reinigen. Lichtmaschinen, die am hinteren Ende durch ein umlaufendes Metallband gegen Staub geschützt sind, müssen für den gleichen Zweck dagegen ausgebaut werden. In diesem Falle nimmt man auch noch das hintere Lagerschild ab, um besser an die Teile zu kommen.

Das Bild zeigt den Anlasser und den daran sitzenden Magnetschalter mit den Kabelanschlüssen von unten. An der oberen Klemme 30 sitzen das dicke Batteriekabel, das den Anlaßstrom liefert, und das Kabel zur Klemme 30 des Sicherungskastens. Darunter ist an der Klemme 50 das Kabel zum Zünd-Anlaß-Schloß zu sehen, mit dem der Magnetschalter betätigt wird. Das Bild wurde von unten aufgenommen.

Zum Reinigen des Kollektors umwickelt man einen Holzstab mit einem sauberen Lappen, der leicht mit Benzin angefeuchtet ist. Es darf kein Benzin in das hintere Wellenlager gelangen! Der Kollektor soll dort, wo er von den Kohlebürsten bestrichen wird, grauschwarz und glatt sein.

Der Anlasser

Wie im Abschnitt über die Batterie bereits beschrieben, stellt der Anlasser die größten Ansprüche an den elektrischen „Haushalt", denn er braucht zur Arbeit so viel Strom, daß die Batterie dies nur eine kurze Zeit jeweils aushalten kann. Er muß dafür auch allerhand leisten, denn ohne diesen Kraftprotz müßten wir noch heute unser Auto mit der Andrehkurbel in Schwung bringen.

Der Anlasser sitzt am Motor links unten. Trotz seiner 0,45 PS Leistung, mit der er dem Motor etwa 50 Umdrehungen pro Minute gibt, ist er sehr klein. Seine kleine Bauweise bedingt allerdings, daß er nur kurzzeitig angestrengt wird. Bei längerer „Orgelei" wird er sehr heiß. Man muß also beim Starten, wenn der Motor nicht sogleich anspringt, nicht nur aus Rücksicht auf die Batterie, sondern auch aus Rücksicht auf den Anlasser, Pausen einlegen.

Der Anlasser des 12 M ist ein Schub-Schraubtrieb-Anlasser. Das bedeutet, daß sich erst beim Schließen des Stromkreises das Antriebsritzel durch ein Steilgewinde auf der Ankerwelle nach vorne in den Zahnkranz des Motor-Schwungrades schiebt und dieses erst dann zu drehen beginnt. Sowie der Zündschlüssel aus der Stellung „Starten" zurückgedreht wird, schiebt sich das Anlaßritzel auf der Ankerwelle wieder zurück. Der Anlasser hat Dauerschmierung, braucht also keine besondere Wartung. Auch Störungen kommen selten vor.

Verschleißteile am Anlasser sind Kohlebürsten und Kollektor, genau wie bei der Lichtmaschine, die ja gleichartig aufgebaut ist.

Wenn beim Startversuch der Anlasser sich nicht dreht, aber die Ladekontrolllampe nur noch schwach leuchtet, liegt ein Kurzschluß im Anlasser oder im zugehörigen Magnetschalter vor. Dann muß man die Werkstatt aufsuchen. Wagen zur Fahrt dorthin anschieben.

Man kann auch einmal die Kabelverbindungen an den freiliegenden elektrischen Außenanschlüssen prüfen. Sind sie korrodiert, verschmutzt oder lose, müssen sie blank geschabt, fest angeschraubt und mit etwas Polfett gegen Korrosion eingerieben werden. Wenn das nichts hilft, muß die Werkstatt aufgesucht werden.

Auf Draht

Wenn man die Motorhaube öffnet oder unter das Armaturenbrett schielt, laufen da eine Menge schwarzer und bunter Kabel kreuz und quer. Gar so verwirrend, wie es auf den ersten Blick erscheint, ist dieser Drahtverhau aber nicht. Die verschiedenen Farben der Kabel sind mit Bedacht gewählt. Ebenso der unterschiedliche Querschnitt, und wenn man einmal den bunten Schaltplan in der hinteren Buchklappe aufschlägt, erkennt man sogleich, daß man schon durch die Farbe und Dicke des Kabels den Hinweis hat, woher es kommt und wohin es führt. Wenn also einmal ein Kabel irgendwo lose herumhängt – das kann bei den grundsätzlich durch Stecker miteinander verbundenen Kabeln des Ford 12 M schon einmal passieren –, dann hat es keinen Sinn, es an irgendeine Klemme zu halten, an die es der Länge und Form nach passen könnte; das kann schnell Kurzschluß und zumindest eine durchgebrannte Sicherung geben. Besser ist es also, auf dem Schaltplan mit dem Finger dem entsprechenden Kabel nachzufahren und zu suchen, wo es hingehört.

Hilfe durch Normung

Die bunte Kabelei ist also gar keine Geheimwissenschaft. Im Gegenteil, viele Einzelheiten der elektrischen Installation im Kraftfahrzeug sind genormt. So beispielsweise die Zahlen, die man neben vielen Kabelanschlüssen aufgemalt oder eingeprägt findet. In allen Fahrzeugen, einerlei, ob es sich um einen VW, einen Opel, einen Ford oder sonst ein Auto handelt, ist nach dieser Normung das Kabel Nr. 4 das dicke Kabel zwischen Zündspule und Verteiler, geht das Kabel Nr. 50 vom Zündanlaß-Schalter zum Anlasser, liegen an der Klemme Nr. 56 a die Fernlichtfäden und an Klemme 56 b die Abblendlichtfäden der Scheinwerferlampen usw. usw. Die genaue Aufstellung dieser genormten Kabelbezifferungen, soweit sie im 12 M zu finden sind, ist dem Schaltplan in der hinteren Buchklappe beigegeben.

Je nach der Stromstärke und der Stromspannung, die den einzelnen Stromverbraucher erreichen soll, wurde die Dicke jedes einzelnen Leitungsdrahtes, sein Querschnitt, gewählt. Zieht man bei seiner Elektrobastelei ein zu dünnes Kabel ein, wird der Widerstand zu hoch. Ein zu langes Kabel hat wiederum Spannungsabfall zur Folge, d. h. statt der 6 Volt, die Lichtmaschine und Batterie abgeben, kommen am betreffenden Stromverbraucher nur 4,5 oder 5 Volt an. Die 6-Volt-Spannung, die ein Stromverbraucher benötigt, sollten ihn auch erreichen. So hat man als Regel festgesetzt, daß der Spannungsabfall bis zu einem Stromverbraucher bei einer 6-Volt-Anlage nicht höher als 0,4 Volt sein soll.

Nach den festgesetzten Normen beträgt die zulässige, erwärmungsbedingte Belastbarkeit der elektrischen Leitungen im Auto bei Dauerstrom 4,5 bis 5,5 Ampere je 1 mm^2 Nennquerschnitt des betreffenden Kabels. Wird der Querschnitt eines Ersatzkabels oder eines Kabels, an dem man einen weiteren Stromverbraucher anschließen will, zu knapp gewählt, kann sich das Kabel leicht erhitzen. Als Norm hat man deshalb festgesetzt:

■ für besonders geringe Stromstärken bei Kontrollämpchen, Instrumentenbeleuchtung usw.	0,5 mm² Querschnitt
■ für Parklicht, Schlußlicht und ähnliche anspruchslose Stromverbraucher	0,75 mm² Querschnitt
■ für Dauerstrom bis etwa 4 Ampere, Blinker, Scheibenwischer usw.	1,0 mm² Querschnitt
■ für Dauerstrom bis etwa 6 Ampere, Einzelleitung für Scheinwerfer, Signalhorn, Zigarrenanzünder usw.	1,5 mm² Querschnitt
■ für Dauerstrom bis etwa 12 Ampere, Scheinwerfersammelleitungen, Gebläsemotor usw.	2,5 mm² Querschnitt
■ für hohe Ströme zwischen Zündanlaß-Schalter – Anlasser – Lichtmaschine	4 bis 10 mm² Querschnitt
■ für Anlasserkabel zur Batterie	25 bis 35 mm² Querschnitt

Spannungsabfall wächst im Alter

Der Spannungsabfall in den Leitungen bleibt nicht ein für allemal der gleiche. Er wächst mit dem Alter des Wagens. Daran sind jedoch weniger die Leitungen an sich als die Kontakte der Schalter, die Anschlüsse an den einzelnen elektrischen Aggregaten und die Steckverbindungen der Kabel untereinander schuld. Es ist ein ganz natürlicher Vorgang, daß sich die einstmals blanken Kontaktstellen allmählich mit Metalloxyd und Schmutz überziehen. Wenn sich dann noch die Kabelverbindungen lockern, kann durch den hohen Widerstand nur noch ein Teil des Stromes weiterfließen, oder er kann durch Verbindungen zur „Masse" teilweise nutzlos versickern. Allein ein Spannungsabfall von 10 % bis zu den Lampenfassungen bewirkt etwa 25 Prozent Einbuße an Leuchtkraft der Scheinwerfer.

Deshalb lohnt es sich, bei Arbeiten an der elektrischen Anlage vor dem Wiederzusammenbau der Einzelteile alle erreichbaren Kontakte, Steckverbindungen usw. blank zu schaben, allen Schmutz von diesen wegzuwischen und die Kabelverbindungen auf festen Sitz zu prüfen.

Haushaltskabel nicht brauchbar

Die schwarze oder bunte Kunststoffumhüllung der im Kraftfahrzeug verwendeten Kabel ist benzin-, öl- und scheuerfest. Normales Haushaltskabel hat dagegen im Auto keinen Bestand. Deshalb muß man, wenn man irgendwelche zusätzlichen Stromverbraucher anschließen oder einzelne Kabelstücke erneuern will, das richtige Kabel, möglichst auch in der genormten Farbe zum besseren Wiedererkennen, in der Ford-Werkstatt oder in einer Kfz-Elektrik-Werkstatt einkaufen. Fast alle Verbindungen bestehen aus genormten Steckern, die man sich ebenfalls beim Fachhändler kaufen kann. Zwar werden diese Kabelschuhe und -stecker mit einer Spezialzange auf das blank geschabte Kabelende gepreßt, aber mit der Kombizange geht es bei einigermaßen geschickten Fingern auch. Bei den runden Kabelsteckern für die Lichtleitungen braucht man auch noch den Lötkolben zum Anlöten des Kabelendes an den Steckerstift oder die Steckerbuchse.

Neues Kabel einziehen

Wenn man ein neues Kabel einzieht, kommt es nicht darauf an, es in eleganten Schlingen zu verlegen, sondern es soll, zur Vermeidung von Spannungsabfall, auf möglichst direktem Wege gelegt werden, aber natürlich so, daß es nicht lose quer durch den Motorraum hängt, irgendwo scheuert oder den Zugang zu anderen Teilen behindert. Möglichst benutzt man zur Befestigung die bereits vorhandenen Kabelschellen oder befestigt das neue Kabel mit Isolierband an einem anderen Kabelstrang, an einer Strebe oder was sich sonst anbietet.

Einige Artistik ist notwendig, um ein neues Kabel zum hinteren Wagenende zu legen. Weder außen am Auto noch innen verlegt würde solch ein Kabel schön aussehen – es muß also verdeckt verlegt werden, wie die bereits im Wagen vorhandenen Kabel für Rücklicht, Bremslicht, Blinker usw. Dieser ganze Kabelstrang versteckt sich im linken unteren Längsholm entlang der unteren Türkante. Er verschwindet vorne links hinter dem Armaturenbrett und kommt im Kofferraum links seitlich wieder heraus. Ein neues Kabel wird man zweckmäßigerweise auch dort verlegen, doch ist es praktisch unmöglich, das entsprechende dünne Kabel durch den Wagenbodenholm zu fädeln. Stattdessen nimmt man einen starken federnden Draht oder ein biegsames dünnes Stahlseil und stochert es durch den Hohlraum des Holmes. Wenn man es endlich mit Rucken, Drehen und Stoßen hindurch hat, bindet man das eigentliche Kabel daran und zieht es nach hinten zum Kofferraum durch.

Sicherungen

Alle einschaltbaren Stromkreise des Elektrohaushaltes im Ford 12 M – mit Ausnahme der Schaltungen zwischen Batterie, Lichtmaschine und Anlasser – liegen an einer der 8 (zuerst waren es 9) Sicherungen, die bei Kurzschluß oder Überlastung der betreffenden Leitung durchzubrennen haben, bevor das Kabel zu schmoren beginnt.

Sechs Sicherungen befinden sich in einem Sicherungskasten auf der Spritzwand im Motorraum vor dem Fahrersitz. Der Kasten ist durch einen durchsichtigen Deckel verschlossen, der außen die Ziffern 1 bis 6 trägt. Die Sicherungen Nr. 8 und 9 stecken außen am Abblendrelais, das sich an der linken Seitenwand des Motorraumes vorne hinter dem linken Scheinwerfer befindet. Diese Sicherungen waren bis März 1964 ungeschützt, sind seitdem aber durch eine Gummischutzkappe abgedeckt. Bei den ersten neuen 12 M war auch der Heizgebläsemotor durch ein Arbeitsstromrelais mit Sicherung Nr. 9 abgesichert. Dieses Relais befindet sich auf der Innenseite rechts im Motorraum neben der Batterie. Auch diese Sicherung liegt offen.

Wenn also irgendein elektrisches Aggregat einmal nicht funktioniert, gilt der erste Blick der zuständigen Sicherung. Ist sie durchgebrannt, ist dies ein Alarm-

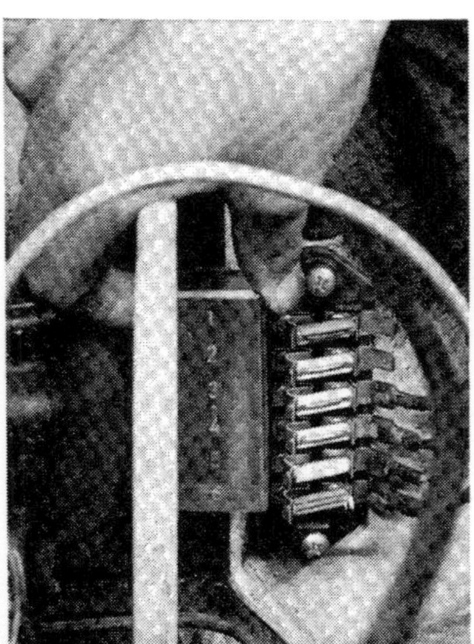

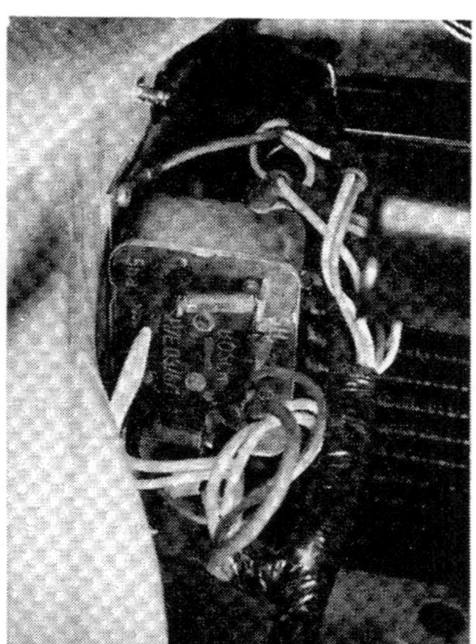

Die Sicherungen für den „Elektro-Haushalt" des 12 M sitzen (links) von Nr. 1 bis 6 in einem durchsichtigen Gehäuse an der hinteren Spritzwand und (rechts) mit Nr. 7 und 8 am Abblend-Relais vorne an der linken Seitenwand des Motorraumes. Die Sicherungen Nr. 7 und 8 korrodierten leicht. Sie sind deshalb ab Motor-Nr 866 299 durch eine Gummi-Schutzkappe abgedeckt.

zeichen, denn sie wurde offenbar irgendwie überbelastet. Das Einsetzen einer neuen Sicherung kann also unter Umständen nur wenig nützen: Die neue Sicherung brennt ebenfalls sofort wieder durch. Deshalb nach der Ursache forschen, die den Kurzschluß verursacht. Einer der an der Sicherung hängenden Stromverbraucher muß es ja gewesen sein.

Sicherungstabelle

Sicherung Nr.	Angeschlossene Stromkreise	Abgesicherte Stromstärke	Klemm-Norm-Bezifferung
1	Innenleuchte, Zigarrenanzünder	8 oder 16 Ampere	30
2	Kennzeichenbeleuchtung Schlußlicht rechts	8 Ampere	58
3	Schlußlicht links, Standlichter, Instrumentenbeleuchtung	8 Ampere	58
4	Abblendschalter, Bremslicht, Kraftstoffmesser, Kühlerthermometer, Öldruckschalter, Scheibenwischermotor	8 Ampere	54
5	Blinker, Rückfahrscheinwerfer		54 15
6	Hupe, Heizungsschalter, Thermoschalter	16 Ampere	54
7	Abblendlicht am Abblendrelais	16 oder 25 Ampere	56 b
8	Fernlicht am Abblendrelais	16 oder 25 Ampere	56 a
9	Heizgebläsemotor am Arbeitsstromrelais (nur bei ersten Fahrzeugen der Serie)	25 Ampere	54 a

Fingerzeige: *Ein paar Sicherungen für 8, 16 und 25 Ampere hat man immer im Handschuhkasten. Darauf achten, daß die Sicherung der gleichen Stromstärke eingesetzt wird. Brennt die neue Sicherung wieder durch, kann man es vorübergehend einmal mit einer stärkeren Sicherung versuchen. Hält diese stärkere Sicherung das aus, handelt es sich um keinen offenen Kurzschluß in dem betreffenden Stromkreis, sondern um eine Überlastung, die beispielsweise durch das zusätzliche Anschließen eines weiteren Stromverbrauchers verursacht wird. Ebenso können aber auch oxydierte Kontakte, die einen schwachen Kriechstrom an die „Masse" absickern lassen, daran schuld sein. Kontakte und Kabelverbindungen der betreffenden Stromkreise nachsehen, auf festen Sitz prüfen und blank schaben.*

Wenn ein Stromverbraucher ausfällt, z. B. eine Scheinwerferlampe, diese aber am anderen Lampenkontakt sich als einwandfrei erweist, kann es auch daran liegen, daß die Halteklemmen der Sicherung zu locker sind. Sie können ebenso wie die Kontakte der Sicherung selbst oxydiert sein, so daß der elektrische Strom nicht durchfließen kann. Man nimmt die Sicherung heraus, drückt die Halteklemmen enger zusammen und dreht die Sicherungen mehrmals in den Halterungen, damit sich die Berührungsflächen blank reiben. Besonders leicht korrodierten die bis März 1964 offenliegenden Sicherungen Nr. 7 und 8.

Auf keinen Fall Sicherungen mit Stanniol oder Draht „reparieren". Wenn keine Ersatzsicherung vorhanden, eine gerade nicht gebrauchte Sicherung an die Stelle der durchgebrannten setzen. Mit Stanniol oder Draht „geflickte" Sicherungen können bei dauerndem Kurzschluß die Batterie in kürzester Zeit entladen, zu Schäden an den Leitungen und zur Brandgefahr führen.

Hochgespannte Erwartungen

Weil sich das Kraftstoff-Luftgemisch im Vergasermotor nicht selbst entzündet – manchmal tut's das doch, darf's aber eigentlich nicht – muß ein Zündfunken jeweils das Feuerchen anstecken. Den Funken erzeugt die Zündkerze. Für den Strom dazu sorgt die Batterie, beziehungsweise die Lichtmaschine. Soweit weiß das jeder Fahrschüler.
Was aber zwischen der Batterie und der Zündkerze geschieht, das liegt schon etwas mehr im Dunkel und ist daher für den interessierten Autofahrer eine besonders spannende Angelegenheit im doppelten Sinne des Wortes. Denn die schlichten 6 Volt aus der Batterie genügen ja nicht, um gegen den Druck des zusammengepreßten Kraftstoff-Luftgemisches im Zylinder einen so kräftigen Zündfunken an der Zündkerze überspringen zu lassen, wie er dort notwendig ist. Das kann man nur durch Hochspannung, also mit über 10 000 Volt. Ampere spielen in diesem Zusammenhang kaum eine Rolle, denn ein Funke springt zwischen zwei Polen nur durch eine hohe Spannung, aber nicht durch eine hohe Stromstärke über. Die 6 Volt der Batterie müssen also in Hochspannung verwandelt werden. Und außerdem muß irgendwie gesteuert werden, wann und an welcher Zündkerze der Zündfunke überzuspringen hat.
Diese Aufgabe besorgen gemeinsam die Zündspule und der Verteiler. Auf der einen Seite hängen an dieser Arbeitsgemeinschaft die Batterie bzw. die Lichtmaschine und auf der anderen Seite die 4 Zündkerzen. Und das Ganze nennt sich die Zündanlage.

Wie der Zündfunke entsteht

Ein elektrischer Strom kann nur fließen, wenn der Stromkreis geschlossen ist. Im Auto heißt das, daß vom Plus-Pol der Batterie oder Lichtmaschine ein Strom zum Stromverbraucher und durch diesen zur „Masse" der Fahrzeugkarosserie fließt, von wo er wieder zum Minus-Pol der Batterie gelangt. Es gibt auch eine technische Meinung, daß der umgekehrte Weg richtig sei, aber das ist in diesem Zusammenhang nicht wichtig.
Bei der Zündanlage ist der Stromkreis doppelt, gewissermaßen zwei Stromkreise sind ineinander verschlungen. Man nennt den ersten den Primär-Stromkreis und den zweiten den Sekundär-Stromkreis. Im Primär-Stromkreis fließen die 6 Volt Spannung von Batterie oder Lichtmaschine und im Sekundär-Stromkreis der hochgespannte Strom für den kräftigen Zündfunken.
Fangen wir mit dem Primär-Stromkreis an: Der Strom fließt vom Plus-Pol der Batterie über das Zündschloß zur Zündspule, darin durch eine Wicklung aus dickem Draht – die Primär-Wicklung – weiter von der Zündspule zum „Untergeschoß" des Verteilers, der den Primär-Strom über den Unterbrecher, solange dieser geschlossen ist, wieder an „Masse" leitet. Damit wäre der Primär-Stromkreis geschlossen. In der dicken Drahtwicklung der Zündspule entsteht dabei

ein magnetisches Feld, das durch einen Eisenkern in der Mitte noch verstärkt wird. Wenn nun der Unterbrecher im „Untergeschoß" des Verteilers den Primär-Stromkreis unterbricht, fällt das Magnetfeld um die Primär-Wicklung der Zündspule schlagartig zusammen. Dabei entsteht (durch Induktion) in einer zweiten Drahtwicklung der Zündspule, der Sekundär-Wicklung, die aus vielen Lagen dünnen Drahtes gewickelt ist, ein plötzlicher Stromstoß von weit über 10 000 Volt. Dieser Stromstoß wird von der Zündspule in das „Obergeschoß" des Verteilers an den sich drehenden Verteilerfinger geleitet, der ihn jeweils einer Zündkerze weitergibt. Von dort gelangt der hochgespannte Sekundärstrom als Zündfunken ebenfalls an „Masse", so daß auch dieser Stromkreis geschlossen ist, denn die Sekundärwicklung ist ebenfalls an ihrem entgegengesetzten Ende mit der Primärwicklung an die Batterie angeschlossen.

Die Zündung beim Ford 12 M

In der Praxis sieht das so aus: Der Primärstrom fließt vom Plus-Pol der Batterie, bzw. Lichtmaschinenpol B + durch ein dickeres rotes Kabel an die Klemme 30 des Zündschalters; wenn man unter das Armaturenbrett kriecht, kann man die Ziffern und die zugehörigen Kabel auf der Rückseite des Zündanlaß-Schalters sehen. Bei eingeschaltetem Zündschloß kommt der Strom an Klemme 54/16 wieder heraus und fließt durch ein grünes Kabel an die Rückseite des Sicherungskastens, der mit seiner Vorderseite im Motorraum vor dem Fahrersitz zu sehen ist. Von einer Verteilerschiene, die die Sicherungen 4, 5 und 6 miteinander verbindet, läuft wieder ein schwarzes Kabel ab, das in den allgemeinen Kabelstrang zum Motorraum eingewickelt ist und zur Klemme 15 der Zündspule an der linken Seitenwand des Motorraumes – in Fahrtrichtung gesehen – führt. Der Primär-Strom fließt also nicht durch eine der Sicherungen, sondern „berührt" sie nur an einer Seite. In der Zündspule läuft der Primärstrom durch die Primärwicklung nach außen zur Klemme 1, von der ein dünnes grünes Kabel zu einem Kondensator am Verteiler führt.

Von diesem Anschluß führt zugleich ein kleines Kabel im „Untergeschoß" des Verteilers auf der Unterbrecherplatte zur Unterbrecherfeder, die an der Achse des Verteilers, einer vierkantigen Welle, anliegt. Diese Verteilerwelle wird von der Nockenwelle des Motors angetrieben. Jedesmal, wenn eine der 4 Kanten der Welle, einer der Nocken, die Unterbrecherfeder beiseite biegt, wird ihr Kontakt an der Spitze, der „Hammer", von einem Gegenkontakt, dem „Amboß", abgehoben, wodurch der Primär-Stromkreis unterbrochen wird. Der Amboß ist direkt mit „Masse" verbunden. Die Unterbrecherplatte, auf der der Unterbrecherhebel mit Hammer und Amboß montiert ist, ist drehbar, um den Augenblick der Unterbrechung vor- oder zurückzustellen, d. h. Früh- oder Spätzündung zu geben. Der kleine, außen befestigte Kondensator hat die Aufgabe, den beim Abheben des Unterbrecherhammers entstehenden Funken zu verhindern, denn dieser würde in Kürze die beiden Kontakte verschmoren. Man kann also bei oft verschmorten Kontakten in der Regel einen defekten Kondensator als Ursache vermuten.

Der Sekundär-Stromkreis „beginnt" in der Zündspule in der Sekundär-Wicklung, die den hochgespannten Strom über den mittleren Pol der Zündspule, die Klemme 4, und ein dickes schwarzes Kabel zu dem mittleren Kontakt auf dem Verteilergehäusedeckel in das „Obergeschoß" des Verteilers schickt. Der Verteiler hat also zwei elektrisch völlig voneinander isolierte Ströme im „Untergeschoß" und „Obergeschoß", wie wir es genannt haben, die miteinander nur mechanisch durch die Verteilerwelle verbunden sind. Im „Untergeschoß" hat diese Verteilerwelle den Primärstrom zu unterbrechen und im „Obergeschoß" den Verteilerfinger zu drehen, der nacheinander die Hochspannungsströme auf die Zündkerzen verteilt. So fließt zuletzt der hochgespannte Sekundärstrom aus den im Kreis angeordneten Buchsen des Verteilerkopfes durch die Zündkabel zu den Zündkerzen.

Zündspule

Die Zündspule ist wartungsfrei. An ihr gibt es auch nichts zu reparieren, wenn sie nicht mehr funktioniert; sie muß dann ausgetauscht werden (21,70 DM).
Eine Alterskrankheit der Zündspule ist ein Kurzschluß in der Sekundärwicklung. Durch spröde gewordenes Isoliermaterial kann dabei parallel zum Zündfunken der Zündkerze ein Zündfunken von einer Wicklungslage zur anderen überspringen. Dadurch wird ein Teil des hochgespannten Stromes bereits in der Zündspule verbraucht und die Zündkerze bekommt für einen wirkungsvollen Zündfunken nur eine zu geringe Spannung. Deshalb ist die folgende Prüfmethode nicht ganz zuverlässig (nur Anhaltspunkt, wenn bestimmt eine Störung vorliegt).

Zündspule prüfen

Zündkabel von Klemme 4 zum Verteiler aus dem Verteilerkopf herausziehen. Verteilerkopf abnehmen. (Dazu Spannfeder-Verschlüsse abklappen). Dann 3. oder 4. Gang einlegen und Fahrzeug vorwärts rucken, bis Unterbrecherkontakte geschlossen sind. Zündung einschalten, ohne zu starten. Kabelende mit einer Hand in etwa 10 mm Abstand gegen Zylinderblock halten. Mit der anderen Hand Unterbrecherkontakt öffnen, indem man Kontaktfeder mit Fingernagel, Schraubenzieher (Klinge nicht an Masse kommen lassen!) oder Kugelschreiber abhebt. Bei jedem Abheben muß zwischen Zündkabel-Ende und Masse ein Funke überspringen. Kein Funke bedeutet: Zündspule auf jeden Fall defekt.

Primärwicklung prüfen

Auch in der Primärwicklung kann ein Kurzschluß auftreten, wenn die Zündung zu lange eingeschaltet wird, ohne daß der Motor läuft. (Wenn z. B. Heizgebläse im Stand eingeschaltet werden soll). Wenn der Unterbrecher solange geschlossen ist, daß dauernd der Primärstromkreis geschlossen bleibt, kann sich die Primärwicklung stark erwärmen, die Isolierung wird brüchig und es können sich nach einiger Zeit dadurch Kurzschlußbrücken bilden. Das macht sich dann entweder an schnell verbrauchten Kontakten im Verteiler bemerkbar, weil die Stromstärke im Primärstromkreis ansteigt, oder an nachlassender Zündleistung bei warmem Motor, weil die sich selbst erhitzende Primärwicklung höheren in-

Zur Fehlersuche bei Störungen in der Zündanlage muß man planmäßig vorgehen. Hier wird geprüft, ob Zündstrom bis zum Hauptzündstromkabel kommt (abgenommene Verteilerkappe und geschlossene Unterbrecherkontakte). Das Hauptzündstromkabel ist aus dem Mittelkontakt der Verteilerkappe gezogen und wird mit etwas Abstand an „Masse" gehalten. Wenn nun mit dem Daumennagel oder isolierten Kugelschreiber-Ende die Unterbrecherkontakte getrennt werden, muß ein kräftiger Funke zur „Masse" überspringen.

neren Widerstand hat. Dagegen kann an der kalten Zündspule nichts zu bemerken sein, obgleich die Primärwicklung defekt ist.

Seltener kommt eine Unterbrechung der Primärwicklung vor. Mit einer 6-Volt-Prüflampe kann man diesen Fehler feststellen, indem man das grüne Kabel an Klemme 1 der Zündspule löst, dort das eine Kabelende der Prüflampe anhält und bei eingeschalteter Zündung das andere Kabelende der Prüflampe an Masse hält. Dadurch wird der Weg über den Unterbrecher ersetzt, die Prüflampe muß aufleuchten. Andernfalls ist die Primärwicklung defekt.

Auch durch Staub oder Feuchtigkeit kann eine Strombrücke von dem Hochspannungsstecker der Zündspule, der Klemme 4, zum Gehäuse der Zündspule entstehen, die den Zündstrom ganz oder teilweise vernichtet.

Kondensator prüfen

Ein scheinbarer Fehler der Zündspule kann auch am Kondensator liegen, der außen am Verteiler hängt. Genaue Prüfung ist jedoch nur in der Fachwerkstatt möglich. Wenn der Kondensator allerdings total ausgefallen ist, läßt sich dies eventuell bei abgenommenem Verteilerkopf an überspringenden starken Funken zwischen den Unterbrecherkontakten erkennen. Dazu muß ein Helfer den Motor mit dem Anlasser in Bewegung setzen. Auch völliger Kurzschluß zur Masse ist bei geöffneten Unterbrecherkontakten an einer Prüflampe erkennbar, die zwischen Klemme 1 der Zündspule und das davon abgezogene grüne Kabel geschaltet wird und dauernd brennt. Langes Prüfen des Kondensators rentiert zumeist nicht. Wenn er böser Taten verdächtig ist: austauschen (4,– DM).

Fingerzeige: *Damit keine Kriechströme und Strombrücken entstehen, Isolierkappe der Zündspule sauber und trocken halten. Nach Wagenwäsche besonders darauf achten.*

Wagen nicht mit eingeschalteter Zündung stehen lassen. Wenn Unterbrecher zufällig geschlossen ist, kann sich Batterie während der Nacht über Primärwicklung entladen. Primärwicklung wird außerdem durch Hitzeentwicklung geschädigt.

Die vielfach angebotenen Zündverstärker sind bisher trotz großer Versprechungen den Beweis ihrer Nützlichkeit schuldig geblieben. Anders ist es mit Transistorzündungen. Aber bei ihnen stehen Anschaffungskosten zu den gebotenen Vorteilen beim 12 M in krassem Mißverhältnis. Sie sind für hochtourige Sportmotoren gedacht, desgleichen Hochleistungszündspulen.

Es ist keine Schande, wenn man die Prüfungen auf einwandfreie Beschaffenheit der Zündspule, des Kondensators, des nachfolgend erklärten Unterbrechers und Verteilers der Kraftfahrzeug-Elektrik-Werkstatt überläßt, wenn einem der ganze „Elektrokram" nicht geheuer ist. In den Fachwerkstätten hat man raffinierte Apparate, mit deren Hilfe man durch Zeigerausschlag oder grünschimmernde Wellenlinien auf einer Mattscheibe schnell erkennt, wo in der ganzen Zündanlage der berühmte „Kupferwurm" steckt.

Unterbrecher

Er sitzt im „Untergeschoß" des Verteilers auf der Unterbrecherplatte, gegen „Masse" isoliert. Er bestimmt durch sein Abheben den Zündzeitpunkt. Da dieser Zündzeitpunkt je nach Belastung des Motors früher oder später liegen muß, läßt sich die Unterbrecherplatte gegenüber der Verteilerwelle etwas vorwärts und rückwärts drehen. In alten Zeiten mußte der Automobilist Spät- und Frühzündung nach Gefühl mit einem eigenen Hebel auf dem Lenkrad einstellen. Heute geht das automatisch, beim 12 M bis August 1964 durch Unterdruckverstellung.

Zum Prüfen der Dichtheit der Unterdruckdose wird die Verteilerkappe abgenommen, der Verbindungsschlauch von der Unterdruckdose zum Vergaser gelöst. Die Unterbrecherplatte im Verteiler wird von Hand bis zum Anschlag nach links gedreht und das Ansaugröhrchen der Unterdruckdose mit dem Finger verschlossen.
Die Unterbrecherplatte wird durch die Rückholfeder etwa 3 mm zurückgezogen und muß dann bei verschlossenem Ansaugröhrchen so etwa eine Minute verharren. Bewegt sie sich stattdessen weiter, ist die Dose undicht.

Diese Unterdruckverstellung bewirkt eine seitlich am Verteiler angebrachte Blechdose, die durch einen dünnen Schlauch mit dem Vergaser verbunden ist. In der Unterdruckdose bewegt sich eine Membrane, von der eine kleine Zugstange in den Verteiler hineinreicht und dort auf der drehbaren Unterbrecherplatte befestigt ist.
Läuft der Motor mit hoher Leistung, herrscht im Vergaser Unterdruck, der sich über die dünne Saugleitung auf die Membrane in der Unterdruckdose auswirkt und diese anzieht. Dadurch wird die Unterdruckplatte etwas entgegen der Drehrichtung der Verteilerwelle gedreht: Die Zündung liegt früher. Bei geringerer Motorleistung herrscht dagegen im Vergaser kein oder nur geringer Unterdruck, wodurch die Membrane nur wenig oder gar nicht angezogen wird. Eine Feder zieht die drehbare Unterbrecherplatte in Drehrichtung der Verteilerwelle: Die Zündung liegt später. Motoren ab September 1964: Siehe S. 92.

Prüfen der Unterdruckdose

Um die Wirkung der Unterdruckdose zu prüfen, Verbindungsschlauch zum Vergaser abziehen und daran mit dem Mund saugen. Die Unterbrecherplatte muß bei jedem schnellen Ansaugen folgen.
Damit ist die Dichtheit der Unterdruckdose jedoch noch nicht vollständig bewiesen. Wie sie genau geprüft wird, ist im obigen Bild dargestellt.

Unterdruckdose auswechseln

Undichte Unterdruckdosen können schlechte Motorleistung, mangelhafte Beschleunigung und erhöhten Kraftstoffverbrauch bewirken. Der Aus- und Einbau ist nicht schwer: Unterdruckschlauch an der Dose, Verteilerkopf und Verteilerfinger abnehmen. Grünes Kabel an Klemme 1 am Verteiler lösen, Rückholfeder an der Unterbrecherplatte aushängen. Halteschrauben der Dose außen am Verteiler herausdrehen und Dose abnehmen. Anbau der neuen Dose in umgekehrter Reihenfolge.

Unterbrecher-Kontakte

An den Kontakten des Unterbrechers, am Hammer und Amboß, bewirkt das ständige Öffnen und Schließen des Stromkreises einen unvermeidbaren Verschleiß durch Abbrand, Verschmoren oder Metallwanderung. Durch den Gleichstrom bilden sich am Hammer kleine Krater und am Amboß kleine Höcker, die sich in die Krater einfügen. Früher nahm man dann die speziell dafür geschaffene Kontaktfeile und feilte die Kontakte wieder flach. Das ist aber heute nicht mehr empfehlenswert, denn erstens können die abgefeilten Eisenspäne Kurzschlüsse verursachen, und zweitens ist das feilbare Material auf den Kontakten hauchdünn und drittens kostet ein neuer Satz Unterbrecherkontakte mit allem Zubehör nur 3,55 DM. Deshalb schadhafte Unterbrecherkontakte ausbauen und durch neue ersetzen. Sie können 10 000 km oder auch länger aushalten, wenn die Zündanlage in Ordnung ist.

Das Aussehen der Kontakte gibt folgende Hinweise:

- Kontakte silberartig, wie hell poliert: in Ordnung.
- Grauer Überzug durch Oxydation: zu kleiner Kontaktabstand oder zu geringer Kontaktdruck.
- Verbrannt, blau angelaufen: Der Kondensator oder die Zündspule sind nicht einwandfrei.
- Verkrustet: Öl, Fett und Schmutz dazwischen geraten.

Unterbrecherkontakte auswechseln

Damit kein Teilchen beim Auswechseln der Unterbrecherkontakte abhanden kommt, klemmt man sich eine flache Schale oder einen Teller irgendwie im Motorraum fest, um darauf die Teile abzulegen. So erleichtert man sich den Wiedereinbau. Zum Auswechseln der Kontakte Verteilerdeckel und Verteilerfinger abnehmen, Haarnadelsicherung und Beilegscheibe von der Achse des Unterbrecherhebels abziehen, Kabel zum Unterbrecher innen am Verteilergehäuse abschrauben. Unterbrecher aus seiner Achse herausheben. Dann Halteschraube des Amboß lösen und Feststellschraube für die blanke Masse-Litze ebenfalls. Amboß herausheben.

Vor dem Einbau des neuen Unterbrecherhebels und des neuen Amboß-Kontaktes wird die Nockenbahn der Verteilerwelle mit der Fingerspitze sparsam eingefettet. Dazu soll das Bosch-Spezial-Fett Ft 1 v 4 (Tube mit 45 Gramm zu –,50 DM im Zubehörhandel) verwendet werden. Kein gewöhnliches Abschmierfett oder Vaseline dazu nehmen, allenfalls, wenn vorhanden, eine Fingerspitze Wälzlagerfett. Beim Einbau darauf achten, daß Unterbrecher leicht gängig auf seiner Achse sitzt und die Haltefeder richtig gespannt ist. Nach dem Einbau der Unterbrecherkontakte: Zündzeitpunkt neu einstellen!

Schließwinkel prüfen

Pflegearbeit Nr. 29

Der Abstand der Unterbrecherkontakte soll 0,4—0,5 mm (früher 0,6 mm) betragen. Es hat aber keinen großen Sinn, diesen Abstand mit der Fühllehre nachzumessen — es ist nur ein Behelf —, denn viel wichtiger für die Bildung eines hochgespannten Zündfunkens ist der sogenannte „Schließwinkel" des Unterbrechers.

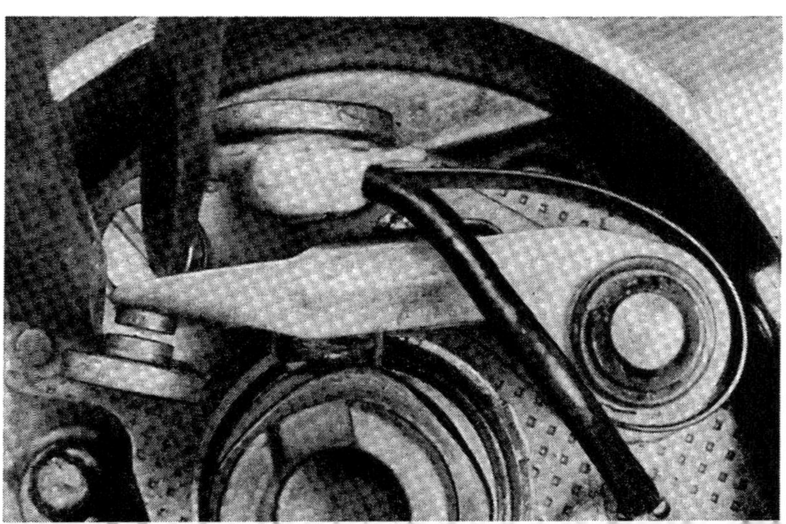

Der Abstand der Unterbrecherkontakte soll bei voller Öffnung am 12 M 0,6 mm betragen. Nur neue Kontakte lassen sich einwandfrei einstellen. Man braucht dazu 2 Schraubenzieher. Mit dem einen wird die Einstellschraube gelockert, mit dem anderen gleichzeitig der Kontaktwinkel mit Hilfe der beiden Zapfen und der Kerbe verschoben. Nach dem Anziehen der oberen Schraube mit Fühllehre 0,6 mm genau nachmessen.

Der Schließwinkel besagt, um wieviel Grad sich die Verteilerwelle vom Schließen der Unterbrecherkontakte bis zum Öffnen der Kontakte weiter dreht. Je näher man die Kontakte zueinander bringt – man bewirkt dies durch Lösen der Halteschraube des Amboß-Kontaktes und Justieren des Ambosses auf den gewünschten Abstand zum Hammer –, umso größer muß natürlich der Schließwinkel sein, weil die dicht beieinander liegenden Kontakte länger geschlossen bleiben.
Bei größerem Kontaktabstand ist es umgekehrt: Die Kontakte berühren sich nur kurz, der Schließwinkel wird kleiner. Diesen Schließwinkel mißt man mit einem besonderen Schließwinkelmeßgerät, das natürlich nur die Werkstatt hat. Dadurch wird alle Ungleichheit der Kontakte und alles Schiefhalten der Fühllehre usw. als Meßfehler ausgeschlossen. Deshalb haben wir die Pflegearbeit Nr. 29, das Einstellen des Schließwinkels und des Zündzeitpunktes, als Werkstattarbeit in unserem Pflegeplan deklariert. Beim 12 M bis August 65 soll der Schließwinkel am Unterbrecher 38–42 ° betragen.

Zündzeitpunkt einstellen

Pflegearbeit Nr. 29 (Motoren bis Aug. 64)

Zusammen mit dem Einstellen des Schließwinkels bei jeder 10 000 km-Inspektion, nach dem Einsetzen neuer Unterbrecherkontakte, nach dem Zusammenbau des Motors oder nach dem Wiedereinbau des Verteilers muß der Zündzeitpunkt neu eingestellt werden. Es kommt sehr genau darauf an, wann in jedem Zylinder der Zündfunken ausgelöst wird, denn nur durch die Einleitung des Verbrennungsvorganges durch den Zündfunken im genau berechneten Augenblick gibt der Motor bei geringem Kraftstoffverbrauch seine beste Leistung her. Auch diese Arbeit sollte die Werkstatt ausführen, denn die dazu notwendige Prüflampe, eine Stroboskop-Lampe, wird man in der Regel nicht besitzen. Wie man ohne Stroboskop-Lampe die Zündung einstellt, ist auf der nächsten Seite beschrieben. Die Werkstatt macht es so: An der Riemenscheibe, die vorne am Motor auf der Ausgleichswelle sitzt, befindet sich außen eine kleine Kerbe. Auf dem Stirnraddeckel des Motors ist schräg über der Riemenscheibe eine kleine Markierungstafel mit den Zahlen 3, 6, 10 und den Buchstaben TDC zu finden. Die Marke 10 und die Kerbe werden mit einem Tupfer weißer Farbe deutlicher sichtbar gemacht. Dann wird die Unterdruckleitung am Zündverteiler abgezogen, damit die automatische Unterdruckverstellung der Zündung ausgeschaltet ist und die Stroboskop-Lampe zwischen das Zündkabel zum 1. Zylinder und die Zündkerze des 1. Zylinders geschaltet, so daß der Zündstrom durch die Lampe fließen muß. Der 1. Zylinder ist mit der Ziffer 1 oben auf dem Motorblock markiert, er liegt rechts vorne neben der Lichtmaschine. Dann wird der Motor gestartet. Bei jedem Zündfunken für den 1. Zylinder blitzt die Prüflampe auf. Wenn man die Lampe auf die Markierungen richtet, müssen beim Aufblitzen die Kerbe der Riemenscheibe und die Marke 10 genau übereinander stehen. Durch den Kerzenlichtblitz scheint die Riemenscheibe still zu stehen, so daß Kerbe und Marke genau zu sehen sind.
Wenn die Kerbe beim Aufblitzen links oder rechts von der Marke steht, wird unten am Verteilerfuß, wo die Führung der Verteilerwelle in den Motorblock ragt, eine Klemmschraube gelöst, die ein Blech gegen den Verteilerfuß preßt. Der Verteiler läßt sich dann nach links bzw. nach rechts verdrehen, bis die beiden Marken genau übereinander stehen. Zum Schluß wird die Klemmschraube wieder fest angezogen.
Die Marke 10 bedeutet, daß der Zündfunke 10 ° vor dem oberen Totpunkt des Kolbens – das ist der höchste Punkt, den der Kolben im Zylinder erreicht – an

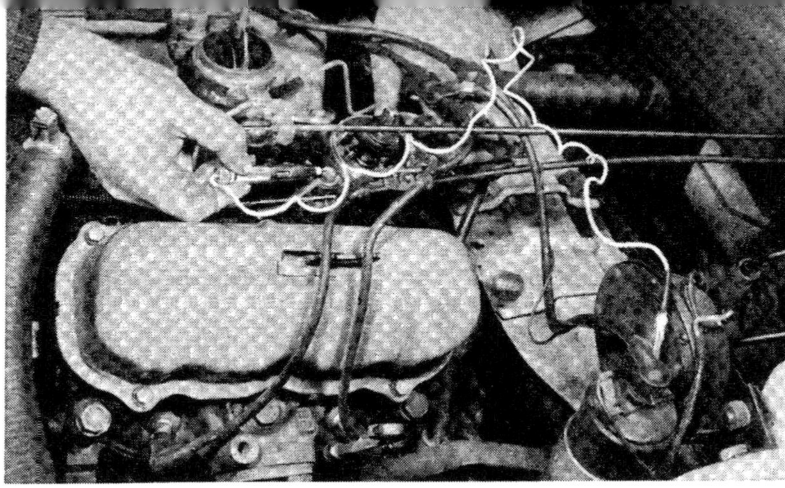

So wird der Zündzeitpunkt mit Hilfe einer Prüflampe behelfsmäßig eingestellt. Der genaue Arbeitsvorgang ist auf dieser Seite beschrieben. Die eine Hand hält die an Klemme 1 der Zündspule angehängte Prüflampe an „Masse", die andere Hand dreht den Verteiler nach Bedarf. Beim Einstellen berücksichtigen: von vorn gesehen dreht die Kurbelwelle rechts herum, die Ausgleichswelle mit der Riemenscheibe dementsprechend nach links. Vor dem Einstellen Unterdruckschlauch vom Verteiler abnehmen. Später wieder aufsetzen!

der Zündkerze überspringen soll. Auch die Zahlen 3, die beidseitig der Marke TDC (= Top Dead Center = Oberer Totpunkt = OT) stehen und die Zahl 6 entsprechen den jeweiligen Winkelgraden, in welchen die Kurbelwelle zum oberen Totpunkt des Kolbens im 1. Zylinder steht.

Zündzeitpunkt einstellen

Pflegearbeit Nr. 29 (Motoren ab Sept. 64)

Die ab September 1964 gebauten Ford 12 M haben als Zündzeitpunkt-Einstellung 6° vor oberem Totpunkt. Ford 12 M vorher: 10° vor OT. Ferner ist seit September 1964 ein Zündverteiler mit kombinierter Unterdruck- und Fliehkraftverstellung eingebaut.
Hinweis: Bei der Einstellung des Zündzeitpunktes ist der Unterdruckanschluß am Verteiler abzunehmen (das ist der Schlauch, der zur Unterdruckdose führt). Das Einstellen des Zündzeitpunktes geschieht grundsätzlich so, wie im vorhergehenden Abschnitt für Motoren bis August 1964 beschrieben, nur daß man sich nach der 6°-Marke richten muß.

Zündzeitpunkt selbst einstellen

Den Zündzeitpunkt kann man auch selbst einstellen. Es ist allerdings etwas umständlicher als mit der Stroboskoplampe der Werkstatt und auch nicht immer ganz so genau.
Zu dieser Zündzeitpunkteinstellung, für die man eine einfache Prüflampe benötigt, läuft der Motor nicht, sondern der Kolben des 1. Zylinders muß genau auf 10° Kurbelwellen-Umdrehung vor dem Oberen Totpunkt (bei Motoren ab September 64 nur 6° stehen. Als Vorbereitung wird zuerst der Verteilerdeckel abgenommen und der Motor durch Vorwärtsrucken des Wagens bei eingelegtem 3. oder 4. Gang so weit gedreht, bis die Mittelkerbe des Verteilerfingers über einer Strichmarke im Verteilergehäuserand steht. Das ist sozusagen die Grobeinstellung für den Kolben des 1. Zylinders.
Die Feineinstellung erfolgt nun an der Gradskala auf dem Motorstirnraddeckel, auf deren 10°- bzw. 6°-Marke die Kerbe der Keilriemenscheibe genau zeigen muß. Dies erreicht man durch ein behutsames Hin- und Herrucken des Wagens, „bis die Richtung stimmt", wobei die letzte Motorbewegung durch Vorwärtsrucken des Wagens erfolgen muß, damit das Spiel zwischen Kurbelwelle und Verteilerwelle ausgeschaltet ist. In dieser Stellung wird der Motor belassen, die Prüflampe an Klemme 1 der Zündspule angeklemmt, wobei das dort angeschlossene grüne Kabel ebenfalls an Klemme 1 bleibt. Nun wird die

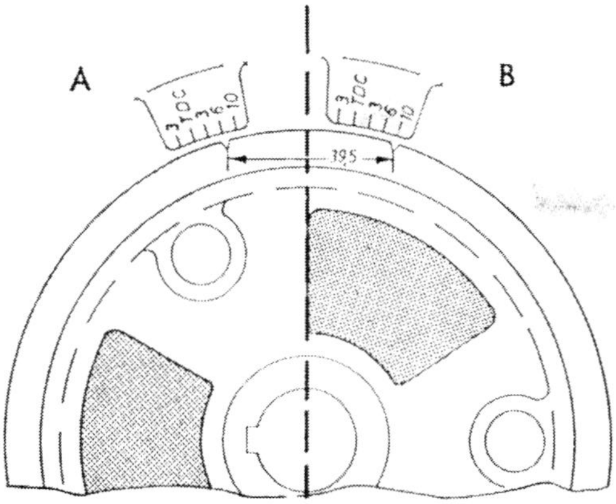

Ab August 1964 mit Einführung des neuen Verteilers mit kombinierter Unterdruck- und Fliehkraft-Zündverstellung ist die Gradskala auf dem Motorstirnraddeckel wie abgebildet verlegt worden.
A = neue Ausführung,
B = alte Ausführung. In Betracht kommt für die Motoren ab diesem Datum nur die 6 °-Marke, die mit der Kerbe in der Riemenscheibe fluchten muß.

Klemmschraube am Verteilerfuß gelockert und bei eingeschalteter Zündung der zweite Pol der Prüflampe fest gegen Masse gedrückt. Ist die Prüflampe dunkel, wird mit der anderen Hand das Verteilergehäuse im Gegenuhrzeigersinn langsam so weit gedreht, bis die Prüflampe gerade aufleuchtet. Brennt die Prüflampe schon beim ersten Andrücken an Masse, muß das Verteilergehäuse zuerst im Uhrzeigersinn etwas verdreht werden, bis die Prüflampe verloschen ist und anschließend behutsam wieder im Gegenuhrzeigersinn zurückgedreht werden, bis die Prüflampe gerade aufleuchtet. In dieser Position muß die Klemmschraube am Verteilerfuß fest angezogen werden.
Zur Erklärung hierzu: Bei dieser Stellung des Verteilers haben die Unterbrecherkontakte gerade geöffnet und der Primärstrom, der vorher von Klemme 1 über das grüne Kabel und die geschlossenen Unterbrecherkontakte floß, fließt nun über die parallel-„geschaltete" Lampe zur Masse.

Zündverteiler kontrollieren
Pflegearbeit Nr. 28

Alle 10 000 km soll der Zündverteiler auf Verschleiß seiner Teile kontrolliert werden. Dazu wird der Verteilerdeckel abgenommen und sorgfältig innen wie außen gereinigt, damit keine Strombrücken über Schmutz, Abrieb oder Feuchtigkeit entstehen.
Entdeckt man im Verteilerdeckel bleistiftartige Striche, dann muß er ausgetauscht werden, denn diese „Striche" sind die Brandspuren von Kriechströmen, die die Spannung des Zündstromes stark herabsetzen.
Feuchtigkeit, die zu Kurzschlüssen führt, setzt sich besonders leicht im Verteilerdeckel an. Das ist eine sehr häufige Ursache von Startschwierigkeiten, besonders, wenn der Wagen nachts draußen steht. Eventuell sollte man den Verteilerdeckel gegen eine neuere Ausführung, die weniger Feuchtigkeit anzieht, auswechseln.
Selbstverständlich sind beim Kontrollieren des Zündverteilers auch die Zündkabelanschlüsse auf Korrosion zu prüfen. Sie müssen blank geschabt und fest in die Zündkabelbuchsen eingedrückt werden.

Sorgen mit Zündkabeln

Nach alter Schulweisheit fließt elektrischer Strom am besten durch soliden Kupferdraht. Deshalb sind Zündkabel, die ja den besonders hochgespannten

Das ist Gift für die bis Frühjahr 1964 eingebauten Zündkabel des 12 M. Bei dieser Art, den Kabelstecker abzuziehen, dehnt sich die Kabelisolierung durch den starken Zug und die innere Nylon-Graphit-Ader, die den Strom leitet, kann leicht brechen. Deshalb dürfen die Zündkabel beim Montieren nur an den Steckern angefaßt werden. Hier erkennt man die weiße „Bauchbinde" des Hauptzündkabels. Es muß stets so montiert werden, daß diese Bauchbinde am Verteiler liegt, denn die beidseitigen Kabelstecker sind unterschiedlich.

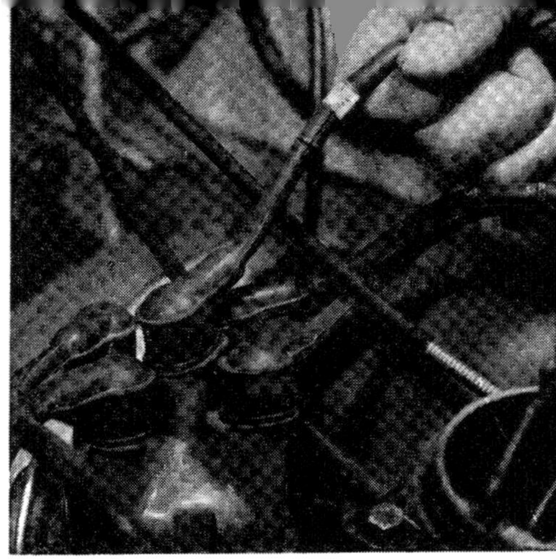

Strom zur Zündkerze transportieren müssen, in der Mitte aus besonders dicker und solider Kupferlitze – so denken viele. Aber es stimmt nicht immer. Moderne Zündkabel haben oft überhaupt keinen Metalldraht in der Mitte, sondern Nylonfäden mit Graphitpulver. Anlaß dazu ist der Zwang zur Funkentstörung der Kraftfahrzeuge für den Rundfunk- und Fernsehempfang. Denn diese Kunststoff-„Drähte" erzeugen keine oder nur geringe Störwellen, die den Rundfunk- und Fernsehempfang beeinträchtigen können. Sie sind im Serien-Einbau billiger als die üblichen Metallkabel mit den daran notwendigen Entstörsteckern. Diese Zündkabel mit „graphitierter Kunststoffseele" haben einen hohen inneren Widerstand, wodurch Störwellen unterdrückt werden.

Solche Widerstands-Zündleitungen waren bis Mitte April 1964 serienmäßig im Ford 12 M eingebaut; einmal von der Zündspule zum Verteiler, dann vom Verteiler zu den 4 Zylindern. Da diese Zündkabel aber nicht frei von Problemen sind, hat sich Ford erfreulicherweise entschlossen, wieder Metalleiterkabel mit Entstörsteckern und einem entstörten Verteilerfinger einzubauen (ab Motor-Nr. 932 446). Weil aber alle 12 M vor diesem Datum noch mit Widerstands-Zündleitungen ausgestattet sind (soweit sie noch nicht ausgetauscht wurden), müssen wir auf diese Zündkabel noch ausführlich eingehen. Diese schwarzen Widerstands-Zündleitungen wurden von Ford nur als fix und fertig montierte Zündkabel geliefert, also mit Stecker vorne und hinten. Wenn eines dieser Zündkabel zu Bruch geht, kann man nun nicht einfach am Ersatzteilschalter seiner Ford-Werkstatt sagen, man möchte ein neues Zündkabel für den 12 M, sondern der ganze Zündkabelsatz nebst Verteilerfinger muß gegen den jetzt gelieferten Zündkabelsatz ausgetauscht werden, wenn nicht noch zufällig Widerstands-Zündkabel am Lager sind. Von Ford selbst werden sie nicht mehr geliefert, man hatte zuviel Ärger damit. Sollten jedoch noch Widerstands-Zündkabel vorrätig sein, muß ganz genau angegeben werden, ob es das Hauptzündkabel zwischen Spule und Verteiler oder eines zu einem der 4 Zylinder, und zu welchem, sein soll. Sie dürfen nicht miteinander verwechselt werden, denn sie sind in ihrer Konstruktion und Länge genau berechnet. Dementsprechend tragen sie in weißem Aufdruck auf dem schwarzen Isoliermaterial die Nummer des Zylinders, zu dem sie gehören. Und das Hauptzündkabel ist durch eine weiße Bauchbinde gekennzeichnet, die immer am Verteiler liegen muß.

Unglücklicherweise sind auch die neuen Metalleiter-Zündkabel schwarz und in gleicher Weise für jeden einzelnen Zylinder numeriert, so daß man doppelt aufpassen muß, um Verwechslungen zu vermeiden.

Ihren genau berechneten inneren Widerstand dürfen die Widerstands-Zündkabel nicht überschreiten. Darin liegt das bereits erwähnte Problem, das übrigens nicht nur beim Ford 12 M, sondern auch bei anderen Wagen besteht, die weiterhin Widerstands-Zündleitungen aufweisen. Das Nylonfadenbündel mit Graphitpulver ist nämlich gegen Hitze und Bruch sehr empfindlich. Das äußere Isoliermaterial, die Gummihülle, ist dehnbar, die innen liegende Graphitmasse nicht. Wenn man nun ein derartiges Zündkabel in der Mitte faßt, um den Stecker etwa von der heißen Zündkerze abzuziehen, dehnt sich in den meisten Fällen durch den kräftigen Zug das Isoliermaterial, wobei innen die Verbindung abreißt oder schwächer wird: Der innere Widerstand erhöht sich dadurch schlagartig oder der Zündstrom kann sich nur noch mit Hilfe von überspringenden Funken durch das Kunststoffkabel „zwängen". Äußerlich sieht man einem solchen Kabel nichts an, aber der Zündfunke ist schlecht. Dann fängt die Sucherei nach dem „Kupferwurm" an, denn von der Zündkerze bis zur Batterie kann alles schuld am schwachen Funken sein. Daß es aber sehr oft die Zündkabel sind, hat sich noch nicht recht herumgesprochen, weil Zündkabel aus solider Kupferlitze kaum eine Störungsquelle waren und sind.

Genau berechneter Widerstand

Ob ein Widerstands-Zündkabel noch intakt ist, kann man ihm, abgesehen von äußerlichen Beschädigungen, niemals ansehen. Man muß das Kabel elektrisch messen. Und zwar muß nachgemessen werden, ob der innere Widerstand innerhalb der erlaubten Grenzen liegt.

Widerstandsmessung an Zündkabeln

Zündkabel	Erlaubter Bereich des inneren Widerstandes in Kilo-Ohm	
Hauptzündkabel von Spule zum Verteiler	7—12 Kilo-Ohm	Bei höherem Widerstand Zündkabel austauschen; nicht reparaturfähig. Beim Messen Kabel bewegen, um Störungen durch Kabelbiegungen festzustellen.
Zündkabel 1	8—14,5 Kilo-Ohm	
Zündkabel 2	7—12 Kilo-Ohm	
Zündkabel 3	7—12 Kilo-Ohm	
Zündkabel 4	6—11 Kilo-Ohm	

Diese Widerstandsmessung ist nur mit einem Ohm-Meter möglich, ein Spezial-Meßgerät, das nur Fachwerkstätten besitzen. Die Elektriker-Praxis hat ergeben, daß man diesen inneren Widerstand auch über den Spannungsabfall messen kann, und diese Messungen können Sie auch ausführen, wenn Sie ein Volt-Meter mit hohem innerem Widerstand besitzen.

Widerstandsmessung mit Volt-Meter

Dazu benutzt man einfach die Wagenbatterie, die rund 6 Volt Spannung abgibt. Zur Messung Zündkabel abnehmen, mit einem Ende auf den Plus-Pol der Batterie halten, an das andere Ende des Zündkabels Volt-Meter anhängen und dessen zweiten Kontakt auf den Minus-Pol der Batterie halten. Durch Helfer Kabel bewegen lassen, um Bruchfehler feststellen zu können. Wenn Batteriespannung 6 Volt beträgt, darf die Spannung durch den inneren Widerstand des Zündkabels bis auf 2,5 Volt abgefallen sein. Ein sehr guter Meßwert sind 3,2 Volt. Zeigt das Voltmeter weniger als 2,5 Volt an, muß das Zündkabel ersetzt werden.

Diese bis Mitte April 1964 eingebauten Widerstandszündkabel sind nur ein Minimum der Funkentstörung. Wenn man sich ein Auto-Radio mit UKW einbauen läßt oder selbst einbaut, reichen diese Zündkabel zur Entstörung zumeist nicht aus. Manche Heimwerker, die sich das Autoradio selbst einbauten, haben nun einfach die Original-Ford-Stecker an den beiden Enden der Zündkabel abgeschnitten und durch die wirksamen Entstörstecker ersetzt. Das ist grundfalsch,

Kabel bei Radio-Einbau

denn nun ist der innere Widerstand, wenn überhaupt ein vernünftiger Kontakt zwischen Kunststofflitze und Entstörstecker zustande kommt, viel zu hoch. Der Zündfunke ist schwach und der Kraftstoffverbrauch bei mäßiger Motorleistung hoch. In diesem Falle muß der ganze Kabelsatz durch Metalleiter-Zündkabel, wie sie jetzt serienmäßig eingebaut sind, ersetzt werden. Das ist auch die einzige wirkungsvolle Hilfe, wenn man mit seinen Widerstandszündleitungen immer wieder Ärger hat und außerdem ist dieser Umbau zwingend vorgeschrieben, wenn eine einzelne Widerstands-Zündleitung ersetzt werden muß, aber nicht mehr im Ersatzteile-Lager vorrätig ist. Man kann also nicht allmählich von Widerstands-Zündleitungen auf entstörte Metalleiter-Zündkabel umrüsten, denn „gemischter Betrieb" von Kunststoff- und Kupfer-Kabeln bringt den Zündstrom-Haushalt durcheinander.

Umbau auf Metall-Zündkabel

Beim Umbau auf Metall-Zündkabel (für Motoren bis April 64) kauft man sich am besten den kompletten Umbausatz, der unter der Ersatzteile-Nummer 546 283 zum Preise von 12,50 DM bei den Ford-Werkstätten zu haben ist. Die alten Widerstands-Zündleitungen kosten, soweit noch vorrätig, pro Stück 2,50 DM. Natürlich kann man sich zum Umrüsten auch Zündkabel als Meterware (pro Meter 1,– DM) und die dazu notwendigen Entstörstecker (pro Stück 2,– DM), sowie Zündkontakte (pro Stück 0,20 DM) kaufen und selbst zusammenmontieren. Um welche Art von Zündkabeln es sich auch handelt: Beim Montieren so kurz wie möglich abmessen, jedoch auch nicht zu straff spannen und nicht geknickt verlegen.

Zündkerzen prüfen

Pflegearbeit Nr. 24

Die Zündkerze ist die letzte Station der Zündanlage. Eine fehlerhafte Zündkerze macht alle gute Vorarbeit der Zündanlage wirkungslos. Deshalb empfehlen die Zündkerzenhersteller und die Autofirmen vorsichtshalber, alle 10 000 bis 20 000 km die Zündkerzen zu ersetzen. Diese Empfehlung sollte man aber nicht so unbesehen hinnehmen, denn es sind immerhin zusätzlich 13,20 DM für einen Satz neuer Zündkerzen. Diese Werksempfehlung, Ford rät zum Wechsel alle 20 000 km, stellt übermäßigen Zündkerzenverschleiß durch Mängel in der Zündanlage mit in Rechnung. Bei einwandfreier und gelegentlich nachgeprüfter Zündanlage sowie richtiger Zündkerzenwahl können die Zündkerzen auch längere Laufstrecken durchstehen. Deshalb sollte man sich nicht darauf einlassen, daß bei der 10 000-km-Inspektion, ohne hinzusehen, neue Zündkerzen eingesetzt werden, sondern zuerst eine Zündkerzenkontrolle und -reinigung verlangen. Dazu müssen die Zündkerzen demontiert und in das Zündkerzenprüfgerät von Bosch oder Beru eingesetzt werden. Zumeist sind diese Geräte mit einem Sandstrahlgebläse zur Zündkerzenreinigung kombiniert. Dies ist unter den Reinigungsverfahren das kleinste Übel. Das kleinste Übel, weil der scharfe Sandstrahl den Speckstein, das Isoliermaterial der Zündkerze, angreift und dadurch späterer Verschmutzung mit Strombrückenbildung Vorschub leistet. Auf der unbestrahlten Porzellan-Oberfläche des Specksteines setzt sich dagegen weniger Schmutz an. Noch unvorteilhafter sind Reinigungsversuche mit dem Taschenmesser oder der Drahtbürste. Man sollte sie nur vorsichtig anwenden, wenn sich durch Verbrennungsrückstände, beispielsweise bei hochverbleitem Benzin, zwischen den Elektroden der Zündkerze eine Strombrücke mit Kurzschlußwirkung gebildet hat, die man unterwegs beseitigen muß. Durch natürlichen Verschleiß, durch Abbrand, erweitert sich der Elektrodenabstand, so daß es dem Zündfunken schließlich nicht immer möglich ist, unter dem Kompressionsdruck

von der Mittelelektrode zur Masseelektrode überzuspringen. Deshalb muß der Elektrodenabstand gemessen und im Bedarfsfall nachgestellt werden. Bei den im Ford 12 M eingebauten Zündkerzen muß der Elektrodenabstand 0,8 bis 0,9 mm betragen. Das ist überdurchschnittlich weit, beim VW sind es beispielsweise nur 0,6 bis 0,7 mm. Zur Verengung des Elektrodenabstandes wird mit der Kerzenlehre – ab 1,50 DM erhältlich – die außen liegende Masseelektrode entsprechend nach innen gebogen.
Die einwandfreie Funktion einer Zündkerze läßt sich nur im Zündkerzenprüfgerät mit ziemlicher Gewißheit prüfen. In diesem Gerät wird die Zündkerze unter etwa 8 atü Druck geprüft, denn die Funkenbildung ist in der freien Luft wesentlich einfacher als bei dem Druck, der im Zylinder bei Beendigung des Kompressionstaktes herrscht. Deshalb sagt eine zur „Prüfung" herausgeschraubte und am Zündkabel auf den Motorblock gelegte Zündkerze auch nichts darüber aus, ob sie den dann gezeigten schönen Zündfunken auch im Zylinder zustandebringt. Das ist also nur eine behelfsmäßige Funktionskontrolle. Im Zündkerzenprüfgerät kann man durch kleine Sichtfenster die Funkenbildung unter Druck beobachten.

Richtiger Wärmewert ist wichtig

Von Ford werden serienmäßig nur Autolite-Zündkerzen eingesetzt und empfohlen. Das ist verständlich, denn jeder Gastwirt lobt seine eigene Wurst, wenn er eine Metzgerei dabei hat. Und die Autolite-Fabrik gehört Ford. Da Autolite-Zündkerzen aber an Tankstellen nur selten geführt werden, kann man ohne Gewissensbisse auch Zündkerzen anderer Marken einsetzen. Nur der Wärmewert muß richtig gewählt sein.
Bei deutschen Zündkerzen ist der Wärmewert einheitlich angegeben, z. B. mit 175 oder 225. Je höher diese Zahl ist, umso mehr Hitze kann die Zündkerze vertragen, d. h. ableiten, um selbst nicht zu heiß zu werden. Bei „kälter" arbeitenden Motoren darf man aber auch keinen zu hohen Wärmewert wählen, denn dann wird von der Zündkerze zu viel Wärme abgeleitet und sie hat nicht ihre günstigste Betriebstemperatur, die an den Elektroden bei 800 ° C liegt. Bei ausländischen Zündkerzen ist dieser Wärmewert leider nicht so offensichtlich angegeben. Deshalb nachstehend unsere Tabelle der einsetzbaren Zündkerzen:

1,2-Liter-Motor	1,5-Liter-Motor (50 PS)	1,5-Liter-Motor (55 bzw. 65 PS, scharfe Fahrweise)
Autolite AE 32 Bosch W 175 T 1 Beru 175/14 Champion L 87 Y	Autolite AE 32 Bosch W 200 T 35 Beru 225/14 Champion L 87 Y	Autolite AE 22 Bosch W 240 T 1 Beru 240/14 Champion L 82 Y

Zündkerzengesicht

Aus dem Aussehen und der Färbung der Zündkerzenelektroden kann man Rückschlüsse auf den Motor, auf die Vergaser- und Zündeinstellung ziehen:

- mittelbraun = gute Vergasereinstellung, Zündkerzen und Motor arbeiten richtig.
- schwarz = Vergaser zu fett eingestellt oder Zündkerze ist im Betrieb durch vorwiegende Kurzstreckenfahrten zu kalt. Zündkerze mit nächstniederem Wärmewert probieren, wenn Vergasereinstellung stimmt und alte Kerze nicht durch zu lange gezogene Starterklappe verrußt ist (möglich bei 50-PS-Motor).
- verölt = Zündkerze setzt aus oder Kolbenringe undicht; wenn bei

allen Zündkerzen, Fehler in der Zündanlage und schlechter Motorlauf.

- hellgrau = Vergaser zu mager eingestellt.
- silbrig = Zündkerze wird zu heiß, eventuell durch scharfe Langstrekkenfahrten; Zündkerze mit nächsthöherem Wärmewert probieren. Oder Zündung zu früh gestellt.

Fingerzeige: *Zündkerzen auf der linken Motorseite sind schwer zugänglich, vor allem vorne, am 1. Zylinder. Notfalls Lichtmaschine lockern und nach unten schwenken, um Zündkerze des 1. Zylinders ausbauen zu können.*
Bei warmem Motorblock niemals kalte Zündkerze zu fest einschrauben. Nach Abkühlen des Motors oder Erwärmung der Zündkerze sitzt diese wie eingenietet. Zündkerzengewinde darf vor dem Einbau keinesfalls geölt werden, um es besser gängig zu machen. Öl würde verkohlen und die Zündkerze im Gewinde festbacken. Stattdessen mit weichem Bleistift Graphit auf das Gewinde schaben. Zündkerze läßt sich später spielend herausschrauben.
Die serienmäßig eingebauten Autolite-Zündkerzen haben den in USA üblichen Mittelelektrodenkontakt teilweise als festen Bestandteil, teilweise als abschraubbare Mutter auf dem Gewindestift der Mittelelektrode. Wenn die Original-Zündkabel gegen solche mit Entstörsteckern ausgetauscht werden, müssen Zündkerzen mit Gewinde-Mittelelektroden eingesetzt werden.

Suche nach dem „Kupferwurm“

Eifrige Elektrobastler nennen dieses Tierchen, das es gar nicht gibt, aber das die einzige Erklärung für scheinbar unerklärliche Fehler im Drahtgewirr sein muß, den Kupferwurm. Diesen Kupferwurm zu erwischen, dazu gehört ein logischer Verstand und ein ganz planmäßiges Suchen. Hier oder da mal mit dem Schraubenzieher zu drehen, hat aber keinen Sinn, wenn der Motor nicht will. Wenn der Motor also nicht anspringen will, obgleich sich der Anlasser dreht und Benzin im Vergaser ist – Kraftstoffschlauch am Vergaser abziehen, dicken Lappen davor halten und Starter kurz betätigen; kommt Kraftstoff? – muß die Suche in der Zündanlage ganz planmäßig vor sich gehen. Eine Prüfung der Sicherungen ist nicht notwendig, da der Zündstrom über keine Sicherung führt.

Kabelanschlüsse und Steckkontakte prüfen
Prüfung Nr. 1

Lesen Sie noch einmal als Gedächtnisstütze die Beschreibung des Stromweges in der Zündanlage des 12 M auf Seite 86 bei geöffneter Motorhaube – wie gut, wenn Sie dieses Buch im Handschuhkasten haben! – und befühlen Sie alle Kabelkontakte, ob sie nach äußerem Eindruck festsitzen. Kontakte abziehen und neu aufstecken, denn die Kontakte können oxydiert sein und dadurch die Stromunterbrechung verursachen. Auch die Klemme 54/16 auf der Rückseite des Zündschlosses nicht vergessen, das grüne Kabel kann sich gelöst haben, der Steck-Kontakt sitzt nicht sehr fest.

Zündstrom prüfen
Prüfung Nr. 2

Hauptzündkabel von der Zündspule aus dem Verteilerdeckel ziehen, Kontakt in etwa 1 cm Abstand vom Motorblock halten. Bei Startversuch muß ein guter, regelmäßiger Funken vom Kabelende zum Motorblock überspringen. Diesen Versuch nicht am benzinfeuchten Vergaser wegen Brandgefahr machen. Hand, die das Kabel hält, nicht an Metall lehnen, sonst kann der Zündfunke in die Hand schlagen. Das ist trotz der 10 000 Volt nicht gefährlich, weil keine Stromstärke dahinter steht. Ist der Funke gut, dann liegt der Fehler vorwärts in Richtung Verteiler und Zündkerze. (Nachfolgende Prüfungen Nr. 3 bis 6 dann nicht notwendig.) Gibt es keinen oder nur schwachen Funken, dann liegt der Fehler rückwärts in der Zündspule, im Unterbrecher oder Kondensator.

Unterbrecherkontakte prüfen
Prüfung Nr. 3

Verteilerdeckel abnehmen und Unterbrecherkontakte nachsehen. Strombrücke zwischen den Kontakten? Notfalls mit Nagelfeile blank schaben. Das Aussehen der Kontakte – auf Seite 90 beschrieben – gibt Störungshinweise.

Primärwicklung prüfen
Prüfung Nr. 4

Scheinen die Unterbrecherkontakte in Ordnung zu sein, muß die Primärwicklung der Zündspule und der Primärstromkreis unter Auslassung des Unterbrechers auf Funktion geprüft werden. Dazu ist Prüflampe notwendig. Eine Auto-Handlampe (6 Volt) tut die gleichen Dienste. Der Kabelanschluß muß demontiert werden, damit die beiden Kabelenden frei sind. Grünes Kabel an Klemme 1 der Zündspule lösen. Zündung einschalten. An Klemme 1 das eine Kabelende der Prüflampe, das andere an Masse halten. Lampe muß brennen. Wenn nicht, kein Strom von Batterie durch Primärwicklung. Siehe auch Seite 87.

Kondensator prüfen
Prüfung Nr. 5

Wenn der Primärstromkreis über den Kondensator am Verteiler Kurzschluß zur Masse hat, kann trotz Abhebens der Unterbrecherkontakte kein Sekundärstrom entstehen. Zur Prüfung des Kondensators siehe Seite 88.

Hauptzündkabel prüfen
Prüfung Nr. 6

Die graphitierte Kunststoffseele des Hauptzündkabels kann unterbrochen oder gebrochen sein: innerer Widerstand dann zu groß. Wenn bei Prüfung Nr. 2 kein oder nur ein schwacher Funken, Zündkabel auch aus der Klemme 4 an der Zündspule ziehen. Stattdessen Drahtstift oder Nagel hineinstecken und von ihm aus mit langem Schraubenzieher oder Metallkabel Verbindung zur Masse bis auf 1 cm Abstand nehmen. Startversuch wiederholen. Gibt es regelmäßigen und guten Funken, dann ist Hauptzündkabel defekt.

Verteilerkappe untersuchen
Prüfung Nr. 7

Wenn bei Prüfung Nr. 2 ein guter, regelmäßiger Funke vom Hauptzündkabel zur Masse übersprang, kann diese Prüfung Nr. 7 als nächste vorgenommen werden. Verteilerdeckel abnehmen und von innen auf Feuchtigkeit, Schmutz und Brandspuren von Strombrücken untersuchen. Die weitere Prüfung siehe Seite 93.

Zündkerzen prüfen
Prüfung Nr. 8

Verrußte oder nasse Zündkerzen auswechseln und Startversuch wiederholen. Notfalls ausgebaute Zündkerzen mit Taschenmesser säubern und trocken reiben, Elektrodenabstand etwas enger stellen, wieder einbauen und Startversuch wiederholen.

Zündkerzenkabel prüfen
Prüfung Nr. 9

Wenn trotz aller Mühe der Fehler inzwischen noch nicht entdeckt wurde, sind zuletzt die Zündkabel zu prüfen. Die Nylon-Zündleitungen sind störanfällig. Allerdings werden sie nicht alle auf einmal restlos ausfallen, sondern nur Zündaussetzer bei laufendem Motor oder den Ausfall eines Zylinders bewirken. Die Prüfung der Zündkabel ist auf Seite 94 beschrieben. Behelfsmäßige Prüfung, ob überhaupt stromführend: Zündkabel mit Steckern abnehmen und nacheinander mit je einem Kabelende auf Plus-Pol und Minus-Pol der Batterie halten. Es müssen zumindest leichte Funken sichtbar werden.

Schwieriger wird die Suche nach dem „Kupferwurm", wenn der Motor zwar läuft, aber nicht auf Touren zu bringen ist oder sich ständig Zündaussetzer bemerkbar machen. Dann ist zusätzlich die automatische Zündverstellung – siehe Seite 89 – zu prüfen.

Leuchtendes Beispiel

In jedem Oktober, zu Beginn der dunkleren Jahreshälfte, findet eine „Kraftfahrzeug-Beleuchtungswoche" statt. Es kann sein, daß man plötzlich unterwegs von der Polizei angehalten und vor ein Scheinwerfer-Prüfgerät dirigiert wird. Und alle Lämpchen rund um das Auto muß man der Reihe nach an- und ausknipsen, damit das Auge des Gesetzes erkennt, ob auch alles in Ordnung sei. Ist dies nicht der Fall, kostet es, in schlimmeren Fällen, Geldstrafe und eine Vorladung zur heimischen Polizei-Dienststelle, die nachprüft, ob nun alle Lampen brennen.

Ersatzlampen im Handschuhkasten

Wegen Anfälligkeit gegen Schütteln, aber auch aus kalkulatorischen Gründen weisen Glühlampen für Automobile eine gegenüber Haushaltslampen wesentlich geringere Lebensdauer auf. Man rechnet für Scheinwerferglühbirnen rund 100 und für die übrigen kleineren Birnen etwa 200 Brennstunden. Wenn nun gerade bei einer Polizeikontrolle eine Birne ihren Dienst quittiert hat, sparen Sie viel Ärger und Zeitverlust, wenn Sie im Handschuhfach ein Kästchen mit Ersatzlampen haben und die schadhafte Glühlampe sofort auswechseln können. In diesem Fall erwarten Sie keine polizeilichen Maßnahmen, denn nach gerichtlicher Meinung ist es bei einem so vorsorglichen Fahrer durchaus glaubwürdig, daß die Lampe „gerade eben" durchgebrannt ist.

Scheinwerferlampe auswechseln

Asymmetrische Lampen 45/40 Watt; Sicherungen Nr. 4, 7 und 8.
Man braucht dazu nichts weiter als einen kleinen Kreuzschlitz-Schraubenzieher. Damit wird die Kreuzschlitz-Schraube unten am Abdeckring des Scheinwerfers gelöst. Unter dem abgenommenen Abdeckring wird der Rand des Scheinwerfereinsatzes sichtbar, der mehrere Kreuzschlitzschrauben aufweist. Zwei davon dienen der Scheinwerfereinstellung, dürfen also beim Ausbau der defekten Scheinwerferlampe nicht verstellt werden. Die 3 weiteren Kreuzschlitzschrauben – siehe gegenüberliegendes Bild – halten dagegen den Scheinwerfereinsatz. Wenn der Scheinwerfereinsatz herausgenommen ist – er hängt noch an den Kabeln am Auto –, soll zuerst der Kabelstecker der Scheinwerferlampe abgezogen werden. Dabei muß man den Scheinwerfereinsatz mit der einen Hand halten und mit der anderen den Kabelstecker abziehen. Wenn die Kontakte oxydiert sind, sitzt dieser Stecker unter Umständen jedoch so fest, daß man ihn mit einer Hand nur schwer lösen kann. Deshalb muß unter Umständen zuerst der Klemmring, der den Lampensockel im Scheinwerferspiegel festhält, durch Linksdrehung gelöst und abgenommen und die Lampe mit Sockel herausgezogen werden. Dann kann man den Scheinwerfer ablegen und mit zwei Händen den festoxydierten Lampenstecker abziehen.

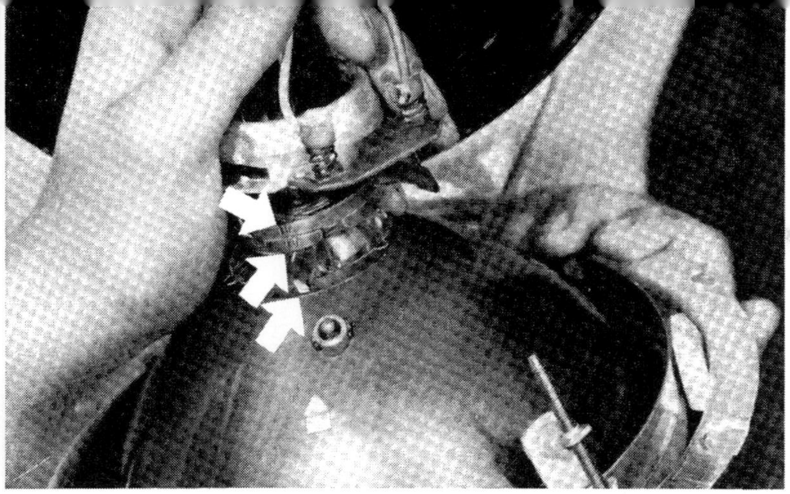

Beim Einsetzen einer neuen Scheinwerferlampe darauf achten, daß beim Zusammenbau die Nocken und Kerben auf den einzelnen Teilen — die 3 weißen Pfeile deuten darauf — genau übereinander sitzen, sonst ist Zusammenbau nicht möglich.

Die neue Scheinwerferlampe faßt man nicht mit bloßen Händen an, denn auf dem Glaskolben bleiben auch bei sauberen Händen Fingerabdrücke – das sind Schweißabsonderungen – zurück, die bei Einschalten der Lampe durch die Hitze verdampfen und den Scheinwerferspiegel trüben. Ein verschmutzter Glaskolben muß mit einem unbenutzten Taschentuch sauber gerieben werden.
Das Zusammenstecken des Lampensockels mit der Spiralfeder und dem Klemmring ist nicht möglich, wenn man nicht auf die entsprechenden Nocken und Aussparungen an den Rändern der Einzelteile achtet, die den genauen Sitz jedes einzelnen Teiles festlegen.

Einstellen der Scheinwerfer

Pflegearbeit Nr. 34

Wenn man in einen seiner Scheinwerfer eine neue Lampe eingesetzt hat, muß die Scheinwerfereinstellung nachgeprüft werden. So präzise diese Lampen auch hergestellt werden, kleine Abweichungen, die eine neue Scheinwerferjustierung erfordern, sind nicht ganz zu vermeiden. Außerdem sind Ford-Fahrzeuge, wie auch einige andere Fabrikate, bezüglich der Scheinwerfereinstellung etwas anspruchsvoll, denn der mit Gepäck vollgestopfte Kofferraum des 12 M zwingt das Wagenheck leicht in die Knie, so daß die Scheinwerfer unter solchen Umständen gern in die Höhe strahlen, wobei das abgeblendete Scheinwerferlicht den Gegenverkehr blenden kann. Deshalb gehört auch zu jeder 10 000-km-Inspektion die Überprüfung der Scheinwerfereinstellung. Es empfiehlt sich wegen

Nach Abnahme des Abdeckringes — er wird von einer Kreuzschlitzschraube unten gehalten — zeigen sich auf dem Rand des Scheinwerfereinsatzes 5 Kreuzschlitzschrauben. Die 3 auf unserem Bild mit schwarzen Pfeilen markierten Schrauben müssen gelöst werden, um den Scheinwerfereinsatz herausnehmen zu können. Dabei dürfen die beiden anderen diagonal gegenüber stehenden Schrauben nicht verstellt werden. Sie dienen nämlich zur Einstellung des Scheinwerfers nach Höhe (rechts oben) und Seite (links unten).

des verführerisch großen Kofferraums des 12 M sogar, vor der großen Urlaubsreise die Scheinwerfereinstellung mit belastetem Kofferraum einstellen zu lassen, damit man sich das zornige Anblinken der geblendeten Gegenfahrer erspart. Wenn man später wieder zumeist mit leerem Kofferraum fährt, reguliert man die Scheinwerfer wieder um.

Bosch-Dienst oder Werkstatt erledigen diese Einstellarbeit in wenigen Minuten mit einem optischen Gerät für 1–3 DM. Falls man jedoch die Scheinwerfer selbst einstellen will oder muß, braucht man:

9 m ebene Fläche mit abschließender senkrechter Wand, ein Metermaß, eine Latte zum Stricheziehen und ein Stück Kreide oder Kohle, je nach Farbe der Wand. Als Vorbereitung wird der Reifendruck überprüft und genau auf 1,5 atü vorne und 1,3 atü hinten gebracht. Dann stellt man seinen 12 M auf der ebenen Fläche im rechten Winkel zur Wand so auf, daß die Scheinwerfer in genau 5 m Abstand zur Wand stehen. Dabei sind, wenn man nicht gerade vor der eben erwähnten Urlaubsreise steht, Kofferraum und Sitze leer; die Scheinwerfereinstellung des 12 M wird also in der Regel mit unbelastetem Fahrzeug, demnach auch ohne Fahrer oder Insassen auf dem Hintersitz – wie bei anderen Fahrzeugen – vorgenommen.

Nun peilt man über den Mittelfalz der Motorhaube jenen Punkt auf der Wand an, auf den die Mitte des Fahrzeuges genau zeigt, malt sich dort einen kurzen senkrechten Strich hin und mißt nun die Höhe des Scheinwerfermittelpunktes über dem Boden. Je nach Vorspannung der Federn schwankt diese Höhe von Wagen zu Wagen um wenige Zentimeter. Dann mißt man den Abstand der beiden Scheinwerfermittelpunkte voneinander, es sind genau 125 cm. Die beiden Maße werden schön symmetrisch beidseitig der Mittelsenkrechtenmarkierung auf der Wand durch zwei kleine Kreuze markiert. Von jedem dieser kleinen Markierungskreuze mißt man 12,5 cm herunter – dies ist das Spezialmaß für den 12 M bei 5 m Abstand für die Scheinwerfereinstellung – und zeichnet dort jeweils ein dickes Kreuz hin. Mit der Latte zieht man einen Strich durch die beiden Kreuze; der Strich muß genau waagrecht zum Boden verlaufen, sonst hat man falsch gemessen.

Nach dieser Vorarbeit beginnt das eigentliche Einstellen der Scheinwerfer mit dem Abblendlicht. Da der Ford 12 M asymmetrische Scheinwerfer hat, steigt nach einer genau waagerechten Hell-Dunkel-Grenze auf der linken Seite in einem sehr gut erkennbaren Abknickpunkt das beleuchtete Scheinwerferfeld im Winkel von 15 ° nach rechts oben an. Dieser Abknickpunkt muß haarscharf auf das vorher markierte, für ihn bestimmte Kreuz zeigen. Auch eine geringe Abweichung nach rechts, links oder oben ist nicht zulässig. Allenfalls dürfte der Lichtpunkt unterhalb des Kreuzes liegen. Das würde aber bedeuten, daß man die Straße nicht so gut ausgeleuchtet hat, wie man sie ausleuchten darf.

Erst Höhe, dann Seite einstellen

Also nimmt man, wenn die Abknickpunkte der beiden Scheinwerfer nicht genau auf ihr jeweiliges Markierungskreuz zeigen – zum besseren Erkennen deckt man die Scheinwerfer wechselseitig mit einer Decke oder Jacke ab –, den Kreuzschlitz-Schraubenzieher zur Hand und verstellt die Scheinwerfer mit den beiden diagonal gegenüberliegenden Einstellschrauben, nachdem man den Zierring der Scheinwerfer demontiert hat. Die Kreuzschlitzschraube rechts oben dient zur Höheneinstellung. Mit ihr bringt man die linksseitige Hell-Dunkel-Grenze des Abblendlichtes genau auf die waagrechte Linie, die man durch die beiden dicken Markierungskreuze gezogen hat. Wenn die Höhe stimmt, wird die Seitenrichtung mit der Kreuzschlitzschraube links unten eingestellt, bis der Abknickpunkt des Scheinwerferlichtes genau im jeweiligen Markierungskreuz liegt.

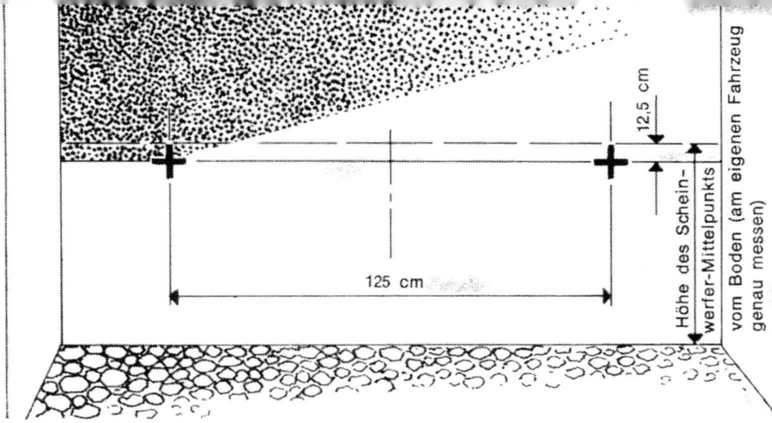

Vor der senkrechten Wand, auf der Sie diese Hilfslinien zum Einstellen der Scheinwerfer ziehen, sollten Sie 9 m ebener Fläche haben. Auf was bei der Herrichtung dieses Platzes zu achten ist, wird auf der nebenstehenden Seite ausführlich beschrieben.

Von Zeit zu Zeit fährt man in der Dunkelheit wieder einmal vor diese Kreuze an der Wand und prüft, ob die Scheinwerfereinstellung noch stimmt.
Wer eine solche Wand nicht zur Verfügung hat oder auf ihr nicht malen darf, kann sich auch so helfen: In der Werkstatt Scheinwerfer peinlich genau einstellen lassen. Bei der Einfahrt in die eigene Garage läßt man den Wagen mit eingeschaltetem Abblendlicht am Garagentor stehen und markiert sich die beiden Abknickpunkte auf der Garagenrückwand. Wenn das auf die wenigen Meter auch keine sehr genaue Kontrolle ist, eine gute Hilfe ist es doch. Übrigens: Nach dieser Einstellung der Scheinwerfer mit Hilfe des Abblendlichtes stimmt die Einstellung des Fernlichtes automatisch.

Lampenwechsel

Standlicht

Röhrenlampe 4 Watt; Sicherung Nr. 3
Die kleine unscheinbare Standlichtlampe brennt immer, wenn überhaupt ein Scheinwerferlicht eingeschaltet ist. So dient sie als Notbeleuchtung, wenn der Abblend- oder Fernlichtfaden einer Scheinwerferlampe ausgefallen ist und hilft vermeiden, daß ein entgegenkommender Verkehrsteilnehmer das Auto für ein Motorrad hält. Die kleine Röhrenlampe braucht nur 4 Watt, wird also nicht besonders strapaziert und hält dementsprechend lange.
Wenn sie aber doch einmal ersetzt werden muß, ist der Scheinwerfereinsatz wie zum Wechseln der Scheinwerferlampen auszubauen. Klemmring des Lampensockels etwas eindrücken, nach links drehen und Lampensockel herausnehmen. Die Standlichtlampe liegt unter der unteren Kontaktzunge. Mit Zeigefinger in den Reflektor greifen, auf die Standlichtlampe drücken und sie von außen etwas drehen, damit sie herausfällt. Beim Einsetzen der neuen Lampe darauf achten, daß die beiden Stifte am Lampensockel in die dafür vorgesehenen Kerben zu liegen kommen. Die Kontaktzunge muß nach Aufsetzen des Lampensockels und des Klemmringes gespannt auf dem Kontakt der Standlichtlampe aufliegen.

Vordere Blinkleuchten

Soffittenlampe 18 Watt; Sicherung Nr. 5
Die Abdeckgläser der vorderen Blinkleuchten sind mit je 2 Kreuzschlitzschrauben gehalten. Abdeckglas demontieren, Lampe herausnehmen und durch neue ersetzen, nachdem die Kontakte blank gerieben wurden. Lichtprobe vor dem Aufsetzen des Abdeckglases. Nur vorgeschriebene Lampe verwenden, da sonst Schaltrhythmus des Blinker-Relais gestört wird.
Muß der Lampenträger erneuert werden, sind dessen beide besonderen Kreuzschlitzschrauben abzuschrauben, die Kabelsteckverbindung im Motorraum abzuziehen und der Lampenträger mit Gummidichtung abzunehmen.

Die Heckleuchten, in denen Blink-, Rück- und Bremslicht kombiniert sind, werden vom Kofferraum her ausgebaut. Auf dem Bild wird gerade mit dem Daumen die seitliche Haltefeder des Lampenträgers eingedrückt und der Reflektor nach innen gezogen. Muß das Abdeckglas erneuert werden, sind zwei Muttern ebenfalls vom Kofferraum aus abzuschrauben und das Abdeckglas mit Rahmen und Gummidichtung nach außen abzuziehen.

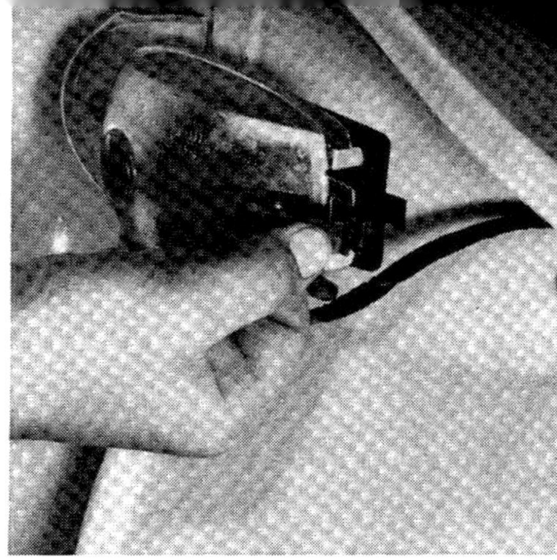

Heckleuchten

Spezial-Kugellampe 18/5 Watt; Sicherungen Nr. 2, 3, 4 und 5
Austausch der defekten Lampe erfolgt vom Kofferraum aus. Seitliche Haltefeder des Lampenträgers eindrücken und Reflektor mit der Lampe nach innen wegziehen. Beim Einsetzen der neuen Lampe muß auf die Arretierungsstifte im Lampensockel geachtet werden, die in der Höhe versetzt sind. Nach dem Einsetzen des Lampensockels Funktion der Lampe prüfen.

Nummernschild-beleuchtung

Röhrenlampe 4 Watt, wie für Standlicht; Sicherung Nr. 2
Die zwei Leuchten für das hintere polizeiliche Kennzeichen sind in der Stoßstange mit Halteklammern befestigt. Mit einem schmalen Schraubenzieher kann man den ganzen Lampeneinsatz aus der hinteren Stoßstange heraushebeln. Die Haltefedern des Gehäuses müssen nach außen gebogen werden, so daß der Lampenträger frei wird und die Lampe ersetzt werden kann.

Innenbeleuchtung

Röhrenlampe 4 Watt, wie für Standlicht; Sicherung Nr. 1
Die Deckenleuchte über dem Innenspiegel hat drei Schaltwege. In der unteren Stellung brennt die Innenleuchte ständig, der Kontakt zur Masse ist direkt hergestellt. In der oberen Stellung wird die Verbindung zur Masse über die beiden Türschalter hergestellt, die nur dann in Funktion treten, wenn eine der beiden Türen geöffnet wird. Die Innenbeleuchtung wird mit einem schmalen Schraubenzieher aus ihrer Halterung gedrückt und der ganze Einsatz herabgezogen. Vor dem Wiedereinbau alle Kontakte blank schaben.
Auch die Türschalter werden, wenn sie nicht funktionieren, mit einem schmalen Schraubenzieher aus ihrer Halterung gedrückt. Die Kontakte sind dann blank zu schaben und die federnden Teile etwas mit Graphit einzureiben.

Rückfahr-scheinwerfer

Kugellampe 18 Watt; Sicherung Nr. 5
Der Rückfahrscheinwerfer gehört zwar beim 12 M nicht zur serienmäßigen Grundausstattung. Da er aber zur pauschalen Sonderausstattung gehört, besprechen wir ihn an dieser Stelle. Wenn Sie Ihren 12 M nachträglich mit einem Rückfahrscheinwerfer ausrüsten wollen, empfiehlt es sich, den Einbau bei einer Werkstatt vornehmen zu lassen, denn zur Kupplung des Schalters mit dem Rückwärtsgang bedarf es einiger Erfahrung. Bewährte und preiswerte Rückfahrscheinwerfer zum nachträglichen Anbau gibt es von Hella und Bosch.
Theoretisch ist zum Auswechseln einer defekten Lampe im Rückfahrscheinwerfer nur von außen das glasartige Abdeckgehäuse anzudrücken und mit einer Linksdrehung abzuziehen. Eine Art Bajonettverschluß mit 3 Stiften hält dieses

Abdeckgehäuse. Praktisch sitzen diese Deckel jedoch so fest, daß man den ganzen Rückfahrscheinwerfer vom Kofferraum her durch Lösen der beiden Haltemuttern ausbauen und den Abdeckgummi des Lampensockels seitlich herausziehen muß, um das Abdeckgehäuse abschrauben zu können. Nach Auswechseln der Lampe werden Sie beim Aufsetzen des Abdeckgehäuses wahrscheinlich feststellen, daß es nicht wieder in den Verschluß einzurasten ist. Deshalb den Deckelrand des Abdeckgehäuses auf der nächsten Stein- oder Zementplatte etwas abschleifen; aber nicht zu viel, sonst hält der Bajonettverschluß nicht mehr. Beim Aufsetzen des Abdeckgehäuses darauf achten, daß die mit „TOP" bezeichnete Seite am eingebauten Rückfahrscheinwerfer nach oben zeigen muß.

Kontroll- und Instrumentenbeleuchtung

Röhrenlampen 2 Watt; Sicherung Nr. 3
Um eine der Kontrollampen oder Lampen der Instrumentenbeleuchtung ausbauen zu können, muß man sich mit dem Kopf hinter das Armaturenbrett bemühen. Dann sind die verschiedenen Hülsenfassungen der Lampen gut zu sehen. Man braucht sie nur nach hinten aus dem Armaturenbrett herauszuziehen, die defekte Lampe aus ihrer Halterung zu nehmen und ersetzen.

Lichtschalter aus- und einbauen

Planmäßiges Einkreisen eines Fehlers in der Beleuchtungsanlage kann unter Umständen ergeben, daß der Fehler im Lichtschalter liegen muß. Zuerst sollte man durch einen Blick hinter die Kulissen des Armaturenbrettes und mit der Hand feststellen, ob alle Steckkontakte auf der Rückseite des Lichtschalters auch wirklich fest sitzen.
Zeigt sich dabei, daß die Störung im Schalter selbst liegt, muß der Lichtschalter ausgebaut werden. Wie dies geschieht, ist als Beispiel für den Heizungsschalter auf Seite 64 beschrieben.

Zusatzscheinwerfer

An das „Elektrizitätswerk" Ihres Ford lassen sich vielfältigste Stromverbraucher zusätzlich anschließen. Vor dem Kauf beheizter Sitzkissen, Ventilatoren und dergleichen sollten Sie ermitteln, was diese Zusatzaggregate verbrauchen, denn Lichtmaschine und Batterie streiken sonst bald.
Als zusätzliche Leuchten kommen wohl in erster Linie Nebelscheinwerfer in Frage. Selbstverständlich werden immer zwei Nebelscheinwerfer angebaut, denn nur dann dürfen sie in Verbindung mit dem Standlicht brennen, was Strom spart. Kleiner als 140 mm Durchmesser sollte die Lichtaustrittsöffnung nicht sein, sonst ist die Lichtausbeute zu kümmerlich. Wir empfehlen den Anbau unter der Stoßstange, denn das Licht dringt bei dieser Anordnung unter dem zumeist nicht ganz aufliegenden Nebel besser durch. Achten Sie dann beim Kauf aber darauf, daß Sie Lampen für „hängenden Anbau" bekommen. Bosch und Hella liefern bewährte Zusatzlampen mit Einbauanleitungen. Von Hella gibt es auch spezielle Einbau-Schaltpläne.
Sehr eindrucksvoll sehen Lampenbatterien auf der Stoßstange aus, aber der praktische Wert von Halogen-Fernscheinwerfern am 12 M ist gering. Beim Abblenden glaubt man nämlich in einen finsteren Keller zu fahren. Viel sinnvoller ist die Ausgabe für neue Scheinwerferreflektoren und neue Biluxbirnen. Befestigung und Stellung zusätzlich montierter Scheinwerfer sind regelmäßig zu kontrollieren. Besonders nach Benutzen automatischer Waschanlagen kann die Einstellung solcher Scheinwerfer verändert sein, wodurch der Gegenverkehr geblendet wird.

Mitteilungen an die Umwelt

Mit den Signaleinrichtungen soll der Autofahrer seiner Umgebung etwas mitteilen – sie sollen Aufmerksamkeit wecken. Viele verstehen deshalb nur das Horn und die Lichthupe darunter. Wesentlich wichtiger sind aber die beiden anderen – Blinker und Bremsleuchten.

Blinkerschalter

Alle Signaleinrichtungen und der Abblendschalter hängen beim 12 M an einem einzigen Hebel links unterhalb des Lenkrades. Deshalb ist dieser vielseitige Schalter auf seiner Unterseite mit 9 Kabelanschlüssen ausgestattet, deren Bedeutung aus dem Schaltplan in der hinteren Buchklappe ersichtlich ist.
Bei einem Defekt in einer der Signaleinrichtungen, der sich nach Prüfung der Sicherungen 5, 6, 7 und 8 und des betreffenden Teiles nur im Blinkerschalter vermuten läßt, sollte zuerst der feste Sitz der Kabelanschlüsse geprüft werden. Dazu sind die beiden kleinen Kreuzschlitzschrauben an den Kabelschellen entlang des Lenksäulenrohres zu lösen und das Abdeckblech abzunehmen. Sind alle Steckkontakte überprüft, der Fehler damit jedoch nicht beseitigt, muß der kombinierte Schalter ausgebaut und ausgetauscht werden. Reparaturen der einzelnen Schaltungen sind in der Regel nicht möglich. Zum Ausbau mit Ring- oder Gabelschlüssel SW 9 die beiden Sechskantschrauben an der Grundplatte des Schalters lösen, Schalter abnehmen und Kabelstecker Stück um Stück auf den neuen Blinkschalter umstecken. Wenn Kabel zu kurz, notieren, welche Kabelfarbe zu welchem Kontakt gehört und entsprechend anschließen.
Hinweis: Wer den Blinker-Licht-Schalter ausbaut, muß auf den Sicherungsring achten, damit er nicht verlorengeht. Falls er sich übrigens lockert, kann z. B. das Abblendlicht ausfallen.

Horn

Wenn man den vielseitigen Blinkerschalter nach innen drückt, wird im Signalhorn ein Elektromagnet in Verbindung mit einem Unterbrecher in Schwingung gebracht. Diese Schwingungen werden auf die Membrane übertragen und strahlen als Ton aus. Ein eingebauter Kondensator dämpft die Funkenbildung zwischen den Unterbrecherkontakten, so daß diese geschont werden.
Das Signalhorn sitzt in Fahrtrichtung links an der Seitenwand im Motorraum. Es ist dadurch gegen Spritzwasser geschützt und gut zugänglich. Der Ausbau zum Austausch eines defekten Hornes ist kein Problem: Kabelstecker abziehen und Halteschrauben mit Ringschlüssel lösen. Da das Horn ab Sicherung Nr. 6 bei eingeschalteter Zündung dauernd unter Strom steht und nur der Masseschluß durch den kombinierten Schalter hergestellt wird, kann es vorkommen, daß das blau-rote Kabel zwischen Signalhorn und Blinkerschalter irgendwo

Bei krächzendem Signalhorn ist das Verstellen der Membranschwingung ein letzter Versuch. Dazu dient eine Kreuzschlitzschraube auf der Rückseite des Hornes, die durch einen großen roten Farbtupfer „plombiert" und zugleich arretiert wird (Pfeil). Innerhalb der Garantiezeit darf man diese Farb-Plombe nicht verletzen, sonst erlischt die Garantie. Das Verstellen des Tones — entweder in der dicht geschlossenen Garage oder auf freier Flur — muß mit Gefühl bei dauertönendem Horn erfolgen.

Verbindung zur Masse erhält und die Hupe dauertönt. Es genügt, rechts heranzufahren und die Zündung auszuschalten. Dann muß das Horn sofort verstummen. Da es beim Einschalten der Zündung aber wieder zu tönen beginnt, muß der eine Kabelstecker mit dem blau-roten Kabel am Signalhorn abgezogen und untersucht werden, wo er Kurzschluß zur Masse hat.

Wenn das Signalhorn durch Feuchtigkeit und daraus entstehenden Rost verstimmt klingt oder nur noch ein mühsames Krächzen hören läßt, ist es zumeist schon zu spät zu einer Reparatur: Es wird ausgetauscht. Man kann sonst nur versuchen, den Schwingungsbereich der Membrane zu verstellen. Wie dies geschieht, zeigt das Bild. Die Hupenmembrane kann man bei Motorwäsche vor Verrosten schützen, indem man die Hupe wasserdicht in Plastik einhüllt.

Lichthupe

Die Betätigung der Lichthupe ist praktisch der gleiche Schaltvorgang wie das Einschalten des Fernlichtes. Ein Unterschied besteht darin, daß der Fernlichtfaden über das Abblendrelais ohne Einschalten des Lichtschalters Strom erhält. Deshalb wird ein Fehler beim Schalten der Lichthupe, wenn er sich nicht gleichzeitig beim Einschalten des Fernlichtes bemerkbar macht, in der Regel in der zurückfedernden Stellung des Blinkerschalters zu suchen sein. Der Blinkerschalter ist dann, wie beschrieben, auszuwechseln. Funktionieren weder Lichthupe noch Fernlicht, sind die Sicherungen Nr. 4 und Nr. 8 sowie das Abblendrelais zu prüfen.

Blinkanlage

Die Blinkanlage besteht aus dem bereits beschriebenen Blinkerschalter, dem Blinkrelais, den beiden vorderen und hinteren Blinkleuchten und der Blinker-Kontrollampe im Kombi-Instrument des Armaturenbrettes. Die Blinkanlage ist an die Sicherung Nr. 5 angeschlossen. Von dort läuft der Strom über das Blinkrelais zum Blinkerschalter und wird von dort über die Blinkerlampen zur Masse geschaltet. Erst wenn durch Betätigung des Blinkerschalters der Stromkreis geschlossen wird, beginnt das Blinkrelais ein- und auszuschalten. Bei Störungen der Blinkanlage zuerst Kabel-Steckverbindungen auf festen Sitz überprüfen und im Bedarfsfall Kontakte blank schaben.

Blinkrelais

Das Blinkrelais (Blinkgeber) ist hinter der linken unteren Kante des Armaturenbrettes an die linke Seitenwand montiert. Sein Schaltrhythmus wird durch die

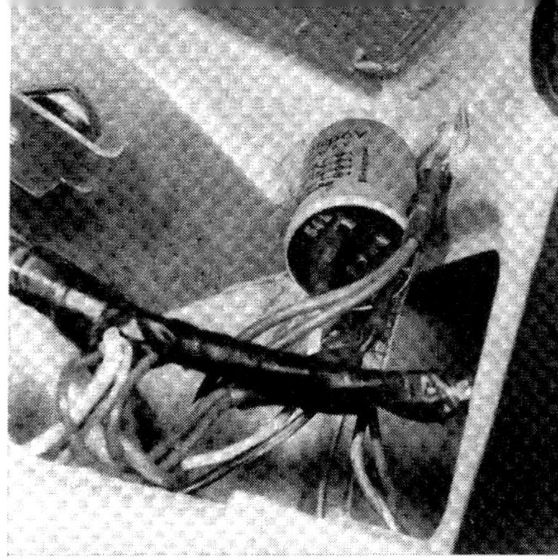

Um das Blinkrelais zu Gesicht zu bekommen, bedarf es einer Turnübung hinter die linke Kante des Armaturenbrettes. Dort sitzt es an der Spritzwand zum Motorraum. Eventuelle Störungen sind am Schaltrhythmus der Blinker-Kontrollampe im Armaturenbrett erkennbar.

Blinkerkontrollampe im Armaturenbrett angezeigt. Leuchtet beim Betätigen des Blinkerschalters die Kontrollampe nicht auf oder ist der Schaltrhythmus des Blinkrelais wesentlich schneller als üblich, so ist eine Blinkerlampe ausgefallen. Schaltet das Blinkrelais auf Dauerlicht, anstatt in gleichmäßigem Rhythmus an- und abzuschalten, ist das Relais defekt und muß ausgewechselt werden. Blinkgeber sind wegen des angewendeten Hitzdrahtprinzips leider etwas gegen Schüttelei empfindlich. Eine Reparatur ist nicht möglich. Zum Ausbau des Blinkrelais eine Kreuzschlitzschraube lösen und die Kabelstecker abziehen.

Blinkleuchten

Beim Austausch einer defekten Lampe der Blinkanlage ist darauf zu achten, daß eine gleichartige Lampe eingesetzt wird, da sonst der Schaltrhythmus des Blinkrelais gestört oder sogar geschädigt wird. Die hinteren Blinkleuchten sind mit den Schluß- und Bremsleuchten kombiniert, wobei Brems- und Blinklicht in der Zweifaden-Glühlampe den gleichen Glühfaden haben. Wird der Blinkerschalter am Lenkrad betätigt, so schaltet sich im Schalter der Stromkreis des jeweils eingeschalteten Bremslichtes ab, so daß das Bremslicht verlöscht und stattdessen durch das Blinkrelais rhythmisch ein- und ausgeschaltet wird. Diese kombinierten Brems-, Blinkleuchten können den nachfolgenden Verkehr erheblich irritieren, wenn der betreffende Autofahrer die Gewohnheit hat, seine Bremse „pumpend" zu betätigen, d. h. statt eines Dauer-Fußtrittes den Wagen durch mehrfaches Tippen auf das Bremspedal abzubremsen. Nachfolgende Verkehrsteilnehmer können dann nur raten, in welcher Richtung ihr Vordermann abbiegen will. Deshalb die Fußbremse zügig betätigen.

Warnblinkanlage

Ab 1. 1. 1973 ist die Warnblinkanlage auch für Altwagen obligatorisch. Die meisten der Warnlichtschalter, die man nachträglich kaufen kann, verfügen über ein zusätzliches Relais, nur die von Hella und Jokon werden an den Blinkgeber angeschlossen. Man unterscheidet außerdem Warnlichtschalter mit und ohne Automatik, letztere müssen bei Bedarf besonders eingeschaltet werden. Gebrauchstüchtig und preiswert sind die Geräte von Bosch und VDO und die von der Priesmuth KG unter dem Namen Pneutron hergestellten. Sie kosten zwischen 14 und 23 Mark, und wenn man sie sich einbauen läßt, hat man noch jeweils 21 Mark zu zahlen. Beigefügte Beschreibungen erleichtern jedoch auch den Selbsteinbau.

Elektrische Hilfsarbeiter

Geschlossen sind auf dem Armaturenbrett die Instrumente und Schalter versammelt, die Ihnen das Fahren und das Überwachen des Wagens erleichtern sollen. Dieser hätte gerne mehr davon, etwa einen Drehzahlmesser, diverse Thermometer und ähnliches. Jenem sind aber die vorhandenen Instrumente bereits zu viel, er versäumt, sie zu beobachten, und wundert sich, wenn er plötzlich mit leergefahrenem Tank stehen bleibt.

Kombi-Instrument

Das Kombi-Instrument enthält links oben die orangefarbene Blinker-Kontrolllampe, rechts oben die blaue Fernlichtkontrolle, links unten die rote Öldruck-Kontrollampe und rechts unten die grüne Ladekontrollampe. Als Zeiger-Instrumente befinden sich in der Mitte oben der Geschwindigkeitsmesser, Mitte links der Kraftstoffanzeiger und Mitte rechts das Kühlflüssigkeits-Thermometer. In der Mitte unten zählt der Kilometerzähler die zurückgelegten Entfernungen. Die Zeigerinstrumente werden durch zwei Lampen beleuchtet.
Muß eine defekte Lampe des Kombi-Instrumentes ausgewechselt werden – für alle Zwecke sind gleichartige Röhrenlämpchen mit 2 Watt Leistung vorgesehen – kann man die betreffende Lampenfassung nach hinten aus der Rückwandplatte des Kombi-Instrumentes herausziehen. Dazu muß man sich rücklings hinter das Armaturenbrett zu drehen suchen. Wem diese Turnübungen zu anstrengend sind, der kann das Kombi-Instrument auch nach dem Lenkrad hin aus dem Armaturenbrett ausbauen. Dazu sind die 4 Kreuzschlitzschrauben, die beidseitig oben und unten die schwarze Geräteblende halten, zu lösen und das Instrument oben vom Armaturenbrett wegzukippen. Dadurch wird die Rückseite sichtbar und defekte Lampen können ausgetauscht werden. Muß das Kombi-Instrument

Das Kombi-Instrument wird nur durch 4 Kreuzschlitz-Schrauben im Armaturenbrett gehalten Sein Ausbau ist also sehr einfach

völlig ausgebaut werden, sind die Kabelanschlüsse abzuziehen, alle Lampenfassungen aus der Rückwand zu ziehen und die biegsame Tachowelle durch Drehen der gerändelten Überwurfmutter im Gegen-Uhrzeigersinn abzunehmen. Zuletzt ist die Halteklammer des Kabelstranges hochzubiegen, der Kabelstrang zu lösen und das Instrument herauszunehmen. Der Einbau erfolgt sinngemäß umgekehrt.

Blinker-Kontrollampe

Sie leuchtet orange links oben im Kombi-Instrument, wenn der Blinkerschalter betätigt wird. Der Leuchtrhythmus muß für beide Fahrtrichtungen gleichmäßig sein, sonst liegt ein Defekt in der Lampenbestückung vor oder es wurde eine falsche Blinkerlampe mit abweichender Watt-Leistung eingesetzt. Die Blinker-Kontrollampe ist mit den beiden vorderen Blinkerleuchten kombiniert geschaltet. Beim Einschalten einer vorderen Blinkerleuchte erhält sie jeweils Masseschluß über die nichtgeschaltete vordere Blinkerleuchte. Leuchtet die Kontrollampe beim Betätigen des Blinkerschalters nicht auf, ist dies in der Regel ein Zeichen, daß die nichtgeschaltete vordere Blinkerleuchte defekt ist.

Fernlicht-Kontrolle

Das blaue Kabel zur Fernlichtkontrolle ist an den Fernlichtkontakt des linken Scheinwerfers angeschlossen. Eine Kontrolle, ob ein Fernlichtfaden ausgefallen ist, wird durch die Kontrollampe nicht gegeben. Sie registriert nur den Schaltvorgang auf Fernlicht. Masseschluß besteht über das Instrumentenbrett.

Öldruck-Kontrollicht

Um laufend überprüfen zu können, ob das Motoröl mit dem notwendigen Druck an alle Schmierstellen gefördert wird, ist vorne links am Motor ein Druckschalter angebaut, der durch ein blaugrünes Kabel mit der roten Kontroll-Lampe im Kombi-Instrument verbunden ist. Bei stehendem Motor oder einem Motoröldruck von weniger als 0,4 atü sind die Kontakte des Öldruckschalters geschlossen, so daß bei eingeschalteter Zündung die Öldruck-Kontroll-Lampe über Sicherung Nr. 4 Strom erhält und der Stromkreis über den Druckschalter zur Masse geschlossen ist. In diesem Falle brennt die Kontrollampe. Wenn bei laufendem Motor der Öldruck über 0,4 atü ansteigt, öffnen sich die Schalterkontakte und die rote Kontrollampe muß erlöschen.

Genau von unten sieht man auf diesem Bild auf den Öldruckschalter unterhalb der Kraftstoffpumpe an der linken vorderen Kante des Motorblocks. Das dicke Rohr, das an der unteren Kante des Bildes sichtbar ist, dient der Kurbelgehäuse-Entlüftung. Wie auf dem Bild erkennbar, läßt sich der Öldruckschalter nur von der Wagenunterseite her ausbauen.

Störungsbeistand
Öldruckanzeige

Die Störung	— ihre Ursache	— ihre Abhilfe
A Lampe leuchtet beim Einschalten der Zündung nicht auf	1 Steck-Kontakte locker?	Kabelsteckverbindungen überprüfen
	2 Sicherung Nr. 4 durchgebrannt?	Neue Sicherung einsetzen
	3 Kontroll-Lampe defekt?	Kontroll-Lampe austauschen
	4 Öldruckschalter defekt?	Öldruckschalter austauschen
B Lampe leuchtet während der Fahrt auf	1 Ölmangel?	Motoröl auffüllen
	2 Kurzschluß am blau-grünen Kabel zwischen Lampe und Öldruckschalter?	Kabel auf Scheuerstellen untersuchen. Anderes Kabel zwischenschalten.
	3 Ölkreislauf unterbrochen?	Zur Werkstatt abschleppen. Motor wird nicht mehr geschmiert.
	4 Öldruckschalter undicht?	Schalter auswechseln
C Lampe verlischt erst bei Vollgas	Öldruck zu niedrig? Ölpumpe schadhaft?	Zur nächsten Werkstatt. Untersuchen lassen.
D Lampe leuchtet bei heißem Motor im Leerlauf auf	Ansprechdruck des Öldruckschalters etwas zu hoch?	Heißes, dünnflüssiges Motoröl bringt weniger Druck als kaltes zähes Öl. Aufleuchten, wie beschrieben, kein Grund zur Sorge.

Ladekontrolle

Die grüne Ladekontrolle ist zwischen dem Zünd-Anlaß-Schalter und der Lichtmaschinenregler-Klemme D + angeschlossen. Bei eingeschalteter Zündung und stehendem Motor fließt der Strom von der Batterie über den Zündschalter, die Sicherung Nr. 4 und die Kontrollampe zur Reglerklemme D + und von dort über den Anker der Lichtmaschine zur Masse. Wenn der Motor angelassen wird und die abgegebene Spannung der Lichtmaschine bei zunehmenden Drehzahlen die Spannung der Batterie übersteigt, schließt der Rückstromschalter des Reglers, der Stromkreis wird für die Kontrollampe unterbrochen und die Lampe erlischt. Das Erlöschen der Ladekontrollampe zeigt an, daß die Lichtmaschine Spannung abgibt und der Regler funktioniert. Störungen der Lichtmaschine und des Reglers, die an der Ladekontrolle erkennbar sind, siehe Störungsbeistand Seite 79.

Tachometer

Das Tachometer besteht aus dem Geschwindigkeitsmesser und dem Kilometerzähler. Zwar wird es nicht elektrisch betrieben, doch beruht die Wirkung des Geschwindigkeitsmessers auf einem ringförmigen Magneten, der durch die biegsame Antriebswelle Wirbelströme erzeugt, die ihrerseits wieder eine darüber gestülpte Metallglocke mit sich zu ziehen versuchen. An dieser Metallglocke ist der Zeiger befestigt, der auf der Skala die jeweilige Geschindigkeit anzeigt. Wie man die Meßgenauigkeit des Tachometers überprüft, wurde auf den Seiten 18 und 19 beschrieben.

Der Antrieb des Tachometers erfolgt von einer Antriebs-Schnecke am Getriebegehäuse über eine biegsame Welle zum Tachometer. Das Tachometer wird als Dokument gewertet. Es darf also nicht abgehängt werden, damit der Kilometerzähler weniger Kilometer registriert, als das Fahrzeug in Wirklichkeit gefahren

Das dicke Kabel, auf welches der weiße Pfeil zeigt, ist die Tachowelle, die von der hinteren Spritzwand durch den Motorraum zum Getriebegehäuse läuft.

ist. Eine zitternde Tachometernadel während der Fahrt weist darauf hin, daß Antriebsschnecke oder Antriebsritzel stark verschlissen sind. Aber auch ein scharfer Knick der biegsamen Welle kann eventuell schuld an der zitternden Tachometernadel sein. Deshalb sollte man in diesem Falle auch einen Blick auf die Tachometerwelle werfen, die sich als dickes schwarzes „Kabel" im Bogen durch den hinteren Teil des Motorraumes zieht. Sie kommt unten vor der Querblattfeder aus dem Getriebegehäuse und geht direkt über dem Sicherungskasten durch die hintere Spritzwand des Motorraumes zum Kombi-Instrument.
Wenn außer der Tachometernadel auch der Kilometerzähler ausfällt, liegt die Ursache in der Regel ebenfalls an der biegsamen Welle, dem Antriebsritzel oder der Antriebsschnecke.

Antriebswelle austauschen

Muß die biegsame Tachowelle ausgetauscht werden, ist zuerst die gerändelte Überwurfmutter, mit der die Welle am Tachometer befestigt ist, zu lösen. Dann Gummidichtung abdrücken, mit der die Welle durch die Spritzwand geführt ist. Oberes Ende der biegsamen Welle in den Motorraum ziehen. Halteschraube der Tachowelle am Getriebegehäuse lösen und Welle mit Antriebsschnecke herausziehen. Ein Verdrehen der beiden Wellen-Enden gegeneinander zeigt, ob die Welle in sich gebrochen ist. Der Einbau der Welle erfolgt sinngemäß umgekehrt.

Tachometer aus- und einbauen

Zeigt die Tachometernadel auf eine unglaubwürdige Geschwindigkeitsangabe oder gar nichts an, rechnet jedoch der Kilometerzähler weiter, ist der Fehler im Tachometer selbst zu suchen. Wie auf Seite 109 beschrieben, wird zuerst das gesamte Kombi-Instrument aus dem Armaturenbrett montiert. Dann 4 Schrauben der Rückwandbefestigung herausschrauben, das Tachometer ist mit der Rückwandplatte verbunden. Dementsprechend sind von der Rückseite der Rückwandplatte her ober- und unterhalb des Tachowellenanschlusses je eine Schlitzschraube und von der Vorderseite der Rückwandplatte her oben ebenfalls eine Schraube zu lösen. Das Tachometer kann daraufhin abgenommen werden.
Das Tachometer kann auch in einer Ford-Vertretung nicht repariert werden. Es hat deshalb keinen Sinn, das Tachometer auseinander zu nehmen. Der Einbau des Austausch-Tachometers erfolgt sinngemäß umgekehrt. Dabei ist auf die richtige Montage der verschiedenen Gummiunterlagen und Gummischeiben zu achten.

Kraftstoff-Anzeige

Der Tank des 12 M faßt 38 Liter Kraftstoff. Je nach der Füllung des Tanks soll der Zeiger im Kombi-Instrument zwischen der vollen Füllung rechts und dem linken roten Feld für die Kraftstoffreserve anzeigen. Wenn der Zeiger das rote Feld erreicht, sollen noch etwa 3 Liter im Tank sein, die für etwa 30 Kilometer Fahrstrecke zur nächsten Tankstelle ausreichen würden. Erfahrungsgemäß zeigen diese Kraftstoffanzeiger nur selten genau an, da der Geber der Kraftstoffanzeige in der Regel nicht so genau eingebaut ist (siehe auch Seite 53). Es ist deshalb zweckmäßig, einmal nachzuprüfen, wieviel Liter Benzin tatsächlich noch im Tank sind, wenn der Zeiger das rote Feld erreicht.

Reservemenge ermitteln

In eine verschraubbare Ölflasche genau 1 Liter Kraftstoff abfüllen lassen. Reservekanister für alle Fälle mitnehmen und Tank völlig leer fahren bis der Wagen stehen bleibt. Kilometerstand notieren, genau 1 Liter Kraftstoff in den Tank füllen und zur nächsten Tankstelle fahren. Dort solange bei eingeschalteter Zündung – zur Beobachtung des Zeigers! –, aber bei stehendem Motor langsam Kraftstoff auffüllen lassen, bis der Zeiger das rote Feld nicht mehr berührt. Die getankte Menge plus 1 Liter dürfte die tatsächliche Reservemenge sein. Zur Gegenkontrolle nun Tank wieder völlig leer fahren und neuen Kilometerstand notieren. Die mit der Reservemenge gefahrene Entfernung müßte nach der auf Seite 16 beschriebenen Verbrauchsmessung der ermittelten Reservemenge entsprechen. Wenn berechnete Reservemenge der gefahrenen Entfernung entspricht, sollte man sich diese Zahlen gut merken, um in Zukunft zu wissen, wie weit man noch, ohne nachtanken zu müssen, kommt. Wenn die Vergleichswerte dagegen nicht übereinstimmen, war ein Fehler in der Rechnung. Das Ganze nochmal, bis es stimmt.

Funktion der Kraftstoffanzeige

Im Geber der Kraftstoffanzeige befindet sich ein elektrischer Widerstand, über dessen Wicklungen ein mit dem Schwimmer des Gebers verbundener Schleifkontakt läuft. Am anderen Ende der Kraftstoffanzeige sitzt ein elektrisch aufgeheiztes Bi-Metall-Thermogerät. Wenn der Tank leer ist, schaltet der Schwimmer und mit ihm der Schleifkontakt den ganzen Widerstand des Gebers ein: Es kann nur wenig Strom durch die Anlage fließen, das Bi-Metall wird nicht oder nur wenig aufgeheizt, so daß der Zeiger keinen oder nur einen geringen Ausschlag hat. Je mehr der Tank gefüllt ist, um so kleiner hält der höher stehende Schwimmer den eingeschalteten Widerstand. Dadurch kann mehr Strom durch die Anlage fließen, das Bi-Metall wird stärker aufgeheizt und gibt dementsprechend dem Zeiger einen stärkeren Ausschlag. Da zum Aufheizen des Bi-Metalles etwas Zeit notwendig ist, bringt der im Tank schwappende Kraftstoff den Zeiger nicht zum ständigen Hin- und Herpendeln.

Gleichmäßiger Strom notwendig

Die Kraftstoffanzeige würde sehr unregelmäßig, wenn heute mehr und morgen weniger Strom von der Batterie oder der Lichtmaschine zur Verfügung stünde. Um eine gleichmäßige Anzeige zu gewährleisten, muß also der Strom unabhängig vom Ladezustand der Batterie sein. Aus diesem Grund ist hinten in der Mitte des Kombi-Instrumentes ein Stromregler eingebaut, der für die Kraftstoff-Anzeige und die Kühlwasser-Temperatur-Anzeige stets einen gleichbleibenden Strom sicherstellt.

Bei eingeschalteter Zündung erhält dieser Regler von der Sicherung Nr. 4 Strom, den sie einerseits über die Kraftstoffanzeige und andererseits über die Temperatur-Anzeige und über die jeweiligen Geber zur Masse weiterleitet. Der

Die Kraftstoffleitung und der Geber der Kraftstoff-Anzeige sind zusammen an der Vorderwand des Tanks eingebaut, wie hier von der Wagenunterseite her zu sehen ist. Falsche Kraftstoff-Anzeige kann auch in schlechtem Massekontakt zwischen Geberplatte und Tankwand ihre Ursache haben. Ausbauen und Berührungsflächen blank schaben.

Regler gibt selbst außerdem direkt Strom über Heizwindungen zur Masse ab. Wird das Bi-Metall des Reglers warm, so öffnet dies einen Kontakt, so daß der Stromfluß unterbrochen wird, bis sich das Bi-Metall wieder abgekühlt hat. Je höher die Batteriespannung liegt, um so schneller folgt dieser Vorgang nacheinander. Das bewirkt eine gleichmäßige Stromabgabe an die Instrumente.

Prüfung auf einwandfreie Funktion

Die einwandfreie Funktion der Kraftstoff-Anzeige und des Reglers im Kombi-Instrument muß zusammen mit der Überprüfung der Temperatur-Anzeige erfolgen, da der Regler für beide Kontrollinstrumente gemeinsam arbeitet. Diese Funktionsprüfung ist dementsprechend auf der nebenstehenden Seite beschrieben.

Aus- und Einbau des Gebers für Kraftstoff-Anzeige

Die Kraftstoff-Saugleitung und der Geber der Kraftstoffanzeige sind in einem gemeinsamen Bauteil kombiniert, das mit einem Haltering in der nach vorne zeigenden Wand des Tankes befestigt ist. Zum Ausbau ist der Kraftstofftank zu entleeren – Ablaß-Schraube mit Schraubenschlüssel SW 19 öffnen – und die Tankwand um den Haltering von Schmutz sorgfältig zu reinigen. Kraftstoffleitung und Kabel zum Geber abziehen. Haltering im Gegenuhrzeigersinn drehen und abnehmen. Geber aus dem Tank ziehen. Zum Einbau neue Dichtung benutzen und Haltering genau im Uhrzeigersinn festdrehen.

Aus- und Einbau der Kraftstoff-Anzeige

Kombi-Instrument, wie auf Seite 109 beschrieben, ausbauen und Rückwandplatte abmontieren. Die zwei Muttern der Anzeigegerätbefestigung abschrauben, Isolierstreifen von den Gewindebolzen abziehen und Anzeigegerät abnehmen. Das Anzeigegerät kann nicht repariert werden, sondern ist komplett auszutauschen. Der Einbau erfolgt sinngemäß umgekehrt.

Kühlwasser-Temperatur-Anzeige

Ähnlich wie die Kraftstoff-Anzeige arbeitet auch die Temperatur-Anzeige für die Kühlflüssigkeit. Das eigentliche Anzeige-Instrument entspricht genau demjenigen der Kraftstoff-Anzeige, d. h. je mehr Heizstrom durch dessen Bi-Metall-„Schalter" fließt, um so weiter zeigt der Zeiger nach rechts. Im Geber der Temperaturanzeige, der direkt unterhalb des Thermostates im Motorblock vorne oben eingebaut ist, befindet sich ein temperaturabhängiges Material, das bei kalter Kühlflüssigkeit einen hohen Widerstand hat, der bei zunehmender Erwärmung jedoch abnimmt. Die Schaltung ist wie bei der Kraftstoffanzeige.

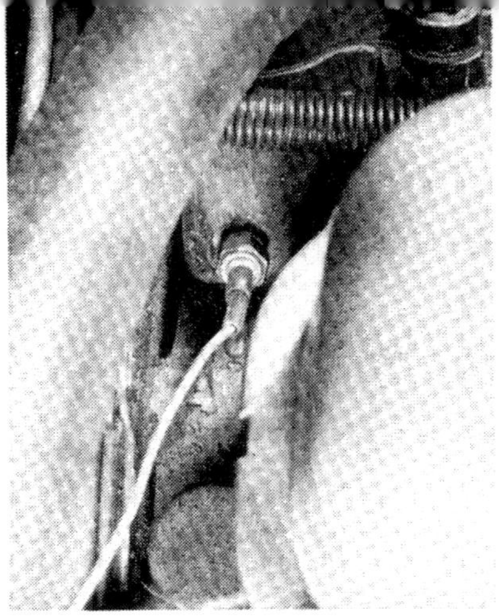

Das Kühlflüssigkeits-Thermometer ist direkt unter dem Thermostat in die linke Seite des Motorblocks vorne oben eingebaut. Das Temperatur-Anzeigegerät im Armaturenbrett wird also nicht vom Thermoschalter gesteuert, der vor der Spritzwand am Kühlwasserkasten sitzt und den Gebläsemotor automatisch ein- und auszuschalten hat. Dieses Thermometer zeigt also die Temperatur der Kühlflüssigkeit an, die gerade den Motorblock durchlaufen hat und je nach Wärme zum rückwärtigen Kühlwasserkasten oder zum Frontkühler fließt.

Aus- und Einbau der Temperatur-Anzeige

Das Anzeigegerät wird genau wie das Anzeigegerät der Kraftstoffanzeige – siehe linke Seite – aus- und eingebaut. Wird im Geber der Temperatur-Anzeige ein Fehler festgestellt, muß ein Teil der Kühlflüssigkeit abgelassen werden. Dann Kabelstecker am Geber abziehen und diesen mit Steckschlüssel SW 13 herausdrehen. Der Einbau erfolgt sinngemäß umgekehrt. Es darf beim Einbau keine Dichtungsmasse verwendet werden.

Störungsbeistand

Kraftstoff- und Temperatur-Anzeige

Die Kraftstoffanzeige und die Temperatur-Anzeige sind ein miteinander verbundenes elektrisches System. Deshalb erfordert die Fehlersuche logisches Nachdenken, bevor man das ganze System in alle Einzelteile zerlegt und doch nichts gefunden hat.

Fehlerquellen können sein:

- Sicherung Nr. 4
- Kabelsteckverbindungen
- Kraftstoff-Anzeige
- Geber für Kraftstoff-Anzeige
- Instrumentenregler
- alle Kabelverbindungen
- Temperatur-Anzeige
- Geber für Temperatur-Anzeige

Wenn beide Zeiger nicht anzeigen

Arbeiten beide Meß-Systeme nicht oder falsch, so sind die Sicherung Nr. 4, die Kabelverbindungen oder der Instrumentenregler defekt. Es ist aber auch möglich, daß der Regler nicht richtig an Masse angeschlossen ist. Demnach Sicherung und alle Kabelsteckverbindungen vom Zündanlaß-Schalter bis zum Regler hinter dem Kombi-Instrument überprüfen. Wenn Fehler dabei nicht feststellbar, Regler prüfen lassen und notfalls auswechseln.

Wenn ein Zeiger nicht anzeigt

Wenn der Zeiger der Kraftstoff-Anzeige nicht anzeigt, obgleich der Tank ganz oder teilweise gefüllt ist – nachprüfen, ob auch tatsächlich Kraftstoff im Tank schwappt! – oder der Zeiger der Temperatur-Anzeige nicht anzeigt, obgleich die Kühlflüssigkeit spürbar warm oder heiß ist, müssen zuerst die Kabelsteckverbindungen zwischen Instrumentenregler, Anzeigegerät und Geber überprüft werden. Läßt sich der Fehler dadurch nicht beseitigen, müssen die 4 Halteschrauben des Kombi-Instrumentes vom Fahrersitz her gelöst werden; das Kombi-Instrument ist oben vom Armaturenbrett wegzukippen, ohne die Kabelverbindungen abzuziehen. Dann sind die Kabelstecker, die an den beiden Anzeige-Geräten zu den jeweiligen Gebern führen, auszutauschen, so daß also der Zeiger der Temperatur-Anzeige auf die Tankfüllung und der Zeiger der

Kraftstoff-Anzeige auf die Temperatur reagiert. Beim Einschalten der Zündung kann man erkennen, ob das gleiche Anzeige-Gerät nicht ausschlägt (dann ist dieses defekt) oder ob nun das andere nicht ausschlägt (defekter Geber). Das betreffende Teil wird ausgewechselt.

Falsche Temperatur-Anzeige

Falls der Zeiger der Temperatur-Anzeige offensichtlich falsch anzeigt, beispielsweise das rote Feld erreicht, bevor das Kühlgebläse einschaltet und die Kühlflüssigkeit kocht, ist zur Prüfung auch zuerst das Kabel am Anzeigegerät mit dem Anschluß am Anzeigegerät der Kraftstoff-Anzeige zu verbinden und festzustellen, ob der Zeiger dieses Anzeigegerätes auf der gleichen Stelle steht. Steht der Zeiger in einer anderen Stellung, ist das Anzeigegerät defekt und auszutauschen. Bleibt der Zeiger auf der gleichen Stelle stehen, kann es am Regler liegen – dann muß auch die Kraftstoffanzeige falsch reagieren – oder es liegt am Geber der Temperatur-Anzeige. Zur genaueren Nachprüfung kann man ein Thermometer – beispielsweise von einem Einkochapparat, das bis über 100 ° C reicht – in die Einfüllöffnung des Kühlflüssigkeitskastens stecken und den Motor warmlaufen lassen. Vorher Stromkabel am Thermoschalter des Gebläsemotors abziehen, damit Siedetemperatur erreicht wird. Beim Laufen des Motors in mittlerer Drehzahl ist die Temperatur-Anzeige zu beobachten und mit der am Thermometer gemessenen Temperatur zu vergleichen. Kühlflüssigkeit nicht bis zum Kochen – etwa 110 ° C – bringen. Bei leichtem Siedebeginn muß das rote Feld erreicht werden, wesentlich früheres oder späteres Erreichen des Feldes ist falsch.

Falsche Kraftstoff-Anzeige

Wie bereits erwähnt, ist die Kraftstoff-Anzeige nicht sehr genau zu „eichen". Man sollte lediglich feststellen, ob der Zeiger den vollen und leeren Tank jeweils wirklich genau anzeigt. Tut er dies nicht, ist mit Hilfe des bereits beschriebenen Kabeltausches zum Temperatur-Anzeiger zu prüfen, ob der Fehler im Anzeigegerät oder Geber steckt. Zeigt der Temperatur-Zeiger ebenfalls die Tankfüllung falsch an, liegt die Ursache am Geber im Tank. Bevor dieser ausgebaut und ausgetauscht wird, ist zu prüfen, ob die nach vorne zeigende Wand des Kraftstofftanks, in die der Geber zusammen mit der Kraftstoffleitung eingebaut ist, nicht verzogen oder verbogen ist. Durch eine verbogene Tankwand kann der Geber schief stehen und dementsprechend eine falsche Kraftstoffanzeige verursachen. Andernfalls defekten Geber ausbauen und den Schwimmer etwas nach unten biegen, wenn zu wenig angezeigt wird, oder den Schwimmer entsprechend nach oben biegen, wenn der Zeiger bei völlig leerem Tank noch nicht ganz links steht. Siehe auch Zeichnung im Kapitel Kraftstoffanlage auf Seite 54.

Scheibenwischer

Der Scheibenwischermotor arbeitet, wenn der Scheibenwischerschalter links unten neben dem Kombi-Instrument gezogen ist, im Prinzip genauso wie der Anlassermotor. Am vorderen Ende der Ankerwelle befindet sich ein Schneckenantrieb, der die schnelle Drehung des Ankers entsprechend langsam auf den Zahnradantrieb überträgt, der seinerseits durch seinen Kurbelhebel das Scheibenwischergestänge bewegt. Damit die Scheibenwischer in Ruhestellung nicht im Blickfeld des Fahrers stehen bleiben, ist ein Ruhestellungsschalter zwischengeschaltet, der den Motor erst in der Endstellung unabhängig vom Handschalter abschaltet. Der Motor verbraucht bei nasser Scheibe, also leichtgängigen Wischblättern, 25–30 Watt, bei schmutziger oder trockener Scheibe mehr.

Die Fehlersuche ist am Wischersystem nicht schwierig und die Fehlerursache schnell ermittelt. Setzen sich beim Betätigen des Scheibenwischerschalters die Scheibenwischer nicht in Bewegung, so ist der Reihe nach zu prüfen:

- Summt der Wischermotor? Dann ist der Kurbelhebel auf dem Antrieb des Wischermotors locker.
- Läuft der Motor nicht? Zuerst Kabelsteckverbindungen überprüfen zwischen Schalter und Wischermotor. Wenn ohne Erfolg, dann Kabelstecker am Wischerschalter abziehen und schwarz-rotes Kabel mit rotem Kabel zum Wischermotor kurzschließen. Springt der Motor an, liegt der Defekt am Schalter, sonst Wischermotor beschädigt.

Ausbau des Scheibenwischerschalters

Schalterknopf abdrehen und Befestigungsmutter lösen. Für diese Befestigungsmutter ist an sich ein Spezialschlüssel notwendig, mit zwei nebeneinander angesetzten kleinen Schraubenziehern läßt sie sich in der Regel jedoch auch lösen. Dann Scheibenwischerschalter unter dem Armaturenbrett herausziehen und Kabelsteckverbindungen abnehmen.

Ausbau des Scheibenwischermotors

Dreipoligen Stecker am Wischermotor abziehen, Halteklammer vom Bolzen des Kurbelhebels abziehen, Zwischenlagscheibe abnehmen, Scheibenwischergestänge vom Kurbelhebel abdrücken. Anschließend 4 Befestigungsmuttern des Motorhalters abschrauben und Halter mit Motor abnehmen. Dann Mutter der Kurbelhebelwelle abschrauben bzw. festziehen, wenn es sich bei der Fehlersuche zeigte, daß sie lose ist und das Wischergestänge von dem laufenden Motor nicht angetrieben wurde. Zur weiteren Demontage Kurbelhebel abziehen und 3 Halteschrauben des Motors vom Motorhalter abschrauben. Ein weiteres Zerlegen des Wischermotors ist nicht zweckmäßig, deshalb defekten Motor komplett austauschen. Beim Zusammenbau darauf achten, daß zwischen Motor und Motorhalter unter die 3 Halteschrauben jeweils Gummiunterlagen kommen.

Ausbau des Wischergestänges

Wenn das Wischergestänge verbogen wurde und auszutauschen ist, muß dieses zuerst, wie oben beschrieben, vom Kurbelhebel des Wischermotors gelöst werden. Dann Scheibenwischerarme nach Beidrücken der Haltefeder von der Welle abziehen, Schraubringe von außen an den Wellen abschrauben und Distanzstücke abnehmen. Unter dem Armaturenbrett 2 Halteschrauben am Flansch jeder Wellenlagerung herausschrauben und Wischerarmwellen mit Gestänge nach unten herausziehen. Der Einbau erfolgt sinngemäß umgekehrt.

Fingerzeige: *Festgefrorene Wischerblätter vor dem Einschalten von der Windschutzscheibe einmal abheben. Werden die Wischerarme in ihrer Bewegung zu stark gehemmt oder außerhalb der Ruhestellung festgehalten – durch Schnee, Eis oder Schmutz –, dann würde die Ankerwicklung des Wischermotors durchbrennen. Dagegen schützt der eingebaute Stromkreisunterbrecher.*

Wischerblätter regelmäßig reinigen, da sich an ihnen krustige Rückstände absetzen. Dazu mittelharte Bürste und Wasser verwenden, eventuell auch Spiritus, jedoch kein Benzin und kein Öl; auch scharfe Seife ist nicht gut.

Wischerblätter wenigstens einmal im Jahre erneuern, möglichst im Herbst. Die Sommersonne macht den Gummi porös, und bei Nachtfahrten im regnerischen Herbst ist eine schlecht gewischte Windschutzscheibe gefährlich.

Bei trockener Reibung und fast leerer Batterie können die Scheibenwischer außerhalb der vorgeschriebenen Ruhestellung stehen bleiben. Dann steht die Ankerwicklung durch den nichtausschaltenden Ruheschalter dauernd unter Strom; Schaden am Motor möglich! Abhilfe: Mit Scheibenwascher „schmieren", damit Wischer in Ruhestellung laufen, oder Wischerarme abheben.

Gewichtige Rundungen

In der spärlich gehaltenen Bedienungsanleitung zu diesem Ford 12 M findet man keine Angabe über die richtige Reifengröße für Ihr Fahrzeug. Man nimmt offenbar an, daß z. B. der Tankwart eines Tages darauf aufmerksam macht, dieser und jener Reifen sei abgefahren, ob er einen neuen montieren solle. Sie wollen es aber genauer wissen.

Was bedeutet die Reifengröße?

Dazu muß man entweder einen Blick in den Kraftfahrzeugschein werfen oder man beugt sich zu einem der vier Räder herunter. Neben dem Markennamen ist auf dem Reifen die Zahlenfolge 5.60–13 zu finden. Auf dem Reifen eines 12-M-Kombi- oder Kastenwagens muß 5.90–13 zu lesen sein. Mit der Reifengröße ist die Breite des Reifens und der Durchmesser der Felge festgelegt. Nach einer international gültigen Regel mißt man die Reifengröße in englischen Zoll, für die als Kurzzeichen Gänsefüßchen (") stehen. 1 Zoll entspricht 25,4 mm. Der Reifen 5.60 – 13 ist also, wie auch die Zeichnung erläutert, 5.60" (= 142,2 mm) breit und die Felge hat am Wulst einen Durchmesser von 13" (= 330,2 mm). Der Reifen 5.90 – 13 hat den gleichen Innendurchmesser, ist aber etwas dicker, nämlich insgesamt 149,8 mm breit und ist auch im Umfang etwas größer. Dadurch kann er schwerere Lasten tragen.

Reifen sind genormt

Alle anderen Abmessungen und die Belastbarkeit bei jeweils gleichem Luftdruck sind genormt, so daß alle Reifen mit dieser Größenangabe in dieser Beziehung völlig gleich sind. Lediglich von der französischen Auto-Industrie

Die in diese Zeichnung eingefügten Daten verdeutlichen die Bedeutung der Bezeichnung 5.60 — 13 für den Reifen und 4 J × 13 für die Felge.

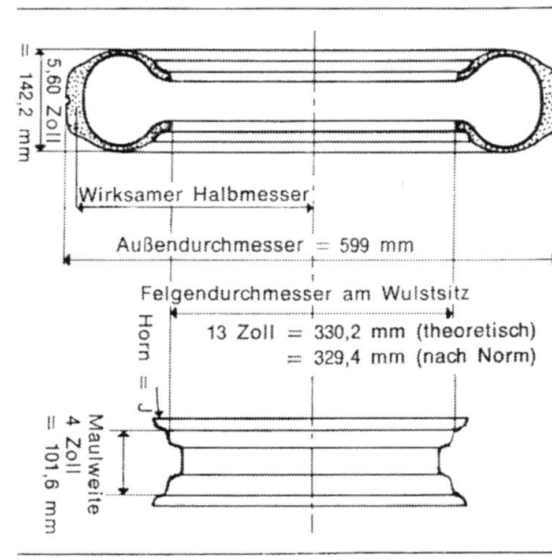

ausgehend, gibt es noch ein anderes Reifen-Maß-System, das in Millimetern oder gemischt in Millimetern und Zoll rechnet. So könnte man also auch auf einem Reifen stattdessen 145 – 330 oder 145 – 13 lesen, und tatsächlich läßt sich solch ein Reifen ohne weiteres auf die Felge des 12 M montieren. Man sollte es aber trotzdem nicht tun, denn ein Reifen dieser Größe hat nach der für ihn gültigen Norm einen anderen, in diesem Falle geringeren Gesamtdurchmesser, so daß unter anderem die Tachometerangabe nicht mehr stimmen würde.
Die Maßangaben für die einzelnen Reifengrößen kann man übrigens nicht mit dem Zentimetermaß oder Zirkel am Reifen selbst nachmessen, denn die jeweils zuständigen Norm-Blätter geben etwas andere Maße an, die aber für alle Reifen der gleichen Größe identisch sind. Die „Falschangaben" haben in den zahllosen Reifenkonstruktionen der zurückliegenden Jahre ihre Ursache. Man mußte oftmals etwas abweichende Größenangaben festlegen, damit die betreffenden Reifen nicht mit anderen Reifen völlig anderer Konstruktion verwechselt werden konnten.

Reifentragfähigkeit

Größe 5.60 – 13	Größe 5.90 – 13
250 kg bei 1,2 atü	280 kg bei 1,2 atü
280 kg bei 1,4 atü	315 kg bei 1,4 atü
330 kg bei 1,7 atü	370 kg bei 1,7 atü

Wer nun in seinem Kraftfahrzeugschein nachschaut, wie sich die höchste zulässige Achslast jeweils auf die Vorder- und die Hinterachse verteilt, kann sich erklären, weshalb je nach Belastung des Fahrzeuges ein bestimmter Luftdruck empfohlen wird.
Weitere wichtige Abmessungen für die Reifen 5.60 – 13 und 5.90 – 13 sind aus den Angaben der Reifenhandbücher ersichtlich.

	5.60 – 13	5.90 – 13
Gesamtdurchmesser	600 mm	613 mm
Echte Breite	145 mm	150 mm
Statischer Halbmesser	280 mm	285 mm
Dynamischer Halbmesser	285 mm	290 mm

Der Gesamtdurchmesser wird am liegenden und aufgepumpten Reifen gemessen. Der statische Halbmesser ist jedoch geringer als die Hälfte des Gesamtdurchmessers. Dieser statisch wirksame Halbmesser wird nämlich am stillstehenden Fahrzeug bei Höchstbelastung und entsprechendem Luftdruck von der Felgenmitte aus zum Boden gemessen. Da sich bei Belastung der Reifen eindrückt, muß der statische Halbmesser kleiner sein. Wieder etwas größer ist der dynamische Halbmesser, denn er wird bei 60 km/h Geschwindigkeit aus der zurückgelegten Wegstrecke zurückgerechnet. Bei dieser Geschwindigkeit wölbt sich der Reifen wieder etwas auf, aber noch nicht zu seinem vollen Gesamtdurchmesser, so daß auch der dynamisch wirksame Halbmesser bei 60 km/h kleiner als die Hälfte des Gesamtdurchmessers sein muß. Bei höheren Geschwindigkeiten wächst er entsprechend. Dieser dynamisch wirksame Halbmesser ist die Grundlage der Tachoeichung.

Felgen-Abmessungen

Die Felge des Ford 12 M hat die Größe 4 J × 13. Auch der Fiat 1300/1500 hat diese Felgengröße. Trotzdem kann man eine Fiat-Felge nicht am Ford 12 M montieren, weil die Felgengrößen nur in den für die Reifengrößen wichtigen Abmessungen genormt sind, aber nicht in der Art der Felgenbefestigung, der Zahl der Radmuttern usw. Andererseits kann die Felge aber auch nicht mit einer Reifengröße bezeichnet werden, denn innerhalb gewisser Grenzen lassen sich auf die einzelnen Felgengrößen unterschiedlich breite Reifen montieren. Die Größenbezeichnung 4 J × 13 bedeutet:

4 = 4 Zoll Felgenmaulweite
J = Formung des Felgenhornes nach Normvorschrift J
× = Zeichen für Tiefbettfelge
13 = 13 Zoll Felgendurchmesser von Wulst zu Wulst

Gepflegte Luft

Man soll den von Ford vorgeschriebenen Luftdruck möglichst genau einhalten. Natürlich wäre es übertrieben, bei jeder wechselnden Belastung des Fahrzeuges und nach jedem Aus- und Einsteigen von Fahrgästen den Luftdruck entsprechend regulieren zu lassen, sondern der Luftdruck soll so gewählt werden, wie er der hauptsächlichen Beanspruchung des Fahrzeuges entspricht. Wer also zumeist allein unterwegs ist, bleibt beim 12 M bei 1,5 atü vorne und 1,3 atü hinten, auch wenn für etliche Kilometer der Wagen vollbesetzt ist.
Aber vor der langen Urlaubsreise mit vollbeladenem Wagen soll der Luftdruck auf 1,6 atü vorne und 1,7 atü hinten erhöht werden (entsprechende Werte für 12 M/TS und Kombi: siehe Tabelle Seite 38). Dabei ist es für die Lebensdauer der Reifen wesentlich günstiger, wenn bei oft wechselnder Belastung der höhere Luftdruck gewählt wird. Mit niedrigem Luftdruck fährt man zwar sanfter, aber es kostet nicht nur schnelleren Reifenverschleiß, sondern auch mehr Benzin (größerer „Rollwiderstand").

Reifendruck messen

Das soll immer beim kalten Reifen geschehen. Da der Druck schon nach wenigen km zügiger Fahrt um 0,2 oder sogar 0,4 atü ansteigt, wäre es falsch, beim nächsten Halt an einer Tankstelle den Luftdruck entsprechend zu erniedrigen. Denn diese Druckerhöhung durch Erwärmung ist von den Reifenkonstrukteuren bereits einkalkuliert. Um den Reifendruck am kalten Reifen zu messen, lohnt der Erwerb eines eigenen Luftdruckmessers (in Stab- oder Uhrform, Preis 5—15 DM, Skalenbereich bis zu 3 oder 5 atü). Gelegentlich vergleicht man seine Meßgenauigkeit, die bei schonender Aufbewahrung im Handschuhkasten durchaus befriedigend ist, an einer Tankstelle mit einem geeichten Meßgerät.
Wenn man keinen besonderen Verdacht auf mangelnden Luftdruck hat, ist es keinesfalls notwendig, täglich den Luftdruck zu prüfen. Alle 1 bis 2 Wochen genügt es, denn ein moderner schlauchloser Reifen darf in 6 bis 8 Wochen nur etwa 0,1 atü verlieren. Das öftere Luftdruckprüfen an den Tankstellen hat sogar auf die Dauer einen Nachteil. Bei dieser Tankstellenprüfung wird jedesmal zuerst ein kleiner Luftstoß in den Reifen gegeben. Dadurch werden zwangsläufig Kondenswasserdunst, Schmutznebel und Öldunst aus dem Gerät durch das Reifenventil gepreßt, wodurch auf die Dauer die Ventilnadel eine Schmutzkruste erhält und ihre Dichtfähigkeit nachläßt. Ein zu oft kontrollierter Reifen muß schließlich alle paar Tage wieder geprüft werden, weil er dauernd etwas Luft verliert, ohne schadhaft zu sein.
Wenn aber bei wöchentlicher regelmäßiger Prüfung mit dem stets gleichen eigenen Gerät Druckverluste festgestellt werden, muß der Reifen näher betrachtet werden. Die Felge kann an einer Bordsteinkante angeschlagen und undicht geworden sein; vielleicht haben sich Fremdkörper – etwa Gras und Kieselsteine – zwischen Felgenhorn und Reifenwulst geklemmt; oder in die Reifendecke

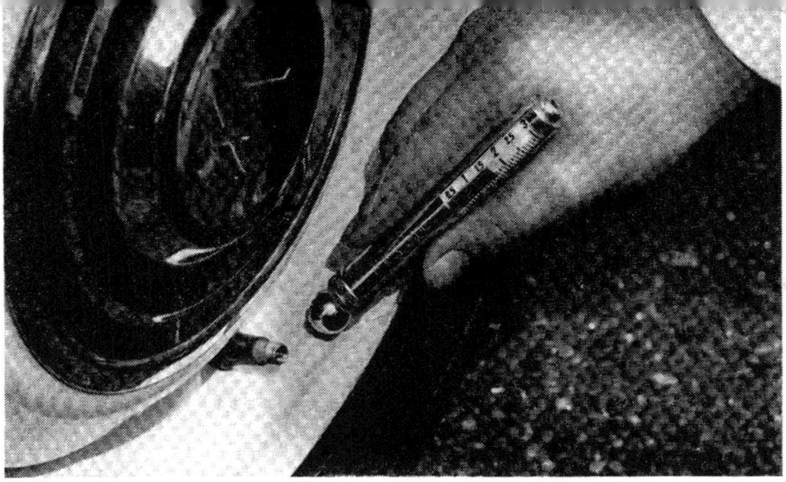

Richtiger Reifendruck ist für die lange Lebensdauer der Reifen von entscheidender Bedeutung. Trotzdem sollte man den Reifendruck nicht bei jedem Tankstellenbesuch messen lassen, sondern mit dem eigenen Luftdruckprüfer alle 1 bis 2 Wochen selbst kontrollieren. Luftdruckprüfer der hier gezeigten Art sind genügend maßgenau.

sitzt eine Glasscherbe oder ein Nagel, wodurch ein kleines Loch entstanden ist. Jedenfalls muß man der Ursache des Druckverlustes nachspüren und nicht einfach Luft nachpumpen. Denn der auf die Dauer unvermeidbare „Platte" kommt dann bestimmt im ungeeigneten Augenblick und kann gefährlich werden. Höchste Alarmstufe bedeutet es jedenfalls, wenn der Wagen unterwegs zu schwimmen anfängt und sich die Lenkung zu weich anfühlt. Wenn man auf geringfügigen Druckverlust nicht achtet, kann die Instandsetzung des Reifens nach einer Dauerschädigung unmöglich werden. Das kostet einen neuen Reifen.

Reifenzustand prüfen

Pflegearbeit Nr. 45

Die Reifenüberprüfung wird nach dem werksmäßigen Inspektionsplan nur alle 10 000 km vorgenommen. Wenn man sich ganz auf diese Durchsicht verläßt, kann sich das unter Umständen ungünstig auswirken. Bei scharfer Fahrweise, insbesondere mit dem 12 M/TS mit 55 bzw. 65 PS, können die Vorderreifen schon früher so abgenutzt sein, daß nicht mehr volle Fahrsicherheit gegeben ist. Wir können also nur raten, sich öfter um den Reifenzustand zu kümmern. Immerhin ist der Ford 12 M ein Frontantriebswagen, die Vorderreifen werden also früher abgenutzt als die Hinterreifen. Das wird noch verstärkt durch das untersteuernde Fahrverhalten des Wagens in Kurven: Die Lenkung muß immer mehr eingeschlagen werden, als es der Kurvenkrümmung entspricht, wobei die Vorderreifen zum „Radieren" neigen. Außerdem übernehmen die Vorderräder wegen des weit vorn liegenden Wagenschwerpunktes 75 % der Bremskraft.
Die beste Möglichkeit zum Überprüfen des Reifenzustandes bietet sich, wenn der Wagen an der Tankstelle zum Ölwechsel hochgebockt wird. Bei dieser Gelegenheit bohrt man auch mit einem kleinen Schraubenzieher Fremdkörper aus der Reifendecke und prüft nach, ob sie ernsthaften Schaden gestiftet haben.

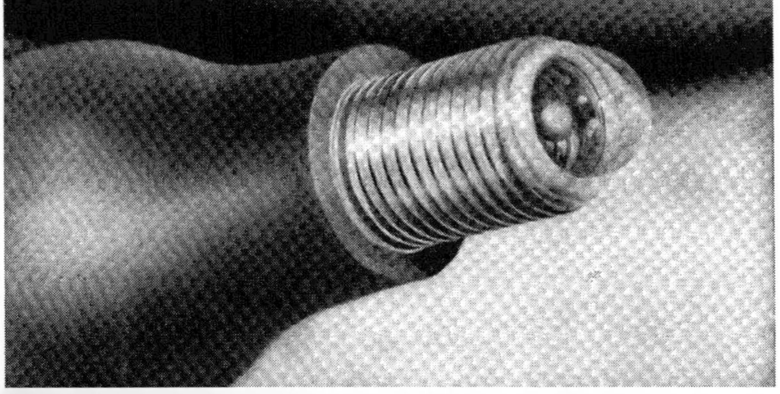

Wenn aus einem Reifen gleich ein Loch schuld Luft entweicht, muß nicht daran sein. Es kann auch am Ventil liegen. Man versucht es deshalb zuerst mit Spucke auf dem Ventil. Treibt es, wie auf unserem Bild, eine kleine Blase, ist das Ventil undicht. Eine neue Ventilnadel muß eingesetzt werden.

Bei dieser Reifenprüfung steht natürlich die Beobachtung der Reifenabnutzung im Vordergrund. Sie können zufrieden sein, wenn jeder Reifen über den gesamten Reifenumfang und über die gesamte Profilbreite gleichmäßig abgenutzt ist. Zeigt sich eine einseitige Abnutzung oder zeigt das Profil wellige Vertiefungen in regelmäßigen Abständen, dann ist am Fahrgestell oder am Rad selbst etwas faul. Nur der wirklich erfahrene Fachmann kann jedoch an der ungleichen Reifenabnutzung sehen, ob es sich um zu viel oder zu wenig Luftdruck, um unausgewuchtete Räder, um defekte Stoßdämpfer, um ausgeschlagene Gelenke, um Fehler in Vorspur oder Radsturz handelt. Unter Umständen muß die betreffende Achse optisch vermessen werden: Werkstatt aufsuchen.

Räder austauschen

Pflegearbeit Nr. 47

Die Bedienungsanleitung empfiehlt, bei jedem 10 000-km-Dienst alle Reifen einschließlich des Ersatzrades nach einem bestimmten System auszuwechseln. Wir raten davon entschieden ab, denn durch das öftere Auswechseln werden solche Fehler, wie wir sie gerade beschrieben haben, verschleiert. Bestimmte Fehlerquellen haben dann nicht genügend Zeit, ihre Kennmarken auf dem Reifenprofil zu hinterlassen. Wenn die Reifen sich also gleichmäßig abnutzen, soll man sie lassen, wo sie sind. Natürlich nützen sich bei dem frontangetriebenen 12 M die Vorderreifen wesentlich schneller als die nur mitlaufenden Hinterräder ab. Man kann mit 10 000 bis 20 000 km Laufzeit bei Reifen rechnen, die nur vorne gefahren werden. Auch das wird durch das ständige Auswechseln der Räder unter Einschluß des Ersatzrades verschleiert. Wir meinen aber, daß man sich leichter tut, wenn man zuerst nur die 2 abgefahrenen Vorderräder ersetzen muß, statt gleich auf einmal 4 Reifen kaufen zu müssen. Solange man noch ein neues Reserverad hat, reicht es zu Anfang sogar mit einer Neuanschaffung. Zum Ersatz der abgefahrenen Normal- durch Gürtelreifen: siehe das folgende Kapitel „Reifenwahl".

Zur pfleglichen Behandlung gehört es auch, daß die Ventile stets durch Kappen verschlossen sind. Sonst setzt sich dort Schmutz an, der beim nächsten Luftgeben zwischen Ventilnadel und Ventilwand geklemmt wird und zur Undichtigkeit führt.

Verschmutzte Weißwandreifen reinigt man keinesfalls mit Benzin, Dieselkraftstoff oder Petroleum. Gummi nimmt solche Behandlung allgemein übel. Seifenwasser und Bürste sind bei Weißwandreifen eher angebracht. Noch besser sind die im Handel erhältlichen Weißwandreiniger. Man kann sich auch selbst eine Reinigungsmixtur aus 5 % Schmierseife, 5 % Salmiakgeist, 40 % Brennspiritus und 50 % Wasser zusammenbrauen.

Kühl und trocken aufbewahren

Bei längerem Parken sollte man die Reifen möglichst nicht der prallen Sonne aussetzen, denn die Sonnenbestrahlung läßt den Reifengummi altern; er bekommt feine Haarrisse und wird spröde. Wenn man im Urlaub zu Fuß die Berge erklimmt und deshalb sein Auto rasten läßt, sollte man die Reifen völlig abdecken, denn pralle Höhensonne oder ultraviolette Strahlung (an der See) sind für die Reifen nicht gut. Überhaupt ist ihnen helles Licht nicht angenehm, weshalb man abmontierte Reifen am besten in dunklen Räumen, die überdies trocken und staubfrei sein sollen, aufbewahrt. Die Temperatur soll bei gelagerten Reifen möglichst zwischen –10 ° C und + 20 ° C liegen. Die nichtbenutzten Reifen können gelegt werden, wenn sie auf Felgen montiert und mäßig aufgepumpt sind. Nicht montierte Reifen stellt man besser senkrecht und dreht sie alle paar Wochen ein Stückchen weiter, damit sie sich keine Plattfüße stehen.

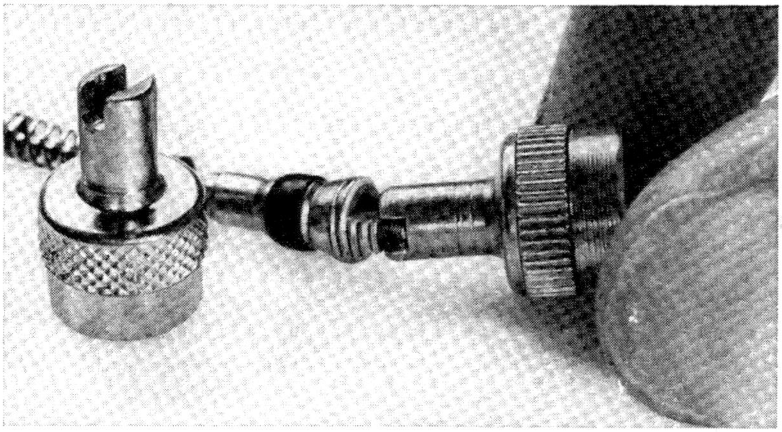

So greifen Ventilkappe und Ventileinsatz ineinander. Die Ventilkappe hat in ihrem Kopfstift, der meistens von einem Gummihütchen verdeckt ist, einen Einschnitt, der genau in das Oberteil des Ventileinsatzes paßt, so daß man diesen Einsatz leicht heraus- oder hineinschrauben kann.

Auch die Felgen erwarten gelegentlich einen prüfenden Blick. Anfahren an große Steine oder Bordsteinkanten kann zu Beschädigungen am Felgenhorn führen. Der schlauchlose Reifen kann dann undicht werden. Als Gegenmaßnahme legt man einen Schlauch 5.60 – 13 oder J 13 (für Reifengröße 5.90 – 13) in die Decke ein. Dazu muß erst das „schlauchlose Ventil" aus der Felge ausgebaut werden. Damit beim Aufpumpen die Luft zwischen Reifendecke und Schlauch entweichen kann, muß das Ventil des Schlauches locker und ohne Gummidichtring im Felgenloch sitzen. Nach Unfällen müssen Felgen genau überprüft werden, ob alle Schweißnähte in Ordnung sind und die Felge in sich nicht verbogen ist. Wenn die Felge nach Höhe oder Seite um mehr als 1,5 mm „eiert" (man spricht von „Seitenschlag" und „Höhenschlag") muß sie ausgetauscht werden.

Radwechsel

Die Statistiker behaupten, daß den Autofahrer nur noch alle 1 ½ Jahre eine Reifenpanne trifft. Im Notfall nicht mit einem Plattfuß weiterfahren, das ruiniert den vielleicht noch guten Reifen nach wenigen hundert Metern. Er ist dann im Gewebe so verwalkt, daß er sich nicht mehr reparieren läßt: Man muß also in den sauren Apfel beißen und das Rad sofort wechseln. – So geht es am besten:

- Handbremse festziehen. Wird ein Hinterrad ausgewechselt, muß der Rückwärtsgang eingeschaltet werden, da die Handbremse nur die Hinterräder, aber nicht die Vorderräder festhält.
- Räder mit Steinen oder Holz blockieren.
- Radkappe mit dem Winkelhebel der Wagenheberstange abdrücken und mit der Hand auffangen.
- Radmuttern etwas lockern.
- Wagenheber aus dem Kofferraum holen und am betreffenden Stoßstangenhalter ansetzen.
- Einstellbügel am Wagenheber horizontal stellen.
- Ersatzrad bereitlegen.
- Fahrzeug „hochpumpen", bis das Rad vom Boden abhebt.
- Radmuttern abschrauben.
- Rad abnehmen und auswechseln.
- Radmuttern anschrauben, aber noch nicht festziehen.
- Einstellbügel am Wagenheber nach unten schwenken und Wagen ablassen.
- Radmuttern jetzt fest anziehen und Radkappe mit Handballen aufdrücken.
- Defektes Rad und Wagenheber verstauen.

Reifen-Reparatur

Der defekte Reifen sollte schon bei nächster Gelegenheit geflickt werden. Sonst hat man, wenn es der Teufel will, einen zweiten Platten und kein Ersatzrad. Die Reparatur eines schlauchlosen Reifens, an dem sich der Anlaß der Plattheit erkennen läßt – ein eingedrungener Nagel etwa –, ist eine Arbeit von nur wenigen Minuten: Das Einstichloch wird aufgerauht, gereinigt, mit Vulkanisierlösung eingerieben und ein Gummi-Pilz eingeführt, der sich im Reifen spreizt und das Loch dicht verschließt. Man kann solch eine Reparatur auch selbst machen. Den entsprechenden Reparatursatz für 5 Reparaturen erhält man beispielsweise von Tip-Top (Supersealastic; Preis etwa 10 DM). Die Reparatur hat allerdings unterwegs nur dann Sinn, wenn man eine Luftpumpe zur Hand hat, um den Reifen auch wieder aufzupumpen. Wenn man das Loch am angehobenen und freidrehenden Rad schnell entdeckt, braucht man es nicht einmal auszuwechseln und kann den Schaden direkt beheben.

Wer es sich bequem machen will, kann sich auch als Pannenhilfe eine Druckflasche mit Vulkanisiermittel mitnehmen (z. B. Aral-Reifenfüller zu etwa 9 DM). Diese Reifenreparaturflaschen enthalten außer einem Druckgas ein selbstvulkanisierendes Mittel, das sich beim Einfüllen durch das Reifenventil im Inneren des Reifens versprüht und alle undichten Stellen verklebt. Voraussetzung für die Wirkung dieser Mittel ist, daß man sofort eine größere Strecke weiterfährt, wodurch die notwendige Vulkanisierwärme entsteht. Wirkungsvoll sind diese Mittel auch gegen poröse Schläuche im Reifen. Aber ein neuer Schlauch ist besser. Und ein etwa durch die Reifendecke gedrungener Glassplitter oder Nagel ist bei dieser Reparaturweise noch nicht beseitigt, er ist nur von dem Vulkanisiermittel luftdicht umhüllt, muß aber alsbald gesucht und aus der Reifendecke entfernt werden. Sonst wird er mit der Zeit das Reifengewebe unreparierbar zerstören.

Reifenwechsel

Und wenn der Reifen doch montiert werden muß? Womit man sich, auch wenn man ihn dann nicht selbst aufpumpen kann, pro Rad etwa 3,— DM gespart hat. Dann braucht man als Werkzeug zwei möglichst lange Montiereisen mit abgerundeten Kanten ohne jeden scharfen Grat.

Der schlauchlose Reifen will sich nur schwer von der Felge trennen, wenn man ihn nicht mit einigen Metern platter Fahrt heruntergewalkt hat. Man legt ihn deshalb auf den möglichst sauberen Boden – sauber, damit kein Schmutz, Kies und Sand mit einmontiert wird! – und tritt mit den Absätzen möglichst dicht am Felgenhorn auf die Reifenwand. Bei lang montierten Reifen hilft nur festes Draufspringen, bis sich der Reifenwulst vom Felgenhorn löst. Anders geht es ohne Abdrückgerät nicht. Erst dann treten die Montiereisen in Aktion und hebeln den Reifenwulst über die Felgenschulter. Dabei darf keine scharfe Spannung auf einzelne Stellen ausgeübt werden, sonst wird der Dichtgummi beschädigt.

Diese Demontage ist nur dann notwendig, wenn ein Schlauch in die undichte Decke eingelegt oder ein anderer Reifen auf der Felge montiert werden soll. Beim Montieren eines neuen Reifens muß der rote oder blaue Punkt auf der einen Reifenseite direkt an das Ventil zu liegen kommen. Der Punkt bezeichnet die leichteste Stelle des Reifens, die durch das Gewicht des Ventils wieder ausgeglichen werden soll. Der zu montierende Reifen rutscht leichter über das Felgenhorn, wenn er am Wulst eingeseift wird. Die Seife bewirkt allerdings sehr leicht Rostansatz am Felgenhorn.

Einen schlauchlosen Reifen kann man mit einer Hand- oder Fußpumpe nicht aufpumpen. Er braucht, um in die richtige Lage zu springen und dadurch richtig

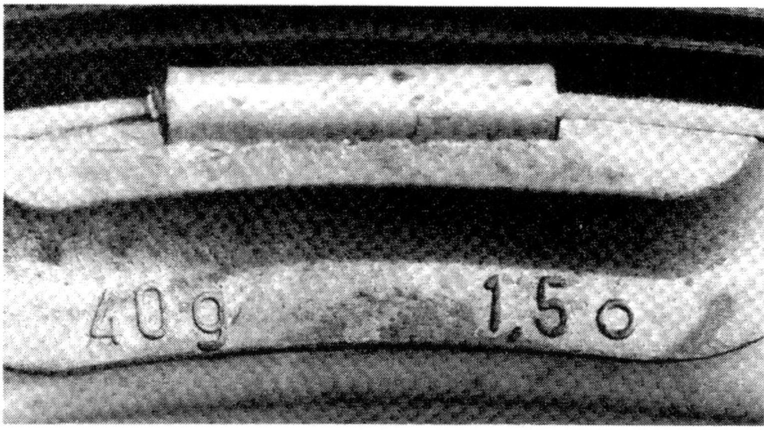

Auf den Auswuchtgewichten ist eine doppelte Gewichtsbezeichnung aufgeprägt, hier z. B. 40 Gramm und für die englischsprechenden Länder entsprechend 1,5 Unzen, abgekürzt oz oder o

abzudichten, einen Luftstoß von mindestens 4 atü. Den hat nur die Tankstelle oder Werkstatt mit dem Kompressorkessel verfügbar. Man kann sich allerdings, wenn man eine kräftige Fuß-Luftpumpe und ein Seil (z. B. Abschleppseil) zur Hand hat, so helfen: Das Seil wird mehrmals um den Reifen entlang der Lauffläche geschlungen, am Ende verknüpft und ein Montiereisen oder Holzknüppel als Knebel eingedreht. Wenn man damit das Seil sehr straff anspannt, drückt es die Reifenlauffläche zusammen und spreizt dadurch die Reifenwulste in die Felgenhörner. Dann kann der Reifen schon so dicht sitzen, daß er auch zu Anfang keine Luft mehr seitlich entweichen läßt.

Auswuchten
Pflegearbeit Nr. 48

Ein Autorad ist kein Lämmerschwanz. Es darf nicht hin- und herwackeln, was seine Ursache in ungleicher Gewichtsverteilung am Rad hat. Man nennt dies Unwucht. Es gibt zwei Arten Unwucht, die statische und die dynamische. Die statische Unwucht erkennt man, wenn ein schön freilaufendes Rad immer mit der gleichen Stelle zu Boden sinkt und sich allmählich auspendelt. Die statische Unwucht liegt senkrecht zur Radachse und wäre einfach durch ein entsprechendes Gegengewicht zu beheben.
Schwieriger ist jedoch die dynamische Unwucht. Sie geht irgendwie schräg zur Radachse, d. h. links oben und rechts unten an der Felge ist zu viel oder zu

Das Profil eines abgefahrenen Reifens gibt Aufschlüsse über falsche Einstellung des Fahrwerks oder der Achsaufhängung. Auch häufigen falschen Luftdruck und Unwucht der Räder kann man darauf ablesen. Ständige Kontrolle der Reifen-Lauffläche empfiehlt sich also. Bei diesem Reifen ist es beispielsweise wahrscheinlich, daß er lange Zeit mit zu geringem Luftdruck gefahren wurde, die Lauffläche wölbte sich nach innen, so daß das Profil beidseitig stärker als in der Mitte abgefahren ist.

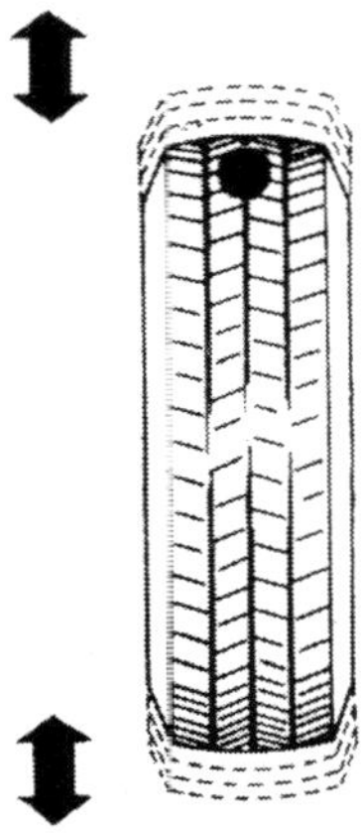

Unser Skizze erläutert die Auswirkungen der Unwucht:
Die **statische** Unwucht erkennt man, wenn ein freihängendes, drehendes Rad immer mit der gleichen Stelle zu Boden sinkt und sich allmählich auspendelt. Folge: Das Rad hüpft während der Fahrt.

Die **dynamische** Unwucht ist durch Auspendeln des Rades nicht zu erkennen, denn sie liegt irgendwie schräg zur Radachse, so daß das schnellaufende Rad flattert und wackelt. Unausgewuchtete Räder führen zu schnellem Reifenverschleiß, unruhiger Lenkung und vorzeitiger Abnutzung der Radlager.

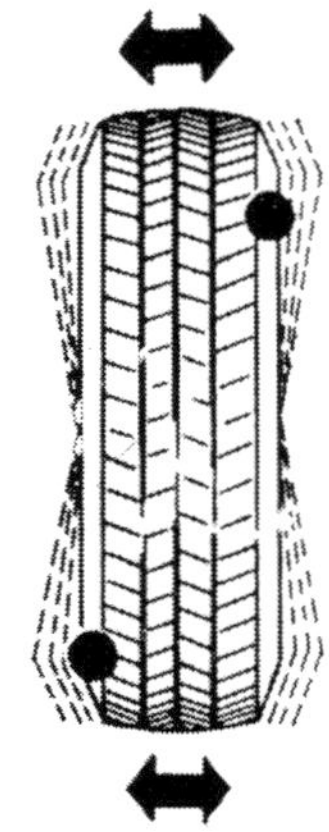

wenig Gewicht. Durch einfaches Auspendeln ist es nicht feststellbar, aber das schnell laufende Rad beginnt zu flattern und zu wackeln. Bei rein statischer Unwucht hüpft das schnell drehende Rad nur senkrecht in die Höhe. Diese Unwuchten müssen beseitigt werden, andernfalls ist die Lenkung unruhig, die Reifen und Radlager werden vorzeitig abgenutzt.

Auswuchten ist zu empfehlen

Die Kräfte, die dabei auftreten, sind recht beachtlich. Eine ungleiche Gewichtsverteilung von 100 Gramm bringt bei hoher Geschwindigkeit leicht eine einseitige Zugkraft von 20 kg zustande. Die Kosten für das Auswuchten der Räder lohnen sich also. Dazu müssen die Räder einzeln abgenommen und auf einer besonderen Auswuchtmaschine ausgewuchtet werden. Diese Maschinensysteme sind sehr unterschiedlich. Trotzdem erkennt man schnell, ob sie noch eine Unwucht anzeigen und kann durch Zuschauen die Qualität der Auswuchtarbeit unterstützen. In manchen Werkstätten stellt man nämlich die jüngsten Lehrlinge an diese Maschinen, denen es auf 20 g mehr oder weniger nicht ankommt. Achten Sie auch beim Aufspannen des Rades auf die Maschine genau, daß das Rad einwandfrei zentriert wird, also auf Mitte sitzt und mit allen 3 Radmuttern – und nicht nur mit 2 – angeschraubt ist.
Die Notwendigkeit des Nachwuchtens erkennt man mit feinem Fingerspitzengefühl am Vibrieren des Lenkrades. Wenn die Räder nachgewuchtet werden sollen, reißen manche Mechaniker gerne zuerst mal die angebrachten Ausgleichsgewichte ab und fangen dann von vorne an. Sie müssen verlangen, daß das Rad erst mal zur Probe läuft. Vielleicht ist die Auswuchtung noch einwandfrei und Sie können sich einen Teil des Geldes für das Auswuchten – pro Rad zwischen 3,– DM und 4,– DM – sparen.
Auch nach jeder Reifenreparatur sollte das betreffende Rad neu ausgewuchtet werden. Ein Flickstopfen im schlauchlosen Reifen verändert bereits die Unwucht. Eine Unsitte ist es vor allem, die Ausgleichsgewichte auf der Felge zu belassen, wenn der Reifen regelrecht ab- und wieder aufmontiert werden mußte. Dann können die Gewichte nicht mehr stimmen und es ist besser, sie ganz abzumachen, bis man zum Auswuchten kommt, denn bei veränderter Reifenmontage können die falsch gesetzten Gewichte zu verdoppelten Unwuchten führen. Besonders wichtig ist das Auswuchten runderneuerter Reifen. Sie lassen sich noch weniger als Neureifen gleichgewichtig herstellen. Da Unwucht an den Hinterrädern weniger unangenehm als an den gelenkten Vorderrädern ist, sollen Reifen, die starke Ausgleichsgewichte brauchen, möglichst auf der Hinterachse montiert werden.

Gut zu Fuß

Es kommt nicht von heute auf morgen, daß die Beine Ihres Wagens neues Schuhwerk brauchen. Es sei denn, ein Reifen ist plötzlich geplatzt oder durch ein sonstiges außergewöhnliches Ereignis unbrauchbar geworden. Normalerweise bemerkt man nur von Monat zu Monat, wie sich die Profiltiefe des Reifens der amtlich noch zugelassenen 1-mm-Mindestgrenze nähert.
Sie haben also Zeit, sich die Wahl des neuen Schuhwerks für Ihre Räder sorgsam zu überlegen und die notwendigen Moneten bereit zu legen. Es gibt nämlich eine Reihe verschiedener Reifentypen, die für diese oder jene Beanspruchung Ihres Wagens besonders geeignet und daher näherer Betrachtung wert sind. Es sind dies:

- Diagonal-Reifen
- Gürtel-Reifen
- Runderneuerte Reifen
- M + S-Reifen
- Eis-Reifen

Wie lange müssen Reifen halten?

Bei dieser Gelegenheit wollen Sie sicher gerne wissen, ob die Reifen der Erstausstattung eigentlich lange genug gehalten haben. Diese Frage ist jedoch keineswegs einfach mit einer Kilometerstrecke zu beantworten, denn zu viele Einzelheiten wirken dabei mit. Bei Reifen gleichen Typs spielen dabei die Unterschiede von Marke zu Marke übrigens keine so große Rolle, wie die Einwirkungen des Fahrwerks und vor allem die Sorgfalt des Fahrers. Wer mit allem Dampf um die Kurven fegt, Gas- und Bremspedal stets bis zum Bodenbrett durchtritt, braucht sich nicht zu wundern, wenn abgeriebene Gummikrümel seine Fahrspur markieren. Noch stärker wirkt sich erhöhter Reifenverschleiß durch zu niedrigen Luftdruck aus. Auch die Außentemperatur macht sich beim Reifenabrieb bemerkbar: Im Hochsommer können sich durch scharfe Fahrt heiß gefahrene Reifen viermal so schnell verschleißen als in gemächlicher Fahrt bei Frostwetter. Schließlich müssen Lenkung, Stoßdämpfer, Sturz, Spur, Nachlauf der Räder in Ordnung sein. Fehler in dieser Beziehung sind am

In der Erstausstattung ist der Ford 12 M mit Normal-Reifen bereift, von denen das obere Bild ein Beispiel zeigt. Die abgerundete Profilkante dieses Reifentyps sorgt für **gute Straßenlage auch** beim scharfen Kurvenfahren und für geräuscharmen Lauf.

Längere Kilometer-Laufleistungen erreicht man mit Gürtelreifen Michelin X, die auch im Winter überdurchschnittliche Laufeigenschaften haben. Dafür muß man allerdings stärkere Fahrgeräusche und Dröhnen bei kleinen bis mittleren Geschwindigkeiten auf Pflaster in Kauf nehmen.

außergewöhnlichen und einseitigen Reifenverschleiß vom Fachmann zu erkennen. Unterschiedliche Kilometerleistungen erbringen auch die verschiedenen Reifentypen. Am schnellsten verschlissen sind die modernen Eis-Reifen für den Winter mit eingesetzten Stahl-Spikes (was besonders unschön ist, weil gerade diese für den Winter so nützlichen Reifen wesentlich teurer als Normal-Reifen sind). Danach kommen die winterlichen M + S-Reifen, deren dicke und grobe Stollen verhältnismäßig bald abgerutscht sind. Durchschnittliche Kilometerleistungen zeigen die serienmäßig montierten Diagonal-Reifen. Da gibt es, wie wir hören, Ford 12 M-Besitzer, die bereits nach 8000 km zu neuen Reifen für die Vorderräder greifen müssen, wogegen es andere mit den gleichen Reifen auf 25 000 km oder noch mehr bringen. Das ist also eine weite Spanne, die mehr im Fahrer als in der Reifenmarke ihre Ursache hat. Bei den Hinterrädern kann man, wenn nicht gewechselt wird und das Fahrwerk in Ordnung ist, mit knapp doppelter Laufzeit im Vergleich zu den Vorderrädern rechnen.
Die längste Haltbarkeit zeigen die Gürtel-Reifen. Man rechnet damit teilweise die doppelte Kilometerstrecke der Normal-Reifen. Das liegt aber in diesem Falle nicht an der Gummimischung, sondern an dem grundsätzlich anderen Aufbau der Gürtel-Reifen, auf den wir noch zu sprechen kommen.

Beste Montagezeit im Herbst

Vielleicht überrascht es Sie, daß neue Reifen (auch frische runderneuerte) eingefahren werden müssen. Sie werden nämlich erst nach rund 500 bis 1000 km wirklich rutschfest, wenn die vorher vom Vulkanisieren sehr glatte Reifenoberfläche angerauht ist.
Die beste Montagezeit ist für alle Reifen der Herbst. Im heißen Hochsommer werden die noch dicken Profilstollen vor allem bei scharfer Fahrt sehr heiß, was sich in erhöhtem Abrieb bemerkbar macht. Im Herbst laufen sich dagegen die Reifen unter günstigen Temperaturbedingungen ein, und der erste Abrieb wird durch die Kälte vermindert.

Diagonal-Reifen

Die Standard-Reifen aller Reifenhersteller sind die konventionellen Diagonal-Reifen, mit denen auch der Ford 12 M vom Werk ausgestattet wurde. Ihren Namen haben sie vom Unterbau des Reifens, der Karkasse. Darin sind mehrere Gewebelagen mit schrägem, also diagonalem, Fadenlauf zueinander im Gummi eingebettet. Je spitzer der Fadenwinkel dieser Gewebeeinlagen zueinander ist, umso „schneller" ist der Reifen. Er wird dann mit einem „S" oder „H" in der Mitte der Reifengröße (z. B. 5.60 S 13) gekennzeichnet und ist für schnelle Sportwagen bestimmt. Ihr 12 M wird damit aber nicht schneller, sondern er läuft nur abrollhärter auf solchen **S**port- und **H**ochgeschwindigkeitsreifen. Außerdem kosten solche Reifen mehr Geld. Es hat also keinen Sinn, den Reifen mit den Buchstaben „S" oder „H" auf den 12 M zu montieren. In den gängigen Reifengrößen, zu denen auch die 12 M-Größen zählen, besteht durch übermäßige Produktionskapazität und unbeschränkte Einfuhrmöglichkeiten billiger Auslandsreifen eine äußerst scharfe Konkurrenz. Die offiziellen Preise, die für das deutsche Reifenkartell der großen Reifenhersteller an sich bindend sind, wird man deshalb in Kaufhäusern und Versandgeschäften sehr oft nicht zu zahlen brauchen und auch die Reifenhändler haben solche billigeren „Import-Reifen" zumeist in ihrem Reifenangebot. Allerdings ist die Qualität solcher Importreifen genau so fraglich wie das Benzin Freier Tankstellen. Die Reifen und das Benzin können sehr gut sein, aber auch das Gegenteil ist möglich. Man weiß das zumeist erst hinterher.

Gürtel-Reifen

Dieser Reifen unterscheidet sich durch den Aufbau seiner Karkasse, also des Unterbaues des Reifens unter der Lauffläche, von den Diagonal-Reifen. Während in den Diagonal-Reifen, wie bereits erwähnt, verschiedene Gewebelagen mit diagonalem Fadenlauf zueinander eingebettet sind, hat der Gürtel-Reifen unter seiner Lauffläche einen ziemlich stabilen Gürtel aus feinen Stahl- oder Textilfäden, deren wichtigste quer zur Laufrichtung des Rades liegen.

Besondere Fahreigenschaften

Dieser Gürtel kann sich in seinem Durchmesser kaum verändern, so daß sich die Lauffläche nicht, wie bei den Diagonal-Reifen, mit wachsender Geschwindigkeit aufbaucht. Auch gibt es durch den steifen Gürtel innerhalb des Profils bei der Fahrbahnberührung keine Querbewegungen wie bei den Diagonal-Reifen, so daß der Gürtel-Reifen viel intensiver auf der Fahrbahn haftet, was besonders bei Kurvenfahrt deutlich zu spüren ist. Diese verhinderte Querbewegung des Profils setzt außerdem den Gummiverschleiß bedeutend herab, so daß man mit diesen Reifen fast die doppelte Kilometerleistung erwarten kann. Auch ist durch den steifen Gürtel der Rollwiderstand etwas geringer, was sich in einer kleinen Erhöhung der Spitzengeschwindigkeit (zum Nachprüfen nicht die Tachometeranzeige, sondern eine Stoppuhr benutzen!) bzw. in einer geringen Benzinersparnis bemerkbar macht. Der feste Gürtel bewirkt schließlich noch eine wesentlich bessere Straßenlage auf Glatteis sowie festgefahrenem Schnee und bei höherem Schnee sind die Gürtel-Reifen einem M + S-Reifen in ihrer Wirkung fast gleichzusetzen.
Die Kehrseite der Medaille ist ein stärkeres Abrollgeräusch und ein stärkeres Durchrütteln des Fahrzeugs, wenn dessen Fahrwerk nicht besonders auf Gürtel-Reifen abgestimmt ist. Das ist bei Ihrem 12 M noch nicht der Fall, und es ist möglich, daß bei der Umrüstung auf Gürtel-Reifen Fahrwerksteile und Stoßdämpfer dieser älteren 12 M ein wenig früher den Geist aufgeben. Da geht also ein Teil der Ersparnisse durch längere Kilometer-Laufleistung der Gürtel-Reifen unter Umständen wieder drauf. Und Ford-Werkstätten empfehlen für ältere 12 M die Umrüstung auf Gürtel-Reifen auch nicht so gerne, weil sie bei geräuschempfindlichen Kunden danach mehr als sonst üblich hinter Klappergeräuschen am und im Wagen herjagen müssen. Worüber Werkstattleute immer ganz besonders „begeistert" sind. Allerdings gibt es seit Anfang 1968 einen Gürtel-Reifen von Michelin, den zX-Reifen, der diesen Beschwernissen entgegenkommt und bei Wahrung aller guter Gürtel-Reifen-Eigenschaften weniger dröhnt und rüttelt, weil seine weicheren Seitenflanken besser federn. Aber das ganze Problem ist vor allem von der persönlichen Geräuschempfindlichkeit abhängig, sportliche Fahrer nehmen die Nachteile für forschere Fahrweise gerne in Kauf.

Fingerzeige: *Wegen ihrer besonderen Fahreigenschaften, die sich von den Diagonalreifen erheblich unterscheiden, sollen Gürtel-Reifen nicht gemischt mit anderen Reifen gefahren werden. Ebensowenig zu empfehlen, ja geradezu gefährlich ist es, wenn auf den Vorderrädern Gürtel-Reifen und auf den Hinterrädern M+S-Reifen montiert würden. Die haftfesten Gürtel-Reifen würden schon unter geringfügig erschwerten Fahrbedingungen das Fahrzeug vorne fest in der Spur halten, während das Heck mit den wenig griffesten M+S-Reifen ausbricht und eine verheerende Schleuderfahrt einleitet.*
Wer auf Gürtel-Reifen umrüsten will, sollte seine seitherigen Diagonal-Reifen solange untereinander austauschen, bis sie gleichmäßig abgefahren sind und gleichzeitig ersetzt werden müssen. Die einzige statthafte Mischung sind Gürtel-Reifen auf den Hinterrädern und Diagonal-Reifen auf den Vorderrädern.

Gürtel-Reifen sind schwerer als Diagonal-Reifen auszuwuchten. Außerdem wirkt sich bei ihnen Unwucht stärker als bei Diagonal-Reifen störend und fahrwerkschädigend aus. Sie müssen also besonders sorgfältig ausgewuchtet werden.
Es wird oft behauptet, daß Gürtel-Reifen mit niedrigerem Luftdruck gefahren werden könnten. Das trifft nicht zu, sondern zumeist werden von den Reifenherstellern, nach denen man sich in diesem Falle richten sollte, höhere Luftdrücke empfohlen.

Andere technische Daten

Die Gürtel- oder Radial-Reifen werden, da sie seinerzeit in Frankreich entwickelt wurden, zumeist in „Millimeter-Größen" angeboten, wobei die Reifenbreite anstatt in Zoll in Millimetern angegeben wird, z. B. 165 SR 13. Das „R" in der Mitte steht für „Radial" und der Buchstabe „S" besagt, daß solche Reifen auch für höhere Geschwindigkeiten (für 13-Zoll-Reifen bis 180 km/h) zugelassen sind.
Aber es gibt auch einige Gürtel-Reifen in Zoll-Größen von den französischen Reifenfirmen Michelin und Kléber. Doch deren Technische Daten stimmen nicht mit den Diagonal-Reifen gleicher Größenangaben überein. Bei diesen technischen Daten ist vor allem der Abrollumfang des Reifens wichtig, der bei einer Prüffahrt von 60 km/h ermittelt wird und nicht mit dem Reifenumfang am liegenden Reifen gleich ist, da der Reifen während der Fahrt „arbeitet". Dieser Abrollumfang bestimmt die Genauigkeit der Tachoanzeige. Ist er zu klein, läuft das Tachometer noch mehr als üblich vor und es besteht die Gefahr, daß der Motor überdreht wird (er hat es zu leicht, die kleineren Räder schneller zu drehen). Ist der Abrollumfang zu groß, wird zwar der Motor geschont, aber das Tachometer zeigt zu wenig an (vielleicht auch die echte Geschwindigkeit, da die amtlich erlaubte Voreilung wegfällt), und der Wagen verliert seine Spurtfreudigkeit. Sogar der Bremsweg wird etwas länger.

„Mitbestimmung" des TÜV

Nun gab es in der zurückliegenden Zeit viel Ärger für Autofahrer, wenn sie mit den von ihnen in gutem Glauben gewählten Radialreifen — auf denen sie sich auch wesentlich verkehrssicherer fühlten — zur routinemäßigen Fahrzeugprüfung zum TÜV kamen. Denn dort wollte man vielfach von Radialreifen nichts wissen, weil man sich buchstabenkleinlich an die im Kraftfahrzeugschein angegebene Reifengröße hielt und das auf Radialreifen stehende Fahrzeug für nicht zugelassen erklärte. Doch schließlich haben sich Fahrzeughersteller und Reifenproduzenten auf eine Umbereifungsliste für alle gängigen Fahrzeugtypen geeinigt, die auch der TÜV ohne weiteres anerkennt. Und nach dieser Liste darf am Ford 12 M des Modells P 4 nur die Radialreifengröße 165 SR 13

Unter den Profilen der M+S-Reifen reicht die Brauchbarkeit vom Flachlandschnee bis zur verschneiten Gebirgsstraße. Das im oberen Bild gezeigte „Labyrinth"-Profil eignet sich für tiefen Schnee. Für Glatteis und Schneeglätte sind vor allem die Eis-Reifen mit Hartmetall-Spikes gedacht.

Das untere Bild zeigt einen asymmetrischen Eis-Reifen, dessen einseitige glatte Spurkante besseres Spurhalten auf trockener und nasser Straße verspricht. Eis-Reifen bieten große Sicherheit, sind aber sehr teuer.

montiert werden, einerlei, ob serienmäßig das Fahrzeug mit Diagonalreifen 5.60-13 (Limousine, Coupé) oder 5.90-13 (Kombi- und Kastenwagen) ausgestattet war. Alle anderen Radialreifen-Größen wird man beim TÜV zurückweisen.

Fingerzeig: *Als Gürtelreifen werden gelegentlich auch sogenannte Diagonal-Gürtelreifen oder Fiberglas-Gürtelreifen angeboten. Es handelt sich dabei um ein Mittelding zwischen Diagonal- und Radial-Reifen, aber echte Radialreifen mit den entsprechenden Leistungen sind das nicht. Doch haben sich diese Diagonal-Gürtelreifen (mit der korrekten Bezeichnung „SB" an Stelle der Radial-Bezeichnung „SR" in der Größenangabe) an solchen Fahrgestellen mit besserem Fahrkomfort als brauchbar erwiesen, die ursprünglich nicht auf Radial-Reifen abgestimmt waren, wie z. B. unser Ford 12 M. Besonders bekannt ist der „Fulda Spectral".*

Keine schlauchlosen Gürtel-Reifen montieren!

Einige Gürtel-Reifen-Produzenten bieten auch schlauchlose Gürtel-Reifen in den oben genannten Größen an. Für diese sind jedoch aus Sicherheitsgründen sogenannte Hump-Felgen erforderlich, die eine etwas andere Felgenform haben. Solche Hump-Felgen gibt es jedoch für den älteren Ford 12 M nicht. Darum grundsätzlich Gürtel-Reifen mit Schlauch kaufen. Und bei diesem Schlauchkauf ist ganz besonders darauf zu achten, daß er auch wirklich zum gekauften Reifen paßt. Er muß also, da ja die Michelin- und Kléber-Größen abweichen, ebenfalls von Michelin bzw. Kléber sein, wenn es sich um einen solchen Reifen handelt. Bei den deutschen Reifenherstellern ist dagegen, wegen der Normhaltung der Reifen, eine Kombination beispielsweise zwischen einem Dunlop-Reifen und einem Continental-Schlauch möglich.

Unterschiedliche Preise

Genau wie bei den Diagonal-Reifen sind die Preise der Gürtel-Reifen bei den deutschen Herstellern gleich und gebunden. In diesen Größen gibt es ebenfalls billigere Import-Gürtel-Reifen. Hier ist aber im allgemeinen Vorsicht geboten, denn sie sind oftmals nicht nach den Normvorschriften gebaut, und es werden sogar billige Auslands-„Gürtel"-Reifen angeboten, die in Wirklichkeit gar keine sind. Man sollte sich also bei der Anschaffung von Gürtel-Reifen an die bekannten Namen halten. Andrerseits haben wir selbst gute Erfahrungen mit dem englischen Importreifen Avon Radial gemacht. Abweichende Preise hat nur die Marke Michelin für ihre zX-Reifen.

M+S-Reifen

Die meisten Autofahrer glauben, mit der Anschaffung von zwei M+S-Reifen (M+S = Matsch + Schnee) hätten sie alles Notwendige für den Winter getan. Aber diese Reifen sind durch die schnelle Reifenentwicklung und die heutigen Straßenverhältnisse bereits praktisch überholt. Zwar sind sie im frischen und noch nicht hartgefahrenen Schnee sehr wirksam, aber sowohl auf nasser wie auf vereister Fahrbahn rutschen sie schneller als die normalen Diagonal-Reifen. Auf Glatteis und festgefahrenem Schnee wie auch auf nasser Fahrbahn sind also ihre Bremswege länger als die der Sommer-Reifen! Auf unseren Straßen ist, von Gebirgswegen abgesehen, frischer und lockerer Schnee aber selten und nur von kurzer Dauer. Vereister Matsch, festgefahrener Schnee und vor allem Glatteis sind häufiger. Dafür ist der M+S-Reifen aber wenig geeignet. Wenn also Winter-Reifen, dann gleich einen Schritt weiter zu den

M+S-Eis-Reifen, auf die wir im nächsten Abschnitt zu sprechen kommen. Für jene seltenen Fälle, wo sie noch von Nutzen sind, also auf Nebenstraßen, die wenig Verkehr und keinen Schneepflug im Winter sehen, genügen aber M+S-Reifen auf der antreibenden Vorderachse.

Besser ist es natürlich, wenn man sich auf allen vier Rädern M+S-Reifen im Winter leisten kann. Man muß ja nicht gleich neue kaufen, sondern kann sich einen Satz alter Normalreifen mit Winterprofil runderneuern lassen. Darauf kommen wir noch zu sprechen.

Eis-Reifen

Für alle Winterfälle, mit Ausnahme von besonders hohem Schnee (dafür sind „Schneeketten" immer noch das beste), sind Sie gerüstet, wenn Sie sich M+S-Eis-Reifen anschaffen. Diese greifen mit ihren scharfen Stacheln, den Stahl-Spikes, energisch in das Glatteis und verkürzen den Bremsweg gerade um jene Meter, auf die es bei den heute üblichen Massenkollisionen ankommt, um das eigene Fahrzeug vor dem Auffahren zu schützen. Auf weichem und frischem Schnee sowie im Matsch haben sie die gleiche Wirkung beim Anfahren wie die gerade genannten M+S-Reifen. Auf trockener oder nasser Fahrbahn ist der Eisreifen weniger griffig als ein Normalreifen. Der Bremsweg wird dann sogar erheblich länger.

Die Kehrseite der Medaille sind allerdings die hohen Preise für diese Reifen, die noch dadurch erhöht werden, daß man auf jeden Fall vier gleichwertige Reifen montieren muß und nicht, wie bei den M+S-Reifen, mit zwei Reifen auf der Antriebsachse auskommt. Da die Fahreigenschaften dieser Reifen beträchtlich von jenen der anderen Reifen abweichen, hätte man bei nur zwei Eis-Reifen ein Fahrzeug mit völlig verschiedenen Bremseigenschaften auf der Vorder- und der Hinterachse. Die Vorder- oder Hinterräder ohne Spikes würden beim Bremsen auf Glatteis sofort blockieren und außerhalb jeder Lenkungskontrolle irgendwohin rutschen, während die mit Stahlspikes versehenen Räder nur geringe Bremskraft hätten. Zu den hohen Kosten kommt schließlich noch hinzu, daß Eis-Reifen besonders schnell verschleißen. Wem dies Geld nicht zu viel ist, der hat dafür aber eine ordentliche Portion zusätzlicher Sicherheit erworben, wobei allerdings auch davor gewarnt werden muß, mit solchen Reifen zu unbekümmert über vereiste Straßen zu fegen.

Den größten Effekt erzielen Eis-Reifen auf Gürtel-Reifen-Basis, denn sie bieten den zusätzlichen Vorteil des in sich unbeweglichen Gürtel-Profils mit entsprechend besserer Straßenlage. Aber sie sind auch besonders teuer, halten dafür jedoch wesentlich länger.

Die nachstehenden Preise gelten (einschließlich 11 % Mehrwertsteuer) im Frühjahr 1972:

Eis-Reifen	5.60—13 schlauchlos	5.90—13 schlauchlos	165 SR 13 mit Schlauch
Preis in DM	89,24	96,79	134,43

Fingerzeige: *Damit Sie nicht vor und nach jedem Winter die M+S- oder Eis-Reifen, die ja heutzutage mehrere Winter aushalten, mit den Sommer-Reifen auf den Felgen wechseln lassen müssen, sollten Sie sich weitere Felgen für Ihre Winterreifen beschaffen. Die Kosten sind durch erspartes Ummontieren einschließlich jedesmaligen Auswuchtens bald hereingeholt. Außerdem werden die Wulstränder durch ständiges Ummontieren auch nicht besser, man erspart sich dazu das Gedränge am ersten Glatteistag bei der Werkstatt,*

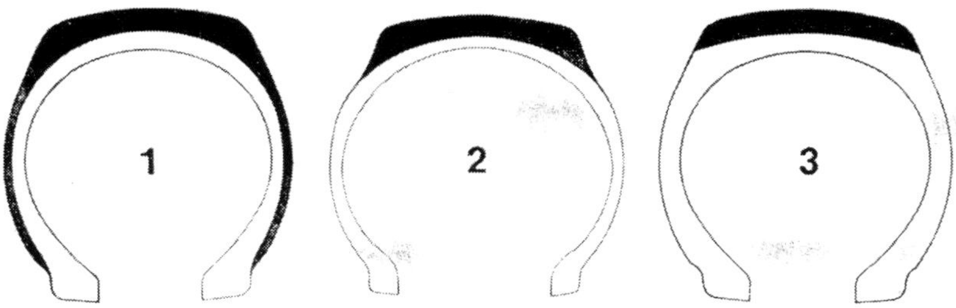

Die 3 Arten der Reifen-Runderneuerung: links (1) von Wulst zu Wulst — die beste und teuerste Methode.
(2) Erneuerung von Schulter zu Schulter, die einwandfreie Reifenwände bedingt.
(3) Laufflächen-Besohlung, ein billiges Verfahren, das von vielen Betrieben nicht mehr ausgeführt wird.

weil man die Räder schnell selbst umstecken kann und schließlich können Sie auch während eines milden Winters die Räder austauschen, wenn von Schnee und Eis weit und breit nichts zu sehen ist. Denn die Winterreifen sind zu teuer, um auf trockener Straße abradiert zu werden. Die Reserveradfelge wird in diesen „Sonderfelgen-Satz“ mit einbezogen, denn auch im Sommer kann als Ersatzrad ruhig ein Winterreifen mitreisen. Für den Notfall läuft er auch im Sommer einige hundert Kilometer mit.

Runderneuert

Ganz zu Unrecht stehen runderneuerte Reifen bei vielen Autofahrern in schlechtem Ansehen. Es gibt namhafte Betriebe, die sich fabrikmäßig mit der Runderneuerung abgefahrener Reifen befassen und auf diese Arbeit vertrauenswürdige Garantie geben. Solche Großbetriebe sind beispielsweise die Firmen Reifen-Holert, Peters Pneu Renova und Hammesfahr mit Geschäftsverbindungen im ganzen Bundesgebiet, Vergölst im Rhein-Main-Gebiet und Gummi-Mayer (Landau/Pfalz), die vor allem in Süd- und Südwestdeutschland vertreten ist, sowie Reifen-Reiff im Stuttgarter Gebiet. Die Fachleute guter Runderneuerungsbetriebe nehmen einen Reifen zur Runderneuerung erst nach gründlicher Inspektion an.

Wenn Gewebebrüche, bis auf das Gewebe abgefahrene Profile, Durchschläge, größere Verletzungen und mürbe Seitenwände festgestellt werden, lehnen sie die Runderneuerung ab. Mag man mit einem runderneuerten Reifen auch nicht mehr ganz die Kilometerleistung wie zuvor erreichen, so rentiert sich das Runderneuern doch durch den verhältnismäßig niedrigen Preis (ca. 30 bis 50 Prozent Ersparnis gegenüber Neureifen).

Man kann diese runderneuerten Reifen ohne weiteres auf die Vorder- oder Hinterachse montieren und braucht damit nicht ängstlich zu fahren, wenn die Arbeit in einer vertrauenswürdigen Firma gemacht wurde und Garantie auf die Runderneuerung gewährt wird.

Da man mit M+S-Reifen sowieso etwas zurückhaltender fahren muß, ist es eine gute Idee, den ersten Satz abgefahrener Rundschulterreifen mit einem M+S-Profil runderneuern zu lassen. Das geht ohne weiteres. So fertigen größere Betriebe auch perfekte Eisreifen mit Hartmetall-Spikes auf den abgefahrenen Normalreifen-Karkassen. Bei dieser Runderneuerung zum Eis-Reifen betragen die Mehrkosten gegenüber einem gleichartigen M+S-Profil im allgemeinen 15,– DM pro Reifen.

Lebenswichtige Einrichtungen

Die Wartungsarbeiten an der hydraulischen Bremsanlage sind an sich einfach. Trotzdem können wir sie nachstehend nur mit einigen Vorbehalten erklären: Denn von der sicheren Wirksamkeit der Bremsen kann unter Umständen Ihre Gesundheit und die anderer abhängen. Von der Werkstatt darf mit einiger Wahrscheinlichkeit erwartet werden, daß sie keinen Fehler an der Bremsanlage übersieht. Sich ihr in diesem Punkt anzuvertrauen, ist also nur ein Gebot der Klugheit. Andererseits: Wer Scheckheft-Routine-Besuche in der Werkstatt aufschiebt – z. B. wer sich nach der Garantiezeit mehr auf seinen Wagen verläßt, sollte dies nicht tun, ohne sich selber um seine Bremsen zu kümmern.
Es ist heutzutage kein Zeichen schlechten Fahrens mehr, wenn man viel auf das Bremspedal steigt. Der dichte Verkehr zwingt dazu. Jene Fahrer haben sogar einen Vorteil, die sich schon durch hartes Bremsen – freiwillig oder unfreiwillig – davon überzeugt haben, wie sich ihr Wagen dabei benimmt. Es ist durchaus nicht so, daß er dabei brav in der Spur bleibt. Je schärfer Sie bremsen, umso aufmerksamer müssen Sie auf die Lenkung achten.

Bremsen auf Funktion prüfen

Pflegearbeit Nr. 36

Damit sind wir schon bei einer Kontroll-Maßnahme – zunächst für die Fußbremse –, die wegen ihrer Wichtigkeit zum turnusmäßigen Inspektionsdienst für Ihren Wagen gehört. Sie soll nicht nur zeigen, ob Ihre Bremsen überhaupt funktionieren, sondern sie soll auch zeigen, ob sie es gleichmäßig tun. Dazu aus einer Geschwindigkeit von 40 bis 50 km/h auf verkehrsarmer gerader, nicht gewölbter Straße die Fußbremse betätigen und dabei das Lenkrad loslassen. Der Wagen muß in der Fahrtrichtung bleiben. Zieht er nach links, sind die Bremsen der rechten Räder nicht richtig in Ordnung (siehe unseren Störungsbeistand Seite 226). Bei den ersten Wagen der neuen 12 M-Serie neigten die Bremsen zum Quietschen. Das wurde inzwischen behoben.
Da sich die Bremsbeläge auf den Bremsbacken mit wachsender Betriebszeit abnutzen, wird der Leerweg des Bremspedals immer größer. Das spüren Sie am besten, wenn Sie es mit der Hand durchdrücken: Solange kein größerer Widerstand spürbar wird, spricht die Bremse nicht an. Der Leerweg soll $^1/_3$ des Gesamtweges nicht überschreiten. Ist das der Fall, müssen die Bremsen nachgestellt werden. Wie es die Werkstatt macht, erfahren wir im Praktiker-Teil auf Seite 221.

Notbremsung

Wird eine Notbremsung bei kalter Bremse vorgenommen, also wenn man vorher eine längere Fahrtstrecke nicht gebremst hat, neigt jeder Wagen zum Ausbrechen. Der Grund: Die plötzliche Bremsung läßt ganz plötzlich „Temperaturblitze" durch die starke Reibung zwischen Bremsbelag und Trommel entstehen, die unterschiedliche Bremskräfte hervorrufen. Der Bremsbelag, der ja aus vielen verschiedenen Stoffen (Asbest, Metallpulver, Kunststoff u. a.) zusammengesetzt ist, reagiert nämlich nicht gleichmäßig auf diese Temperaturerhöhungen. Unser Rat deswegen: Versuchen Sie bei unbelebter Straße einmal eine Notbremsung, zunächst aus mäßiger Geschwindigkeit, etwa 60 km/h, und dann auch aus 80–100 km/h. Aber Vorsicht, wenn Sie es noch nicht gemacht haben. Probieren Sie es nach und nach mit höherer Fußkraft. Nach diesen Übungen wissen Sie, wie sich Ihr Wagen im Notfall verhält. Noch ein Vorschlag: Bremsen Sie einmal den Wagen nur mit der Handbremse ab. Hier ist noch größere Vorsicht am Platz, weil das Wagenheck – je nach Ausgangsgeschwindigkeit – schlagartig wegschleudern kann. Immerhin wissen Sie dann, wie Sie sich zu benehmen haben, wenn die hydraulische Fuß-Bremsanlage ausfällt, und Sie noch zur nächsten Werkstatt fahren wollen. Alles schon dagewesen.

Bremsanlage auf Dichtheit prüfen

Pflegearbeit Nr. 38

Verfolgen Sie bei trockener Wagen-Unterseite (unter den Wagen kriechen, ihn hochbocken oder Hebebühne) den Verlauf der Bremsleitungen und -schläuche. Sie müssen trocken und nicht aufgequollen sein. Anschluß- und Verbindungsstellen besonders beachten. Bremsflüssigkeit kriecht auch durch den Schmutz. Wo der Schmutz schwarz wird, kann auf Undichtigkeit geschlossen werden.
Rütteln Sie etwas an den Verbindungsleitungen, die an den Vorderradbremstrommeln vom hinteren zum vorderen Bremszylinder führen. Feuchtdunkle Stellen innen an der Bremstrommel? Radzylinder könnte undicht sein. Werkstatt! Sind Scheuerspuren an den Schläuchen? Sind Staubkappen auf allen Entlüftungsventilen (auf den Radinnenseiten) aller Radbremszylinder? Bremsschläuche vertragen kein Benzin, Petroleum, Dieselkraftstoff oder Fett. Sie dürfen auch nicht lackiert werden. Weil Absprühöl natürlich Öl enthält, sollte es von den Bremsschläuchen ferngehalten werden. Das bedeutet praktisch: Wagen-Unterseite überhaupt nicht mit Sprühöl behandeln lassen. Bremsschläuche und -leitungen sind auch auf Beschädigung (Steinschlag) zu untersuchen.
Bremssystem auf Dichtheit prüfen: Fest auf Bremspedal treten; läßt Druck nach längerer Wartepause nach, sind Bremsleitungen, -schläuche, Rad- oder Hauptbremszylinder (hier besonders das Bodenventil) undicht. Die Eigenprüfung kostet nichts: öfter ausführen.

Vorrat der Bremsflüssigkeit prüfen

Pflegearbeit Nr. 25

Sie wissen, warum die Bremsanlage Flüssigkeit braucht? Weil sie den Druck auf das Bremspedal gleichmäßig weiterleitet. Früher geschah das mit Bremsseilen – wie jetzt noch an der Handbremse –, aber es war immer schwierig, mit Seilübertragung eine gleichmäßige Bremswirkung an allen Rädern zu erzielen.
Der mit einer Reservemenge gefüllte Bremsflüssigkeits-Behälter sitzt an der Spritzwand, links neben dem Motor (in Fahrtrichtung gesehen). Ihnen wird schon aufgefallen sein, daß er, weil er ein Teil mit dem Hauptbremszylinder bildet, aus Gußeisen besteht, also nicht durchsichtig ist, wie es heute bei den meisten anderen Personenwagen der Fall ist. Man kann also nicht durch einfache Blickprobe erkennen, ob er noch gefüllt ist. Erst nach dreijähriger Bauzeit (ab September 1964) wurde ein durchsichtiger Kunststoffbehälter in die Serie übernommen. Man muß also bei älteren Wagen (mit Trommelbremsen vorn) zum Prüfen den Deckel abschrauben. Wichtig: Vorher mit sauberem Lappen Schmutz entfernen, damit nichts in die Flüssigkeit gerät und zu verhängnisvollen Verstopfungen Anlaß gibt. Die Flüssigkeit soll 1 cm unter der Oberkante stehen,

Der Bremsflüssigkeitsbehälter sitzt vor der hinteren Spritzwand des Motorraumes vor dem Fahrersitz. An seiner Vorderseite sitzt unten der Bremslichtschalter mit den 2 Kabelanschlüssen. Der Behälter muß immer gut gefüllt sein. Das Loch in der Mitte des Verschlußdeckels darf nicht verstopft sein, denn es dient der Belüftung des Behälters, wenn Bremsflüssigkeit in das Bremssystem nachfließt.

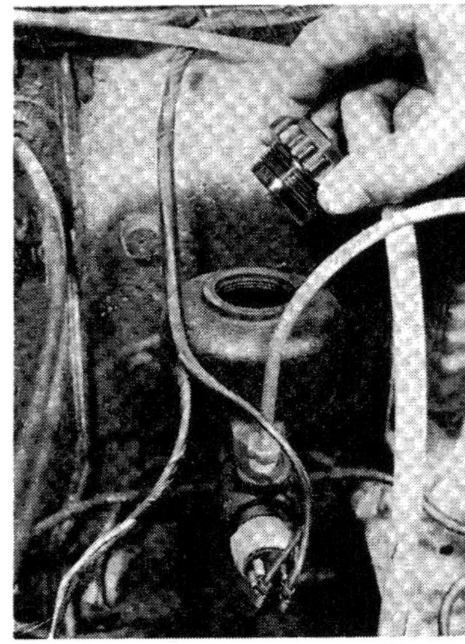

weiter darf sie nicht abgesunken sein. Eigentlich dürfte die Flüssigkeit nicht weniger werden. Doch sickert im Laufe der Zeit immer etwas aus dem Leitungssystem.
Zum Nachfüllen nur Original Ford- oder ATE-Bremsflüssigkeit verwenden. Muß zuviel nachgefüllt werden, sollte der Werkstatt Bescheid gesagt werden: Undichte Stelle. Auf keinen Fall, auch nicht als Notbehelf, darf Motorenöl verwendet werden. Bremsflüssigkeit ist ein synthetischer Stoff, der auch bei Kälte oder Hitze nicht dick- oder dünnflüssiger werden darf. Motorenöl zersetzt die Gummiteile der Bremsanlage.

Handbremse prüfen

Pflegearbeit Nr. 35

Die Handbremse wird so weit herausgezogen, bis 4 oder 5 Zähne auf der Zahnstange zu sehen sind (ab Baujahr 63, vorher mehr Zähne). Jetzt müßte sie eigentlich gut greifen, das heißt, daß sich der Wagen nicht durch Schieben hin- und herbewegen lassen darf. Ist dies aber möglich, muß sie nachgestellt werden. Die Wirkung der Handbremse zeigt sich auch, wenn sich der Wagen vorwärts oder rückwärts im Gefälle in Bewegung setzt, wenn die Handbremse angezogen ist und kein Gang eingelegt wird. Eigentlich müßte man mit angezogener Handbremse nicht anfahren können. So gut aber ist selten eine Handbremse. Über das Nachstellen erfahren wir das Nötigste ab Seite 222.

Fingerzeige: *Brennen die beiden Stopplichter? Probe: Beim Durchtreten des Bremspedals (Zündung eingeschaltet!) muß an Garagentor, Hauswand oder Hintermann roter Lichtschein entstehen. Das sollte man im eigenen Interesse so oft wie möglich prüfen.*
Bei Nebelfahrt hin und wieder auf Bremspedal gehen, um Stopplichter aufleuchten zu lassen. Das warnt – weil sie stärkere Birnen als die Schlußleuchten besitzen – noch wirksamer die Hintermänner.
Wissen Sie, ob das Stopplicht beim Bremsen noch brennt, wenn Sie die Zündung ausgeschaltet haben? Das ist nicht bei allen Wagen gleich. Da es Leute gibt, die zu ihrem Abstellplatz die letzten 100 m mit abgestellter Zündung rollen, sollte man das wissen. Wie ist das bei Ihrem Auto?

Wasser marsch

So wenig eine speckige Jacke und ausgefranste Hosen unser Ansehen heben können, so wenig gewinnt man mit einem verwahrlosten, schmutzigen und ungepflegten Auto die Achtung seiner Mitmenschen. Auch ein finanziell-nüchterner Grund regt zur Reinlichkeit am Auto an: Ein gepflegtes Auto ist mehr wert; vor allem, wenn es verkauft wird. Wer sich jahrelang um Wagenwäsche und Lackpflege keine Sorgen gemacht hat, kann dann auch nicht mehr viel retten – das Kleid des Autos ist verdorben. Der Lack soll Schönheit verbreiten und die Karosserie gegen Rost und Korrosion schützen.
Zur sachgemäßen Wagenwäsche braucht man sich nur an einige Grundregeln zu halten. Es gibt drei Verfahren:

- Schlauchwäsche mit fließendem Wasser und Bürste,
- Eimerwäsche mit dem Schwamm.
- Maschinenwäsche

Wenn es sich irgend ermöglichen läßt, sollte man die Wagenwäsche mit fließendem Wasser vorziehen. Auch der Tankwart wäscht den Wagen mit dem Schlauch, damit das Wasser den Schmutz abschwemmt. Der Schmutz darf nämlich nicht abgerieben werden, sondern die Schlauchbürste oder der Schwamm darf ihn nur lockern. Wird der Schmutz abgerieben, schmirgeln seine Staub- und Sandkörnchen über den Lack und zerkratzen ihn. Nach der ersten Mißhandlung dieser Art ist zwar noch nicht viel zu sehen, aber wenn man seinen Wagen eine Zeitlang auf diese Weise gereinigt hat, ist der Glanz des Lacks restlos hin. Deutlich kann man vor allem in Sonnenlicht die streifig zerschmirgelte Lackoberfläche sehen. Deshalb: Viel und noch mehr Wasser bei der Wagenwäsche.

Waschen mit dem Schlauch

Bei der Schlauchwäsche ist jedoch keineswegs ein großes Wassergeplantsche vonnöten. Wenn man nicht gerade die Radkästen ausspritzt oder das Fahrgestell reinigt, braucht der Wasserhahn gar nicht weit aufgedreht zu werden. Ein mäßig und ohne Druck fließender Wasserstrom aus dem Schlauch ist gerade richtig. Damit wird zuerst die ganze Außenhaut des Wagens „eingeweicht". Darauf kommt als zweiter Arbeitsgang die eigentliche Wäsche mit der Schlauchbürste, dem Waschhandschuh oder dem Schwamm. Am einfachsten ist eine Schlauchbürste (Preis 15,– DM), die man auf das Schlauchende aufsteckt und die ständig von frischem Wasser durchflossen wird. Noch besser ist allerdings ein Schlauchschwamm.
Praktisch ist auch ein Waschhandschuh, den man sich selbst aus einem alten, dichten Pelzstück schneidern kann oder den es auch als Perlon-Waschhandschuh für etwa 8,– DM zu kaufen gibt. Man stülpt ihn über die eine Hand und hält in der anderen Hand den Wasserschlauch mit dem fließenden Wasser. Natürlich geht es auch mit einem Schwamm, am besten mit einem großporigen

Naturschwamm, der allerdings in der Regel über 10 DM kostet. Auch grobporige Viskoseschwämme sind nicht schlecht und kosten nur 2 bis 3 DM. Ob Schlauchbürste, Waschhandschuh oder Schwamm, auf jeden Fall fährt man nur ganz leicht über den Lack und vermeidet jedes starke Reiben, wobei aus dem Schlauch ständig Wasser über die Stelle fließt, die gerade bearbeitet wird.
Ist dieses Werk vollbracht und keine graue Stelle vom Schmutz mehr sichtbar, kommt als dritter Arbeitsgang das Trocknen des Wagens mit dem Waschleder. Nichts anderes ist zum Trocknen des nassen Wagens wirklich geeignet als ein großflächiges Ziegen- oder allenfalls Rehleder. Und in diesem Falle müssen Sie einmal tüchtig in den Beutel greifen, denn ein echtes Ziegenleder kostet mindestens 12,– DM! Sie können sich statt eines teuren Waschhandschuhes einen billigen Viskoseschwamm kaufen, aber am Waschleder sollten Sie nicht sparen; alle Kunst- und Ersatz-Fensterleder taugen nicht viel. Sie sind auch zu klein, denn Ihr Waschleder soll mindestens 50 auf 50 cm groß sein. Nutzlos ist diese Anschaffung auch deshalb nicht, weil die Hausfrau beim Fensterputzen schnell merken wird, daß es sich mit solch einem echten Fensterleder doch leichter und besser arbeiten läßt.
Das Trocknen des Wagens kann man sich nicht sparen, denn das von der Luft angetrocknete Wasser würde mit der Zeit unvermeidbar einen grauen Film oder regelrechte Tropfenflecken auf den Lack bringen. Zum Trocknen des Wagens wird das Waschleder zuerst angefeuchtet, sonst nimmt es kein Wasser auf; aber das weiß man ja vom Fensterputzen. Dann zieht man das Waschleder Zug um Zug breit über die Karosserie, bis alle Wassertropfen weggewischt sind. Jetzt braucht man mit dem Reiben nicht mehr so ängstlich zu sein, denn schmirgelnde Sandkörnchen gibt es ja nicht mehr auf dem Lack und alle paar Minuten wird das Waschleder frisch ausgewaschen.

Windschutzscheibe reinigen

Wenn man zum Trocknen der Scheiben das Waschleder nimmt, dann werden Spuren von Lackpflegemittel auf das Glas übertragen. Bei Regen gibt dies auf der Windschutzscheibe die störende Schlierenbildung, die bei entgegenkommenden Scheinwerfern alle Sicht nimmt. Deshalb die Windschutzscheibe mit einem Ersatz-Fensterleder trocknen oder anschließend nachhaltig mit einem Lappen das Messingputzmittel Sidol – nicht zu verwechseln mit dem in diesem Falle nicht wirksamen Sidolin – gründlich abreiben. Dieses Mittel hilft gegen die „Silikonpest". Silikon wird in manchen Lackpflegemitteln in Spuren verwendet; es ist ein sehr wirksames Konservierungsmittel, aber auf Scheiben weniger angenehm. Doch besteht hartnäckiger Film auf den Windschutzscheiben auch aus Dieselabgasen von Lastwagen. Auch fettige Bestandteile aus dem hochgespritzten Pfützenwasser setzen sich dort fest. Gegen diesen Silikon-Fett-usw.-Film auf der Windschutzscheibe kann man auch dem Scheibenwasch-Wasser ein geeignetes Mittel – an Tankstellen erhältlich – beimischen.

Eimerwäsche

Nur wenigen Autobesitzern ist es möglich, im Hof, Garten oder auf dem Platz vor der Garage einen Schlauch an die Wasserleitung anzuschließen und loszuspritzen. Andere müssen, wenn sie ihren Wagen waschen wollen, zum Eimer greifen. Wenn, dann sollten es aber mindestens 2 Eimer sein, denn mit einem ist das nichts. Für die Eimerwäsche gilt nämlich das gleiche wie für die Wäsche mit dem Wasserschlauch: viel Wasser. Da aber in einem Eimer die Brühe schnell trübe ist, schmirgelt man bei dieser falschen Sparsamkeit immer wieder den darin schwebenden Sand und Staub über den Lack.

Die wichtigsten Requisiten für eine ordentliche Wagenpflege sind hier zusammengestellt. Wenn kein fließendes Wasser zur Verfügung steht und eine Schlauchwäsche nicht möglich ist, sollten jedoch mehrere Wassereimer vorhanden sein, denn an Wasser darf bei der Wagenwäsche nicht gespart werden. Die grobe Bürste wird nur zur Säuberung der Räder und Radkästen gebraucht.

Zuerst den ganzen Wagen mit Wasser aus dem Eimer übergießen, damit der Schmutz aufweicht. Also auf keinen Fall sofort mit dem nassen Schwamm auf dem trockenen Schmutz herumfummeln! Dann stehen zwei Eimer zur Verfügung – am besten Kunststoffeimer und keine Zinkeimer, damit es nicht sofort Kratzer und Beulen gibt, wenn man einmal mit ihnen an den Wagen stößt. Im einen Eimer wird der schmutzige Schwamm ausgewaschen, im anderen der saubere Schwamm mit Wasser vollgesogen und Zug um Zug unter ständigem Auswaschen und mit sehr nassem Schwamm der ganze Wagen von oben nach unten gewaschen. Und immer wieder frisches Wasser herbeischleppen. Die Mühe, die man sich mit dem öfteren Wasserwechsel macht, wird nachher mehrfach bei der Lackpflege an Geld und Zeit eingespart. Zum Abwaschen des gröberen Schmutzes an den Stoßstangen, den Felgen und in den Radkästen eine Waschbürste oder eine simple Wurzelbürste benutzen.
Manche Leute gehen, damit sie das Wasser in den Eimern nicht zu weit zu schleppen brauchen, an einen Fluß oder Bach, um dort ihrem Wagen wieder Glanz zu verleihen. Aus Gründen des Gewässerschutzes ist das grundsätzlich verboten und kann erhebliche Bestrafung nach sich ziehen (bis 500 DM). Es kann aber auch in der Stadt verboten sein, den Wagen am Straßenrand zu waschen. Wir empfehlen dann, einen Waschplatz bei einer Tankstelle zu benutzen. Dort können Sie für rund 3 DM Ihr Auto selbst waschen.

Nicht in der Sonne waschen

Auch bei der Eimerwäsche wird zum Schluß mit dem großen Waschleder getrocknet. Wenn man das der Sonne überläßt, sind Wasserflecken unvermeidbar.

Schlauchwäsche ist gut, aber nicht so! Der harte Wasserstrahl preßt die Schmutzteilchen mit hohem Druck über den Lack. Das ergibt eine Schmirgelwirkung, die auf die Dauer den Lack blind werden läßt. Harter Wasserstrahl ist nur für die Radkästen, die Felgen und die Fahrzeugunterseite gut. Der Schmutz der Oberseite soll dagegen mit drucklos fließendem Wasser abgeschwemmt werden.

Die Windschutzscheibenreinigung allein mit Wasser genügt auf die Dauer nicht, denn auf ihr setzt sich öliger Dunst von Motorabgasen und eventuell auch etwas Silikon aus Lackpflegemitteln ab. Dieser Rückstand läßt sich am besten mit Großmutters Messingputzmittel Sidol beseitigen. Es ist billiger, aber mindestens so wirkungsvoll wie viele andere für diesen Zweck angebotene moderne Spezialmittel.

Die Folge: Der Selbstwäscher muß das Fahrzeug schleunigst in den Schatten schieben, noch einmal Wasser darüber schwemmen und im Schatten abledern, damit der Lack wieder Glanz erhält. In schattenloser Gegend zuerst die im Schatten liegende Wagenseite waschen und abledern, dann den Wagen drehen und die andere, nunmehr im Schatten liegende Seite reinigen. Trotzdem wird es auf dem Wagendach Flecken geben, wenn das Karosserieblech durch die Sonne stark erwärmt ist. Auch die Haube über dem heißen Motor braucht viel Feuchtigkeit, damit sie nachhaltig abkühlt und das Wasser nicht antrocknet.

Viel Wasser ist die Hauptsache

Vielleicht wundern Sie sich, daß bis jetzt noch gar nicht von einem der zahllosen Waschmittel und Autoshampoos die Rede war, die einem in großformatigen Zeitschriften-Anzeigen vor Augen gestellt werden. Das hat seinen Grund: Noch immer ist reichhaltiger Wassergebrauch das wichtigste beim Wagenwaschen, und man sollte so lange sein Fahrzeug ohne Shampoo oder sonst ein Mittel mit klarem Wasser waschen, solange der Lack nach dieser Wäsche seinen einwandfreien Glanz zeigt, das Regenwasser Perlen bildet und nicht konturenlos zerläuft. Denn der allzuhäufige Gebrauch dieser Wagen-Kosmetika hat das gleiche Ergebnis wie bei jungen Damen: Ihre jugendfrische Haut braucht's eigentlich nicht und wenn sie damit beginnen, geht's nicht mehr ohne.

Automatische Waschanlagen

Im Grunde sind die automatischen Waschanlagen natürlich eine sehr schöne Einrichtung. In Minutenschnelle ist der Wagen gereinigt und blitzt und blinkt. Aber völlig bedenkenlos sollte man seinem Auto die Schnellwäsche nicht zumuten, wenn dabei auch ca. 220 Liter Wasser über die Karosserie rieseln. Die rotierenden – wenn auch sehr weichen – Waschbürsten bearbeiten den Lack recht intensiv. Bei einem stark verschmutzten Auto wird dem Dreck gar nicht Zeit gelassen aufzuweichen, und trotz der dabei verwendeten Menge Wasser kann die Lackoberfläche angegriffen werden. Das oft dem Wasser beigemengte „konservierende" Wachs dient mehr dem schnelleren Trocknen. Eine solche automatische Waschbehandlung ist für den Lack in gewissem Maße aggressiv und vor allem soll man ein frisch lackiertes Auto aus einer derartigen Anlage fernhalten. Neuer Lack ist noch weich und keineswegs widerstandsfähig und darf nur mit reinem Wasser ohne Zusätze gewaschen werden.

Glänzende Angelegenheit

Vom alten Opa Ford wird berichtet, daß er nach Einführung seiner rationellen Produktionsmethoden erklärt habe, seine Kunden könnten die Ford-Wagen in jeder Farbe geliefert bekommen, solange diese Farbe schwarz sei. Denn in jenen Zeiten war das Lackieren der Autos eine zeitraubende Angelegenheit, die durch vielfältige Farbwünsche noch zeitraubender geworden wäre und daher beim alten Herrn Ford nicht in Frage kam.

Dann nahm man statt des Pinsels die Spritzpistole und pustete damit Nitrolacke auf die Autos. Das ging schon wesentlich schneller und war in einigen Autofabriken noch nach dem letzten Krieg im Brauch. Aber mit der steigenden Autoproduktion war es doch nicht mehr schnell genug, und heute gibt es praktisch nur noch Sonderlackierungen in Nitrolack. Allenfalls werden beim Nachlackieren eines zerbeulten Kotflügels von den Autolackierern noch Nitrolacke verwendet. Serienmäßig werden heute Personenwagenkarosserien in der Regel mit Kunstharzlack gespritzt und anschließend wird der haftende Lack in besonderen Hitzekammern unter ungefähr 120 ° C eingebrannt. Das gibt eine besonders widerstandsfähige dünne Lackierung mit hervorragendem Glanz. Daß die Lackschicht noch nicht $^{1}/_{10}$ mm stark ist, ist kein Nachteil, denn dadurch kann sie allen Bewegungen des Bleches nachgeben, eine dicke Lackschicht würde dagegen brechen und splittern. Die darunter liegende Grundierung wird sogar mit 160–180 ° C eingebrannt.

Ford wendet seit etwa Mitte 1964 das sogenannte Electrocoating-Verfahren an. Mit Hilfe von Gleichstrom werden negativ geladene Farbteilchen, die in einem Wasserbad enthalten sind, zur Rohkarosse befördert, die als Positiv-Elektrode (Anode) durch ein Tauchbecken bewegt wird. Die Farbteilchen setzen sich fest und bedecken sehr gleichmäßig das Blech, auch die sonst unzugänglichen Ecken und Schweißpunkte.

Die geradezu hauchdünne Lackierung wird außerordentlich strapaziert. Sie muß Regen, trockene Luft, strahlend heiße Sonne, arktische Kälte, dagegen prasselnde Staubkörnchen und die chemische Wirkung der Insektenleichen aushalten, ohne jeweils allzuviel Schönheit einbüßen zu dürfen. Auch dem Dehnen und Biegen des dünnen Karosseriebleches muß der Lack nachgeben, ohne daß er dabei reißen oder brechen darf.

Auch der beste Lack hält so etwas natürlich nur eine gewisse Zeit lang aus, wenn man ihm nicht die notwendige Pflege zukommen läßt. Ungepflegter Lack verliert mit der Zeit seine Elastizität, er „altert", indem sich die Poren erweitern, Feuchtigkeit eindringt und die Farbschicht von innen heraus zermürbt. Der im Kunstharzlack enthaltene „Weichmacher", der ihm seine Elastizität verleiht, verflüchtigt sich allmählich, und die einzelnen Farbkörnchen liegen nicht mehr eingebettet im Lack, sondern stehen spröde ab, wodurch er ein stumpfes Aussehen erhält.

Lackpflege beginnt mit der Wagenwäsche

Diesem Alterungsprozeß soll die Wagenpflege vorbeugen. Dabei müssen beide Eigenschaften des Lackes in gleicher Weise unterstützt werden: Schutz der Karosserie gegen Rost und schönes Aussehen des Wagens.

Die Lackpflege beginnt schon bei der Wagenwäsche. Nicht umsonst empfehlen wir, daß bei der Wagenwäsche mit möglichst viel Wasser abgeschwemmt werden muß, und nicht abgerieben werden darf. Sonst ergibt sich mit der Zeit unvermeidbar eine häßliche „Mattierung" des Lackes.

Die reine Wasserwäsche reicht so lange aus, als das Wasser in kleinen Tropfen über den Lack perlt. Das ist nur ein Anhaltspunkt, denn diese Wasserperlen bilden sich auch, wenn man den Lack mit Petroleum einreiben würde, was wirklich kein geeignetes Pflegemittel ist. Es kann trotzdem durchaus möglich sein, daß Lackpflege dringend notwendig ist. Wenn jedoch das Wasser keine Perlen mehr bildet, sondern teigig und ohne Ränder über den Lack läuft, ist auf jeden Fall eine Lackbehandlung fällig.

Kein Haushalts-Spülmittel verwenden

Mit einem Auto-Shampoo läßt sich auch hartnäckiger Schmutz leicht vom Lack beseitigen. Keinesfalls soll man aber zur Wagenwäsche eines der im Haushalt durchaus bewährten Spül- und Reinigungsmittel verwenden, auch wenn auf dem Etikett nebenbei irgend etwas von Autopflege steht. Was nämlich zur Reinigung von Glas, Prozellan und Eßbestecken sehr wirkungsvoll ist, taugt nur selten für den stets porösen und geschmeidigen Autolack. Die Oberfläche von Glas und Porzellan ist hart und selbst für scharfe Reinigungsmittel unangreifbar. Gutes Auto-Shampoo ist jedoch als Spezialmittel stets alkalifrei, milde wirkend und – wenn es seinen Namen wirklich verdient – rückfettend, d. h., es gibt dem Lack gewisse „Nährstoffe", die ihn frisch und elastisch erhalten. Darauf haftender fettiger Schmutz, der z. B. von Dieselqualm besonders hartnäckig ist, muß einerseits durch das Auto-Shampoo gelöst werden, andererseits darf der Lack aber auch nicht durch diese fettlösende Wirkung ausgemagert werden.

Auto-Shampoo direkt auftragen

Um die rückfettenden Wirkstoffe eines guten Auto-Shampoos nicht zu verschwenden und sinnlos in den Ausguß zu schütten, soll man es nicht, wie oft von den Herstellern empfohlen, im Eimer anrühren und dann auf den Wagen verteilen. Sondern es ist wesentlich rationeller, wenn es nur wenig verdünnt mit dem feuchten Schwamm direkt auf den Wagen aufgetragen wird, nachdem das Fahrzeug durch die Vorwäsche vom groben Schmutz gereinigt ist. Das Auftragen soll am besten mit einem kleinporigen Schwamm erfolgen, wobei sich die preiswerten Viskoseschwämme besonders bewähren. Hier ist also der großporige Naturschwamm, der sonst für die Wagenwäsche besonders geeignet ist, nicht am Platze. Mit dem kleinporigen Schwamm und dem direkten Auftragen wird die lackschonende Wirkung unterstützt.

Bei dieser Direktauftragung mit dem Schwamm wird mancher den wunderschönen Schaum vermissen, der sich beim Anrühren im Eimer in dicken Flocken zeigt. Aber dieser Schaum ist im wahrsten Sinne des Wortes nur Schaumschlägerei, die vielen Autofahrern sehr eindrucksvoll vorkommt, aber für den Lack ganz uninteressant ist. Die Werbesprüche, die Schaumflocken hielten die Schmutzteilchen in der Schwebe, halten einer wissenschaftlichen Nachprüfung nicht stand. Oder kann man sich mit der prachtvoll schäumenden Rasiercreme etwa wirkungsvoll die Hände waschen? Na, bitte!

Was ist die „rückfettende" Wirkung?

Um noch die angebliche oder wirkliche „rückfettende Wirkung" zu erklären: Ein gutes Auto-Shampoo muß in die feinen Poren und Ritzen des Lackes eindringen, den darin sitzenden Schmutz herauslösen, der dann durch die rückfettenden Substanzen des Shampoos ersetzt wird. So werden die feinen Poren mit schmutzabweisenden Teilchen ausgefüllt und die einzelnen Farbpartikelchen stehen wieder elastisch zueinander. Viel Wasser ist überdies beim Abschwemmen des Shampoos notwendig, um so mehr, je älter der Lack ist, damit auch wirklich alle fettlösenden Anteile aus den Ritzen und Poren herausgeschwemmt werden.

Natürlich muß die Shampoo-Wäsche im Schatten ausgeführt werden, obgleich es nichts schadet, wenn gut rückfettendes Auto-Shampoo leicht antrocknet. Dann kann es sogar tiefer und wirkungsvoller in die Lackporen eindringen. Schädlich ist allerdings das Antrocknen, wenn man ein billiges, nicht rückfettendes Auto-Shampoo benutzt, das dann Zeit hätte, den Lack völlig auszulaugen.

Nicht „überpflegen“

Man sollte die Shampoo-Wäsche nur dann anwenden, wenn die Wäsche mit klarem Wasser keine Wirkung zeigt: Nicht öfter als alle 2 Monate, wenn kein außergewöhnlicher Anlaß für kürzere Abstände besteht. Das könnte beispielsweise im Ruhrgebiet und in der Nähe von Fabriken mit intensiven Abgasen der Fall sein. Wer immer wieder mit einem Poliermittel an seinem Auto herumfummelt, wird eines Tages die nicht einmal 0,1 mm dicke Lackschicht durchpoliert haben. Wenn erst die Grundierung herausschaut, wird eine teure Nachlackierung fällig. Deshalb gilt bei der Lackpflege der Grundsatz, daß um so mehr Wirkung zu erzielen ist, je sparsamer man mit den Pflegemitteln umgeht und stets nur jenes nimmt, das gerade noch die angestrebte Wirkung zeigt. Bei gutem Lack genügt also gelegentliche Shampoowäsche und ein gutes Konservierungsmittel.

Auf dem Gebiet der Lackpflegemittel steht ein überreichliches Angebot zur Auswahl, zumal es für jeden einigermaßen schlauen Drogisten ein Kinderspiel ist, in seiner Waschküche Auto-Pflegemittel zusammenzurühren. Solche „Qualitäts-Erzeugnisse“ werden vorzugsweise auf Parkplätzen, an den Haustüren und in Ramschläden angeboten. Hierbei handelt es sich vielfach um schlichtes Bohnerwachs, das mit Lösungsmitteln flüssig gemacht und in bunte Dosen abgefüllt wurde. Das ist also nichts, es kann sogar dem Lack erheblichen Schaden zufügen.

Andererseits gibt es auch kleine, strebsame Betriebe, die ausgezeichnete Lackpflegemittel herstellen, weil sie mit guter Qualität ins Geschäft kommen wollen. Wer von seinem fachkundigen Tankwart etwas empfohlen bekommt, was dieser selbst mit gutem Erfolg ausprobiert hat, kann auch ein Produkt einer unbekannten Marke kaufen. Aber im allgemeinen ist es besser, sich an die großen Marken dieser Branche zu halten, die einen Namen zu verlieren hätten, wenn sie Schund verkaufen würden. Wir denken dabei an die Marken

- Rex
- Polifac
- Wenol
- 1 – Z
- Johnson
- Pingo

Fingerzeige: *Kaufen Sie keine sogenannten Universal-Lackpflegemittel, mit denen sich angeblich sowohl neue wie alte Lacke gleichermaßen gut pflegen lassen sollen! Leider gibt es auch unter guten Markennamen solche abzulehnenden Universalmittel. Die können einfach nicht funktionieren, denn was für neuen Lack gut ist, taugt für alten nicht mehr, und umgekehrt sind Pflegemittel für verwitterten Lack auf jungem Lack viel zu scharf.*

Lassen Sie sich kein Autopflegemittel verkaufen, für das mit dem Hinweis „in USA millionenfach bewährt“ geworben wird. Wir treiben da keinen antiameri-

kanischen Nationalismus, sondern es geht einfach darum, daß die USA-Autos heutzutage mit Acrylharzlacken lackiert sind, die wesentlich aggressivere Lackpflegemittel vertragen, welche jedoch sehr oft für die hiesigen Kunstharzlacke schädlich sind.

Lackpflege von Stufe zu Stufe

Auch Ford bietet unter seinem Namen ein vollständiges Programm von Pflegemitteln an. Da man ja beim Hersteller wissen muß, wie man einem 12 M möglichst lange ein gutes Aussehen verleihen kann, ist es kein schlechter Gedanke, sich an diese Ford-Pflegemittel zu halten, wobei es aber nicht sicher ist, daß sie von allen Werks-Vertretungen auch geführt werden. Denn die anderen Pflegemittelhersteller geben unter Umständen eine größere Verdienstspanne als Ford an die Verkäufer. Man kann sie aber bestellen und wir führen auf Seite 146 deshalb eine besondere Zusammenstellung auf. Die Lackpflege ist in mehreren Stufen möglich, je nach Verwitterung des Lackes:

- Auto-Shampoo mit rückfettender Wirkung; das haben wir bereits besprochen.
- Wasch-Konservierer (z. B. von Rex und Polifac). Bei der Eimer-Wäsche gibt man bei der letzten Nachwäsche mit dem Schwamm einen Meßbecher voll Wasch-Konservierer in den Eimer mit klarem Wasser, wäscht damit den Wagen ab und ledert nun den Lack trocken (bei Rex) oder läßt die Feuchtigkeit in diesem Falle antrocknen (bei Polifac). Zum Schluß mit dem Poliertuch oder noch besser mit Polierwatte nachreiben. Es bleibt dann eine wachsartige Schutzschicht auf dem Lack zurück. Diese Konservierung ist bei einwandfrei gutem Lack angebracht, aber auch nicht bei jeder Wagenwäsche notwendig.
- Lack-Konservierungsmittel (Autopolish). Die Wirkung ist die gleiche wie bei einem Waschkonservierer, nur daß die Paste oder milchigtrübe Flüssigkeit erst nach dem gründlichen Abtrocknen des Lackes – am besten mit einem kleinen Spezialschwamm – aufgetragen wird. Anschließend mit Watte blank polieren. Auch diese Lack-Konservierungsmittel sind zumeist Wachspasten, sehr oft mit Silikonöl durchmischt. Nur jene Lack-Konservierungsmittel sind heute ohne Silikon, auf deren Verpackung dies ausdrücklich vermerkt ist. An sich ist Silikon ein sehr wirkungsvolles Konservierungsmittel, aber man kann darüber streiten, ob man es zur Lackpflege am Auto nehmen soll, denn vom Lack kommt es unvermeidbar auf die Windschutzscheibe, und dort ist es gar nicht erwünscht. Außerdem muß ein mit Silikon gepflegter Lack erst umständlich vorbehandelt

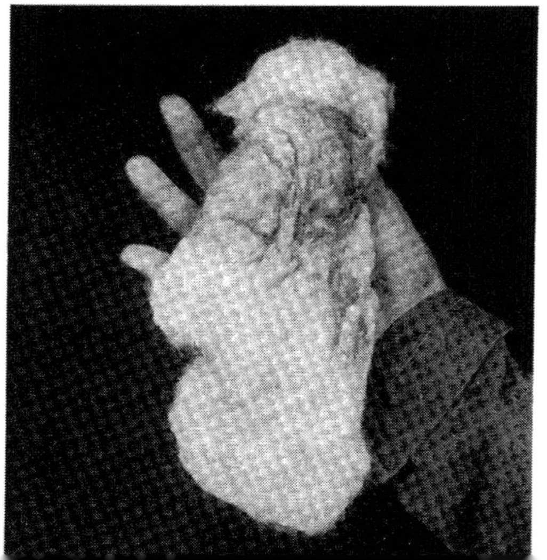

Bei den zahlreichen Lackpflegemitteln laufen die Bezeichnungen oft verwirrend durcheinander. Ihre schwersten Geschütze, die Poliermittel mit schleifender Wirkung, sollen nur sehr selten angewandt werden. Ob ein Lackpflegemittel den Lack schleifend angreift, läßt sich auf dem polierenden Wattebausch erkennen: Wenn der Lack auf ihm „abfärbt", handelt es sich um ein Poliermittel mit schleifender Wirkung. Bei geringer Abfärbung ist es zumindest ein intensiv wirkender Lackreiniger.

und geschliffen werden, wenn ein Lackschaden ausgebessert werden soll. Auf Silikon bildet der aufgesprühte Lack nämlich „Fischaugen" oder „Krater" durch chemische Zersetzung. Das wird dann teuer.

- Reinigungspolitur und Lack-Reiniger. Das ist schon ein schwereres Geschütz zur Lackpflege und sollte erst dann angewendet werden, wenn der Lack durch Industriedunst und Dieselqualm so stark verschmutzt ist, daß Auto-Shampoo nicht mehr hilft. Oder wenn sich Flugrost anzusetzen beginnt. Der Schmutz wird von der Reinigungsflüssigkeit aufgelöst und die Lackoberfläche ganz leicht angeschliffen, damit die „toten" Farbkörperchen weggewischt werden. Deshalb darf sich die Watte, mit der man den Lackreiniger aufträgt, auch ganz leicht in der Wagenfarbe färben. Wenn die Watte aber sehr intensiv Farbe annimmt, ist das Mittel bei nur verschmutztem Lack schon zu scharf, es handelt sich dann um eine intensiv schleifende Lackpolitur. Die Bezeichnungen gehen hierbei etwas verwirrend durcheinander. Ein echter Lackreiniger darf jedenfalls nur milde wirken. Nach der Behandlung des Lackes mit Lackreiniger muß eine Schutzschicht aus Lack-Konservierungsmittel aufgetragen und auspoliert werden.
- Lack-Politur und Schleifpolierpaste. Das ist das schwerste Geschütz, das nur bei stark verwitterten Lacken und sehr selten angewendet werden darf. An der Farbe, die in der Watte hängen bleibt, sieht man die schnelle und scharfe Wirkung, die manchen Autopfleger verlockt, auch bei geringerem Anlaß gleich zu dieser Brisanzgranate zu greifen. Das ist aber falsch, denn der Lack hält dies nur ein paarmal aus. Besonders an den Ecken und Kanten schaut schnell das Blech heraus. Solch eine Lackaufarbeitung macht man vor allem, wenn der Wagen verkauft werden soll. Dann lohnt sich auch die mehrstündige harte Handarbeit, die damit verbunden ist, denn um eine nachhaltige Wirkung zu erreichen, muß, je nach Gebrauchsanweisung, die ganze Prozedur in mehreren Arbeitsgängen vorgenommen werden.

Vorsicht mit der Poliermaschine

Mancher Heimwerker hat eine vielseitig verwendbare Bohrmaschine in seiner Privatwerkstatt, in deren Prospekt auch auf die Möglichkeit der Lackpolitur mit dieser Maschine verwiesen ist. Man braucht nur eine Lammfellscheibe aufzustecken, heißt es im Prospekt, und kann – nebenbei pfeiferauchend – in aller Gemütsruhe den Lack polieren. Vorsicht, das kann dem Lack übel bekommen, denn diese Universalmaschinchen drehen in aller Regel zu schnell, so daß zwischen der Polierscheibe und dem Lack Reibungswärme entsteht, die das Poliermittel plötzlich zersetzt oder festbrennt, so daß bitterböse Kratzer in den Lack gerissen werden. Will man die Reibungswärme vermeiden, reicht der Druck nicht aus, um das Poliermittel in die Lackporen zu drücken. Außerdem kann bei dem schnellen Drehen dazwischen geratener Staub oder Sand bereits eine große Fläche kreisförmig verschrammt haben, bevor man es richtig merkt. Bei der guten alten, wenn auch strapaziösen Handarbeit bemerkt man solch einen Schaden schneller und bevor er wirklich unangenehm wird. Selbst versierte Tankwarte und Wagenpfleger wollen von der Poliermaschine nichts wissen und strengen sich lieber mit der Hand an. Nur Lackierwerkstätten arbeiten zum Lackschleifen erfolgreich damit.

Chrom will gepflegt sein

Genau wie der Lack braucht auch die Verchromung Pflege und Schutz gegen Witterungseinflüsse. Chromschutzmittel gibt es ebenfalls in Massen. Man trägt sie auf und poliert sie mit einem weichen Lappen oder Polierwatte aus. Wie der Chromschmuck im Winter gepflegt wird, ist auf Seite 150 beschrieben.

Abends ein Pack patschnasser Zeitungsbogen oder nasse Lappen über die Karosserie-Vorderseite gelegt, ist ein gutes Mittel gegen angetrocknete Insektenleichen. Morgens ist der Schmutz aufgeweicht und läßt sich leicht **abwaschen**.

Teerspritzer und Insekten

Bei der Fahrt über frisch asphaltierte Straßen hinterläßt der hochgespritzte Splitt kleine schwarze Teerflecken auf dem Lack. Völlig falsch ist es, sie mit dem Messer oder auch mit einem Holz abschaben zu wollen. Das gibt Kratzer im Lack, die nicht weniger schäbig als die Teerflecken aussehen. Sie müssen chemisch aufgelöst werden. Das ist schon mit Petroleum gut möglich, besser ist aber ein besonderer Teer-Entferner, wie ihn auch Ford selbst anbietet.

Insektenleichen, die man im Sommer zu Tausenden auf der Wagenvorderseite auffängt, können den Lack verätzen, wenn sie nicht rechtzeitig beseitigt werden. Auch hier ist Herumkratzen nur schädlich. Ebenso falsch ist es, jedesmal mit scharfem Lackreiniger an diesen Stellen zu arbeiten. Die Insektenleichen gehen zwar davon weg, aber der Lack wird immer dünner. Das mildeste Mittel ist es, eine Schicht nasse Zeitungen oder nasse Lappen über Nacht auf die Insektenleichenfläche zu drücken. Und bei Wagenwäsche selbst hilft der kleine Insekten-Spezialschwamm, wie ihn beispielsweise Polifac anbietet. Das ist ein rauher und grobporiger Kunststoffschwamm, der sehr wirkungsvoll ist, den Lack aber nicht zerkratzt.

Pflegemittel aus dem Ford-Programm

	Bestell-Nr.	Preis
■ Reinigungs- und Frostschutzmittel für die Windschutzscheibe und den Scheibenwascher	527 618	4.50 DM
■ Schaumwäsche, Plastikflasche zu 1 kg	527 299	4.50 DM
■ Autopolitur mit Silikon, Dose mit 250 g	100 320	4.50 DM
■ Chrom-Nickel-Politur in Tube 65 g	107 040	1.70 DM
■ Chrompflegemittel, Tube zu 90 g	100 581	2.10 DM
■ Autopolitur, Paste in Tube 185 g	556 825	4.50 DM
■ Polsterreiniger, Flasche 250 ccm	546 822	2.45 DM
■ Teer-Entferner, Flasche 250 ccm	101 850	2.45 DM
■ Weißwandreiniger für Weißwandreifen, Plastikflasche zu 200 ccm	544 417	3.80 DM

Ob's stürmt oder schneit

Es ist nicht zu viel versprochen, wenn wir sagen, daß Sie an Ihrem 12 M besonders im Winter zwei angenehme Seiten entdecken werden: erstens die originell gesteuerte Heizung, die die erste warme Kühlflüssigkeit aus dem Motor in den Wärmetauscher lenkt. Und zweitens werden Sie schon beim ersten Schnee herausfinden, daß sich Ihr 12 M durch seinen Frontantrieb sicherer und leichter lenken läßt als ein Wagen mit Heckantrieb.

Kühlflüssigkeit frostfest?

Auch der 12 M ist für einige vorsorgliche Maßnahmen im Winter dankbar. Da steht an erster Stelle vor Beginn der Frostperiode die Prüfung der Kühlflüssigkeit auf ihre Frostfestigkeit. Im Verlauf des Sommers kann ja gelegentlich reines Wasser zugefüllt worden sein, so daß die planmäßige Frostfestigkeit bis zu $-37\,°$ C nicht mehr besteht. Wie man die Kühlflüssigkeit „spindelt" und was man beim Mischen der Kühlflüssigkeit für den 12 M zu beachten hat, ist ausführlich auf Seite 60 beschrieben.

Die Reifenfrage im Winter

In einem mäßigen Winter mit wenig Schnee und Eis wird man dank des Frontantriebes des 12 M auch ohne Winterreifen auskommen. Wer allerdings in gebirgigen und schneereichen Gegenden unterwegs sein wird, braucht M+S-Reifen. Rechtzeitig an den Kauf denken. Wenn erst einmal Schnee liegt, sind die Händler schnell ausverkauft oder man bekommt nicht die gewünschten Reifen. Der einfachste Weg, um zu M+S-Reifen zu kommen, ist das Runderneuern eines Satzes normaler Reifen mit M+S-Profil. Wer es ganz fein machen will, kann sich auch die teuren Eisreifen (siehe Seite 132) kaufen.

Gleitschutzketten

Das schwerste Geschütz gegen Eis und Schnee sind „Schneeketten", die bei Hochgebirgsfahrten und Alpenpässen auch dann noch weiter helfen, wenn M+S- und Eis-Reifen schon versagen. Man braucht beim 12 M nur 1 Paar für die antreibenden Vorderräder. Den Ausdruck „Schneeketten" mögen die Fachleute nicht, denn diese Ketten sind nicht nur für Schnee das letzte Mittel, sondern auch auf Glatteis und vereistem Schnee wirkungsvoller als die besten Eis-Reifen. Deshalb heißen sie offiziell „Gleitschutzketten". Viele Leute schwören auf sie, doch macht es den meisten Autofahrern zuviel Mühe, die Ketten mit klammen Händen immer wieder auf- und abzumontieren. Denn das ist unvermeidbar. Schon nach 30 oder 40 km flotter Fahrt auf trockener Autobahn können auch an der teuersten Gleitschutzkette die ersten Fetzen davonfliegen. Die Fahr-

Die 5 Schneeketten-Systeme, von links: Gummikreuzkette, Leiterkette, Zick-Zack-Kette, Spurkreuzkette und rechts Spurkreuzkette in besonders hochwertiger Chrom-Mangan-Ausführung. Die 3 ersten Kettenarten sind abzulehnen, sie können bei Schneeglätte gefährlich werden. Nur die feingliedrigen Spurkreuzketten sind empfehlenswert.

geschwindigkeit ist mit Gleitschutzketten begrenzt. Mehr als 80 km/h werden gefährlich. Etwas einfacher wird das Ummontieren, wenn man eine 6. Felge besitzt und dadurch zwei mit Gleitschutzketten fertig montierte Räder im Kofferraum hat. Bei Bedarf kann man dann einfach die beiden Vorderräder – mit M + S-Reifen – abmontieren und durch die Räder mit Rundschulterreifen und Gleitschutzketten ersetzen. Beim Ummontieren der Vorderräder auf Eis und Schnee muß der Wagen ganz besonders gut gegen Wegrutschen – auch gegen Wegrutschen des Wagenhebers! – gesichert sein.

Gleitschutzketten montiert man möglichst nicht auf M + S-Reifen. Gleitschutzketten müssen nämlich so locker auf den Reifen montiert werden, daß sie während der Fahrt darauf „wandern" können. Sonst gibt es derartig einseitige Spannungen in den Kettenteilen, daß diese reißen oder den Reifen beschädigen. Wegen der hohen Profilstollen der M + S-Reifen können die Ketten aber auf dieser Reifensorte nicht wandern, sondern sie verklemmen sich daran und reißen unter Umständen ganze Profilstollen einfach weg. Deshalb Gleitschutzketten möglichst nur auf Sommer-Reifen montieren. Und einen Meter besonders zähen Draht mitnehmen, damit man unterwegs mit Hilfe der Kombizange etwa losgerissene Kettenglieder wieder zusammenflicken kann. Die meisten Kettenhersteller liefern Ersatzstücke, die ein guter Schmied einfügen kann.

Wenn Sie an die Anschaffung von Gleitschutzketten denken, dann kommen nur die tatsächlich feingliedrigen Spurkreuzketten in Frage. Alle anderen Ketten, wie „Leiter"-Ketten, „Zick-Zack"-Ketten oder „Gummi"-Ketten sollten überhaupt nicht zur Diskussion stehen, weil sie veraltet und gefährlich sind. Bei diesen Ketten liegt nämlich nicht ununterbrochen ein Kettenteil auf dem Boden. So kann es beim plötzlichen Bremsen vorkommen, daß das eine Rad ungebremst auf dem Glatteis Schlitten fährt, während das andere Rad mit gerade aufliegendem Kettenteil gehemmt wird. Das ist der Anfang zu einer blitzartigen Karussellfahrt auf dem Eis. Genauso ist es bei den Zick-Zack-Ketten, deren aufliegende Kettenteile stets schräg zur Fahrtrichtung des Wagens auf dem Boden liegen. Und die zuletzt erwähnten Gummi-Ketten, deren Querstege aus Gummistreifen bestehen, haben kaum mehr Wirkung als M + S-Reifen, sind aber genauso teuer wie diese. Dann lieber gleich M + S-Reifen, während deren Laufzeit die Sommerreifen geschont in der Garage stehen können. Und überdies müssen Gummiketten sehr umständlich montiert werden.

Reifendruck im Winter

Gelegentlich hört man von Autofahrern, die es zu wissen glauben, beim Fahren auf Schnee und Eis müsse man den Reifendruck herabsetzen. Dadurch werde die Auflagefläche des Reifens größer und damit griffiger. Versuche der Reifenindustrie haben jedoch eindeutig ergeben, daß das Gegenteil der Fall ist. Durch die Luftdruckerhöhung wird nämlich der Reifen versteift, die Aufstandsfläche verkleinert und somit die Last, die pro Quadratmeter auf den Boden, auf Schnee oder Eis drückt, erhöht. Dadurch können die Profilstollen und Kanten besser greifen. Deshalb bei Winterfahrten die Reifen um 0,3 atü mehr als normal aufpumpen lassen.

Praktische Hilfen unterwegs

Sie können im Winter gut gebrauchen:

■ Eis-Schaber, um vereiste Scheiben zu reinigen. Er muß aus Kunststoff sein, damit die Scheiben nicht verkratzt werden. Manche Mineralölfirmen verschenken an die Stammkunden ihrer Tankstellen solche Eis-Schaber als Werbegeschenk, man kann auch einen „Teig-Schaber" im Haushaltswarengeschäft kaufen.

■ Sandsäckchen zum Streuen. Entweder ein oder mehrere dichte Leinensäckchen oder Kunststoffsäckchen mit möglichst scharfem Sand oder feinem Kies.

■ Schneeschaufel; aber kein kleines Handschäufelchen, sondern eine breite Kohlenschaufel, damit man sich notfalls durch eine hohe Schneewehe wühlen kann. Schnee kann man zur Not auch mit einer Radkappe wegschaufeln.

■ 2 Streifen zum Anfahren, jeweils ca. 50 cm breit und mindestens 1 m lang (von altem Teppich oder Kokosläufer). Diese Stücke unter die Vorderräder legen, wenn es auf Glatteis nicht mehr weiter geht. Was für diesen Zweck im Zubehörhandel an Gummimatten usw. angeboten wird, taugt dagegen nicht viel. Wichtig ist, daß man bei beiden Stücken an das eine Ende jeweils eine lange, starke Schnur befestigt. Damit wird der Teppichstreifen auf der für ihn zuständigen Wagenseite an die hintere Stoßstange angehängt, bevor man den Streifen vor den antreibenden Vorderrädern ausbreitet. Wenn man mit Hilfe der Teppichstreifen nämlich an der Steigung endlich ins Rollen gekommen ist, rutschen die Streifen an der Stoßstange einfach hinterher, bis man oben ist. Erst dann anhalten und die Streifen abhängen.

■ Eine Klarsichtfolie ist eine nützliche Hilfe gegen das Beschlagen des Heckfensters. Die freie Sicht nach hinten ist im Winter mindestens so wichtig wie im Sommer. Wie solch eine Klarsichtfolie befestigt wird, ist der jeweiligen Ge-

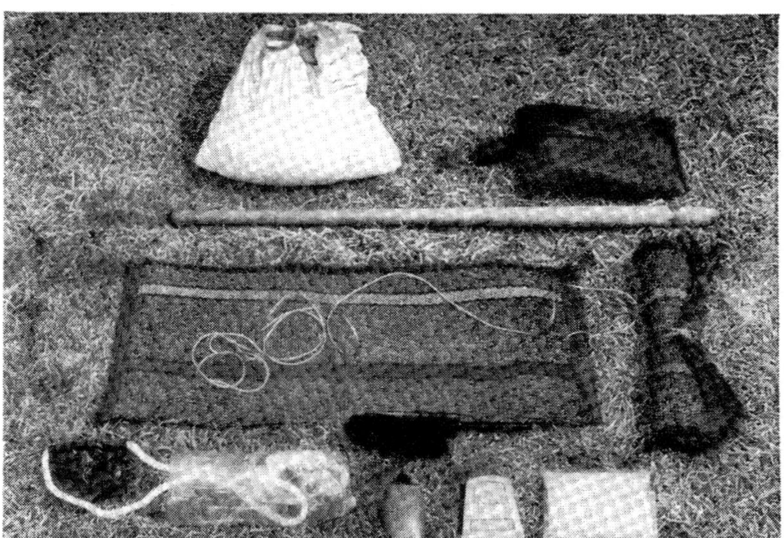

Für alle Winterfälle gerüstet und nicht kostspielig: Sandsack, auseinandernehmbare Kohlenschaufel, Unterlegmatten aus alten Kokosläuferstücken, Handfeger, Abschleppseil, Kunststoff-Flasche mit Brennspiritus, Eis-Schaber und Anti-Beschlagtuch.

brauchsanweisung zu entnehmen. Diese Befestigungsarbeit sehr sorgfältig ausführen, sonst rollen sich schon nach wenigen Tagen die Folienränder nach innen und das ganze Werk fällt ab. Andererseits geht's auch mit einem imprägnierten Anti-Beschlagtuch, mit dem man die Scheiben alle paar Tage abreibt.

■ Sprühdose mit Klarsichtmittel gegen vereiste Windschutzscheiben. Damit ist die Scheibe schnell und nachhaltig eisfrei, wenn man sie einsprüht und den Rest von den Scheibenwischern besorgen läßt. Billiger und genau so wirkungsvoll ist eine kleine Plastikflasche mit Brennspiritus.

■ Frostfestes Scheibenwaschwasser gehört natürlich im Winter in den Behälter (im Motorraum neben dem Heizungsgebläse an der hinteren Spritzwand). Man kann entweder ein Spezialmittel an der Tankstelle kaufen oder sich selbst eine frostfeste Mixtur aus $^2/_3$ Wasser und $^1/_3$ Brennspiritus zusammenrühren.

Chromglanz auch im Winter

Noch vor wenigen Jahren waren die Straßenräumdienste mit Lastwagen voll Sand und Split unterwegs, um dem Glatteis und dem festgefahrenen Schnee seine größte Gefährlichkeit zu nehmen. Seit dem Winter 1962/63 arbeitet man radikaler mit Auftausalz. Das ist ungereinigtes und mit Dreck vermischtes Kochsalz, das Schnee und Eis auch bei etlichen Kältegraden verflüssigt. Bekanntlich gefriert Salzwasser je nach Salzgehalt erst mehr oder weniger unter dem eigentlichen Gefrierpunkt von 0° C. Dieser salzige Matsch, der von den Reifen nach allen Seiten hin verspritzt wird, ist für Metall das reinste Gift. Wo sich das Zeug hinsetzt, beginnt bald der Rost zu blühen.

Lack und vor allem Chrom sind in diesem Falle keine ausreichende Schutzschicht. Die Verchromung könnte wirksamer sein, wenn sie nach guter Werkmannsart auf vorher einwandfrei verkupfertes und vernickeltes Metall aufgebracht worden wäre. Aber solch eine massive Verchromung ist nicht serienmäßig. So dringt eben das Salzwasser durch die feinsten Poren der Verchromung, unterwandert sie und frißt das Metall von innen heraus an. Das gibt dann die häßlichen Rostblüten, bis Chrom- und Lacksplitterchen abfallen und die Wühlarbeit des Rostes nicht mehr zu verbergen ist. Wichtig: Nach Fahrten über „gesalzene" Straßen den Wagen nicht in eine zu warme Garage stellen. Die Korrosion wird durch Wärme erheblich verstärkt.

Natürlich kann man auch seinen Chromschmuck im Winter gegen dieses aggressive Salzwasser wirksam schützen. Das wirksamste Mittel ist reine, säurefreie

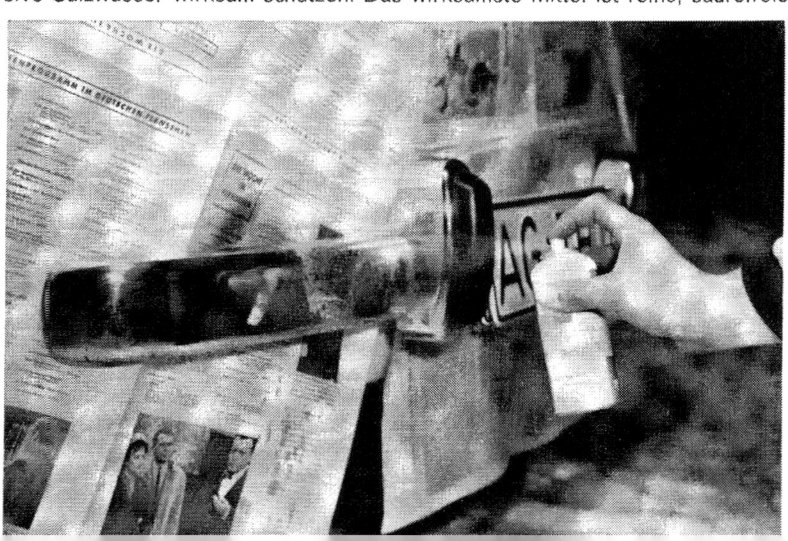

Seinen Chromschmuck schmiert man heutzutage nicht mehr mit Vaseline oder unansehnlicher Wachspaste ein, sondern sprüht am besten Chromschutzspray (z. B. Polifac) im Winter darüber. So bleibt die Zierde erhalten und ist zugleich gegen Rost geschützt.

Vaseline, aber sie wird durch hart anprallendes Spritzwasser mit der Zeit verdrängt und wirkungslos. Besser ist dann ein wachsartiges Unterbodenschutzmittel, mit dem man vor allem das Fahrgestell gegen Schneeschmelzwasser und Auftausalze schützt, wie etwa Tectyl. Es gibt auch eine Reihe weiterer Chromschutzpasten, die dem gleichen Zweck dienen. Aber alle diese Mittel verstecken den schicken Chromschmuck unter einer unansehnlichen Fett- oder Wachsschicht und werden unmodern. Wer auch im Winter Chromglanz haben möchte, der bebesorgt sich beispielsweise von der Firma Pingo-Erzeugnisse, München, eine Sprühdose Chromschutz-Wachs. Dieser Spray wird auf einwandfrei gesäuberte und getrocknete Verchromung dünn aufgesprüht und ergibt nach dem Auspolieren eine Schutzschicht, durch die das Chrom unverfärbt und strahlend hindurchschimmert. Auch von Polifac und anderen Herstellern gibt es in dieser Art „Chromschutz-Spray". Gewarnt sei aber vor Chromschutzlack aus Spraydosen, mit dem man einen glasklaren Lackfilm über den Chromschmuck sprühen kann. Das sieht im ersten Augenblick gut aus, aber der Lackfilm ist so zähe, daß man ihn im darauffolgenden Frühjahr nur mit Benzol mühselig oder überhaupt nicht mehr herunter bekommt. Und darunter eingeschlossene Feuchtigkeit bringt mehr Rost als auf Chrom ohne Schutzschicht.

Schutz für das Fahrgestell

Weniger auffällig, aber dafür sehr oft um so fürchterlicher, rostet im Winter das Fahrgestell vor sich hin, wenn es ungeschützt dem Schneeschmelzwasser und den Auftausalzen ausgesetzt ist. Der mit Sand und Split durchsetzte Schneematsch arbeitet ja am Fahrgestell wie ein Sandstrahlgebläse und schleift mit der Zeit den schützenden Lack ab, so daß das blanke Metall allen Rostangriffen preisgegeben ist. Eine wirksame Konservierung des Fahrgestells ist deshalb im Winter kein Luxus. Vorher ist eine besonders gründliche Unterwagenwäsche notwendig, denn es hat keinen Sinn, ein Konservierungsmittel auf den Schmutz aufzutragen – der Rost frißt dann unter dem hängengebliebenen Schmutz weiter. Die Zahl der angebotenen Mittel zur Fahrgestellkonservierung ist nicht gering. Allein in der Art dieser Mittel sind 4 verschiedene Verfahren zu unterscheiden, deren Wirksamkeit von einem knappen Monat bis zu einem vollen Jahr reicht. Parallel zu dieser steigenden Wirksamkeit steigen auch die Preise für die jeweilige Konservierung.

Sprühöl nicht empfehlenswert

Das einfachste Mittel gegen Rost ist an sich das Einsprühen mit Spezial-Sprühöl. Da Öl aber Gummi und Kunststoff angreift und Antidröhnmasse aufweicht, mit der Teile des 12 M-Fahrgestells – z.B. das Innere der Radkästen – bedeckt sind, ist das Einsprühen mit diesem Öl nicht zu empfehlen. Die Haltbarkeit ist auch nur von kurzer Dauer, je nach Witterung bis zu einem Monat. Eine weitere Gefahr besteht bei dieser Fahrgestellkonservierung darin, daß manche Tankstellen nicht das teure Spezialsprühöl, sondern Dieselöl oder sogar Altöl zum Einsprühen der Fahrgestelle benutzen oder das Sprühöl damit strecken. Dieselöl ist nämlich praktisch nutzlos, denn es verdunstet innerhalb weniger Stunden. Und Altöl ist schlimmer als gar kein Öl, denn es enthält zumeist Säuren, die den Rostfraß mehr fördern als hemmen.

Sprühmittel auf Wachsbasis

Die Sprühmittel auf Wachsbasis sind schon wesentlich wirksamer. Über den Daumen gepeilt – es kommt ja ganz auf die Witterung, den Salzgehalt, die Fahrtstrecken usw. an – halten sie etwa 3 Monate oder auch etwas mehr aus. Die Wachsbasis dieser Sprühmittel ist durch besondere Lösungsflüssigkeiten sprühfähig gemacht. Das Lösungsmittel verdunstet nach der Verarbeitung schnell, so

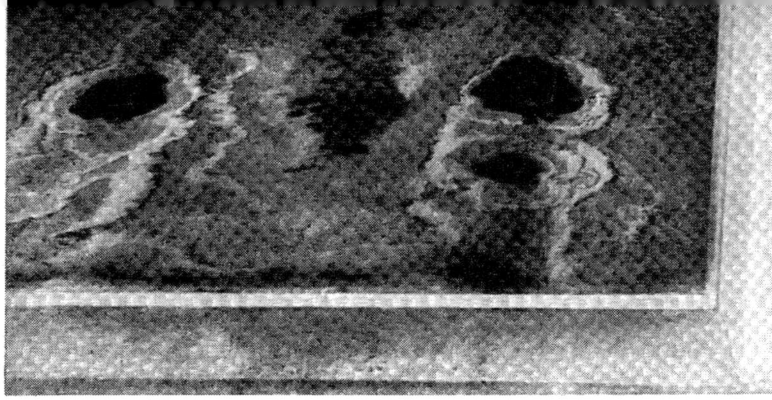

Wie stark die Salzkonzentration auf den Straßen sein kann, zeigt dieser Blick in eine Garage. Um die Aufstandpunkte der Räder sind weiße Salzringe angetrocknet. Das Salz frißt am Metall. Wärme hilft dabei. Deshalb darf die Garage nicht zu warm sein.

daß nur noch eine zähe Wachsschicht übrig bleibt, die auf dem Metall einen dichten Film bildet. Bevor solch ein Sprühmittel aufgetragen wird, muß allerdings das Fahrgestell einwandfrei gesäubert und getrocknet sein. An der Tankstelle kann man diese Trocknung mit Druckluft beschleunigen. Will man die Arbeit selbst machen, muß man nach der Wasser-Spritzerei bei kühlem Wetter sehr lange warten. Man kann sich mit einem elektrischen Heizofen behelfen, den man Zug um Zug unter dem Wagen umherschiebt. Er muß aber vor dem Einsprühen weggebracht werden, sonst entzündet sich daran das Lösungsmittel des Sprühwachses.

An der Tankstelle wird für das Einsprühen mit einem Sprühwachs zwischen 20 und 30 DM gefordert. Tectyl von Valvoline und Teroson Rostokal gibt es auch in Sprühdosen zu kaufen. Diese sind zwar zum Selbstsprühen des ganzen Wagens zu teuer – die Fahrgestellkonservierung kostet dann nicht viel weniger als an der Tankstelle –, aber solch eine Sprühflasche sollte trotzdem in der Bastelecke nicht fehlen. Damit kann man sehr gut und wirkungsvoll einen plötzlich entdeckten Rostfleck übersprühen, rostanfälliges Werkzeug konservieren und vor allem die besonders rostgefährdeten Stellen von Zeit zu Zeit nachsprühen, also beispielsweise die Kanten unter den Türen.

Von den Sprühmitteln auf Wachsbasis haben sich bewährt:

- Tectyl von Valvoline
- Shell-Unterbodenschutz
- BP-Energol-Unterbodenschutz
- Aral-Sprühwachs
- Anorustol 275 von Veedol

Sprühmittel auf Bitumenbasis

Noch zäher als Wachs und daher wirkungsvoller ist Bitumen, also Asphalt im landläufigen Sinne. Ein asphaltiertes Fahrgestell ist deshalb für etwa ein halbes Jahr gegen Rost wirkungsvoll geschützt. Allenfalls muß man dann einmal die Stellen, die der Spritzwirkung des mit Sand, Split und Salz durchsetzten Schneematsches besonders ausgesetzt sind, nacharbeiten. Die Behandlung ist ähnlich wie bei den Sprühmitteln mit Wachsbasis, aber das Reinigen der Sprühgeräte und der Pflegehalle ist wesentlich mühevoller, weshalb an der Tankstelle die Konservierung mit einem Sprühmittel auf Bitumenbasis mindestens 30 DM kosten wird. Die Selbstverarbeitung mit dem Staubsaugersprühgerät ist nicht empfehlenswert, da die meisten Staubsauger die erforderliche starke Sprühwirkung nicht haben und außerdem die Sprühwolke, wenn es doch geht, die gesamte Umgebung wirkungsvoll verkleistert. Das zuviel verspritzte Zeug läßt sich nur mit Petroleum entfernen, welches hinwiederum einen nicht jedermann angenehmen Geruch verbreitet.

Als Sprühmittel auf Bitumenbasis haben sich bewährt:

- Esso-Unterbodenschutz
- Caramba-Unterbodenschutz W 35 B

Die höchste Stufe der wirkungsvollen Fahrgestellkonservierung erreicht man mit einem Kautschukschutz. Das ist ein wirkungsvoller Daueruntersc hutz, der gleich mehrere Millimeter dick aufgesprüht wird, zugleich als Antidröhnmasse wirkt, aber dem Fahrgestell auch ein zusätzliches Gewicht von etwa 10 bis 12 kg anhängt. Voraussetzung für die Dauerwirkung dieses Unterbodenschutzes ist allerdings, daß das Fahrgestell nicht nur sauber gespritzt, sondern auch einwandfrei entfettet wurde. Selbst geringe Öl- oder Fettspuren weichen den gummiartigen Überzug nämlich an den betreffenden Stellen auf. Auch alle Roststellen müssen einwandfrei blank geschliffen werden, bevor der Unterbodenschutz aufgebracht wird. Zumeist befassen sich nur bestimmte Tankstellen und Werkstätten damit. Das kostet dann etwa 120 DM, hält allerdings, wenn kein Öl oder Fett darauf kommt, länger als ein Jahr. Das bekannteste Mittel auf Kauschukbasis ist „Original-Unterschutz Teroson". Es gibt dieses Mittel auch als „Teroson P" (Preis: 7,– DM je kg) zum Selbstauftragen mit einem harten und flachen Pinsel. Aber es ist natürlich schwer, mit einem Pinsel in die versteckten Fugen und Ecken zu gelangen, die besonders rostanfällig sind, während der Strahl aus der Spezial-Sprühpistole auch diese Fugen zuklebt. Deshalb eignet sich das Auftragen mit dem Pinsel mehr für die Nacharbeit an besonders beanspruchten Stellen, wenn dort der Schutzfilm nicht mehr einwandfrei ist. Billiger ist das Aufbringen des Teroson-Unterbodenschutzes beim Kauf des neuen Wagens. Dann erspart sich die Werkstatt die aufwendige Vorreinigung und man wird mit rund 100 DM davonkommen.

Dauerunterschutz auf Kautschukbasis

Bei diesen Sprühverfahren ist darauf zu achten, daß Gummiteile des Fahrgestells – etwa an den Bremsschläuchen – und die Reifen nicht besprüht werden, denn die Lösungsmittel greifen Gummi an und lassen ihn aufquellen. Ebenso ist, wie bereits erwähnt, in den Radkästen sehr vorsichtig zu sprühen, so daß der dort werkseitig aufgebrachte Antidröhn- und Rostschutz durch die Lösungsmittel nicht aufgeweicht und zerstört wird. Teroson kann man allerdings darübersprühen, denn es stammt aus der gleichen chemischen Familie. Nach dem Einsprühen: unbedingt Bremsprobe machen!

Fingerzeige: *Damit im Winter die Türschlösser und das Kofferraumschloß nicht einfrieren, spritzt man einen Tropfen Frostschutzmittel – z. B. mit alter Injektionsspritze vom Hausarzt – in das Schloß oder läßt ihn an einem dünnen Draht ins Schloß oder besser am Schließstift herunterlaufen. Bei der Wagenwäsche wird ein Streifen Tesa-Film über das Schloß geklebt.*

Wenn man zu Beginn der Frostperiode alle Gummileisten um die Türen intensiv mit Talkum oder Glyzerin einreibt, wird das Festfrieren zumeist vermieden.

Beim Abstellen des Wagens bei großer Kälte nie die Handbremse anziehen. Falls in den hinteren Bremstrommeln Feuchtigkeit war, können die Bremsen im Winter festfrieren. Deshalb im Winter den Wagen durch eingelegten ersten oder Rückwärts-Gang gegen Wegrollen sichern.

Wenn Sie eine vereiste Straße im Winter mit Ihrem 12 M absolut nicht hinaufkommen, versuchen Sie es noch einmal rückwärts. Dann sind die antreibenden Vorderräder tiefer und stärker belastet, somit wirksamer.

Auch im Winter braucht der Lack Pflege. Sie ist dann noch wichtiger als im Sommer, selbst wenn der Wagen ein paar Tage später schon wieder schmutzig aussieht. Öfter als im Sommer sollte der Lack mit Konservierungsmitteln gepflegt werden. Lackreiniger und polierende, d. h. schleifende Lackpflegemittel dagegen nicht verwenden, denn die Aufarbeitung des Lackes ist im kommenden Frühjahr erfolgreicher und nachhaltiger.

Bekleidungsfragen

An der selbsttragenden Ganzstahlkarosserie des Ford 12 M sind außer den beweglich daran hängenden Teilen nur die Beleuchtungseinrichtungen, die Stoßstangen und einiger Chromschmuck abschraubbar.

Stoßstangen auswechseln

Wenn es einmal eine Stoßstange erwischt, muß es nicht unbedingt gleich eine komplette neue sein, denn sie ist in der Mitte aus zwei Teilen zusammengenietet. Diese Nietstelle ist durch eine verchromte Spange überdeckt. Die Demontage erfolgt vorne und hinten in gleicher Weise. Trotzdem sind es unterschiedliche Teile, denn in der hinteren Stoßstange sitzen die beiden Lampen für die Kennzeichenbeleuchtung.
Zuerst mit Schraubenschlüssel SW 14 beidseitig außen die Halteschrauben lösen, mit welchen die äußeren Haltewinkel an der Karosserie befestigt sind. Dann von unten die Befestigungsschrauben (SW 19) lösen, mit denen die ganze Stoßstange an der weiter nach der Mitte zu liegenden Stoßstangenhaltern befestigt ist. Darauf Stoßstange abziehen und je nach Bedarf in ihre Einzelteile zerlegen.

Kofferraumdeckel und -schloß

Das Demontieren eines Kofferraumdeckels ist denkbar einfach. Man braucht dazu nur einen hoch gekröpften Ringschraubenschlüssel oder Steckschlüssel SW 14, mit dem die jeweils 2 Schrauben an den beiden Haltescharnieren zu lösen sind. Die Scharniere haben für diese Schrauben ovale Bohrungen, so daß der Deckel mit den Schrauben justiert werden kann, wenn das Schloß nicht richtig faßt.
Das Kofferraumschloß wird von innen mit einem Schraubenschlüssel SW 14 demontiert. Es läßt sich seitlich und die darunter liegende Schließplatte senkrecht justieren.

Motorhaube und Schloß

Ebenso einfach wie die Demontage der Kofferraumhaube ist das Ausbauen der Motorhaube. Sie ist ebenfalls an 2 Scharnieren mit je 2 Halteschrauben (SW 14) befestigt. Auch die Scharniere selbst lassen sich mit dem gleichen Schraubenschlüssel ausbauen.
Bis September 1963 hatte die Motorhaube des 12 M nur ein vorne zu öffnendes einfaches Federschloß mit zusätzlichem Fangbügel, der nach Ausrasten der Schenkelfeder zurückgedrückt werden muß, um die Motorhaube zu öffnen. Bei der späteren Ausführung hat die Motorhaube eine Verriegelung, die vom Fah-

Eine angeknickte Stoßstange und ein beschädigter Kühlergrill können, wenn die Karosserie keinen Schaden erlitt, leicht ausgewechselt werden. Man kann es ohne Schwierigkeiten selbst machen. Die Hauben-Entriegelung lag bei den ersten Wagen unterhalb des Kühlergrills, danach bis September 1963 über dem Grill. Jetzt wird der Haubenverschluß durch einen Zuggriff vom Fahrersitz aus betätigt.

rersitz aus betätigt wird. Diesen sicheren Verschluß kann man sich nachträglich für 13,50 DM zuzüglich Arbeitslohn einbauen lassen. Selbsteinbau ist nicht empfehlenswert, da einige genau sitzende Löcher gebohrt werden müssen.
Nach Einstellarbeiten an der Verriegelung oder Reparaturen an der Motorhaube muß darauf geachtet werden, daß der Fangbügel des Sicherungshakens einwandfrei in das dafür vorgesehene Loch in der oberen Querleiste des Kühlergitterblechs eingreift. Beim Durchfahren einer Querrinne, einer sonstigen Querverwindungsbeanspruchung der Motorhaube oder des Karosserie-Frontteiles kann das Haubenschloß aufspringen. In diesem Falle muß der Sicherungshaken funktionieren, sonst fliegt die Motorhaube vor die Windschutzscheibe und verdeckt dem Fahrer die Sicht. Das kann bei schlecht justiertem Sicherungshaken auch passieren, wenn etwa der Tankwart nach der Ölstandkontrolle die Motorhaube nicht bis zum Einrasten des Schlosses angedrückt hat. Ebenso den genauen Sitz des Schloß-Verriegelungshakens prüfen und die Kontermutter dieses Hakens gut anziehen.

Kühlergrill ausbauen

Zum Ausbau des verchromten Kühlergrills braucht man nur einen Kreuzschlitz-Schraubenzieher, mit dem die insgesamt 7 Blechschrauben zu lösen sind. Auch das neben dem Kühler hinter dem Kühlergrill montierte schwarze Abdeckblech ist mit Kreuzschlitzschrauben befestigt.

Tür ausbauen

Wenn man Ärger mit den Innereien der Tür hat, braucht man sie nicht gleich auszubauen. Bequemer ist es zumeist, von innen an der fest in ihren Scharnieren hängenden Tür nacheinander die Innenteile, soweit nötig, zu demontieren. Wie das vor sich geht, ist auf Seite 158 beschrieben.
Ist jedoch beim unbedachtsamen Öffnen der Tür ein Radfahrer dagegen gebraust, dann wird ihre Richtung kaum noch stimmen. Wenn nicht auch gleich die Scharniere und der Türrahmen mit verzogen sind, wird es sich schon rentieren, die Tür selbst auszubauen und durch eine neue zu ersetzen, denn in solchem Falle muß man in der Regel den Schaden selbst bezahlen.
Mit einem Schraubenschlüssel SW 14 sind an den beiden Türscharnieren zusammen 5 Schrauben zu lösen, 2 am oberen und 3 am unteren Scharnier. Das

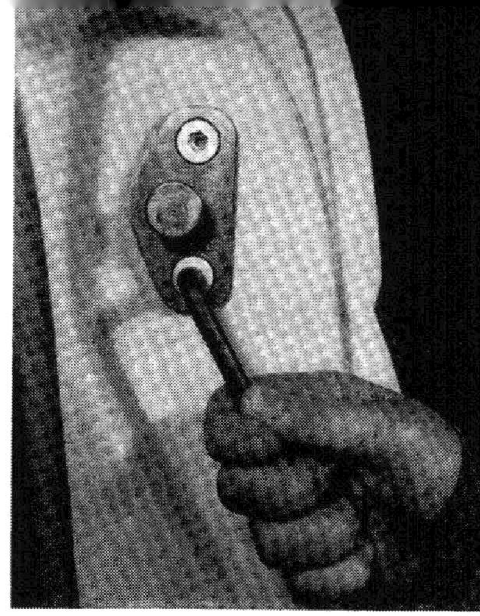

Wenn die Tür klappert, muß das Türschloß neu justiert werden. Dies geschieht durch Verstellen der Schließdorn-Platte am Innenholm der Karosserie. Dazu ist der Spezialschlüssel für die „Ribe"-Schrauben aus dem zusätzlichen Werkzeugsatz zum Ford 12 M notwendig. Mit diesem Spezialschlüssel werden die beiden Ribe-Schrauben gelockert. Dann wird die Schließplatte so nach innen oder außen geschoben, daß die geschlossene Tür flächenglatt — „bündig" sagt der Fachmann — zur Karosserie steht. Der Höhe nach muß die Schließdornplatte dabei so stehen, daß der Schließdorn genau in die Mitte des Aufnahmeschlitzes des Türschlosses einrastet.

ist alles, was den Ausbau der Tür betrifft. Nach dem Einbau der Tür oder wenn sie zu klappern beginnt, muß das Türschloß neu justiert werden. Dies geschieht durch Verstellen der Schließdornplatte am Innenholm der Karosserie, wie oben im Bild gezeigt.

Windschutz- und Heckscheibe

Der Aus- und Einbau der Windschutzscheibe ist nicht so schwierig, wie dies auf den ersten Blick zu sein scheint. Voraussetzung: Windschutzscheibe aus Sekurit-Glas (Sicherheitsglas), die im Inland serienmäßig eingebaut ist. Eine Verbundglas-Scheibe (Sigla) läßt sich nicht auf die beschriebene Weise ausbauen. Beim Ausbau der Sekurit-Windschutzscheibe, die vielleicht durch Steinschlag gesprungen ist, aber noch fest zusammenhält, muß man zu zweit arbeiten. Einer setzt sich auf die vordere Sitzbank und stemmt die Füße gegen die Windschutzscheibe. Unter die Schuhsohlen legt man je einen Lappen, damit die Scheibe nicht verkratzt wird und der Druck besser ausgeglichen ist. Von außen hält der zweite Mann mit den Händen an den gleichen Stellen gegen. Dann wird mit vorsichtigem Druck der Füße die ganze Scheibe zusammen mit dem Profilgummi nach außen „getreten". Dabei legt sich dessen innere Dichtlippe einfach um. Voraussetzung ist dabei, daß niemand den Profilgummi, was nicht sein soll, mit Klebstoff einmal an den Fensterausschnitt der Karosserie geklebt hat. Davon kann man sich leicht überzeugen, wenn man mit einem Nagel an einigen Stellen außen und innen die Dichtlippen des Profilgummis anhebt und darunter sieht.
Um die „herausgetretene" Windschutzscheibe liegt noch der Profilgummi-Rahmen. Aus dessen Vorderseite wird erst zuletzt die verchromte Zierleiste herausgezogen. Letztere soll die sehr breite Gummileiste so auseinanderdrücken, daß sie auf der Frontseite fest auf dem Glas aufliegt.

Beim Einbau einer Windschutzscheibe werden zuerst, wenn alte Teile benutzt werden, an der Scheibe und am Profilgummi die Reste des alten plastischen Dichtmittels sorgfältig abgekratzt. Nach dieser Reinigung oder bei neuem Profilgummi muß in die Fuge, die die Scheibe aufnimmt, etwas plastisches Dichtmittel eingedrückt werden. Dies ist also kein Klebstoff, sondern eine Masse, die zäh bleibt und das Eindringen von Feuchtigkeit verhindern soll. Unter der Ersatzteile-Nr. 109 101 ist diese dauerplastische Abdichtmasse in Tuben zu 250 g für 7 DM bei Ford zu bekommen. Dann Profilgummi-Rahmen um die Scheibe legen und rundum auf der Außenseite die Zierleiste einsetzen. Anschließend

in die Fuge hinter der inneren Dichtlippe rundum einen kräftigen Faden einlegen, dessen beide Enden unten in Scheibenmitte zusammentreffen. Da die innere Dichtlippe in den Falz des Fensterrahmens gleiten soll, wird sie auf der Innenseite mit Glyzerin eingerieben. Die äußere Dichtlippe auf ihrer Innenseite nun ebenfalls mit plastischer Dichtmasse leicht bestreichen.
Nach dieser Vorbereitung zu zweit weiter arbeiten. Während der eine von außen die Windschutzscheibe in den Fensterrahmen drückt, muß der andere von innen mit dem in die Innenfuge des Profilgrummis eingelegten Faden die innere Dichtlippe Zentimeter um Zentimeter nach innen ziehen. Dazu die Schnur fast parallel zur Scheibe straff ziehen. Abschließend von außen noch Dichtmittel zwischen Außenlippe und Scheibe drücken. Der Aus- und Einbau der Heckscheibe geht genauso vor sich.

So einfach der Einbau der Windschutzscheibe und der Rückscheibe auch ist, wir dürfen doch nicht verschweigen, daß der Selbsteinbau ein gewisses Risiko mit sich bringt. Je nachdem wie die Scheibe gebrochen ist, kann leicht auch eine Ecke des Fensterrahmens verbogen sein. Selbst wenn man den Blechrahmen scheinbar einwandfrei richtet, wird unter Umständen die Scheibe nach dem Einbau unter Spannung stehen. Das kann zur Folge haben, daß ein sonst harmloser Schlag gegen die Scheibe genau die spannungsschwache Stelle trifft und die ganze neue Scheibe zum Teufel geht. Dieses Risiko ist bei dem hohen Preis einer Windschutzscheibe in zweifelhaften Fällen eigentlich zu hoch. Genau so wird die Scheibe unter ungünstigen Spannungen stehen, wenn in der Scheibenfuge des Profilgummis Glassplitter zurückbleiben, die nun einseitig drücken.

Ausstellfenster montieren

Die beiden hinteren Seitenscheiben der zweitürigen Limousine sind Ausstellfenster. Zum Ausbau zuerst die 2 Kreuzschlitzschrauben des Haltebügels an der hinteren Fensterrahmenleiste lösen. Fenster ausschwenken, worauf im Scharnier 3 weitere Kreuzschlitzschrauben sichtbar werden. Herausschrauben und Fenster mit der Umrahmung herausnehmen. Auf der Unterseite der Umrahmung befinden sich vorne und an der hinteren Leiste unten je 2 kleine Kreuzschlitzschrauben, nach deren Demontage die Umrahmung auseinandergenommen werden kann. Die untere Fensterleiste sitzt in der Regel allerdings so fest, daß sie erst durch leichte Hammerschläge mit dem Gummihammer oder mit einem Holzkeil als „Meißel" losgehämmert werden muß.

Türteile demontieren

So einfach der Aus- und Einbau der bisher erwähnten Scheiben ist, so schwierig wird er bei den Türfenstern. Denn dazu muß die innere Türverkleidung abgenommen werden. Das geht nicht ohne eine messerklingenflache Spezialzange – die Federklammernzange zu 7,80 DM –, mit der als erstes Hindernis beim Ausbau eine Federklammer gezogen werden muß, welche den Fensterkurbelgriff gegen das Herausfallen sichert. Auch mit einer krummgebogenen Nadel läßt sich diese Federklammer zur Not herausziehen, aber beim Zusammenbau bekommt man sie auf diese Art kaum wieder hinein. Als zweites Hindernis ist nach Abnahme der inneren Türverkleidung eine darunter liegende, auf den Türrahmen geklebte Plastikfolie zu beachten, die abgerissen werden und durch eine neue ersetzt werden muß, wenn etwa am Kurbelmechanismus der Tür etwas zu reparieren war. Diese Folie dient als Schutz der Türverkleidung gegen

Hier ist die Federklammernzange, die wir bereits im Werkzeug-Kapitel unter den empfehlenswerten Werkzeugen für „Fortgeschrittene" zeigten, in Aktion. Die Zange kostet 7,80 DM. Mit ihr läßt sich eine kleine Feder fassen und herausziehen, die jeweils die Fensterkurbel und die Türverriegelung innen festhält. Erst danach ist die Türverkleidung abzunehmen.
Die Zange liefert die Fa. Hazet, Remscheid-Vieringhausen (Bestell-Nr. 799).

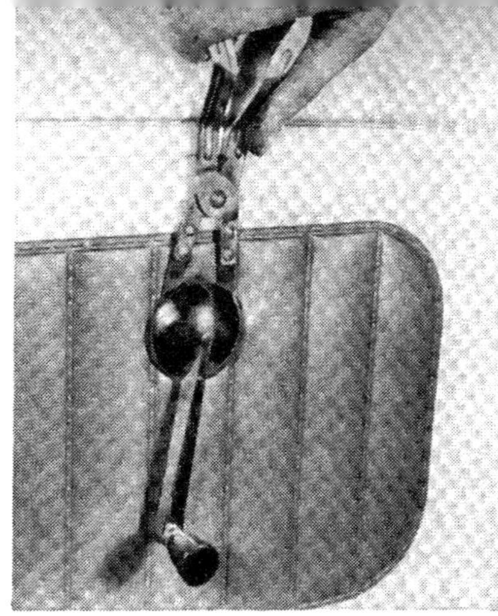

Nässe. Außerdem knickt die Verkleidung beim Montieren auch leicht oder wird sonstwie beschädigt, so daß Sie bei Arbeiten an den Innereien der Tür doch besser zur Werkstatt gehen sollten. Andernfalls müssen Sie sich die Federklammernzange kaufen.
Bei einem klemmenden oder schwergängigen Türfenster ist dieser Umstand aber gar nicht notwendig. Etwas Vaseline in die Fensterführung kann die Scheibe wieder zum sanften Gleiten bringen.

Schwenkfenster ersetzen

Ohne Schwierigkeiten läßt sich auch ein gebrochenes Schwenkfenster der Tür ersetzen, wenn der Schwenkfensterrahmen nicht beschädigt wurde. Glassplitter und plastische Dichtungsmasse aus diesem sorgfältig entfernen. Vor dem Einschieben der neuen Scheibe frische Dichtungsmasse leicht auftragen und Scheibe einführen.
Ist der Rahmen des Schwenkfensters beschädigt, muß er allerdings nach Demontage der inneren Türverkleidung ausgebaut werden.

Türverkleidung ausbauen

Wenn Sie eine Federklammernzange besitzen: Fensterkurbel nach unten stellen und die Zange direkt dahinter, noch vor der Kunststoff-Schutzscheibe, von oben

Die Innenseite der Tür bei abgenommener Türverkleidung (hier im Bild die neue Ausführung seit September 1963 mit dem Türgriff unterhalb der Armlehne in der Mitte der Tür). Für Arbeiten am Fensterkurbelmechanismus oder am Türschloß-Gestänge ist der Ausbau der Türverkleidung notwendig. Bei Wagen vor September 1963 sitzt der innere Türgriff weiter oben und vorn.

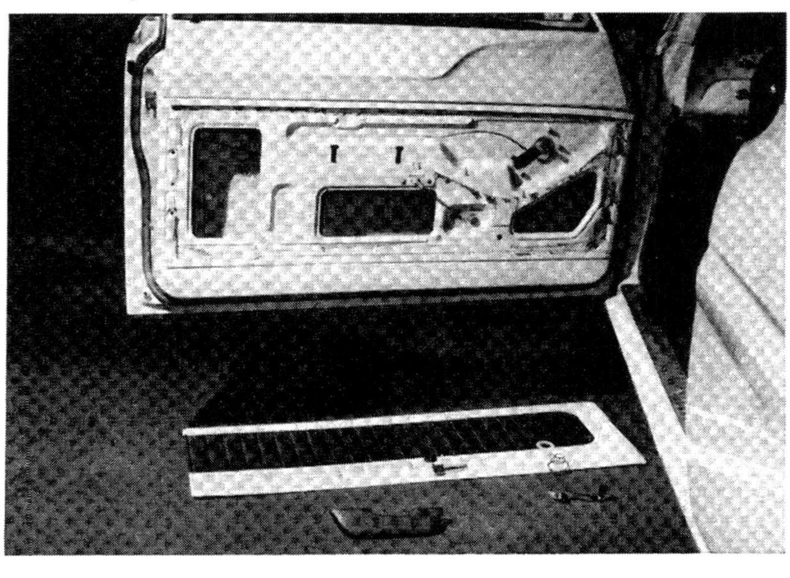

ansetzen. Federklammer herausziehen, Kurbelgriff abziehen. Armstütze nach Lösen der beiden Kreuzschlitzschrauben abnehmen, Türverkleidung vorsichtig aushaken und am besten mit einem Besenstiel seitlich herausdrücken. So wird vermieden, daß die Verkleidung knickt. Die zum Schutz gegen Nässe darunter gespannte Kunststoff-Folie abschneiden und Druckfeder der Fensterkurbel abziehen.

Türscheibe ausbauen

Nach Ausbau der Türverkleidung vordere Fensterlaufschiene lösen, Scheibe ganz nach unten kurbeln und die beiden Fensterschacht-Abdichtungen mit Schraubenzieher abdrücken und herausziehen; obere Fensterabdichtung im Rahmen abziehen; vordere Fensterführung beiseite drücken; Türscheibe aus der hinteren Fensterführung herausziehen und gleichzeitig Zapfen des Fensterhebers aus seiner Führungsschiene drehen. Dann kann das Fenster zusammen mit der Hebeleiste nach oben herausgezogen werden. Einbau sinngemäß umgekehrt.

Kurbelmechanismus und Türschloß

Wenn man Störungen oder Schäden am Türschloß oder am Kurbelmechanismus des Türfensters selbst beheben will, Türverkleidung, wie beschrieben, ausbauen und beobachten, wie die einzelnen Teile ineinander greifen und zurechtgebogen oder ersetzt werden müssen. Eventuell mit dem intakten Türmechanismus der anderen Seite vergleichen. Es würde zu weit führen, den Aus- und Einbau eingehender hier zu beschreiben, er müßte Seiten füllen. Es sei lediglich darauf verwiesen, daß auch der innere Türgriff nur mit der Federklammernzange demontiert werden kann. Dieser innere Türgriff befindet sich in der Türmitte unter der Armlehne, wie auf dem nebenstehenden unteren Bild, bei älteren Wagen weiter oben. Ansonsten sind alle Halteschrauben der einzelnen Teile gut erkennbar.

Justieren des Türschlosses

Wie das Klappern der Türe durch Verstellen der Schließdorn-Platte beseitigt wird, ist bereits auf Seite 156 beschrieben. Beachten: Der Schließdorn soll beim Schließen der Tür genau vor der Mitte des Aufnahmeschlitzes des Schlosses stehen. Andernfalls Schließdorn-Platte entsprechend nach oben oder unten verstellen.

Fundgrube Autofriedhof

Wenn man eines Tages gezwungen ist, die eine oder andere der hier beschriebenen Arbeiten außen oder – im nächsten Kapitel – innen an der Karosserie auszuführen, weil irgend ein Teil Schaden gelitten hat oder verschlissen ist, kosten die entsprechenden Stücke aus dem Ersatzteillager des Ford-Händlers gar nicht wenig. Pfiffige Leute wissen aber den Weg zu einem oder mehreren Autofriedhöfen zu finden. Da Autos nicht nur dann zu verunfallen pflegen, wenn sie alt oder morsch sind, sondern der Fall gar nicht selten ist, daß ein froher Autobesitzer nicht einmal den ersten Weg bis nach Hause schaffte, finden sich auf Autofriedhöfen, wenn man Geduld und den richtigen Spürsinn hat, manchmal nahezu neuwertige Teile zu spottbilligem Preis. Das markante Profil des 12 M – oder was davon übrig blieb – läßt sich unter Blechhaufen erkennen. Auch Reifen und weitere Felgen für die Winterbereifung lassen sich dort oft preiswert erstehen.

Wohnzimmer-Pflege

Wer viel im Auto unterwegs ist, möchte darin so sauber und angenehm wie zu Hause im Wohnzimmer sitzen. Deshalb gehört es zu jeder Wagenwäsche, daß etwa eingelegte Fußmatten herausgenommen, abgewaschen oder ausgeklopft werden und die schwarze Gummi-Bodenmatte mit einem feuchten Schwamm abgewaschen wird. Wenn nach längerer Regen- oder Winterzeit wieder warmes und trockenes Wetter herrscht, kann es auch nichts schaden, die Gummi-Bodenmatte soweit wie möglich anzuheben, damit ihre eventuell von vielen nassen Schuhen feucht gewordene Unterlage gut austrocknen kann. Mancher wird sich wundern, daß es darunter wie in einem muffigen Kartoffelkeller riecht. Dann wird's höchste Zeit, sonst beißt der Rost ins Bodenblech. Vielleicht schon vorhandene Roststellen werden blank geschliffen und das Metall mit etwas Teroson-Unterbodenschutz überstrichen oder mit Tectyl übersprüht. Selbstverständlich darf der Velour-Bodenteppich („Spezialausstattung" oder serienmäßige TS-Ausstattung) nicht mit Wasser gereinigt werden. Diesen nur ausbürsten.
Den Kunststoff-Himmel, mit dem die Dachunterseite bespannt ist, reinigt man wie die Polster auf keinen Fall mit Benzin oder Fleckenwasser, sondern versucht es erst einmal mit einem feuchten Schwamm und etwas Seifenschaum. Noch schneller und intensiver geht es mit einem Plastik-Reiniger, den es von verschiedenen guten Pflegemittelfirmen gibt. Gar nicht fehl geht, wer einfach den von Ford selbst verkauften Polsterreiniger benutzt, den es in Flaschen mit 250 ccm Inhalt für 2,45 DM zu kaufen gibt. Auch die Innenverkleidung der Tür und die Seitenverkleidungen werden damit gereinigt.

Vordere Sitzbank ausbauen

Es hat keinen Sinn, zu versuchen, die vordere Sitzbank vorne oder hinten aus ihren Scharnieren herauszuziehen. Auch wenn man die Spiralfedern ausgehängt hat, geht es nicht. Die vordere Sitzbank kann nur herausgenommen werden,

Um die vordere Sitzbank aus dem Wagen nehmen zu können, müssen an der Karosserie-Unterseite beidseitig je 3 Halteschrauben der Führungsschienen gelöst werden. Da diese Schrauben zumeist festgerostet sind, ist es gut, sie einige Stunden vor dem Ausbau mit Caramba oder Ferex zu besprühen, um den Rost zu lösen.

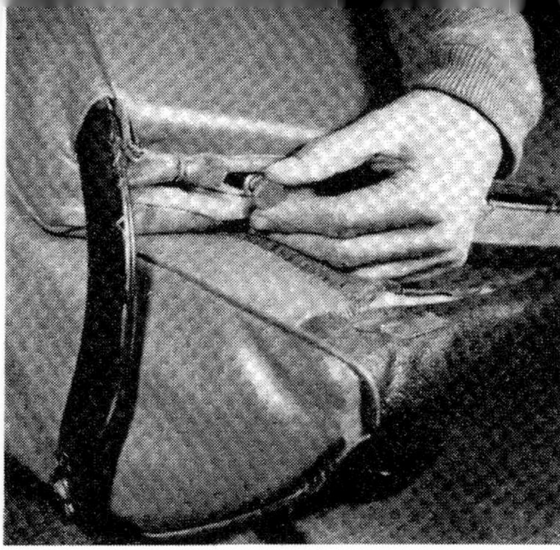

Die Neigung der vorderen Rückenlehnen ist nur durch eine Rändelschraube an der Lehnenunterkante geringfügig zu verstellen.

wenn man die 6 Halteschrauben (SW 14) der beiden Führungsschienen von unten am Karosserieboden gelöst hat. Es sind je 3 Schrauben auf beiden Seiten unter der Sitzbank. Sind die Führungsschienen gelöst, wird die ganze Sitzbank aus dem Auto gezogen. Bei dieser Gelegenheit ist es gut, die den gesamten Wagenboden bedeckende Bodenmatte herauszunehmen und den auf der Unterseite aufgeklebten Filz sowie den asphaltierten Bodenbelag gründlich auszutrocknen. (Die Einzelsitze des TS werden einfach herausgeschoben.)
Die Rückenlehnen sind in ihren beiden Gelenken durch Splinte gesichert. Zieht man sie heraus, lassen sich die Lehnen abnehmen. Daß unten eine Rändelschraube zum Verstellen der Rückenlehnen-Neigung angebracht ist, haben Sie sicherlich schon entdeckt.
Die Bespannung der Rückenlehnen läßt sich ohne Auftrennen einer Naht abziehen. Man muß nur die Ringe, mit welchen die Bespannung an der Unterseite zusammengehängt ist, aushängen. Soll sie an der Sitzbank ausgewechselt werden, sind die Kreuzschlitzschrauben der Justierplatten für die Rückenlehnenverstellung zuerst zu lösen. Dann läßt sich die Sitzbespannung ebenfalls von unten her leicht aushängen und abziehen.
Wenn die Sitzpolster durchgesessen sind, kann man sich den Sitzrahmen mit Federboden als Ersatzteil komplett kaufen. Die Federn für sich gibt es nicht, der ganze Sitzrahmen gehört als Ersatzteil dazu. Ebenso ist es bei den Rückenlehnen, wobei man darauf achten muß, daß man sich den Rahmen für die richtige Seite bestellt.

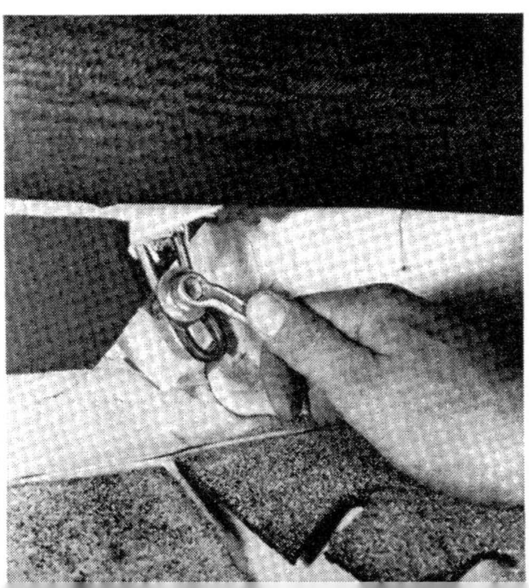

Die Rückenlehne der hinteren Sitzbank ist beidseitig unten mit je einer Schraube befestigt. Nach Lösen der 2 Schrauben Rückenlehne etwas anheben, um sie oben auszuhängen.

Die hinteren Seitenverkleidungen der zweitürigen Limousine sind nur mit 2 Kreuzschlitzschrauben in den Armstützen befestigt.

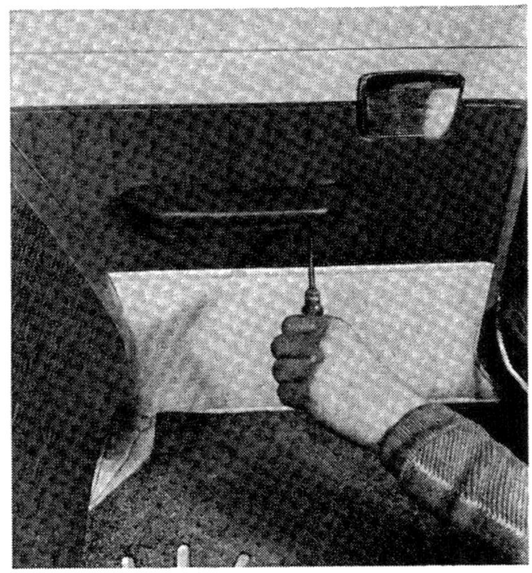

Hintere Sitzbank ausbauen

Das Sitzpolster der hinteren Sitzbank wird vorne unten ergriffen und kräftig nach oben gezogen. Es ist nur eingesetzt und nicht angeschraubt. Die hintere Rückenlehne ist unten mit 2 Schrauben für Schlüsselweite 10 befestigt. Schrauben lösen und Polster etwas anheben, um es oben auszuhängen. Neubespannung und Aufarbeitung der Polsterung erfolgt wie bei den Vordersitzen.

Hintere Seitenverkleidungen

Bei der viertürigen Limousine werden die Innenverkleidungen der hinteren Türen genauso aus- und eingebaut wie bei den vorderen. Bei der zweitürigen Limousine sind die Seiten hinten verkleidet. Diese Seitenverkleidungen sind leicht abzunehmen. Man braucht dazu nur die beiden Kreuzschlitzschrauben, mit denen die Armstütze befestigt ist, herauszuschrauben. Dann kann die Seitenverkleidung zusammen mit dem Aschenbecher abgezogen werden.
Was gibt es innen noch abzuschrauben oder zu demontieren? Die Sonnenblenden, der Innen-Rückspiegel und die Halteschlaufen. Die Kreuzschlitzschrauben, mit denen sie befestigt sind, stellen keine Probleme.
Darüber ist der Wagen-Himmel, mit Plastik überzogen. Wir würden die Finger davon lassen, denn es erfordert eine spezielle Fertigkeit, ihn rundum sauber einzupassen und in die Fugen zu drücken, so daß er nicht plötzlich während der Fahrt herunterzuhängen beginnt. Aber selbst wenn er hängen bleibt, er wird Falten schlagen, die auch nicht gerade schön sind.

Fingerzeig: *Wasser im Kofferraum kann vorkommen. Gegebenenfalls den Durchgang der Kabel in den Kofferraum mit etwas Karosseriekitt zustreichen.*

Mittel gegen Beulenpest

Der Aufbau des Ford 12 M ist eine vollkommen verschweißte selbsttragende Ganzstahl-Konstruktion. Man kann also nicht, wenn man sich einen vorderen Kotflügel an seinem 12 M zerknittert hat, das verbogene Stück mit dem Schraubenschlüssel lösen und einen neuen Kotflügel anschrauben, sondern es muß umständlich mit Meißel, Hammer und Schweißbrenner gearbeitet werden. Das ist teurer, aber nicht zu ändern, weil die vielfältigen, zu einem Stück zusammengeschweißten Teile der Karosserie alle miteinander erst ihre Stabilität bewirken. Die Karosserie braucht also keinen Rahmen als tragendes Element des Fahrgestells, sondern sie ist selbsttragend. Abzuschrauben sind an dieser Karosserie nur die beweglichen Teile, wie Türen, Haubendeckel sowie die Stoßstangen und die Zierteile.

Diese ineinander verschachtelte Schweißkonstruktion macht es möglich, daß die Blechstärken dünn gehalten werden können, wodurch das Gewicht des Wagens zum Vorteil des Kraftstoff-Verbrauches und der Beschleunigung gering gehalten werden kann.

Ausbeulen erst üben

Bei dieser Sachlage sind die Möglichkeiten der Heimwerkerei auf das Austauschen der erwähnten demontierbaren Teile und auf das Ausbeulen beschränkt. Das kunstgerechte Ausbeulen ist eine Spezialarbeit, die nicht einmal jeder Kraftfahrzeugschlosser beherrscht. Man darf sich also keine Illusion machen, daß man als ungeübter Heimwerker ohne weiteres in der Lage wäre, eine Beule mit Gummihammer, Spachtel und Lack völlig verschwinden zu lassen. Ein guter Autofahrer wird sowieso nicht allzu oft vor der Frage stehen, ob er selbst oder die Fachwerkstatt eine Beule herausklopfen soll, weil Beulen bei ihm selten sind. In Anbetracht der mangelnden Übung sollte man mit dem Ausbeulhammer nicht am eigenen Wagen beginnen. Allzuschnell ist aus einer ursprünglich harmlosen Beule ein Gebilde zusammengehämmert, das den Austausch des ganzen Karosserieteiles mit kostspieliger Schweißarbeit erforderlich macht. Deshalb besorgt man sich zuerst einmal bei seiner Ford-Werkstatt einschlägig beschädigte Karosserieteile, die dort auf dem Schrotthaufen herumliegen und übt zu Hause damit, bevor das eigene Fahrzeug dran glauben muß.

Zuerst ist zu prüfen, ob die Beule durch einen „harten" oder einen „weichen" Aufprall entstanden ist. War Metall auf Metall gestoßen, gab es also einen „harten" Aufprall, ist im Karosserieblech in der Regel ein scharfer Blechknick entstanden, der in der Regel nur durch den Hammer wieder „ausgebügelt" werden kann. Bei einem Aufprall von weichem Material (z. B. Gepäckstücke, Fußgänger) auf die Karosserie bildet sich oftmals nur eine Beule ohne scharfe Knickränder. In diesem Falle versucht man zuerst einmal mit dem Handballen, also ohne Hammer, die Beule herauszuschlagen oder herauszudrücken. Es ist

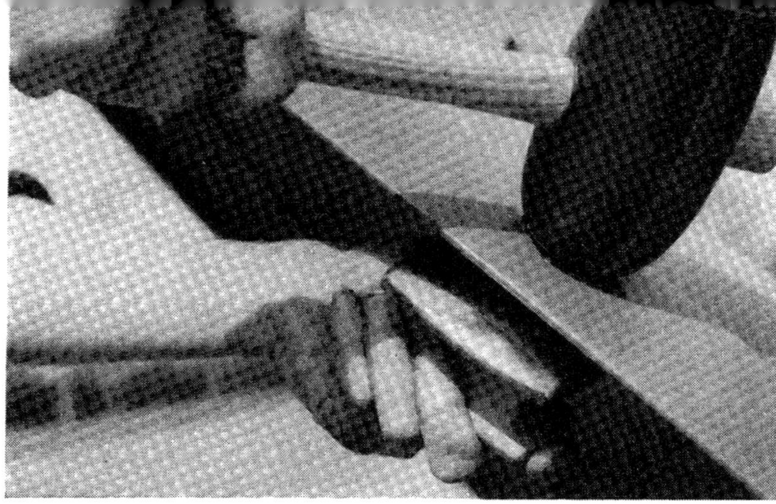

Gummihammer und Handfaust zum Gegenhalten sind die beiden Werkzeuge, um verbogenes Blech wieder auszubeulen. Mit einem gewöhnlichen Hammer würde der Schaden nur noch schlimmer.

möglich, daß die Blechbeule fast ohne sichtbare Spur herausspringt. Bei einer solchen „weichen" Beule steht das Blech unter Spannung, die es gerne wieder aufgibt, wenn entsprechend mit breitem Handballen nachgeholfen wird.

Ausbeulen mit richtigem Werkzeug

Wenn Sie zum Ausbeulen den Hammer nehmen, dann auf keinen Fall den üblichen Schlosserhammer. Jeder Schlag mit dem Stahlhammer würde für sich eine kleine „kurze" Beule geben, die nachher kaum noch zu glätten ist. Zum Ausbeulen ist dagegen ein Hartgummihammer mit breiter Schlagfläche – auf der einen Seite eine flache und auf der anderen Seite eine leicht gewölbte Schlagfläche – geeignet. Nicht minder wichtig ist der Faustkeil, der bei jedem Hammerschlag auf die betreffende Gegenseite des Blechs gehalten werden muß. Für den Hausgebrauch ist die „Universal-Handfaust" – sie kostet bei Hazet 21,10 DM – am besten geeignet. Ein Gummihammer kostet zwischen 7 und 15 DM.
Dann beginnt die Arbeit mit viel Gefühl, denn es ist genau abzuwägen, wie stark der Schlag geführt werden darf. Ein schnelles, leichtes Schlagen bringt mehr Erfolg als ein harter Schlag, der das Metall staucht oder treibt. Das gibt Spannungen in das Blech, so daß es an dieser Stelle später ständig federt und die größten Schwierigkeiten beim Spachteln und Schleifen macht. Diese federnde Stelle „blubbert", wie der Fachmann sagt. Man kann sie schließlich nur mit dem Schweißbrenner örtlich erhitzen und zu entspannen versuchen. Das ist aber dann Sache der Werkstatt.
Der erste Schlag mit dem Gummihammer darf auf keinen Fall auf die Mitte einer Beule geführt werden, sonst kommt es in der Regel im Blech zu der beschriebenen Stauchung, sondern die Hammerschläge müssen am Rand der Beule beginnen und Stück um Stück nach der Mitte zu fortgesetzt werden. Dabei ist sorgsam darauf zu achten, daß im Blech keine Falten entstehen. Falten sind ein Zeichen, daß sich das Blech gelängt hat. Bevor sich eine enge Welle zu einer Falte zusammenbördelt, muß die Welle wieder auseinander getrieben und in das umliegende Material zurückgestaucht werden. Läßt man es zu einer Falte kommen, ist an dieser Stelle nichts mehr auszuglätten. Darüber geschmierter Spachtel verdeckt nur den Pfusch, der spätestens im anschließenden Fahrbetrieb durch die Vibration des Metalls als Riß erkennbar wird.
Wer mit seinem Werk bis zu diesem Stadium zufrieden ist, kann sich auch am Rest der Arbeit versuchen. Schön sieht die Arbeitsstelle nicht aus. Denn neben dem farbigen Lack schaut plackenweise Grundierung und Blech heraus. Damit das blanke Blech nicht rostet, muß möglichst bald schützende Farbe darüber.

Aufbau der Lackierung

Aber mit dem Aufspritzen von Lackfarbe ist das keinesfalls getan, wenn die Sache ordentlich aussehen soll. Die Lackierung muß kunstgerecht „aufgebaut" werden, damit sie wirklich haltbar ist.
Bei einem neuen, unlackierten Karosserieteil – etwa wenn man sich eine neue Kofferraumhaube gekauft hat, weil auf die alte ein Dachziegel gefallen ist und nichts mehr zu reparieren war – ist der Aufbau der Lackierung verhältnismäßig einfach. Dieses Stück ist schon grundiert, so daß man nach gründlicher Entfettung und leichtem Anschleifen die Lackfarbe aufsprühen kann. Ein ausgebeultes Karosserieteil ist jedoch nicht so einwandfrei eben, daß man sofort den Lack auftragen könnte. Außerdem muß das blank geschabte Blech erst grundiert werden.

Spachtel aus Plastikmasse

Die Unebenheiten gleicht die Autolackiererei mit Auto-Spachtel aus. Zur Heimwerkerei nimmt man jedoch Plastik-Füllmasse, die leichter zu verarbeiten ist und auch größere Unebenheiten ausfüllt. Damit dieser Plastik-Spachtel gut hält, muß die schadhafte Fläche bis auf das blanke Metall von allen Lack-, Grundierungs- und Spachtelresten gesäubert werden. Dazu benutzt man Schleifpapier mittelfeiner Körnung; in diesem Falle darf es kein sogenanntes Naß-Schleifen sein, weil die Feuchtigkeit vor dem Auftragen des Spachtels völlig austrocknen müßte und in dieser Zeit das Blech bereits korrodieren könnte. Die völlig blank geschliffene Fläche wird zum Schluß mit einem mehrmals schräg über die Fläche gezogenen Metall-Sägeblatt aufgerauht, damit der Plastik-Spachtel intensiv haften kann.
Nun wird die Plastikmasse sparsam mit einem Spachtel aufgetragen, so daß alle Unebenheiten ausgefüllt sind und die Oberfläche schon möglichst geglättet ist. Im Gegensatz zu üblichem Spachtelkitt, der beim Trocknen etwas eingeht, muß der Plastikspachtel nicht dicker aufgetragen werden. Je besser man ihn der endgültigen Form anpaßt, um so leichter ist die Nacharbeit. Entsprechend der Gebrauchsanweisung des Plastikspachtels muß nun die Trocknungszeit abgewartet werden. In der Regel sind dies etwa 20 bis 40 Minuten. Mit einer breiten Flachfeile oder mit Schleifpapier, das über ein handgroßes, völlig planes Brettstück gespannt ist, wird nun die endgültige Form mit sanfter Hand herausge-

Das Arbeitsgerät zum Ausbessern von Lackschäden: Schleifpapier verschiedener Körnigkeit zum Naß-Schleifen, Wassertopf zum Anfeuchten des Schleifpapiers, glatt gehobeltes Holzstück als Schleifunterlage, Metallsägeblatt zum Aufrauhen, Sprühdosen mit Haftgrund und Lackfarbe, Zweikomponenten-Plastik-Spachtel, Spachtelwerkzeuge.

bildet. Dazu gehört das meiste Fingerspitzengefühl und ein gutes Auge. Auch geringe Unebenheiten, die in diesem Stadium der Arbeit nicht sehr auffallen, sind später bei der spiegelblanken Lackoberfläche nicht zu übersehen. Und diesen nachträglichen Ärger sollte man sich durch besondere Sorgfalt beim Schleifen ersparen.

Grundierung auftragen

Wenn die gespachtelte Stelle geschliffen wird, soll ihre Oberfläche keineswegs glatt poliert werden, sondern die Feil- oder Schleifspuren sollen noch deutlich zu sehen sein. In dieser rauhen Oberfläche haftet die Grundierung besser, die anschließend sofort aufgetragen wird. Die Grundierung kann man mit einem Pinsel auftragen, einfacher ist es heute, sie aus einer Sprühdose aufzuspritzen. Diesen Haftgrund in der Sprühdüse gibt es beispielsweise von „Dupli Color" und „Ducolux". Beide Firmen haben sich auf die „Selbst-ist-der-Mann"-Lackiererei spezialisiert und ihre Erzeugnisse sind in den meisten Farbengeschäften und Autozubehör-Geschäften zu kaufen.
Erst wenn die dünn aufgetragene Grundierung getrocknet ist, beginnt die eigentliche Lackierarbeit. Dazu sind einige Vorbemerkungen notwendig, denn die nachfolgenden Ausführungen gelten auch für kleine Lackschäden.

Farbe spritzen

Wer zu Hause einen guten Staubsauger hat, kennt aus dem Prospekt die Hinweise, daß man mit einer als Zubehör erhältlichen Sprühvorrichtung, die mit dem Schlauch an den „Auspuff" des Staubsaugers angeschlossen wird, auch spritzlackieren könne. Manche Staubsaugerproduzenten geben dabei einen deutlichen Wink in Richtung auf das Auto. In dieser Richtung sollte man keine Versuche machen – es kommt nichts dabei heraus. Kinderzimmermöbel, Türen und Küchenmöbel kann man mit einem kräftigen Staubsauger und der dazugehörigen Sprühvorrichtung sehr hübsch spritzlackieren, den Ansprüchen einer Autolackierung wird jedoch kein uns bekannter Staubsauger gerecht. Also muß man sich eine besondere Spritzpistole anschaffen? Man kann, aber man muß nicht. Die Spritzpistolen der Autolackierereien arbeiten mit starkem Luftdruck; man müßte sich einen Kleinkompressor ab 250 DM und eine Spritzpistole ab 50 DM anschaffen. Das rentiert zweifellos nicht.
Einen Ausweg bieten die elektrischen Vibrations-Spritzpistolen, für die heute in vielen Zeitschriften Reklame gemacht wird. Sie haben aber den Nachteil, daß sie sehr geräuschvoll knatternd arbeiten, denn sie müssen durch schnelle Vibrationen den Lack fein vernebelt durch die Spritzdüse ausstoßen. Noch größer ist der Nachteil, daß die meisten Vibrations-Pistolen gelegentlich auch dickere Farbtröpfchen ausspucken, so daß eine gerade schön deckend gespritzte Fläche mit bestem Lackverlauf noch einmal nachgearbeitet werden muß, weil sich dicke Farbtropfen daraufgesetzt haben.

Einfacher aus der Sprühdose

Diese Umstände kann man sich sparen, wenn man sich den Lack in Sprühdosen kauft. Das ist zwar auch nicht ganz billig, aber mit dem richtigen Farbton, mit der Verdünnung, mit dem Reinigen einer Spritzpistole, mit Elektroanschluß und vielen anderen Problemen gibt es dann überhaupt keine Sorge.
Wir erwähnten bereits die beiden Firmen „Dupli Color" und „Ducolux". Beide bringen ein umfangreiches Sortiment aller gängigen Auto-Farbtöne, genau nach den Farbabstimmungen und Original-Farbbezeichnungen der Autohersteller, auf

den Markt. Man kann also im gut sortierten Farbgeschäft ebenso wie bei seiner Ford-Vertretung beispielsweise nach seiner Ford-Farbe Pastell-Weiß fragen und wird sie unter der Kennziffer MG 14523 sowohl in der kleineren Dupli Color- wie auch in der größeren Ducolux-Sprühdose bekommen.
Zwischen beiden Fabrikaten bestehen einige Unterschiede:

	Dupli Color	Ducolux
■ Preis	5,65 DM	10,40 DM
■ Inhalt	165 Gramm	310 Gramm
■ Lackart	Acrylharzlack	Kunstharzlack

Weitere Lacksprühdosenhersteller liefern sogenannten „Kombinationslack".
Die Original-Lackierung ist eine Kunstharz-Lackierung. Deshalb könnte man beim Nachlackieren dem Kunstharz-Lack den Vorzug geben. Zumal Nitrolack, der auch im Kombinationslack enthalten ist, mit der Zeit unter dem Einfluß der Witterung eine andere Tönung annehmen kann wie der von gleicher Witterung beeinflußte Kunstharzlack. Dafür ist Nitrolack leichter zu verarbeiten und trocknet wesentlich schneller. Es gibt also auch einige Pluspunkte zugunsten des Nitrolackes, wenn man keine vollkommen staubfreie Unterstellmöglichkeit für den frisch lackierten Wagen hat. Vor allem, wenn die Felgen zu lackieren sind, deren geringe Farbabweichung nicht so leicht zu bemerken ist, ist der schnelltrocknende Nitrolack vorteilhafter. Kunstharzlack ist andererseits widerstandsfähiger, auch gegen Poliermittel. Jedenfalls sind die Farbtongenauigkeiten bei beiden Erzeugnissen nach unseren Beobachtungen sehr gewissenhaft eingehalten, wobei der Farbton natürlich der neuen Lackierung entspricht. Wenn man also seinen 6 Jahre alten Wagen an einer Ecke nachlackiert, darf man nicht dem Sprühdosenhersteller die Schuld an der abweichenden Farbtönung geben, sondern muß sie bei Sonne, Wind und Regen und dem eigenen Wagen suchen.

Vorbereitung zur Lackierung

In eine lackierte Fläche hinein ein etwa handgroßes Stück neu lackieren, sieht nicht gut aus. Man kann das nur mit einem Trick, den wir später erläutern, wenn die ganze Lackierung des Wagens nicht mehr sehr überwältigend ist. In der Regel muß man also ein ganzes Karosserieteil neu lackieren, zum Beispiel einen ganzen Kotflügel, eine Tür oder das ganze Dach. Die Lackiergrenze muß an irgendwelchen Kanten liegen, die die Nachlackierung kaschieren.
Nun darf aber der frische Lack nicht einfach auf die alte Lackierung gespritzt werden, auch wenn diese glänzend sauber erscheint. Pflegemittelrückstände, vor allem von silikonhaltigen Pflegemitteln, würden bewirken, daß der frische

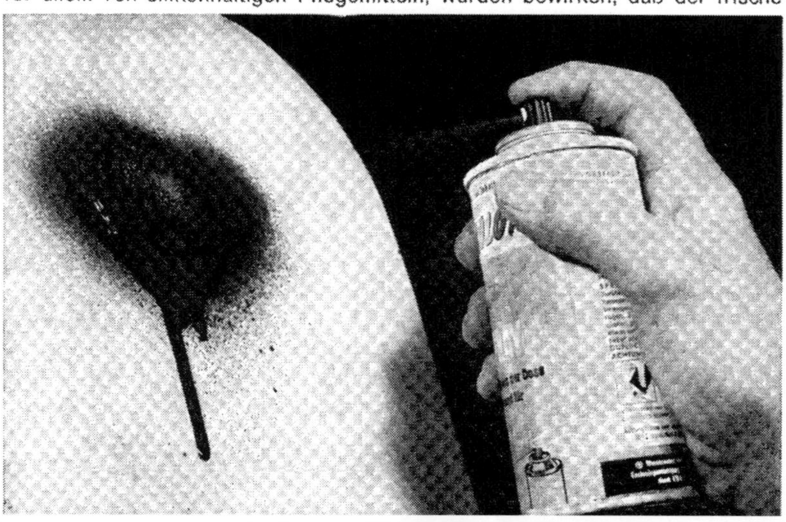

Auch das Farbsprühen mit der Sprühdose will zuerst geübt sein, sonst gibt es, wie hier, „Rotznasen" statt glatter Lackfläche.

Lack nach kurzer Zeit wieder abblättert oder sofort Bläschen bildet. Auch jeder Fettfilm von Dieselqualm und sogar harmlos erscheinende Fingerabdrücke zersetzen den frischen Lack in kurzer Zeit. Deshalb muß das ganze Karosserieteil entsprechend vorbehandelt werden.
Das geschieht zuerst durch Abwaschen mit reinem Benzin, das alle Fettrückstände lösen soll. Dann wird das ganze Karosserieteil naß geschliffen. Das geschieht bei gut erhaltener Lackierung mit 400er Naß-Schleifpapier und bei stark verwitterter Lackierung mit 240er Papier, das immer wieder in Wasser getaucht wird. Dadurch wird die zu lackierende Oberfläche glatt, aber matt, so daß sich der neue Lack gut festsetzen kann. Auch die ausgebesserte, aufgespachtelte und grundierte Fläche wird so behandelt. Dann wird die Fläche gründlich naß nachgespült und möglichst schnell getrocknet. Preßluft oder in diesem Falle der auf Druck geschaltete Staubsauger tun dabei gute Dienste; ebenso ein elektrischer Heizstrahler. Nach dieser Schleifarbeit darf nirgends das blanke Metall durchschauen, sonst muß an dieser Stelle nochmals Grundierung, also Haftgrund aus der Sprühdose, aufgetragen und nach dessen Austrocknung noch mal naß nachgeschliffen werden, aber so, daß nun kein Metall mehr herausschaut.

Das eigentliche Lackieren

Bei ganz fachgemäßer Arbeit wird nun „Füller" aufgespritzt. Das braucht man bei seiner Heimwerkerei nicht, denn dafür spritzt man sowieso die Lackschicht dicker als dies der gelernte Autolackierer tut.
Bevor jedoch überhaupt gespritzt wird, müssen alle umliegenden Teile des Autos äußerst sorgfältig abgedeckt werden. Sonst erhalten sie feine Farbnebeltröpfchen, die für den anderen Lack, die Verchromung und die Fensterscheiben keine Zierde sind. Das Abdecken geschieht mit großen Zeitungsbogen, die um das zu lackierende Teil ganz dicht an den entsprechenden Kanten mit Tesa-Krepp-Band angeklebt werden.
Zuletzt wird das vorbereitete Teil mit einem nicht-fasernden, sauberen Lappen sorgfältig abgewischt, so daß kein Staubkorn oder Fädchen in die Lackierung kommt. Dann darf man auf den Knopf der Lack-Sprühdose drücken, wenn man an dem bereits empfohlenen Blechstück vorher fleißig geübt hat. Eine ganze Sprühdose für diese Lackierübungen zu verschwenden, ist keine Verschwendung, wenn man dafür im „Ernstfall" einwandfreie Arbeit zu leisten versteht. Zur Sprühdose erhält man eine Gebrauchsanweisung, nach der man sich richten kann. Falsch ist allerdings das dort empfohlene Üben auf einem Stück Karton oder Holz. Dieses Material saugt den Lack auf, so daß man den richtigen Verlauf des Lackes, wie er sich dann auf Blech darstellt, auf diese Weise keinesfalls lernen kann. Man muß also auf einem alten Karosserieteil üben.

Ausbessern kleiner Lackschäden

Kleine Lackschäden, beispielsweise von Steinschlag, sollte man nicht mit Lack ausbessern. Auch nicht feine Kratzer, die man nur bei der Lackpflege erkennen kann. Was nämlich in diesem Falle wie ein Spinnwebfaden oder ein Fliegenschmutz aussieht und daher unauffällig ist, wird durch den sogenannten Tupflack oder den Ausbesserungs-Lackstift zumeist auffällig. Wir möchten daher vor der Verwendung von Tupflack oder Lackstiften ausgesprochen warnen. Der darin enthaltene Lack ist notwendigerweise dick, stimmt daher zumeist im Farbton nicht genau und bildet einen warzenartigen, dicken Farbklecks, der unübersehbar ist. Will man einen punktförmigen Schaden unbedingt ausbessern, nimmt man stattdessen die vielleicht noch vorhandene Sprühdose mit dem Original-Farbton, sprüht etwas davon in den Sprühdosendeckel und tupft eine Spur dieses dünnen Lackes mit einem zugespitzten Streichholz auf die Schadensstelle. Kleine Steinschlagschäden schmiert man am einfachsten mit Lackpflegemittel auf Wachsbasis aus, so daß das freigelegte Blech darunter nicht rosten kann. Ernst wird die Sache jedoch, wenn der Lack an einzelnen Stellen abzurosten beginnt. In diesem Falle muß, so weit wie die Verrostung unter dem Lack zu vermuten ist, das betreffende Karosserieteil bis aufs Blech abgeschliffen werden, bis alle Rostnarben beseitigt sind. Zur Neutralisierung muß die betreffende Stelle mit Nitro-Verdünnung sorgfältig entfettet und mit Zinkchromat-Grundierung überzogen werden. Darüber wird bei Unebenheiten gespachtelt, eventuell nochmals grundiert, naß geschliffen und nach sorgfältiger Trocknung, wie beschrieben, lackiert.

Wenn man nicht ein ganzes Karosserieteil frisch lackieren will, sondern nur einen Teil ausbessert, gibt es am Rand des Sprühfeldes einen matten Übergang. In diesem Streifen sind zwar Farbtröpfchen aufgetroffen, aber es waren zu wenige, so daß sie nicht miteinander zu einer glänzenden Oberfläche verlaufen konnten. Diesen blinden Hof kann man weitgehend beseitigen, wenn man nach dem Austrocknen des Lackes mit der entsprechenden Verdünnung, also je nachdem Nitro- oder Kunstharz-Verdünnung, einen sauberen Lappen tränkt und den äußeren Rand des blinden Hofes in schneller Bewegung überwischt. Das genügt bei einigem Geschick gerade zum „Glattbügeln" der Farbtröpfchen. Den Rest besorgt nach ein paar Wochen ein Poliermittel mit sanfter Schleifwirkung.

Den Trick des Fachmannes, diesen Grenzbereich mit einer Mischung aus 3 Teilen Verdünnung und 1 Teil Farbe flüchtig zu übersprühen, damit die einzelnen Farbtröpfchen doch noch verlaufen, kann man mit der Sprühdose leider nicht anwenden.

Ganzlackierung selbst gemacht?

Bei unserer Beschreibung der Lackierarbeiten sind wir davon ausgegangen, daß es sich nur um das Ausbessern von Lackschäden, allenfalls um das Lakkieren eines Kotflügels, einer Motorhaube, einer Tür oder ähnlichem handelt. Vielleicht reizt es Sie aber, Ihrem ans Herz gewachsenen 12 M ein ganz neues Kleid in neuer Farbe zu lackieren. Vielleicht hoffen Sie sogar, die Leute denken: „Schau an, er hat sich ein neues Auto gekauft." Sie denken es bestimmt nicht, wenn Sie es selber machen, sondern werden bei näherem Hinschauen die Nase rümpfen. Hier hat sich eine Fliege in den frischen Lack gesetzt, dort hat er Blasen gezogen, an der Kante schimmert die alte Farbe durch, über eine Fläche weg ist alles blind usw. Man sollte solch eine grundsätzliche Arbeit der Fachwerkstatt überlassen oder allenfalls daran gehen, wenn's schon gar nicht mehr darauf ankommt, wie es nachher ausschaut.

Um eine einigermaßen ordentliche Ganzlackierung zustande zu bringen, braucht man vor allem einen absolut staubfreien und gedeckten Arbeitsplatz. Außerdem muß man sich Kompressor und Spritzpistole ausleihen, den Wagen aufbocken, die alte Lackierung entfetten, matt schleifen und darf erst spritzen, wenn garantiert keine Porenfeuchtigkeit, keine Poliermittelüberreste, kein Schleifstaub, keine Rostspur, kein Fetthauch mehr vorhanden sind. Auch Ford liefert den passenden Lack dazu. Er kostet pro Kilo von 13,80 DM an. Zumeist lohnt sich das Selbermachen aber nicht.

Seid nett zueinander

Es kommt eines Tages, nahezu unvermeidbar, daß irgend etwas an ihrem Ford nicht mehr in Ordnung ist, zu dessen Instandsetzung die Spezialwerkzeuge und das fachliche Können der Werkstatt in Anspruch genommen werden müssen. Da stellen sich dann zwei Fragen, die das schöne Autofahren plötzlich ein wenig überschatten: Was wird das wohl kosten? Und: Wie kommt man mit der Werkstatt am besten zurecht?

Umgang mit der Werkstatt

Wer klug war, hat sich schon vor dem Kauf seines Wagens nach dem Ruf der erreichbaren Ford-Vertretungen erkundigt und sein Fahrzeug dort erworben, wo er auch nach dem Kauf gerne gesehen und solide bedient wird. Gute Auto-Werkstätten sind aber oft überlastet und selbst der hilfsbereiteste Werkstattchef kann einem Kunden nicht immer sofort dienlich sein. Zur Entschärfung dieser Probleme deshalb einige Ratschläge:

■ Wartungsdienste und voraussehbare Reparaturen möglichst früh persönlich oder telefonisch anmelden und Termin vereinbaren.

■ Möglichst morgens zwischen 7 und 8 Uhr vorfahren; da werden die Arbeiten für den Tag eingeteilt. Besser den Wagen am Vorabend hinbringen.

■ Ganz klaren Reparaturauftrag geben (dieses Buch soll dazu helfen). Ölwechsel ja oder nein? Wollen Sie das teuerste Öl? Zündkerzen austauschen?

■ Eigene Telefonnummer hinterlassen. Wichtig für Rückfragen wegen zusätzlicher Arbeiten, die der Werkstatt empfehlenswert erscheinen.

■ Ausgebaute oder ersetzte Teile wandern auf den Schrotthaufen. (Rückgabe-Austauschteile natürlich ausgenommen). Lassen Sie auf dem Auftrag vermerken, daß man die defekten Teile in den Kofferraum legt oder zur Hand hält. Dadurch haben Sie eine gewisse Kontrolle der Werkstattarbeit und lernen Ihr Fahrzeug besser kennen.

■ Wenn Sie anderer Meinung als die Leute von der Werkstatt sind, toben Sie nicht durch die Werkshalle - Sie erheitern dadurch nur die Lehrlinge -, sondern sprechen Sie sachlich und ruhig mit dem Chef. Lassen Sie sich seine Gründe so erklären, daß Sie sie als Laie verstehen können.

■ Auch bei Reparaturen haben Sie Garantieansprüche, wenn die Arbeit unsachgemäß erledigt wurde oder sich ein Materialfehler herausstellt. Branchenüblich für die Werkstätten ist eine Reparatur-Garantie von 8 Wochen bzw. 3000 Kilometer, je nachdem, was früher abgelaufen ist. Wußten Sie das? Bei der Nachreparatur haben Sie in diesem Falle allenfalls das zu bezahlen, was sich als zusätzlich erforderliche Instandsetzung herausstellt.

■ Bei grober Fahrlässigkeit der Werkstatt haben Sie sogar Anspruch auf Schadenersatz, falls Ihnen etwa kurz nach Verlassen der Werkstatt z. B. ein nachlässig montiertes Rad verloren geht und dadurch ein Unfall passiert.

■ Unterwegs sollten Sie immer Block und Bleistift mit sich führen, damit Sie nicht vergessen, was Sie dem Werkstattmann mitteilen wollten.

■ Bei Abnahme des reparierten Wagens sollten Sie noch auf dem Werkstatthof möglichst viele Funktionen Ihres Wagens prüfen und auch versuchen, ein kleines Stück hin und her zu fahren. Solange Sie noch im Bereich der Werkstatt sind, lassen sich Beanstandungen aller Art besser und überzeugender anbringen — einschließlich des eventuell notwendigen Hinweises, daß ein nachlässiger Monteur Ihnen die Polster mit Fett verschmiert habe — als an einem der folgenden Tage, wenn der Werkstattmann sich auf den Standpunkt stellen kann, das sei erst nach Verlassen der Werkstatt passiert.

■ Bei Uneinigkeiten mit der Werkstatt wende man sich an eine der über die BRD verteilten Schiedsstellen. Ein Anschriftenverzeichnis ist vom Zentralverband des Kraftfahrzeughandwerks, 53 Bonn 1, Kaiserplatz 18, von der Kfz.-Innung, von der Industrie- und Handelskammer, von den Automobil-Clubs oder vom DAT erhältlich.

Was wird das wohl kosten?

Die größte Scheu haben Autofahrer, wie wir immer wieder beobachteten, vor der Frage nach den Kosten. Man will seine Unkenntnis nicht zugeben (obwohl unmöglich ein Mensch erwarten kann, daß man etwa als Studienrat die Ersatzteilpreise für einen Kotflügel und die zugehörigen Montagekosten kennt), läßt sich etwas Unverständliches erzählen, erteilt dementsprechend verschwommene Reparaturaufträge und wartet dann mit banger Sorge auf die Höhe der Rechnung, wenn die Finanzreserven knapp sind. Jene Leute, die mit fröhlicher Unbekümmertheit erklären, daß sie rein gar nichts vom Auto verstehen (obwohl sie vielleicht recht gut Bescheid wissen) und daher keine Ahnung hätten, wieviel Geld sie zum Abholen des Wagens in die Tasche stecken müßten, sind da viel besser dran. Machen Sie es wie letztere. Sie werden manche Mark sparen, weil Sie diese oder jene eifrig angebotene Arbeit abweisen können, bevor sie auf Ihrer Rechnung erscheint.

Bei größeren Reparaturen sollte man grundsätzlich einen schriftlichen Kostenvoranschlag verlangen. Dabei genügt durchaus eine Durchschrift des Reparatur-Auftragszettels mit jeweils dahinter geschriebenen Preisen. Ein solcher Kostenvoranschlag darf nach Brauch der Branche nur um höchstens 15 Prozent überschritten werden (also statt 150,– DM Kostenvoranschlag dürfen auch etwa 170,– DM auf der Rechnung stehen), ohne daß man Sie deshalb um Erlaubnis fragen muß. Was aber darüber ist, darf nur nach Rückfrage bei Ihnen ausgeführt werden und auf der Rechnung erscheinen! Deshalb ist die Angabe der eigenen Telefon-Nummer oder Anschrift so wichtig. Allerdings können Sie zusätzliche Arbeiten nicht ablehnen, die sich während der Reparatur als notwendig für die Verkehrssicherheit des Wagens herausgestellt haben (fragen muß man Sie trotzdem). Verweigern Sie jedoch solche Arbeiten, muß der Werkstattbesitzer eigentlich Ihren Wagen der Polizei als nicht mehr verkehrssicher melden.

Achten Sie auch darauf, daß es in der Reparatur-Branche allgemein übliche „Geschäftsbedingungen für die Ausführung von Arbeiten an Kraftfahrzeugen“ gibt. Sie hängen entweder irgendwo an der Wand, wo sie der Kunde lesen kann, oder sind auf die Rückseite des Reparaturauftrags gedruckt. Es handelt sich um das berühmte „Kleingedruckte“ von Verträgen, dessen vernachlässigte Lektüre so schnell die Bedeutung des Großgedruckten auf der Vertrags-Vorderseite überflügeln kann.

Und noch ein Tip: Erfahrungsgemäß sind Werkstätten in Kleinstädten und auf dem Lande preiswerter, weil dort die Geschäftsunkosten niedriger und manchmal auch die Löhne etwas niedriger sind. Denn den Arbeitspreis kalkulieren die Ford-Werkstätten selbst (siehe Abschnitt „Fleißige Hände kosten Geld" auf Seite 175). Deshalb lohnt es sich bei einer nicht so dringenden Reparatur auch unter Umständen, sie erst im Urlaub, weitab von der Großstadt, ausführen zu lassen, wenn die Urlaubskasse diese zusätzliche Belastung noch verträgt.

Die Rechnung muß stimmen

Gelegentlich hört man von Rechnungen, deren sparsamer Text sich in dem Satz „Wagen instandgesetzt 183,64 DM" erschöpft. Solch eine Rechnung ist keine Rechnung. Man braucht sie sich nicht gefallen zu lassen, denn es ist das gute Recht des Kunden, genau zu erfahren, was ihm da alles berechnet wurde. Und nicht zuletzt gilt eine genaue Rechnung auch als eventuelles Beweismittel bei Reklamationen. So ist es für eine gut geführte Werkstatt selbstverständlicher Brauch, daß die Rechnung genau beschreibt, wie und was eigentlich repariert wurde, welche Teile und zu jeweils welchem Preis dazu nötig waren und wie hoch der Preis für die eigentliche Arbeitszeit war.
Gerade diese letzte Position bringt manchen unkundigen Autobesitzer zum erschreckten Luftanhalten, denn in den meisten Fällen sind die Kosten der Montage wesentlich höher als der Preis des eigentlichen Ersatzteiles. Wenn man sein defektes Auto zur Werkstatt bringt, genügt es also keineswegs, nur nach dem Preis der notwendigen Ersatzteile zu fragen. Auch die Montagekosten – der sogenannte „Arbeitspreis" – müssen erfragt werden, wenn man sich ein Bild machen will, wie tief man in die Tasche greifen soll.

Was kostet der Werkstattbesuch?

Leider ist es beim Autofahren nicht damit getan, Benzin und Öl, Steuer und Versicherung, Ölwechsel und Wartungsarbeiten zu bezahlen. Die Kehrseite der Medaille stellen die leider unvermeidlichen Werkstattbesuche und die Kosten für Ersatzteile dar.

Motor-Lebensdauer

Prognosen über die mögliche Lebensdauer eines Motors sind immer schwer, weil die jeweils vorherrschenden Einflüsse von Fahrer und Betriebsweise stark unterschiedlich sind. Doch kann man erwarten, daß eine Laufstrecke von 80 000 bis 100 000 km dem Durchschnitt bis zur Motor-Überholung oder dem Einbau eines Austauschmotors entspricht. In Einzelfällen (viele Fahrten über lange Strecken, die den Motor weniger beanspruchen als Stadt- oder Kurzstreckenverkehr) sind auch noch höhere Motor-Laufzeiten möglich. Doch sollte man bei starker Beanspruchung durch Fahrer und Verkehr nicht zuviel erhoffen.
Motor-Überholung oder Tauschmotor werden fällig, wenn das Kompressionsbild schlecht und ungleichmäßig ist (siehe „Kompressionsdruck prüfen", Seite 185), die Leistung ab- und das Motorgeräusch zunimmt und wenn der Ölverbrauch über das normale Maß von 0,2 bis 0,4 Liter auf 1000 km beträchtlich hinausgeht. Eine Motor-„General-Überholung" (z. B. durch Einschleifen der Ventile und Neulagerung der Kurbelwelle) wird beim 12 M nur selten durchgeführt, weil wegen der V-Form der Zylinder die Kolben-Laufbahnen nur schwer zu bearbeiten sind. Billiger als ein neuer Ersatz-Motor wäre diese Arbeit ohnehin kaum. Man kann also zu einem „Tausch"-Motor raten, wenn der erste Motor müde wird, aber das ganze Auto noch in Schuß ist und noch längere Zeit gefahren werden soll. Das gibt die Gewißheit, daß beim Motor normalerweise einige 10 000 km kein größerer Schaden auftritt. Außerdem wird der spätere Wiederverkaufswert dadurch gehoben (Rechnungen aufheben und vorlegen!)

Spezial-Teile-Programm

Die branchenübliche Bezeichnung „Austauschteile" trifft bei Ford nicht mehr zu. Früher wurden auch in Köln, wie heute noch bei allen anderen Automarken außer Opel und Ford üblich, alte Motoren, Kraftstoffpumpen, Kupplungsteile und sonstige 12 M-Aggregate, die von den Ford-Händlern eingeschickt worden waren, im Werk am laufenden Band instandgesetzt, um im Austausch für schadhafte, aber tausch- und damit reparaturfähige Teile in Wagen eingebaut zu werden. Diese Austauschteile waren zwar nicht neu, aber neuwertig.
Dieses Verfahren hat Ford seit Januar 1965 für die Modelle aus der laufenden Produktion aufgegeben. Anscheinend war es im Rahmen der Großserien-Produktion und des Arbeitskräftemangels nicht mehr wirtschaftlich. Damit die Ford-

Kunden nun aber nicht mit höheren Reparaturkosten durch die entsprechend höheren Preise der Neuteile verärgert würden, hat Ford das „Spezial-Teile-Programm" aufgestellt, durch das Neuteile – aus Wettbewerbsgründen – zu besonders günstigen Preisen angeboten werden. Genau wie früher beim Austausch-Programm müssen die entsprechenden Altteile der Ford-Vertretung überlassen werden, bevor – als Gegenleistung – ein Neuteil verkauft wird. Das wird besonders bei Motoren streng gehandhabt, auch wenn (etwa nach einem Unfall) nur Schrotteile gezeigt werden. Aber die Motornummer muß wenigstens zu erkennen sein, damit diese im Kraftfahrzeugschein gelöscht und die neue eingetragen werden kann.

Der Motor im Rahmen dieses Programms ist übrigens nicht komplett einbaufertig: Er besteht aus dem kompletten Motorblock mit Ölwanne, Kurbeltrieb, Zylinderkopf, Nockenwelle, Ventilen; ferner werden mitgeliefert: Ölfilter mit Einsatz Ölpumpe, Wasserpumpe mit Riemenscheibe, Riemenscheibe auf der Ausgleichswelle und Kurbelgehäuse-Be- und -Entlüftung. Dieser Teile-Motor wird mit den Teilen aus dem Alt-Motor komplettiert. Dabei hängt es vom Einzelfall, also vom Motorzustand ab, ob diese Teile (z. B. Anlasser, Lichtmaschine, Vergaser usw.) vor dem Umbau auf den neuen Teile-Motor überholt oder durch neue Ersatzteile ersetzt werden müssen. Bei der Komplettierung des neuen Teile-Motors fallen deshalb rund 200 bis 300 DM allein an Arbeitskosten an. Der Umtausch eines 1,2-Liter- gegen einen 1,5-Liter-Motor ist zwar technisch möglich, aber wegen der hohen damit verbundenen Kosten nicht zu empfehlen, u. a. muß auch die Achsübersetzung geändert werden.

Kleines Spezial-Teile-Programm

Mit Produktionsbeginn des neuen Ford 12 M/15 M/15 M TS-Modells (P 6) ab September 1966 ist das „Spezial-Teile-Programm" vom Werk auch für das ältere 12 M/12 M TS-Modell (P 4) erheblich zusammengestrichen worden. Außer den Teilemotoren gibt es nur noch die Wasser- und die Kraftstoffpumpe zu reduzierten Preisen (ohne Mwst.):

1,2-Liter-Motor mit 40 PS	747,— DM
1,5-Liter-Motor mit 50 PS	747,— DM
1-5-Liter-TS-Motor mit 55 oder 65 PS	913,— DM
Wasserpumpe	29,40 DM
Kraftstoffpumpe	36,75 DM

Die neuen Teilemotoren stammen aus der laufenden Neuproduktion; sie entsprechen technisch dem P 6-Modell und haben z. B. die Startautomatik. Ältere 12 M/12 M TS-Modelle vor August 1964 werden also auf Startautomatik umgerüstet.

Ersatzteile

Bei Reparaturen in einer Ford-Werkstatt erhält Ihr Wagen nur Original-Ersatzteile, die das Warenzeichen „FoMoCo" tragen, eine Abkürzung für Ford Motor Company. Beim Vergleich von Ersatzteilpreisen für neue Modelle werden Sie feststellen, daß Teile für Ihren 12 M/12 M TS (P4) keineswegs billiger sind, sondern mindestens ebenso teuer. Dies liegt hauptsächlich daran, daß Ersatzteile für ausgelaufene Modelle lange Lagerzeiten haben und teilweise speziell produziert werden müssen. Deshalb empfiehlt es sich, bei größeren Arbeiten die voraussichtlichen Teilekosten bei der Werkstatt vorher zu erfragen. Hinzu kommen dann noch die Arbeitskosten. Bei umfangreichen Arbeiten kann ein schriftlicher Kostenvoranschlag angefordert werden, der – unter den üblichen Vorbehalten wie nicht vorhersehbare Arbeiten – bindend ist. Unter Umständen liegen dann die Reparaturkosten erheblich über dem Zeitwert Ihres Wagens und lohnen nicht mehr.

Fleißige Hände kosten Geld

In der Ford-Organisation gibt es keine Richtpreise für häufiger vorkommende Reparaturen. Dafür wurde ein „Fest-Zeiten-Buch" für die Werkstätten herausgegeben, in dem die für bestimmte Arbeiten erforderliche Zeit in Stunden und Minuten festgelegt ist. Diese Fest-Zeiten bilden die Berechnungsgrundlage für die Reparatur. Der Stundenpreis selbst richtet sich nach den Stundenlöhnen, die jeweils bezahlt werden, und den allgemeinen Betriebskosten. Diese liegen in einer Großstadt beträchtlich höher als auf dem flachen Lande. Dementsprechend kostet eine Reparatur dort mehr, was den Arbeitslohn betrifft. Die Lohnstunde kann deshalb von der Werkstatt mit 20 bis 32 DM berechnet werden. Mit Lohnerhöhungen ist zu rechnen.

Ob sich alle Ford-Werkstätten allerdings immer nach dem Fest-Zeiten-Buch richten, ist eine andere Frage. Jedenfalls kann man sich aber schon vorher genau erkundigen, was die betreffende Arbeit kosten wird. Steht nachher auf der Rechnung ein wesentlich höherer Betrag, dann kann sich die Werkstatt nicht darauf berufen, der betreffende Monteur habe eben mehr Zeit als vorgesehen gebraucht – diese ist ja im Fest-Zeiten-Buch notiert. Anders liegen die Dinge, wenn sich während der Reparatur herausstellt, daß zusätzliche Arbeiten notwendig sind. In solchen Fällen sollte allerdings die Werkstatt den Kunden unverzüglich benachrichtigen. Deshalb die Telefonnummer auf dem Auftragszettel vermerken.

Motor aus- und einbauen (mit allen Neben-, Reinigungs- und Einstellarbeiten)	4 h	12 min
Motor aus- und einbauen (mit Getriebe und Differential)		5 h
Austauschmotor einbauen	7 h	30 min
Beide Zylinderköpfe auswechseln		4 h
Kolben mit Pleuel (Aus- und Einbau bei ausgebautem Motor)		2 h
Ventile einstellen		42 min
Wasserpumpe Aus- und Einbau (am eingebauten Motor)	1 h	12 min
Keilriemen ersetzen		18 min
Vergaser Aus- und Einbau (mit Startautomatik 50 min)		30 min
Lichtmaschine Aus- und Einbau		36 min
Anlasser überholen (ausgebaut)	1 h	30 min
Lichtmaschinen-Regler Aus- und Einbau		24 min
Zündzeitpunkt prüfen und einstellen		18 min
Batterie Aus- und Einbau		18 min
Lenkung einstellen		24 min
Lenkung mit Schaltung Aus- und Einbau	2 h	24 min
Vorderachse mit Getriebe Aus- und Einbau	3 h	18 min
Vorderfeder Aus- und Einbau	2 h	12 min
Beide vordere oder hintere Stoßdämpfer ersetzen		42 min
Hinterachse Aus- und Einbau		2 h
Stoßstange Aus- und Einbau		42 min
Motorhaube Aus- und Einbau		18 min
Kühlergrill ersetzen		18 min
Komplette Tür ersetzen		42 min
Windschutzscheibe ersetzen		2 h
Heckfenster ersetzen	1 h	42 min
Ausstellfenster ersetzen	1 h	24 min
Türschloß Aus- und Einbau		54 min
Bremsen entlüften		12 min
Getriebe zerlegen und zusammenbauen	3 h	12 min
Auspuffanlage Aus- und Einbau	1 h	18 min
Scheinwerfer komplett ersetzen		18 min
Vordere Blinkleuchte ersetzen		12 min
Rad auswuchten		12 min

TÜV

Bekanntlich muß man nach § 29 der Straßen-Verkehrs- und Zulassungsordnung alle 2 Jahre bei irgendeinem Technischen Überwachungsverein (TÜV) vorfahren, um den Wagen auf Verkehrssicherheit untersuchen zu lassen. An Hand des in diesem Buch gesagten wird man selbst schon vorher eine ganze Reihe von Funktionen durchprüfen können, damit es keine Beanstandungen gibt. Dennoch ist es nicht ausgeschlossen, daß der Prüfer etwas Negatives findet, z. B. unrichtige Scheinwerfer-Einstellung, unzureichende oder einseitige Bremsverzögerung oder zu großes Lenkungsspiel. Um das zu vermeiden, ist es aber nicht unbedingt zu empfehlen, vorher eine Werkstatt aufzusuchen, um dort zu erklären: „Ich muß beim TÜV vorfahren, schaut doch bitte nach, ob alles in Ordnung ist!" Damit hat man nämlich der Werkstatt sozusagen einen Blanko-Auftrag gegeben, und man darf sich hinterher nicht wundern, wenn man eine große Rechnung präsentiert bekommt.

Besser ist es, so meinen wir, wenn man es getrost darauf ankommen läßt, daß der TÜV-Prüfer etwas zu beanstanden hat. Das streicht er auf seinem Prüfungsbefund an, und nur diese Fehler läßt man beheben. Dann fährt man eben zum zweitenmal zum TÜV und zahlt für die Nachprüfung ein paar Mark. In der Regel wird man billiger dabei wegkommen. Übrigens ist zu raten, dem Wagen vor der Durchsicht eine Ober- und Unterwäsche zu gönnen.

Die TÜV-Prüfung muß nicht am Zulassungsort erfolgen, sondern man kann sich eine Prüfstelle aussuchen. Auch braucht man als Besitzer nicht selbst vorzufahren; man kann einen anderen dazu beauftragen. Bei einigen Prüfstellen kann ein Termin vereinbart werden. Wartezeiten ergeben sich im Frühjahr, vor Feiertagen und vor den Ferien.

Vier-Zylinder-V-Form

Als der neue Ford 12 M im Herbst 1962 vorgestellt wurde, überraschte er durch völlige Abkehr von der deutschen Ford-Linie: Front-Antrieb und V-Motor. Mit dem letzteren Begriff wird die Bauweise des Motors bezeichnet, bei dem sich je zwei Zylinder V-förmig gegenüberstehen. Sie sind in einem Winkel von 60° gegeneinander geneigt. Diese Anordnung hat den Vorteil, daß der Motor sehr kurz ist. Er konnte also noch vor der Vorderachse seinen Platz finden. Der Wagen-Innenraum wurde dadurch sehr groß. Außerdem sitzt der Motor damit auf einem gewissen Hebelarm zur stärkeren Belastung der Vorderräder. Das ist bei Frontantrieb am Berg wichtig, sonst würden die Räder zu leicht durchdrehen. Notierenswert an diesem Motor ist ferner, daß der Kolbenhub im Vergleich zum Zylinderdurchmesser sehr klein ist („Kurzhubmotor"). Das bringt den Vorteil kleiner Kolbengeschwindigkeiten, wodurch die Motorlebensdauer gewinnt und der Motor nicht so leicht überdreht werden kann. Allerdings läuft der Motor etwas rauh, was seine Ursache in der schon erwähnten V-Form hat. Hierzu sei noch folgendes erläutert. Im Verhältnis zu dem kleinen Kolbenhub (58,9 mm) ist die Zylinderbohrung groß (80 bzw. 90 mm bei 1,5 Liter), was zwar große Ventile ermöglicht (gute Zylinderfüllung), aber große und relativ schwere Kolben zur Folge hat. Damit werden die hin- und hergehenden Massen groß, was bei

Der Motor des Ford 12 M liegt noch vor der Vorderachse, was die angetriebenen Vorderräder gut belastet. Das Bild läßt die Radaufhängung an Querlenker und Querfeder erkennen. Ab Januar 1963 fiel das senkrechte Vorwärmrohr am Luftfilter weg und die beiden Auspuffleitungen führten weiter hinter dem Motor zusammen. Ab März 1964 erhielt die Blattfeder eine zweifache Aufhängung, die Blattzahl wurde auf 4 reduziert. Ab September 1964 wurden die Querlenker neu gelagert und die Vorderräder erhielten Scheibenbremsen (Bild S. 213).

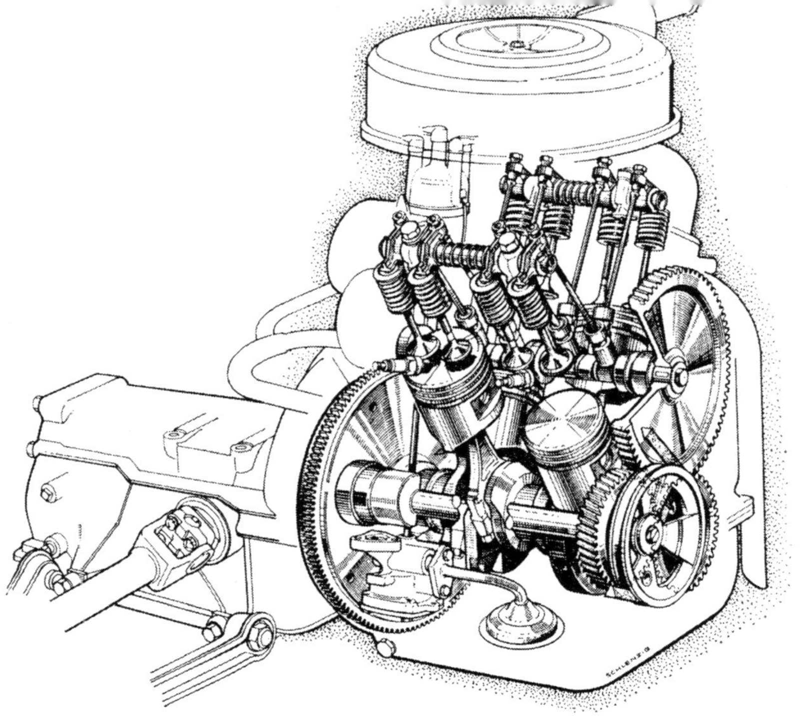

Die Zeichnung macht den Aufbau des V-Motors deutlich. Die Nockenwelle für den Ventil-Antrieb liegt über der Kurbelwelle. Vor den beiden Kolben ist die gegenläufig mitdrehende Ausgleichswelle (mit Keilriemenscheibe) zu sehen. Sie soll schwingungsdämpfend wirken. An ihrem linken Ende sind dazu Ausgleichsgewichte angebracht. Unter dieser Welle das Ansaugsieb für die Ölpumpe. Links am Getriebeblock das Kreuzgelenk der Antriebswelle. Das Zahnrad auf der Kurbelwelle ist aus geräuschminderndem Kunststoff.

einem Vierzylinder-V-Motor ungünstiger ist als bei einem Reihenmotor. Der Vierzylinder-V-Motor hat eine unsymmetrische Kurbelwelle, was zu größeren, sogenannten freien Massenkräften führt (Schwingungen, Vibrationen). Deswegen erhielt der Motor des 12 M ein ziemlich ungewöhnliches, zusätzliches Teil: eine parallel zur Kurbelwelle liegende, von ihr im Verhältnis 1:1 angetriebene Ausgleichswelle. Diese ist mit Ausgleichgewichten versehen und hat die Aufgabe, die sonst zu stark schwingende Kurbelwelle zu „beruhigen".
Ausführliche technische Daten, auch über den 1,5-Liter-Motor in der 50- und 55- bzw. 65-PS-Ausführung, am Schluß des Buches ab Seite 234.

Der Motor ab September 64

Hier ist vor allem die Leistungserhöhung des 1,5-Liter-Motors zu nennen. Er wurde um beachtliche 10 PS auf 65 PS gesteigert. Er wird serienmäßig in den 12 M mit TS-Ausstattung und in das Coupé eingebaut. Erreicht wurde die Mehrleistung durch geänderte Vergaserbestückung und durch eine Erhöhung der Verdichtung von 8,5 : 1 auf 9 : 1. Die Nockenwellen, also die Ventilsteuerzeiten, sind für alle Motorvarianten die gleichen. Das maximale Motordrehmoment stieg von 11 mkg auf 11,5 mkg bei unverändert 2300 U/min. Die Höchstgeschwindigkeit erhöhte sich auf 140 km/h. Sämtliche 12 M-Motoren erhielten, auch das sei erwähnt, härtere Ventilfedern.
Beachtet werden muß vor allem auch folgende Änderung: Entgegen der bis dahin gepflogenen Methode wurde die Farbgebung der Zylinderkopfhauben geändert: Der 1,2-Liter-Motor ist grün lackiert (vorher blau) und der 1,5-Liter-Motor weist nun eine blaue Farbgebung auf (vorher grün). Der TS-Motor blieb oben rot. Diese sonderbare Änderung richtete, wie man sich denken kann, nicht geringe Verwirrung unter den 12-M-Besitzern (Gebrauchtwagen!), aber auch bei Ford-Händlern an. Immerhin ist die Lackierung des Ventilkammerdeckels ein äußeres Kennzeichen, ob man einen 1,2- oder 1,5-Liter-Motor unter der Haube hat. Endgültigen Aufschluß gibt der Kfz-Schein und -Brief.

Motor-Ausbau

Das Aus- und Einbauen des Motors kann nur mit der Ausrüstung einer Werkstatt ausgeführt werden. Der Wagen muß dazu unter dem Getriebe soweit hochgebockt werden, daß der Motor nach unten herausgenommen werden kann. Herausheben nach oben ist nicht möglich. Da die vom Motor kommende Getriebe-Antriebswelle durch eine Öffnung im Fußraum zurückgezogen werden kann, ist ein Auswechseln von Kupplungsdruckplatte, -scheibe, -drucklager und Antriebswellen-Dichtung möglich, ohne Motor und Getriebe auszubauen. Wie die Antriebswelle entfernt wird, steht im Kupplungs-Kapitel beschrieben.
Abgesehen von Arbeiten an Teilen wie Vergaser, Kraftstoffpumpe, Zündanlage oder Ventil-Einstellen gehen „tiefere" Eingriffe am Motor über den Rahmen der Selbsthilfe hinaus. Allenfalls das Abnehmen der beiden Zylinderköpfe nebst Ansaugkrümmer läßt sich noch in Eigen-Regie durchführen. Hierzu ist aber schon einige handwerkliche Übung oder technisches Einfühlungsvermögen nötig.

Ausbau der Zylinderköpfe

Neben einem gut ausgestatteten Werkzeugkasten ist ein Drehmoment-Schlüssel (siehe Seite 21) erforderlich, damit die Schrauben für Zylinderköpfe und Ansaugkrümmer gleichmäßig angezogen werden können. Andernfalls verziehen sie sich und Undichtigkeiten nebst Motorschäden sind zu befürchten. Demontage der Zylinderköpfe ist nötig, wenn sie von Rückständen befreit, Ventilführungen und -sitze eingeschliffen werden oder Kopfdichtungen auszuwechseln sind. Motor vor Zylinderkopfausbau abkühlen lassen.
Hier die wichtigsten Handgriffe: Kühlwasser ablassen (Ablaß-Schrauben auf beiden Seiten des Motorblocks unter den hinteren Kerzen lösen). Luftfilter (13-mm-Schlüssel) und Vergaser abnehmen (13-mm-Schlüssel). Auspuffkrümmer lösen. Zylinderkopfdeckel abschrauben (10-mm-Steckschlüssel). Vorspannung der Ventilfedern durch Lösen der Einstell-Schrauben beseitigen (12-mm-Schlüssel). Kipphebelwelle abschrauben (17-mm-Schlüssel). Ölrücklaufbleche abnehmen. Stößelstangen herausnehmen und so ablegen, daß sie in der gleichen Anordnung wieder eingesetzt werden können. Schrauben und Muttern auf Saugkrümmer (besteht aus Leichtmetall) entfernen (14-mm-Ringschlüssel). Festsitzenden Krümmer mit leichten Hammerschlägen lösen, nicht mit Schraubenzieher zwischen Dichtflächen fahren. Kerzen herausschrauben. Zylinderkopf-Schrauben

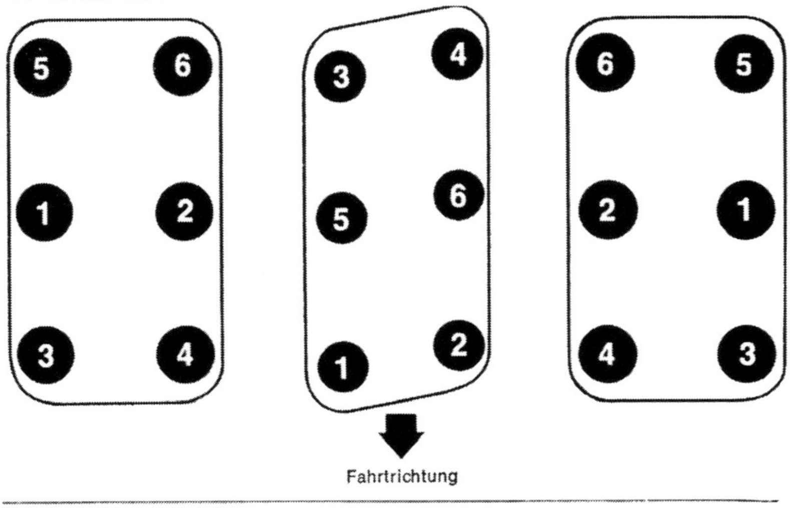

Nur für Praktiker, die Zylinderköpfe ausbauen: Links und rechts das Schema für die Reihenfolge des Anziehens der Zylinderkopfschrauben der betreffenden Zylinderseiten. In der Mitte das Schema für das Festziehen des Ansaugkrümmers.

entfernen (19-mm-Schlüssel), Zylinderköpfe abheben. Dichtung kontrollieren. Bei Reinigungsarbeiten: Ölkohlekranz am oberen Zylinderrand vorsichtig mit einem Schaber entfernen. Die Kolbenlaufzone darf aber nicht berührt werden.

Einbau der Zylinderköpfe

Beim Wiedereinbau, der umgekehrt sinngemäß erfolgt, beachten: Die Zylinderkopfdichtungen müssen mit der Aufschrift TOP nach oben und mit FRONT nach vorn zu liegen kommen. Zylinderkopfschrauben in Reihenfolge des Bildes S. 181 anziehen. Es soll – wie beim Ansaugkrümmer – in drei Arbeitsgängen erfolgen. Drehmomentwerte siehe am Schluß der technischen Daten. Erfahrene Kfz-Handwerker ziehen Zylinderkopfschrauben auch ohne Drehmomentschlüssel gleichmäßig nach und nach an. Laien ziehen meistens zu fest an und verspannen den Zylinderkopf. Drehmomentschlüssel zeigen übrigens mit der Zeit ungenauer an. Stößelstangen mit den Enden in Motoröl benetzen und auf die Stößel setzen. Die Verbindungsflächen von Ansaugkrümmer und Zylinderkopf (Saugkanäle) sind an letzterem mit Dichtungsmasse zu bestreichen (im Zubehörhandel). Ansaugkrümmerdichtung und dann Ansaugkrümmer auflegen. Auflage der Muttern und Schrauben ebenfalls mit Dichtmasse bestreichen. Krümmer nach abgebildetem Schema anziehen. Ventilspiel-Einstellen nicht vergessen.

Warum Ventilspiel?

Nicht jeder kann sich unter diesem Spiel etwas vorstellen. Da es von großer Bedeutung für die Gesundheit des Motors ist, sei es kurz erklärt. Zwischen den Teilen des Ventiltriebs – also Nocken, Stößel, Stößelstange, Kipphebel und Ventilschaft – muß etwas „Luft" oder „Spiel" vorhanden sein, damit die unterschiedlichen Wärmedehnungen von Grauguß-Zylinderblock und -kopf, Ventilschaft, Stößelstange und Stößel ausgeglichen werden. Zu den wichtigsten Wartungsmaßnahmen gehört daher die Kontrolle auf richtiges Ventilspiel.
Man sollte sich nicht auf sein Ohr verlassen, um etwa zu großes Ventilspiel an höheren Ventilgeräuschen zu erkennen. Was man nicht hört – und was wesentlich kritischer ist: zu kleines Ventilspiel! Das vorgeschriebene Ventilspiel beträgt für Einlaß- und Auslaß-Ventil 0.4 bis 0,45 mm. Es bedeutet

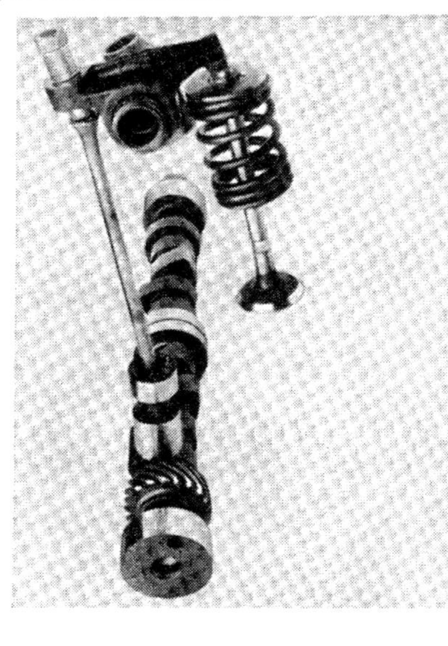

Der Ventiltrieb, bestehend aus Nockenwelle, Stößel, Stößelstange, Kipphebel, Ventilfeder und Ventil. Ventilfedern können bei Überdrehzahlen brechen. Erfahrungsgemäß tritt dies bei Überdrehzahlen unter Last, beispielsweise beim Überholen, jedoch weniger auf. Im 4. Gang läßt sich der Motor in der Ebene überhaupt nicht überdrehen. Gefährlicher sind Überdrehzahlen im Gefälle in den unteren Gängen. Innerhalb der Ventilfedern sitzt, über den Ventilschaft gestreift, eine Gummikappe. Diese soll verhindern, daß Öl in die Ventilführung läuft. Die selbstsichernden Einstellschrauben (links oben am Kipphebel) haben sich trotz mancher Skepsis gut eingeführt.

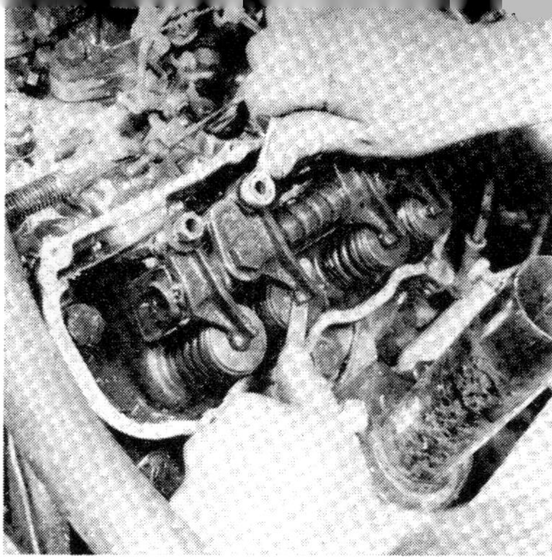

Zur Ventilprüfung wird das betreffende Blatt der Fühlerlehre zwischen Ventilschaft und Kipphebel geschoben. Das Blatt mit 0,4 mm muß hindurchgehen, 0,45 darf es auch noch (wird gegebenenfalls aus dem 0,3- und 0,15-Blatt kombiniert). 0,5 ist aber schon zu viel Spiel.
Mit einem 12-mm-Schlüssel (½ Zoll) wird die Einstellschraube auf das richtige Maß verdreht. Die Schraube sichert sich selbst, braucht also keine Kontermutter, wie sonst üblich.

Zu großes Ventilspiel: Schlechtere Zylinder-Füllung, also geringere Leistung, Veränderung der Steuerzeiten, ungleichmäßiger Lauf, höherer Verschleiß, größeres Geräusch.
Zu kleines Ventilspiel: Gefahr, daß Ventile und Ventilsitze verbrennen (Ventile liegen nicht satt auf Ventil-Sitzring auf, wodurch Kühlung ungenügend). Verziehen der Ventile, schlechte Leistung durch verringerte Kompression, veränderte Steuerzeiten.

Einstellen des Ventilspiels
Pflegearbeit Nr. 31

Gebraucht werden: 12-mm-Schlüssel, 10-mm-Steckschlüssel, Zündkerzenschlüssel (Bordwerkzeug), Fühlerlehre.
Nach dem Ford-Kontroll- und Inspektionsdienst-Heft müßte das Ventilspiel alle 10 000 km nur dann „berichtigt werden", wenn „übermäßige Ventilgeräusche" hörbar sind. Hier hat man sich sehr diplomatisch ausgedrückt, offenbar um sich diesen Dienst zu ersparen. Wie wir eben aber schon sagten, ist zu kleines Spiel bedenklicher – und das hört man nicht. Wir meinen also, daß die Ventilspiel-Kontrolle ein sehr wichtiger Teil der Eigenpflege-Arbeit darstellt. Mit „übermäßigem" Ventilgeräusch meint man jedenfalls das Geräusch durch gelockerte selbstsichernde Einstellschrauben.
Wer die Ventilspielkontrolle nicht selbst ausführen kann oder möchte, sollte auf jeden Fall seine Werkstatt darum bitten. Immerhin gehört es zum turnusmäßigen Inspektionsplan, für den man ohnedies bezahlen muß. Wenn nötig, wird man

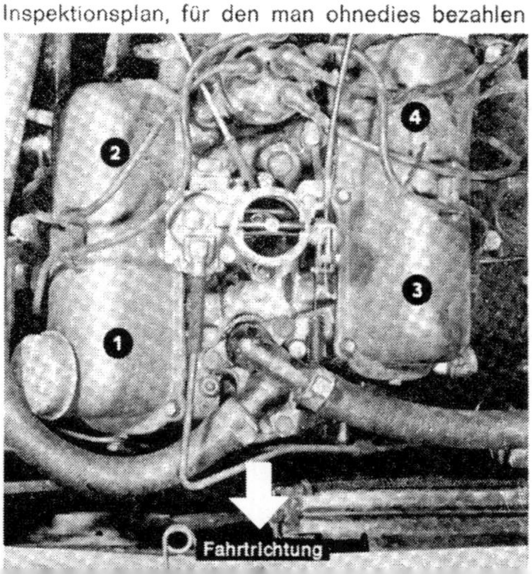

Aus dieser Motor-Draufsicht (Luftfilter abgenommen) geht die Numerierung der einzelnen Zylinder hervor. Man muß sich danach beim Einstellen des Ventilspiels und des Zündzeitpunktes richten.
Aus der Rechtsdrehung des Verteilers und der Anordnung der vier zu den einzelnen Kerzen führenden Kabel läßt sich die Zündfolge der einzelnen Zylinder erkennen: 1 - 3 - 4 - 2.
Der zwischen den Zylinderköpfen befindliche Vergaser wurde ab September 1964 um 90 ° gedreht (Schwimmerkammer kam nach vorn).

darauf hinweisen, daß das Ventilgeräusch besonders hoch sei. Bei der Prüfung wird dann gegebenenfalls auch das Ventilspiel berichtigt, wenn es zu knapp ist, denn das ist eine neuralgische Stelle jedes Motors.
Die Überprüfung erfolgte früher bei kaltem Motor. Generell wurde aber für alle Ford-Modelle die Kontrolle bei betriebswarmem Motor vorgeschrieben. Die je 5 Schrauben der beiden Zylinderkopfdeckel werden gelöst. Man kommt nicht an jede von ihnen gut heran, man schafft es am besten mit einem 10-mm-Steckschlüssel. Vorsicht, daß die Dichtung nicht beschädigt wird (falls keine neue verfügbar ist). Mit Schraubenzieher vorsichtig zwischen Dichtung und Deckel fahren. Kerzenkabel abziehen und Kerzen herausschrauben.
Jetzt wird der Motor so weit durchgedreht (dazu Zündkerzen herausschrauben oder Wagen im 4. Gang hin- und herschieben), bis sich die Ventile des 4. Zylinders (links hinten) überschneiden. Diese beiden Ventile bewegen sich dabei in entgegengesetzter Richtung. In dieser Stellung sind nun die Ventile des Zylinders 1 geschlossen und können geprüft werden wie bei dem oberen Bild der vorhergehenden Seite beschrieben. Die Nummern der Zylinder sind übrigens auf dem Zylinderkopf aufgeprägt; siehe unteres Bild der vorhergehenden Seite.
Als nächstes folgen zur Prüfung die Ventile des Zylinders 2. Hierzu werden die Ventile von Zylinder 3 auf Überschneiden gestellt. Dann Zylinder 3 (Überschneidung der Ventile von Zylinder 2) und als letzte Prüfung der Zylinder 4 (Überschneidung der Ventile von Zylinder 1). Die beiden inneren Ventile jeder Seite sind die Auslaß-Ventile. Im Zweifelsfall sollten sie eher mehr als zu wenig Spiel haben, aber nicht mehr als 0,45 mm. Ob die betreffenden Ventile tatsächlich geschlossen sind, läßt sich auch durch die dazugehörigen Stößelstangen kontrollieren: Lassen sich diese leicht drehen, sind die Ventile geschlossen. In der Werkstatt werden beim Wiederaufsetzen der Zylinderkopfdeckel neue Dichtungen verwendet, damit kein Öl austritt. Später nachprüfen, ob kein Öl durchsickert. Beim Aufstecken der Kerzenkabel muß Numerierung auf den Kabeln mit der von den Zylindern übereinstimmen.

Kompressionsdruck prüfen

Pflegearbeit Nr. 27

Gebraucht werden: Kerzenschlüssel aus Bordwerkzeug, Druckprüfer und ein hilfreicher Freund.
Das ist sozusagen eine ärztliche Untersuchung, ob der Patient noch richtig atmen kann. Damit kann vorbeugend oder im Bedarfsfalle geprüft werden, ob Kolben und Ventile gut abdichten, ob also die Kompression in den Zylindern noch hoch genug ist. Voraussetzung: das Ventilspiel muß richtig eingestellt sein. Diese Kontrolle empfiehlt sich stets, wenn Verdacht auf verringerte Motorleistung besteht oder wenn man einen gebrauchten Wagen kauft.
Zur Prüfung wird von der Werkstatt ein Kompressions-Druckschreiber benutzt, in den Meßkärtchen eingelegt werden. Der Motor sollte betriebswarm sein, doch sieht es in der Praxis oft so aus, daß er kalt ist, bis er zu dieser Prüfung kommt. Alle vier Kerzen werden herausgeschraubt. Der Gummikonus des Druckmessers wird dicht auf den Kerzensitz gedrückt. Ein zweiter Mann drückt das Gaspedal ganz durch, damit die Zylinder voll ansaugen können und dreht den Motor mit dem Anlasser durch.
Für jeden Zylinder zeichnet der Druckschreiber nach Weiterschalten eine flache Kurve auf das gewachste Papier, deren Endpunkt den höchsten Druck anzeigt. Wichtig für den gesunden Motor ist nicht die absolute Höhe des Druckes, sondern dessen Gleichmäßigkeit bei allen vier Zylindern. Druckunterschiede bis zu 0,5 kg/cm^2 sind unerheblich, sie sollen aber nicht mehr als 1 kg/cm^2 betragen.

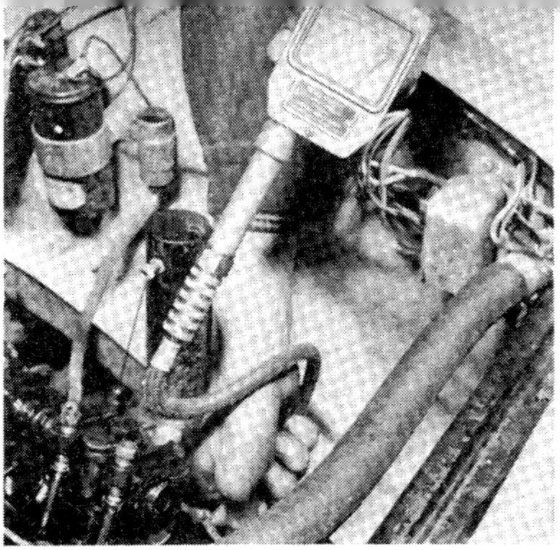

Zum Prüfen des Kompressionsdruckes der einzelnen Zylinder verwendet die Werkstatt einen Kompressions-Druckschreiber, in den ein Meßkärtchen eingelegt ist. Darauf wird bei der Prüfung der erreichte Wert aufgezeichnet. Da am 12 M einige Zündkerzenlöcher nur schwer zugänglich sind, muß an den Druckschreiber ein besonderes Schlauchzwischenstück angesetzt werden, wie auf dem Bild erkennbar.

Der gemessene Druck bei warmem Motor liegt höher als bei kaltem Motor, da bei diesem die Abdichtung durch die Kolbenringe und das Öl nicht so hoch ist. Zu niedriger Druck kann bedeuten: Schäden an den Ventilen, z. B. durch verbranntes Auslaß-Ventil oder klebendes („hängendes") Ventil durch zu viel Rückstandsbildung am Ventilschaft und in dessen Führung, ferner Kolben- und Kolbenring-Verschleiß oder festsitzende Kolbenringe, unrunde Zylinder, Folge-Erscheinungen von Kolbenklemmern. In den weitaus meisten Fällen liegt jedoch mangelnder Kompressionsdruck und damit verringerte Motorleistung an undichten Ventilen. Deren Einschleifen bzw. Befreien von Rückständen bringt Abhilfe, wenn sich nicht wegen zu hoher km-Leistung ein neuer Motor empfiehlt.

Ungefähre Werte: Gutes Ergebnis 10–12 kg/cm^2, unter 8 kg/cm^2 läßt auf schlechten Motorzustand schließen. Vergleichbar sind nur Messungen, die mit demselben Meßgerät ausgeführt sind, da diese voneinander immer etwas abweichen. Lassen Sie sich stets nach dem Wartungsdienst das Meßkärtchen geben, wenn es nicht schon der Rechnung beigefügt wurde. Schreiben Sie sich Datum und km-Stand auf. Das erleichtert Vergleiche und ist ein guter Qualitätsnachweis beim Verkauf des Wagens.

Lagerschäden

Ausgelaufene Lager sind heutzutage etwas Seltenes geworden. Man sollte aber doch wissen, um was es sich handelt. Durch frühes Erkennen von Lagerschäden läßt sich viel Geld sparen (u. a. für eine neue Kurbelwelle). Lagerschäden kündigen sich mit wärmer werdendem Motor (Öl wird dünnflüssiger) durch Klopfen an, das allmählich immer lauter wird. Man sollte dann umgehend die Werkstatt aufsuchen. Oft kann man bei äußerster motorschonender Fahrweise noch bis zum rettenden Stützpunkt fahren.

Fingerzeig: *Es schadet der Kurbelwelle bzw. den Lagern, wenn man den Motor bei kleiner Drehzahl hoch beansprucht, also viel Gas gibt (schaltfaules Fahren). Je schneller die Kurbelwelle dreht, um so kräftiger ist das Schmierpolster in den Lagern. Allgemein gilt: Helles Ticken sind defekte Pleuellager, Ticken oder Klopfen sind auslaufende Kurbelwellenlager.*

Das die Ausgleichswelle treibende Zahnrad (Bild S. 178) ist aus Kunststoff. Wird es schadhaft, was hin und wieder vorkommt, fällt auch der Keilriemenantrieb aus und damit die durch Riemen angetriebene Wasserpumpe, und der Motor läuft heiß. Gelegentlich das große untere Keilriemenrad auf Längsspiel prüfen (daran rucken). Ist das Spiel zu groß, mit der Werkstatt sprechen. Während der Fahrt die Kühlwassertemperatur-Anzeige im Auge behalten.

Ab durch die Röhre

Die Auspuff-Anlage gehört zwar auch noch zum Motor, doch erreicht sie selten seine Lebensdauer. Rost durch Spritzwasser und Korrosion von innen und außen (durch Streusalz im Winter) lassen das Blech schnell dünner werden. Im Kurzstreckenverkehr ist die Lebensdauer des Auspufftopfes geringer als bei vorwiegendem Überlandverkehr. Durchgerosteter Auspuff macht sich bemerkbar durch Knallen bei schiebendem Wagen (Gas wegnehmen bei schneller Fahrt) und durch lauteres Auspuffgeräusch.

Prüfen der Auspuff-Anlage bei hochgebocktem Wagen oder noch besser, wenn der Wagen gelegentlich des Ölwechsels an der Tankstelle auf der Hebebühne oder über der Schmiergrube steht.

Auspuff-Schrauben festziehen

Pflegearbeit Nr. 32

Gebraucht werden: 10-, 14- und 17-mm-Schlüssel.

Die beiden vorderen, von jeder Zylinderseite kommenden Rohre sind mit Dichtungen an den Zylinderköpfen befestigt. Die Flansch-Schrauben sind mit einem 17-mm-Ringschlüssel auf festen Sitz zu überprüfen. Weil die Abgase hier noch sehr heiß sind, weisen diese Rohre noch eine solide Wandstärke auf, sind also nicht so sehr dem frühen Verfall ausgesetzt. Hinter dem Motor vereinen sich beide Rohre zu einem gemeinsamen Rohr, das in einem Verbindungsflansch endet (2 Schrauben, 14-mm-Schlüssel). Man kommt an diesen Flansch nur von der Wagen-Unterseite heran. An diesem sitzt ein wesentlich dünneres Rohr, das

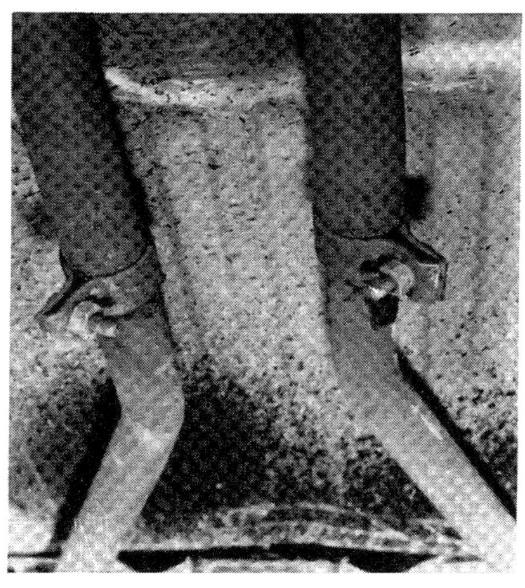

Die Schlauchschellen, welche die Auspuffrohre halten, sind meist nach unten gedreht, wie auf dem Bild erkennbar. Da dies der tiefste Punkt unterhalb der Wagenbodenmitte ist, bleiben die Schellen bei Fahrten durch Wald und Feld zuerst an Bodenunebenheiten hängen. Man kann sich auf diese Weise die ganze Auspuffanlage abreißen. Deshalb empfiehlt es sich, die langen Flanschstücke mit den Halteschrauben seitwärts zu drehen, so daß die Unterseite glatt ist. Bis Januar 1963 vereinigten sich die beiden Rohre weiter vorn am Motor.

Auspuffrohre und Auspufftöpfe sind ausgesprochene Verschleißteile, die schon nach zwei bis drei Jahren, gleichgültig, welche km-Strecke vorliegt, durchgerostet sein können. Dagegen hilft kein Anstrich oder Belag.
Die undichten Teile müssen ausgewechselt werden.
Da die Befestigungsschrauben gleichfalls mitrosten, müssen sie vor der Demontage zumeist mit einem stark wirkenden Rostlösemittel behandelt werden.
Beim Prüfen der Auspuffschrauben auf festen Sitz wird die ganze Anlage auf durchgerostete Stellen geprüft.

im ersten Auspufftopf mündet. Dann folgt der letzte Rohr-Abschnitt mit dem zweiten Auspufftopf. Erfahrungsgemäß sitzen hier alle Muttern fest – sie sind eingerostet!
An drei Punkten ist die Auspuff-Anlage mit Gummibüchsen elastisch aufgehängt. Die Auspufftöpfe können nach Lösen von Klemmschrauben einzeln ausgebaut werden (10- und 14-mm-Schlüssel). Bevor man die Schrauben oder Muttern abwürgt, sollte man sie mit einem rostlösenden Mittel behandeln. Wer Petroleum im Haus hat, kann sich auch damit helfen.

Farbe der Auspuffgase

Der Kenner stellt auch aus der Beschaffenheit der Auspuffgase seine Diagnose. Hier sei das wichtigste aufgezeichnet. Es bedeuten:

- Schwärzliche Gase: unvollständige Verbrennung durch Luftmangel oder Kraftstoff-Überschuß. Oder der Leerlauf ist zu fett eingestellt.
- Bläuliche Gase: verbranntes Öl durch undichte Kolben bzw. Kolbenringe. Oder zuviel Öl im Kurbelgehäuse.
- Weiße Gase: Das ist Wasserdampf als chemisches Verbrennungsprodukt, der bei Kälte kondensiert (unbedenklich).
- Gase, die man nicht sieht: Gift (Kohlenmonoxyd) bei geschlossener Garage.

Bei Stadtverkehr wird der Auspuff-Stutzen innen schwarz gefärbt sein – ein Zeichen, daß man im Kurzstreckenverkehr nicht die nötige Betriebstemperatur erreicht und durch viel Leerlauf meistens Kraftstoff-Überschuß vorliegt. Nach Überlandfahrten soll der Stutzen innen hellgrau sein.

Die Zubereitung der Speise

Wir haben uns in diesem Buch nicht viel über Theorie ausgelassen, weil vornehmlich an die Praxis gedacht werden soll. Im Falle des Vergasers sollte man aber eine Ausnahme machen. Selbst wenn Sie nicht die Absicht haben, sich an ihm die Finger schmutzig zu machen, sollten Sie sein Innenleben kennen.
Seine Aufgabe: Benzin mit Luft zu einem Nebel zerstäuben, und zwar in einem solchen gegenseitigen Verhältnis, daß es entflammbar ist. Enthält der Nebel zuviel oder zu wenig Kraftstoff (das Gemisch ist zu fett oder zu mager), ist es nicht zündfähig.
Der Vergaser für den 12 M mit 1,2-Liter-40 PS-Motor und 50 PS-1,5-Liter-Motor ist gleich: Solex 28 PDSI (die Zahl 28 bedeutet die innere Saugrohrweite in mm). Der 55-PS-, bzw. 65-PS-1,5-Liter-Motor wird mit dem Solex-Vergaser 32 PDSI (32 mm Saugrohrweite) ausgerüstet (andere Düsenbestückung Seite 236). Bis August 1964 war der Luftfilter fest eingegossen, danach wurde er auswechselbar (Nr. 16 in Zeichnung Seite 192).

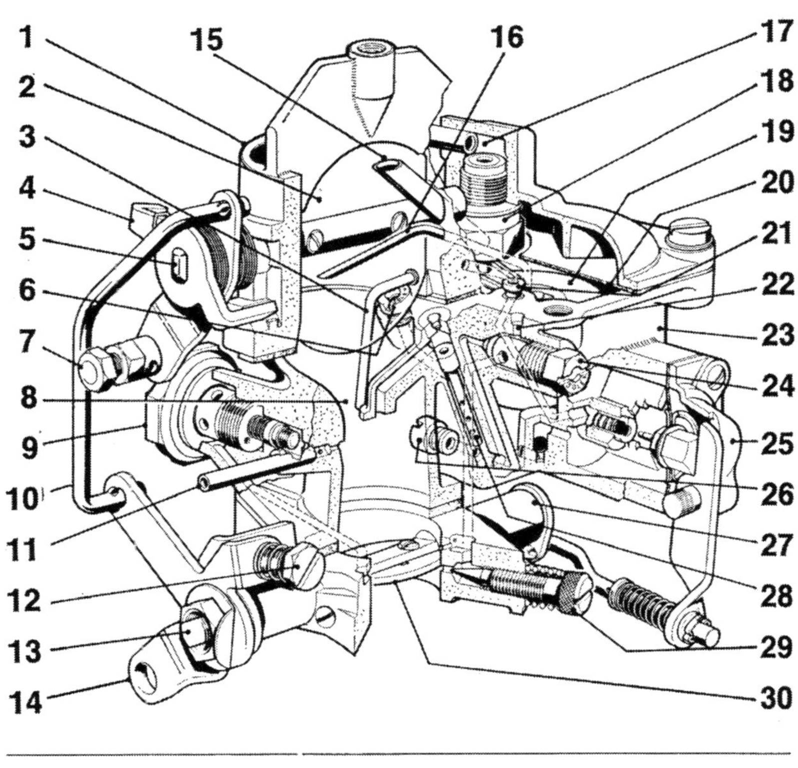

Der Solex-Vergaser 28 PDSI (bis Aug. 64) im Schnitt:
1 - Vergaserdeckel
2 - Starterklappe
3 - Pumpeneinspritzrohr
4 - Mitnehmerhebel
5 - Starterklappenwelle
6 - Luftkorrekturdüse
7 - Starterhebel
8 - Lufttrichter
9 - Unterdruck-Regelventil
10 - Übertragungshebel
11 - Unterdruckanschluß (Zündverstellung)
12 - Leerlaufeinstell-schraube
13 - Drosselklappenwelle
14 - Betätigungshebel
15 - Belüftungsrohr
16 - Anreicherungsrohr
17 - Kraftstoffzufluß
18 - Schwimmernadel-ventil
19 - Schwimmer
20 - Schwimmerkammer
21 - Pumpendüse
22 - Leerlauf-Luftbohrung
23 - Schwimmergehäuse
24 - Leerlaufdüse
25 - Beschleunigungs-pumpe
26 - Hauptdüse
27 - Drosselklappenteil
28 - Mischrohr
29 - Leerlaufgemisch-Regulierschraube
30 - Drosselklappe.

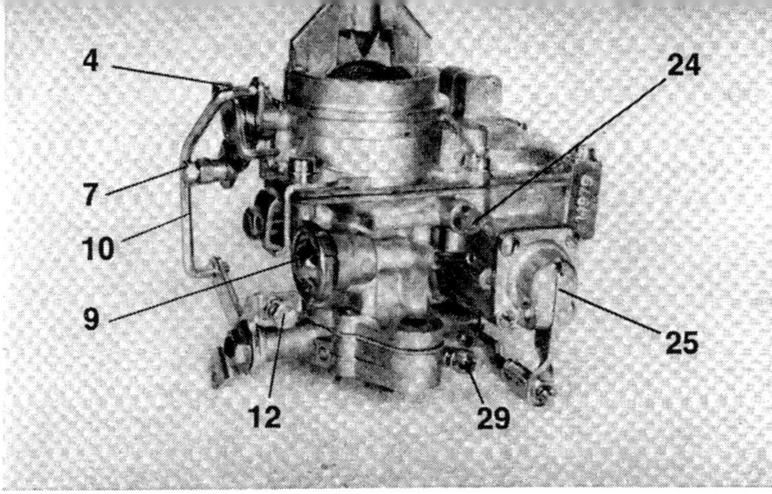

Die nach hinten weisende Seite des Ford 12 M-Vergasers, wie er bis August 1964 eingebaut war. Die Zahlen sind identisch mit denen auf der Zeichnung der gegenüberliegenden Seite und bedeuten: 4 - Mitnehmerhebel für Starterklappe, 7 - Hebel für Betätigung der Starterklappe durch Starterzug, 9 - Unterdruck-Regelventil, 10 - Übertragungshebel Starterklappe - Drosselklappe, 12 - Leerlauf-Einstellschraube, 24 - Leerlaufdüse, 25 - Beschleunigungspumpe, 29 - Leerlaufgemisch-Regulierschraube.

Veränderung der Vergaser-Einstellung von dieser Seite aus ist also erst mit dem neuen Vergaser möglich.

Beachten: Ab September 1964 wurde ein neuer Vergaser für alle 12 M-Motoren eingeführt, siehe Bild und Zeichnung auf nächster Seite sowie die Erläuterung auf Seite 196.

Aufbau des Vergasers

Die drei Hauptteile: Vergaser-Gehäuse, Drosselklappenteil und Deckel. Letzterer ist mit 5 Schlitzschrauben auf dem Gehäuse befestigt. Zwischen beiden liegt eine Dichtung. Das Gehäuse enthält die sogenannte Mischkammer, das ist der senkrechte Durchlaß (Fallstrom-Prinzip), in dem sich Luft und Kraftstoff zu einem Nebel vereinen. Auch die Schwimmerkammer ist ein Teil des Gehäuses. In dieser wird der hineingepumpte Kraftstoff „bereitgestellt", der durch das Eintrittsrohr von der Kraftstoffpumpe hineingepumpt wird.

Das Vergasergehäuse ist unten mit zwei Schrauben mit dem Ansaugkrümmer verbunden. Oberhalb dieses Verbindungsflansches liegt die Drosselklappenwelle mit der Drosselklappe, die durch den Drosselklappenhebel betätigt wird. An der Schwimmerkammer sitzt auch die Beschleunigungspumpe. Sie ist mit der Drosselklappenwelle über eine Stange und einen Hebel verbunden.

In der Unterseite des Vergaserdeckels – dort wo er über der Schwimmerkammer sitzt – ist das Schwimmernadelventil eingeschraubt. Es hat die Aufgabe, den Kraftstoff-Stand in der Schwimmerkammer konstant zu halten. Zu diesem Zweck drückt ein Kunststoff-Schwimmer über einen kleinen Hebel von unten gegen die Schwimmernadel und drückt sie auf ihren Sitz. Das Ventil schließt sich damit also, wenn der richtige Pegelstand erreicht ist. Es wird geöffnet, wenn der Schwimmer nach unten sinkt. In die Schwimmerkammer mündet ein Belüftungsrohr. Ein Anreicherungsrohr sorgt für den Austritt zusätzlichen Kraftstoffes bei hoher Belastung.

Da der Zündzeitpunkt abhängig von der jeweiligen Motorleistung sein muß, wird die Zündverstellung über den gerade im Saugrohr herrschenden Unterdruck gesteuert. Letzterer entsteht ja während des Ansaug-Taktes des Motors und ist besonders groß bei hoher Drehzahl. Der Unterdruck für die Zündverstellung wird an zwei Stellen am Vergaser entnommen (und über eine Leitung zum Verteiler geführt): an der Drosselklappe und im engsten Saugquerschnitt des eingegossenen Lufttrichters, in den Vergaser ist ein Unterdruck-Regelventil eingebaut, das dabei hilft, den Zündzeitpunkt richtig zu beeinflussen.

Die linke Seite des Vergasers Solex PDSIT-7, wie er ab September 64 eingebaut wird (für den 65-PS-Motor heißt er Solex 32 PDSIT-7). In Fahrtrichtung nach vorn weist die Schwimmerkammer (links). Rechts die neue Startautomatik. Die Zahlen bedeuten 1 - Leerlauf-Einstellschraube, 2 - Leerlaufgemisch-Regulierschraube, 3 - Leerlaufdüse, 4 - Betätigungshebel für Beschleunigungspumpe, 5 - Beschleunigungspumpe, 6 - Anschluß für Kraftstoff, 7 - Anschluß für Unterdruckleitung für Verstellung des Zündzeitpunktes im Zündverteiler.

Startvorgang

Durch Ziehen des Luftklappenkopfes am Armaturenbrett wird die Starterklappe geschlossen. (Ab September 1964 Startautomatik, siehe Seite 196). Gleichzeitig öffnet sich durch einen Verbindungshebel etwas die Drosselklappe. Die Starterklappe ist nicht genau in der Mitte gelagert, so daß ein Spalt freibleibt. Wird der Motor angelassen, entsteht ein kräftiger Unterdruck unter der Klappe. Der Kraftstoff wird aus dem Austrittsarm (A) gesaugt und zerstäubt. Außerdem tritt das kostbare Naß auch über das Leerlauf-System ein. Und zwar tritt Luft (weißer Pfeil) über die Luftdüse ein und bildet eine zündfähige Kraftstoff-Luft-Mischung, die durch eine Bohrung knapp unterhalb der Drosselklappe hineinströmt. Da das Schließen der Starterklappe über eine Feder und einen Mitnehmerhebel erfolgt, ist sie nicht starr geschlossen, sondern kann nachgeben. Damit wird verhindert, daß bei wachsender Drehzahl und damit größerem Unterdruck der Motor „ersäuft".

Leerlauf

Wenn der Motor läuft und etwas wärmer geworden ist, kann die Starterklappe wieder geöffnet werden. Im Leerlauf ist jedoch die Drosselklappe geschlossen – der Fuß ruht ja dabei nicht auf dem Gaspedal. Da über der Drosselklappe kein Unterdruck entsteht, wird auch kein Benzin aus dem Austrittsarm (A) abgesaugt. Dagegen entsteht unter ihr ein Vakuum, das eine Leerlauf-Mischung aus der schon erwähnten Bohrung knapp unter der Drosselklappe „lutscht". Und

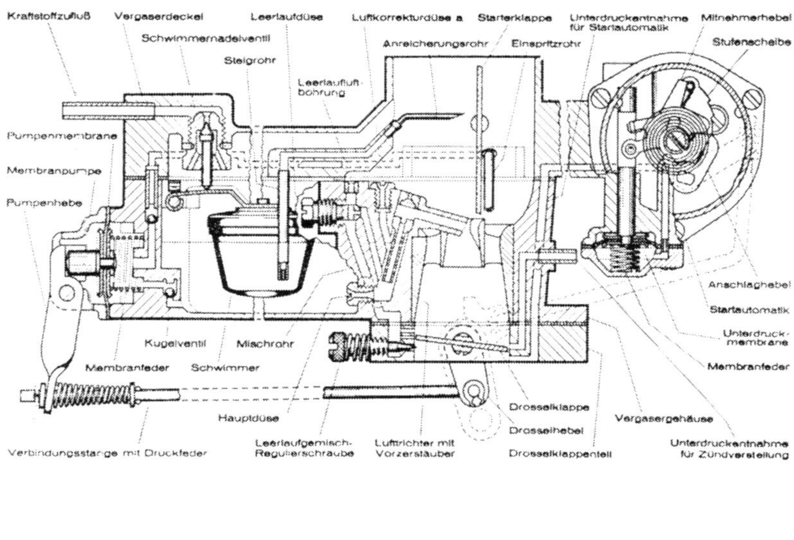

Das Schnittbild des oben gezeigten Vergasers Solex 28 PDSIT-7, der ab September 1964 eingeführt wurde. Der grundsätzliche Aufbau entspricht etwa dem des vorher verwendeten Vergasers Solex 28 PDSI. Grundsätzlich neu ist die automatische Startvorrichtung.

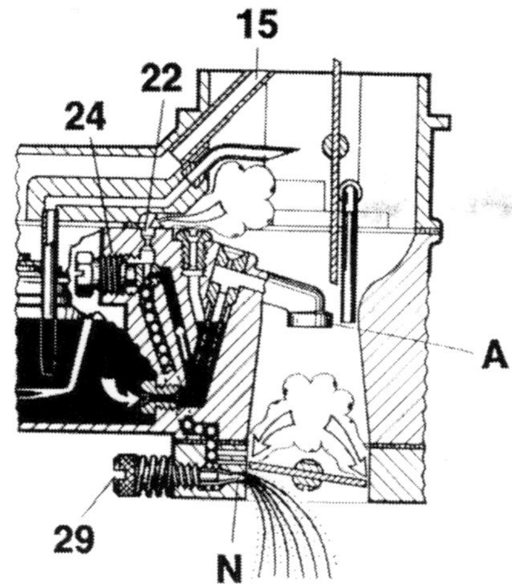

Das Leerlaufsystem. Wie es funktioniert, geht zusätzlich aus dieser Zeichnung hervor. Es bedeuten:
15 - Belüftungsrohr für Schwimmerkammer
22 - Leerlauf-Luftbohrung
24 - Leerlaufdüse
29 - Leerlaufgemisch-Regulierschraube
N - Nadelventil der letzteren zum Abmagern oder Fetten des Leerlaufgemisches
A - Austrittsarm.

zwar wird der Kraftstoff zur Leerlaufdüse hochgesaugt, wo er sich mit Luft vermischt, die aus der Leerlaufluftbohrung kommt. Die Leerlaufgemisch-Regulierschraube gestattet eine Änderung der Zusammensetzung des Leerlaufgemisches. Beim „Übergang", wenn also etwas Gas gegeben wird, treten kleine Bohrungen oberhalb der Regulierschraube in Tätigkeit, geben also zusätzlichen „Leerlauf-Kraftstoff" ab. Die Bohrungen werden in diesem Stadium nicht mehr von der Drosselklappe abgedeckt.

Normalbetrieb und volle Last

Bei ganz geöffneter Drosselklappe (sie steht dann senkrecht) tritt wieder der Austrittsarm (A) in Aktion. Er saugt den Kraftstoff über die Hauptdüse an. Außerdem steht er über eine Querbohrung in Verbindung mit der Luftkorrekturdüse. Damit werden Dampfblasen vermieden. Wenn nun mit steigendem Unterdruck der Benzinstand im Mischrohr sinkt, tritt durch die Luftkorrekturdüse Ausgleichsluft ein. Sie vermischt sich mit dem durch die Hauptdüse tretenden Kraftstoff, wodurch die richtige zündfähige Zusammensetzung erhalten bleibt.
Wird das Gaspedal ganz durchgetreten, wenn also höchste Leistung gebraucht wird, holt sich der Vergaser zusätzlichen Kraftstoff von der Beschleunigungspumpe, die wir genauer im nächsten Abschnitt beschreiben. Ferner erhält das angesaugte Gemisch durch das Anreicherungsrohr weitere Nahrung. Zwischen diesem und der Schwimmerkammer besteht eine direkte Verbindung. Der starke Unterdruck sorgt dafür, daß das Anreicherungsrohr in Tätigkeit tritt.

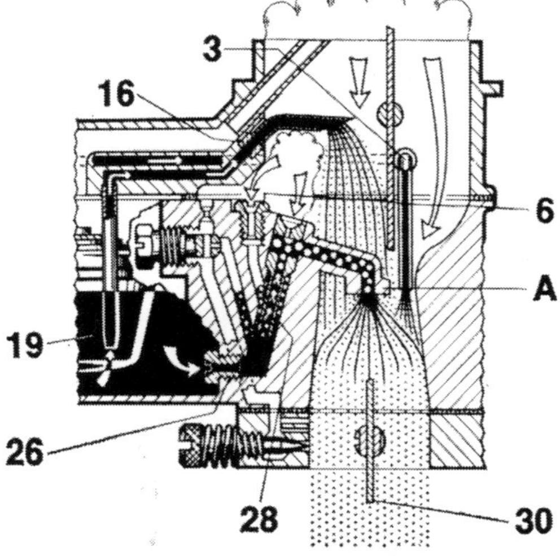

Vollast. So arbeitet der Vergaser bei ganz geöffneter Drosselklappe (siehe Text auf der folgenden Seite).
3 - Einspritzrohr
16 - Anreicherungsrohr
19 - Schwimmer
26 - Hauptdüse
28 - Mischrohr
30 - Drosselklappe.
Wie man sieht, wird aus drei Rohren Kraftstoff in den Saugkanal eingespritzt. Bei Normalbetrieb tritt das Anreicherungsrohr außer Aktion.

Beschleunigung

Muß man während des Normalbetriebes plötzlich Gas geben, braucht der Vergaser kurzzeitig eine zusätzliche „Prise" Kraftstoff. Andernfalls wird der Unterdruck durch das plötzliche Öffnen der Drosselklappe gerade dann geringer und weniger Kraftstoff abgesaugt, wenn man ihn besonders dringend braucht. Beim Gasgeben wird daher über ein besonderes Gestänge die Membrane (M) einer Beschleunigungspumpe betätigt. Die elastische Membrane wird eingedrückt und preßt damit Kraftstoff über ein besonderes Einspritzrohr in das Saugrohr ein.

Während dieses Vorganges verhindert eine Kugel (K 1) in der Art eines Rückschlagventils das Zurückfließen von Kraftstoff in die Schwimmerkammer. Ein zweites Kugelventil (K 2) im Pumpen-Austritt sorgt dafür, daß beim Saughub der Pumpe (wenn die Membrane zurückgeht) keine Luft über das Einspritzrohr eindringen kann.

Oberhalb eines bestimmten Standes der Drosselklappe, wenn also das Gaspedal fast ganz durchgetreten ist, drückt ein Stift auf der Membrane auf eine dritte Kugel (K 3) und hält den Durchgang zum Einspritzrohr offen. Auf diese Weise wird bei voller Last der zusätzliche Kraftstoff eingespritzt, wie es im vorigen Abschnitt angedeutet wurde. Doch nun genug der Theorie. Im nächsten Kapitel geht es praktischer zu.

Abgasmessung bei älteren Motoren und Vergasern

Keine Sorge braucht man vor der CO-Messung zu haben, die seit 1971 beim TÜV vorgenommen wird. Auch wenn das Auto keinen Abgasvergaser besitzt, lassen sich die geforderten Werte – 4,5 plus maximal 1,0 Vol. %CO – einhalten. Folgendes ist vor der Messung zu beachten: Der Motor soll möglichst eine halbe Stunde warmgefahren werden. Ein Wagen, der viel im Stadtverkehr verwendet wird, ist zur Reinigung seines innerlich verschmutzten Motors 100 bis 150 km weit zügig zu bewegen. Damit hat man schon viel gewonnen.

Werden trotzdem die vorgeschriebenen Werte nicht erreicht, sind Ventilspiel, Schließwinkel, Zündzeitpunkt und Elektrodenabstand der Zündkerzen zu prüfen. Fällt danach der CO-Test immer noch negativ aus, ist die Vergasereinstellung zu kontrollieren. Die Reihenfolge der hier aufgezeigten Vorkehrungen muß unbedingt befolgt werden, weil der Erfolg sonst zweifelhaft bleibt. In jedem Fall ist ein „versuchsweises" Korrigieren am Vergaser zu vermeiden.

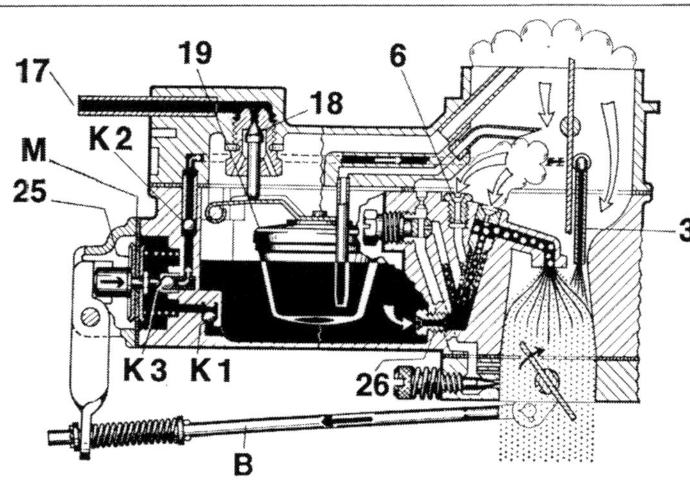

Beschleunigung. Wenn beim Durchtreten des Gaspedals zusätzlich Kraftstoff eingespritzt wird, arbeitet der Vergaser nach diesem Schema.
3 - Pumpen-Einspritzrohr
6 - Luftkorrekturdüse
17 - Kraftstoffzufluß von der Kraftstoffpumpe
18 - Schwimmernadelventil
19 - Schwimmer
25 - Beschleunigungspumpe
B - Betätigungsstange f. Beschleunigungspumpe
M - Membrane
K 1 - 1. Kugelventil
K 2 - 2. Kugelventil
K 3 - 3. Kugelventil (siehe Text).

Mit wenig Mühe viel erreichen

Der Vergaser wird von vielen Autofahrern als eine besonders komplizierte Einrichtung angesehen. Einfach in der Konstruktion ist er zwar nicht – das zeigten die Erklärungen des vorhergehenden Kapitels – aber speziell dieser Vergaser für den Ford 12 M läßt sich zur Pflege leicht zerlegen.
Den Vergaser zu reinigen was manches verlorene PS wieder mobil macht, und Störungen zu beseitigen ist mit etwas Sorgfalt und Einfühlung durchaus auch für Nichtfachleute möglich. Eine andere Sache allerdings ist das Verändern der Einstellung für den Fahrbetrieb. Hierzu gehört Wissen, Können und Erfahrung.
Startautomatik siehe Änderungen ab September 1964, Seite 198.

Vergaserdeckel abnehmen

Gebraucht werden: Schraubenzieher, 13-mm-Schlüssel, leichter Hammer.
An die Düsen und die Schwimmerkammer kommt man heran, wenn man den Vergaserdeckel abschraubt. Vorher empfiehlt sich: Verschlußschraube unten in der Schwimmerkammer lösen und Kraftstoff ablassen, von Lappen aufsaugen lassen. Hierzu Luftfilter abnehmen (13-mm-Schlüssel) und Kraftstoff-Schlauch vom Vergaserdeckel abziehen (geht von Hand). Dann die 5 Schlitzschrauben der Deckelbefestigung mit kräftigem Schraubenzieher lösen. Wer sich die Arbeit einfach machen möchte, beispielsweise bei Fehlersuche, kann den Starterzug und die Drosselklappenbetätigung angeschlossen lassen. Da der Deckel auf seiner Dichtung ziemlich festklebt, muß beim Abnehmen mit leichten Hammerschlägen nachgeholfen werden. Am besten mit Hammerstiel, sonst ein Stück Holz unterlegen.

Vergaser ausbauen

Luftfilter abnehmen (mehr über ihn im Wartungs-Kapitel Seite 39), Kraftstoff-Schlauch und Unterdruck-Schlauch abziehen. Klemmschraube für Starterzug lösen (8-mm-Schlüssel) und Hülle für Drahtzug am Haltewinkel abklemmen (Schlitzschraube, Schraubenzieher). Rückzugfeder am Hebel der Drosselklappe aushängen, Drehzapfen für Gaszug aus der Bohrung des Hebels ziehen (Federscheibe nicht verlieren). Kraftstoff aus Schwimmerkammer ablassen (siehe vorigen Abschnitt). 2 Muttern unten am Vergaserflansch lösen (13-mm-Schlüssel).
Das Zerlegen: Wie man den Deckel abnimmt, beschrieben wir schon weiter oben. Der Verbindungshebel von der Drossel- zur Starterklappe wird entfernt, indem man den Deckel verdreht. Deckel-Dichtung vorsichtig lösen. Damit wird die Nute für die Schwimmerlagerung frei. Schwimmer herausnehmen. Nicht unbedingt erforderlich: 2 Schrauben unten im Drosselklappenteil lösen, um Schwimmergehäuse abzunehmen. Das Schwimmernadelventil im Vergaserdeckel läßt sich mit einem 14-mm-Schlüssel herausschrauben (Unterlegscheibe beachten).

Seit September 1964 wird der mit Startautomatik versehene und um 90 ° gedrehte Vergaser Solex PDSIT-7 eingebaut. Hier seine Teile: 1 - Drosselklappenteil (m. Vorwärmung), 2 - Schraube, 3 - Drosselklappenwelle, 4 - Distanzring, 5 - Drosselklappe, 6 - Schrauben, 7 - Mitnehmerhebel, 8 - Drosselhebel, 9 - Mutter, 10 - Scheibe, 11 - Leerlaufgemisch-Regulierschraube, 12 - Feder, 13 - Schraube, 14 - Dichtung, 15 - Schwimmergehäuse, 16 - Doppelluft-trichter, 17 - Schwimmer, 18 - Schwimmerachse, 19 - Niederhalter dafür, 20 - Leerlauf-Einstellschraube, 21 - Feder, 22 - Leerlaufdüse, 23 - Hauptdüse, 24 - Verschlußschraube dafür, 25 - Dichtring, 26 - Luftkorrekturdüse, 27 - Beschl.-Pumpenmembrane, 28 - Membranfeder, 29 - Pumpendeckel, 30 - Pumpenhebel, 31 - Achse dafür, 32 - Schraube, 33 - Verbindungsstange, 34 - Scheibe, 35 - Feder, 36 - Splint, 37 - Spannring, 38 - Dichtung, 39 - Vergaserdeckel, 40 - Starterkörper, 41 - Dichtung, 42 - Schraube, 43 - Unterdruck-Membrane f. Startautomatik-Regulierung, 44 - Feder, 45 - Ventildeckel, 46 - Schraube, 47 - Starterklappenwelle, 48 - Starterklappe, 49 - Rückdrehfeder f. Stufenscheibe, 50 - Welle, 51 - Starterhebel, 52 - Verb.-Stange, 53 - Starterdeckel mit Bimetallfeder, 54 - Wasser-Anschluß, 55 - Schwimmernadelventil.

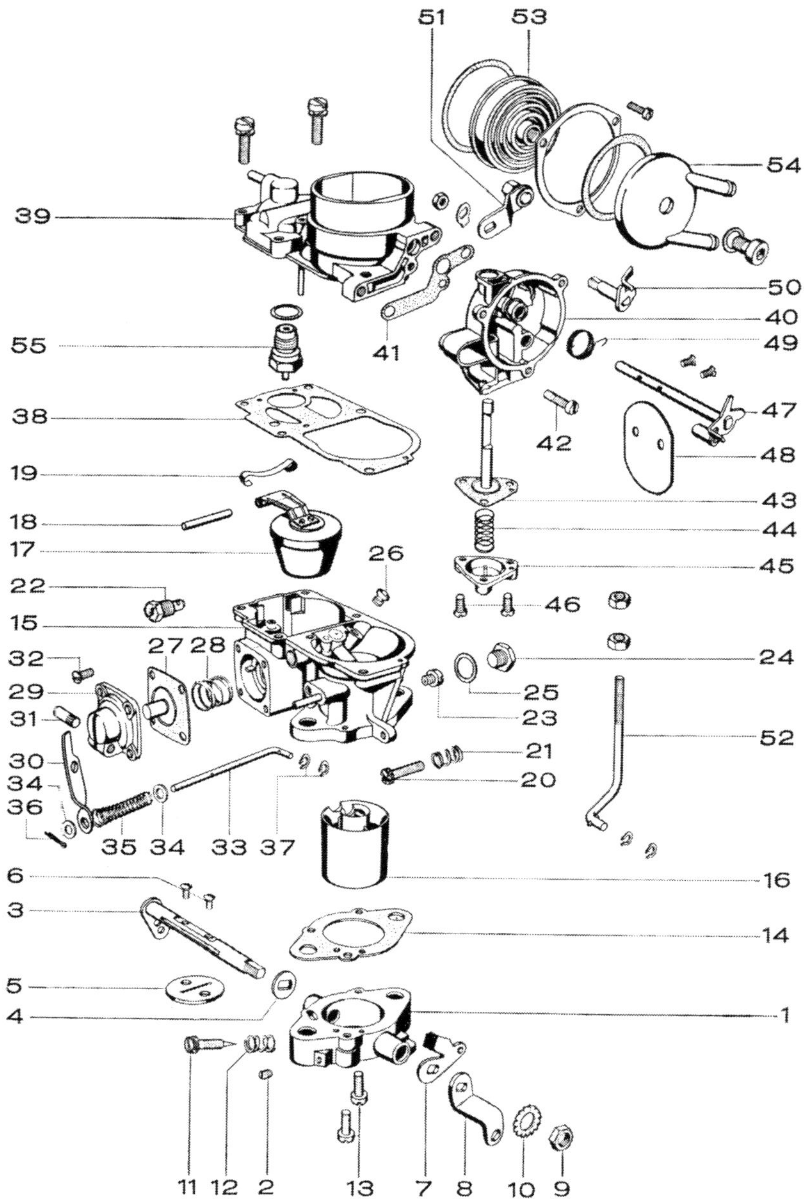

Vergaserbefestigung prüfen

Pflegearbeit Nr. 32

Zum Ford-Inspektionsdienst gehört auch die Kontrolle der Vergaserbefestigung auf festen Sitz. Hierzu sind die 5 Schlitzschrauben des Vergaserdeckels und die beiden Flansch-Schrauben am Ansaugkopf zu kontrollieren (13-mm-Schlüssel). Undichtigkeiten an diesen Stellen führen zu Minderleistung und unregelmäßigem Motorlauf. Bei dieser Gelegenheit: Der zwischen den Zylinderköpfen liegende Ansaugkopf (Saugkrümmer) wird durch das aus den Zylinderköpfen strömende Kühlwasser ständig erwärmt: Gemisch-Vorwärmung.

Vergaser reinigen

Pflegearbeit Nr. 23

An sich braucht der Vergaser keine spezielle Pflege, es sei denn, es liegen Störungen vor. Nach längerer Betriebszeit kann es aber nicht schaden, wenn auch in der Gasfabrik einmal sauber gemacht wird. In Düsen, Bohrungen und in der Schwimmerkammer können sich Fremdstoffe in feiner Form festgesetzt haben oder die Schwimmernadel kann in ihrem Ventilsitz ausgeschlagen sein. Das Schwimmernadelventil kann nur als Ganzes ausgewechselt werden. Auch der Schwimmer (7,3 g schwer), aus Kunststoff bestehend, läßt sich nicht reparieren. Zur Pflege ist folgendes erforderlich:

- Sämtliche Vergaser-Teile in Kraftstoff oder Spiritus reinigen. Teile auf sauberem Tuch ablegen. Evtl. Schmutz in Schwimmerkammer entfernen.
- Düsen und Bohrungen mit mäßigem Preßluft-Druck ausblasen, auch Handluftpumpe ist geeignet. Düsen können notfalls auch mit dem Mund durchgeblasen werden. Immer noch besser als mit hartem Draht reinigen. Düsen sind aus weichem Metall (Messing), daher auch nicht mit Schlüssel zu fest anknallen. Für die Bohrungen eignen sich einzelne Borsten oder Pfeifenreiniger.
- Drossel- und Starterklappenwelle auf zu großes Spiel untersuchen, wodurch Nebenluft eindringen kann, was Start und Leerlauf verschlechtert.
- Leerlaufgemisch-Schraube darf keine verbogene oder abgebrochene Spitze aufweisen. Sonst auswechseln.
- Dichtung zwischen Vergaserdeckel und Gehäuse sollte erneuert werden. Notbehelf: dünnen Karton auflegen, mit Daumen Konturen in Karton drücken und diese Behelfs-Dichtung ausschneiden. Schrauben stramm anziehen.

Start-Schwierigkeiten können ihre Ursache (wenn Zündanlage einwandfrei) in klemmendem Schwimmer oder Schwimmernadelventil haben. Letzteres kann auch gelockert oder verschmutzt sein (am Schwimmernadelventil setzen sich gern Rückstände ab). Erster Versuch: Gegen Schwimmergehäuse klopfen oder schlagen. Dann: Vergaserdeckel abschrauben, Schwimmer und Ventil prüfen. Ist Schwimmer dicht? Gegen Ohr halten und schütteln. Siehe auch Störungsplan. Eine Eigenart des Vergasers bestand bis August 1964 darin, daß in schnell gefahrenen Linkskurven durch die Anordnung der Schwimmerkammer die Kraftstoff-Förderung unterbrochen wird (Benzin wird nach außen gedrückt, Schwimmer schließt das Ventil). Die Ford-Werkstätten kennen Abhilfemaßnahmen. (Siehe S. 197 oben.)

Der Kunststoff-Schwimmer des Vergasers. Über einen Messinghebel, der auf das Schwimmernadelventil drückt, ist er mit der Schwimmerhebelwelle verbunden.

Zugänglichkeit bei Störungen

Von außen her, ohne Ausbau von Vergasergehäuse oder -deckel – aber das Luftfilter nimmt man besser ab – sind zu erreichen: Leerlaufgemisch-Regulierschraube, Leerlauf-Einstellschraube, Schwimmerkammer-Verschlußschraube, Leerlaufdüse, Unterdruck-Regelventil, Beschleunigungspumpe.
Nach Abnahme von Luftfilter und Vergaserdeckel: Hauptdüse (Schwimmer vorher entfernen), Luftkorrekturdüse, Pumpendüse, Mischrohr, Schwimmernadelventil, Schwimmer.
Wenn der Deckel abgenommen ist, läßt sich auch die Funktion der Beschleunigungspumpe prüfen: Betätigen Sie kräftig den Drosselklappenhebel (so als würde man Gas geben). Dann steigt aus einer Bohrung im Gehäuse (Pumpendüse) eine dünne, aber kräftige Fontäne hoch, fast bis zur geöffneten Motorhaube! Damit sieht man auch augenfällig, was man bei nervösem Gasfuß zusätzlich an Kraftstoff verbraucht.

Leerlauf einregulieren

Pflegearbeit Nr. 30

Die turnusmäßige Durchsicht nach dem Ford-Inspektionsdienst sieht alle 10 000 km eine Neu-Einstellung des Leerlaufes vor. Die Leerlauf-Anschlagschraube, welche auf dem Drosselklappenhebel sitzt, schlägt sich mit der Zeit ein, setzt sich und kann sich durch die Motorvibrationen verstellen. Letzteres ist auch bei der Leerlaufgemisch-Schraube möglich. Die Luftbeschaffenheit (Temperatur, Feuchtigkeit) ist zu jeder Jahreszeit verschieden. Zu Beginn der kalten und warmen Jahreszeit empfiehlt sich daher zusätzlich eine Überprüfung des Leerlaufs bzw. seine Neu-Einstellung.
Der Leerlauf ist nicht nur für den Standlauf von Bedeutung, sondern auch wegen seines Einflusses auf den Verbrauch bis zu mittleren Drehzahlen. Stimmt er nicht, so kann sich daraus ein Mehrverbrauch von mehr als 0,5 Liter je 100 km ergeben. Zu hoher Leerlauf ist auch deswegen von Nachteil: Wenn Sie während des Fahrens das Gas wegnehmen, bremst der Motor nicht so stark, da er noch zuviel Kraftstoff erhält. Der Unterschied gegenüber dem richtig eingestellten Leerlauf ist beträchtlich. Die Einstellung ist auch für ungeschulte Leute kein Problem.

Was reguliert wird

Gebraucht werden: ein kurzer (Vergaser-)Schraubenzieher und ein gutes Gehör. Reguliert wird die Drehzahl des Motors im Leerlauf und die Höhe der Kraftstoff-Zuteilung beim Leerlauf.

- Die Drehzahl des Motors wird durch die Verstellung der Leerlauf-Anschlagschraube dosiert: Leichtes Öffnen oder Schließen der Drosselklappe.
- Der Kraftstoff wird durch Hinein- oder Herausdrehen der Leerlauf-Gemisch-Schraube dosiert. Wo die Schrauben sitzen, zeigen unsere Bilder auf der rechten Seite.

Bevor man an die Arbeit geht: Der Motor muß betriebswarm sein. Man muß also schon vorher um ein paar Ecken fahren.
Nun sind folgende Handgriffe auszuführen:

1. Leerlauf-Einstellschraube am Drosselklappenhebel etwas nach rechts drehen, um Leerlauf geringfügig zu erhöhen. Die Drosselklappe wird damit etwas geöffnet.
2. Leerlaufgemisch-Regulierschraube langsam nach links herausdrehen, bis Motor ungleichmäßig läuft (Leerlaufgemisch wird fetter).

Geänderter Vergaser ab September 1964: Lage der Einstellschrauben siehe Bild Seite 188 oben.

Vergaser bis Aug. 1964: Die Leerlauf-Einstellschraube wird von hinten erreicht. Beim Vergaser ab Sept. 1964 weist diese Schraube nach links, siehe Bild Seite 188 oben.

3. Leerlaufgemisch-Regulierschraube wieder soweit nach rechts drehen – jedoch nicht bis zum Anschlag –, bis Motor gleichmäßig läuft.

4. Leerlauf-Einstellschraube soweit nach links drehen, bis die Leerlaufdrehzahl wieder etwas vermindert ist. Motor darf aber nicht übermäßig langsam laufen, sonst bleibt er zu leicht stehen. Die grüne Ladekontroll-Lampe soll im Leerlauf (warmer Motor) nicht aufleuchten.

Es kann sein, daß das Verdrehen der Gemisch-Schraube ohne Einfluß auf die Leerlaufdrehzahl ist. Die Ursache: Das Leerlaufsystem ist verstopft. Sie können es auch sehen, wenn der Leerlauf zu fett eingestellt ist: Die Auspuffgase werden schwärzlich. Bleibt der Motor im Leerlauf stehen: Gemisch-Schraube kann verlorengegangen sein. Bekommt man trotz aller Bemühungen keinen runden Leerlauf, kann man die Leerlaufdüse gegen die nächstgrößere Nummer auswechseln: z. B. 42,5 gegen 45 oder 45 gegen 50 oder 50 gegen 52,5.

Einstellung für den Fahrbetrieb

Auf diesem Gebiet aktiv zu werden, setzt fachliche Kenntnisse voraus. Die vom Werk aus festgelegte Vergaser-Einstellung (siehe technische Daten) in bezug auf Düsen-Bestückung, Lufttrichter und Funktion seiner verschiedenen Systeme ist im Zusammenwirken mit Solex erst nach langwieriger Feinarbeit gefunden worden. Das ist bei jedem Vergaser so, denn es gilt, einen guten Kompromiß zwischen bester Leistung und kleinstem Verbrauch zu finden. Deswegen rät man offiziell von jeder Änderung der Einstellung ab. Mit gutem Grund. Man wird kaum einen besseren Kompromiß finden.

Auch bei Übergang von Normal- auf Super-Kraftstoff oder umgekehrt wird von einer Änderung der Düsen abgeraten. Wir können Ihnen ebenfalls nicht empfehlen, von dieser Vergaser-Einstellung abzugehen, zumal der leider nicht auswechselbare Lufttrichter jede wirksame Änderung der Motor-Charakteristik illusorisch macht (ab September 1964 auswechselbar!). Allenfalls könnte man – wenn tatsächlich nur noch Super getankt wird – den Schwimmer etwas tiefer

Vergaser bis Aug. 1964: Der Pfeil deutet auf die Leerlaufgemisch-Regulierschraube, die ebenfalls von hinten erreicht wird. Beim Vergaser ab Sept. 1964 sitzt diese Schraube auf der linken Vergaserseite, siehe Bild Seite 188 oben.

Für Arbeiten am Vergaser nimmt man besser das Luftfilter nach Lösen der oberen Halteschraube ab. Hier sieht man die Luftfilter-Ausführung (ab Fahrgestell-Nr. 623 284) ohne Saugrohr-Vorwärmung, in dieser Form gebaut seit Januar 1963. Hinter dem Luftfilter ist die seit April 1964 serienmäßige Blech-Quertraverse zu erkennen, die zusammen mit der geänderten Federung der Vorderachse (siehe Seite 213) in Serie kam. Auf Wunsch wird gegen 35 DM Aufpreis für staubreiche Gegenden ein Ölbadluftfilter geliefert. Die obere Halteschraube des Luftfilters darf nicht zu fest angezogen werden, sonst verzieht sich das Vergaser-Oberteil und die Starterklappe klemmt.

setzen, indem das Schwimmernadelventil durch entsprechende Scheiben unterlegt wird. Superkraftstoff hat nämlich ein höheres spezifisches Gewicht, so daß der Kraftstoffzufluß durch die Höherstellung des Schwimmers geringfügig herabgesetzt wird. Auch könnte der Leerlauf eine Neueinstellung vertragen.

Änderung der Düsen

Ein nicht fachgerechtes Auswechseln der Düsen kann außerdem Gefahren bergen. Es hat Leute gegeben, die partout durch eine kleinere Hauptdüse weniger verbrauchen wollten. Das solcherart abgemagerte Gemisch führte wegen zu heißem Motor zu einem hübschen Kolbenfresser oder durchgebrannten Ventilen: Hier das Schema für die Veränderung von Vergaser-Düsen (beachten: Vergaser hat Spezial-Ringdüsen, die gegen die üblichen nicht auswechselbar sind).

- Kleinere Hauptdüse: Kleinerer Verbrauch, kleinere Leistung
- Größere Hauptdüse: Größerer Verbrauch, evtl. verbesserte Beschleunigung aus mittlerer Drehzahl.
- Kleinere Luftkorrektur-Düse: Höherer Verbrauch
- Größere Luftkorrektur-Düse: Kleinerer Verbrauch, kleinere Leistung

Fanatiker von Mindest-Verbrauch-Rekorden sollten immer berücksichtigen: Auch die beste Neu-Einstellung kann nicht solch günstigen Verbrauch bringen wie die entsprechende Kontrolle der eigenen Fahrweise. Diese ist immer entscheidend.

Vergaser ab Sept. 64 mit Startautomatik

Im September 1964 erhielt der 12 M für alle Motor-Versionen einen geänderten Vergaser, der die Bezeichnung Solex 28 PDSIT-7 trägt (für den 65-PS-Motor nennt er sich 32 PDSIT-7). Bis dahin hieß der Vergaser Solex 28 PDSI (32 PDSI). Die wichtigsten Neuerungen am Vergaser:

- Startautomatik
- Schwimmerkammer um 90 ° gedreht.
- auswechselbarer Lufttrichter.

Bevor wir die Automatik (siehe Bild S. 188 oben) näher beleuchten, ein paar Worte zu den beiden anderen Punkten. Beim vorhergehenden Vergaser stand der Vergaser, bzw. die Schwimmerkammer, quer zur Fahrtrichtung. Das ergab folgende Nachteile: Bei schnellgefahrenen Linkskurven konnte die Kraftstoffzufuhr zur Schwimmerkammer aussetzen, weil durch die Seitenbeschleunigung der Kraftstoff weggedrückt wurde und das Schwimmernadelventil sich schloß. In der Rechtskurve ergab sich durch die Queranordnung der Drosselklappe eine ungleichmäßige Gemischverteilung zu den einzelnen Zylindern, wodurch der Motor nicht mehr recht ansprach. Die einzige wirksame Abhilfe beim alten Vergaser bestand darin, durch einen extra angefertigten Zwischenflansch den Vergaser um 90° zu drehen. Dies wurde nun beim neuen Vergaser durch eine geänderte Konstruktion erreicht.

Die Startautomatik

Doch nun zur Startautomatik. Sie soll dem Fahrer die Bedienung einer Starthilfe (Schließen oder Öffnen der Starterklappe im Vergaserdurchlaß) abnehmen. Man erkennt den neuen Vergaser daran, daß zwei Kühlwasserschläuche zu ihm führen, nämlich zu dem runden Gehäuse für die Startautomatik. Diese funktioniert wie folgt:

Die Starterklappenwelle ist mit einer sogenannten Bimetallfeder (bestehend aus zwei Materialien) verbunden. Die Feder hält, solange sie kalt ist, die Starterklappe geschlossen. Wird sie durch das langsam wärmer werdende Kühlwasser erwärmt, läßt ihre Spannung nach und sie öffnet nach und nach die Klappe. Günstig ist also, daß das Öffnen der Starterklappe in Abhängigkeit von der Motor-Erwärmung erfolgt und nicht etwa durch elektrische Beheizung, die bekanntlich sofort beginnt, wenn die Zündung eingeschaltet wird, ohne Rücksicht darauf, ob der Motor schon läuft oder nicht. Dieses elektrisch beheizte System findet man z. B. bei Mercedes- und VW-Modellen.

Nun einige Hinweise für Betrieb und Wartung. Vor dem Kaltstart unter 0° ist das Gaspedal erst einmal ganz durchzudrücken und wieder loszulassen. Damit wird in dem Automatik-Gehäuse eine Sperre entriegelt: Der am Ende der Starterklappenwelle sitzende Mitnehmerhebel rastet im Gehäuse aus einer dreifach gestuften Scheibe aus und die Federkraft verdreht die Welle und schließt somit die Klappe. Man sollte gelegentlich prüfen – Luftfilter abnehmen, oben in den Vergaser schauen –, ob die Starterklappe bei kaltem Motor und nach Durchtreten des Gaspedals tatsächlich schließt (bis auf einen kleinen Spalt, der sein muß). Weiter läßt sich bei dieser Gelegenheit kontrollieren, ob nach gestartetem Motor und seiner Erwärmung die Klappe allmählich ganz geöffnet wird. Dies geht je nach Außentemperatur verschieden schnell. Mittelwert: 1 Minute bei etwa 0°. Die Klappe soll schon bei einer Kühlwassertemperatur von 40–45° voll offen sein (senkrecht stehen). Wichtig: Kühlwasserthermostat muß in Ordnung sein, damit Wasser heiß genug wird! Bei Kaltstart oberhalb 0° kann nach erfolgtem Durchtreten des Gaspedals dieses beim Betätigen des Anlassers etwas getreten bleiben. Bei betriebswarmem Motor wird unabhängig von der Außentemperatur mit Viertel- oder Halbgas gestartet.

Man achte darauf, daß die Wasser-Vorwärmeleitung für die Startautomatik nicht die Benzinleitung zum Vergaser aufwärmt. Die Startautomatik hat sich als recht zuverlässig erwiesen. Hat man aber den Verdacht, daß der Motor auf Grund einer Störung der Automatik schlecht anspringt oder mit zu fettem Gemisch läuft, dann kann es sein, daß die Klappe hängt, also nicht mehr einwandfrei gängig ist. Zur Prüfung das Luftfilter abnehmen, Gasgestänge so einstellen, daß es etwa Halbgas entspricht und vorsichtig von Hand probieren, ob die Klappe gut beweglich ist (nur in bestimmten Stellungen des Gaspedals ist die Klappe nicht gesperrt). Es kann sein, daß sich auf der Klappe bzw. an ihrer Welle Ablagerungen aus der in das Luftfilter geführten Kurbelgehäuse-Entlüftung gebildet ha-

ben. Diese sind mit Kraftstoff oder Spiritus zu entfernen. Etwaige Ablagerungen aus dem Kühlwasserkreislauf wirken sich nicht nachteilig aus.
Wer den Vergaserdeckel abschrauben möchte, muß freilich jetzt beachten, daß hierdurch die Startautomatik verstellt wird. Sie kann im allgemeinen nur mit Hilfe eines Motordrehzahlmessers wieder richtig einreguliert werden – keine vorbildliche Entwicklung für möglichst einfache Wartung! Mit einer klemmenden Klappe geht man daher besser in die Werkstatt.
Zur Überprüfung der Automatik gehört ferner: Eine Markierung oben auf dem Automatikgehäuse und die Gußprägung auf dem Vergaseroberteil (Deckel) müssen zueinander fluchten. Öffnet die Starterklappe trotz Übereinstimmung der Markierungen früher oder später, können drei Klemmschrauben gelöst werden und das Gehäuse gedreht werden. Drehen nach rechts: Starterklappe öffnet später, Drehen nach links: Klappe öffnet früher. Zum „Totlegen" das Automatikgehäuse ganz nach links drehen. Doch da die Klappe schon bei 40 °C Wassertemperatur ganz öffnet, ist diese Maßnahme nicht erforderlich.
Hier noch für Praktiker die Überprüfung der Automatik mittels angeschlossenem Zündungsdrehzahlmesser: Luftfilter abnehmen, Motor auf Betriebstemperatur bringen. Bei Motorleerlauf Drosselklappe von Hand öffnen und Starterklappe mit der anderen Hand schließen. Nun Drosselklappe und dann Starterklappe wieder loslassen. Der Anschlag (für die Leerlauferhöhung) soll nun innerhalb des Gehäuses auf der dritten Raste der Stufenscheibe sitzen. Gasgestänge nicht mehr bewegen, da sonst Stufenscheibe in Nullstellung zurückspringt. Verbindungsstange (zum Gasgestänge) sicherheitshalber fest nach oben drücken. In dieser Drosselklappenstellung soll die Motordrehzahl bei allen Motoren in warmem Zustand 2700–2900 U/min betragen. Stimmt diese Drehzahl nicht, muß durch Verlängern des Gestänges die Drehzahl etwas erhöht oder durch Kürzen etwas verringert werden. Diese Kontrolle ist nur nötig, wenn Motor schlecht startet und wenn kein anderer Fehler vorliegt. Noch ein Hinweis zur Leerlauf-Einstellung: Leerlauf-Einstellschraube und Leerlaufgemisch-Regulierschraube sind jetzt nicht mehr von hinten, sondern von der linken Vergaserseite aus erreichbar.

Hier noch die geänderten Vergaserdaten:

Motor	40 PS / 50 PS	65 PS
Vergaser	28 PDSIT-7	32 PDSIT-7
Hauptdüse	112,5	125
Lufttrichter	23	25,5
Luftkorrekturdüse	130	110
Leerlaufdüse	50	50
Leerlaufluftdüse	1,5	1,5
Pumpendüse	45	50

Ausbau des Gaszuges

Luftfilter abnehmen, Rückzugfeder des Gaszuges am Hebel der Drosselklappe aushängen. Drehzapfen aus dem Hebel ziehen (Federscheibe beachten). Halterung für Gaszug vom Motorblock abschrauben. Befestigungs-Klemme des Gaszuges an Gaspedalwelle von Gaszug abdrücken. Letzteren seitwärts aus der Gaspedalwelle ziehen, Klemme abnehmen. Haltelasche für den Gaszug an der Spritzwand im Motorraum abschrauben, Gaszug komplett abnehmen. Der Gaszug ist richtig eingebaut, wenn folgendes beachtet wird: Gaszug soweit nach vorne ziehen, daß Gaspedalwelle an der Spritzwand anliegt. Drehzapfen auf dem Gewindestück des Seilzuges am Vergaser so einstellen, daß der Seilzug gegenüber dem Drosselklappenhebel um 2 bis 3 mm zu lang ist. Drehzap-

fen mit Federscheibe bei dieser Einstellung in die Bohrung des Hebels setzen. Rückzugsfeder einhängen.
Aufpassen: Wird der Gaszug zu kurz eingestellt, steht bei nicht betätigtem Gaspedal die Drosselklappe zu weit auf. Leerlauf ist dann zu hoch. Über die Befestigung des Starterklappenzuges hatten wir uns schon auf Seite 56 orientiert.
Noch ein Tip: Das Unterdruck-Regelventil am Vergaser (Position 9, Seite 186 oben), das für die Verstellung des Zündzeitpunktes im Teillastbereich sorgt, kann die Ursache sein, wenn der Motor nicht einwandfrei läuft und in der Leistung abfällt. Es ist etwas anfällig. Evtl. auswechseln.

Fingerzeig: *Der Vergaser kann bei hochsommerlicher Kolonnenfahrt wegen seiner Lage zwischen den Zylinderreihen sehr heiß werden, was sich durch ruckelnde Fahrweise oder Heißstart-Schwierigkeiten bemerkbar macht. Da der Vergaser für diesen Fall keine ausreichende Belüftung besitzt, hilft es, das Schwimmerniveau etwas tiefer zu setzen (zusätzlicher Dichtring in Schwimmernadelventil).*
Möglichkeiten beim Vergaser mit Startautomatik: Durch die Werkstatt einen in dieser Beziehung verbesserten Austauschvergaser einbauen lassen oder Ausgleichsbohrung zwischen Beschleunigungspumpen- und Schwimmerkammer anbringen lassen. Dann tritt der bei Hitze sich ausdehnende Kraftstoff nicht mehr durch das Einspritzrohr aus und verhindert durch Überfettung den Start nach Abstellen des heißen Motors. Die Mündung der Bohrung muß unter dem Benzinniveau der Schwimmerkammer liegen, damit beim Beschleunigen keine Luft angesaugt wird.

Unser Störungsbeistand
Vergaser

Vor Eingriffen am Vergaser überzeuge man sich, ob Zündanlage in Ordnung (Zündzeitpunkt, Unterbrecher-Kontakte, Kerzen-Elektroden).

Die Störung	— ihre Ursache	— ihre Abhilfe
A Kraftstoff-Verbrauch zu hoch	1 Schwimmernadelventil schließt nicht. (Fremdstoffe im Ventil? beschädigt?)	Säubern Eventuell auswechseln
	2 Undichter Schwimmer. (Luftblasen nach Eintauchen in heißem Wasser?)	Auswechseln
	3 Fehlerhafte Flansch-Dichtungen	Nachprüfen Eventuell auswechseln
	4 Düsen stimmen nicht	Herausschrauben, überprüfen evtl. korrigieren (Anmerkungen Seite 198 beachten)
	5 Leerlauf-Gemisch zu fett	Gemisch-Regulierschraube etwas hineindrehen, aber Leerlauf muß einwandfrei bleiben
	6 Leerlaufdüse locker	Kontrollieren Eventuell anziehen
	7 Leerlauf zu hoch	Einstellen, Seite 196
	8 Druck der Kraftstoffpumpe zu hoch	Austauschpumpe einbauen lassen.

B Motor springt nicht an	Siehe vordere Buchklappe Ferner:	
	1 Schwimmernadelventil hängt, ist verschmutzt oder gelockert	Motor starten und mit Schraubenzieher gegen Schwimmergehäuse klopfen. Vergaserdeckel abnehmen. Ventil reinigen, auf festen Sitz überprüfen.
	2 Leerlaufdüse verschmutzt	Herausschrauben, reinigen
	3 Bohrungen oder Kanäle im Vergaser verstopft	Vergaser zerlegen, reinigen
	4 Vergaser läuft über, (Motor ersoffen) Schwimmer klemmt oder undicht	Gegen Schwimmergehäuse klopfen. Evtl. Vergaser-deckel abnehmen, Schwimmer überprüfen (schütteln), evtl. erneuern.
C Leerlauf ungleich-mäßig, Motor bleibt stehen	1 Leerlauf zu fett oder zu mager	Richtig einstellen, Seite 194.
	2 Leerlaufsystem verstopft (Verstellen der Gemisch-Schraube hat keinen Ein-fluß auf Drehzahl)	Leerlaufdüse herausnehmen, reinigen. Anschließend Leerlauf einstellen.
D Motor bleibt bei höheren Drehzahlen stehen, wenn lang-sam Gas gegeben wird	Hauptdüse verstopft	Vergaserdeckel abnehmen. Verschluß-Schraube in Schwimmerkammer heraus-schrauben. Hauptdüse mit kurzem Schraubenzieher lösen. Reinigen.
E Ungleichmäßiger Lauf und Auspuff-Rußen bei niedriger Leerlauf-Drehzahl, stärkeres Rußen bei höherem Leerlauf, Kerzen verrußen, deswegen Zünd-aussetzer	1 Schwimmernadelventil schließt nicht	Ventil prüfen evtl. erneuern
	2 Schwimmer undicht	Auswechseln
	3 Zu hoher Druck auf Schwimmernadelventil	Kraftstoffpumpe prüfen lassen
F Ungleichmäßiger Lauf bei Vollgas, Aussetzer, Patschen, Leistung fällt ab	Nicht ausreichende Kraftstoff-Zufuhr	Hauptdüse reinigen Schwimmerventil reinigen Kraftstoff-Pumpe und ihren Druck kontrollieren, Tank reinigen.
G Schlechte Über-gänge beim Gasgeben	1 Beschleunigungs-System arbeitet nicht	Luftfilter abnehmen, durch Augenschein prüfen, ob eingespritzt wird, wenn Beschleunigungs-Pumpe betätigt wird.
	a Pumpendüse oder Ein-spritzrohr verstopft	Reinigen
	b Membrane defekt (Ver-gaser patscht bei plötz-lichem Gasgeben)	Auswechseln
	c Kugel in Beschleuni-gungspumpe korrodiert (K 3 in Zeichnung Seite 192)	Auswechseln
H Auspuff-Knallen, wenn Gas weg-genommen wird	Leerlauf zu mager eingestellt	Regulier-Schraube etwas herausdrehen Nächstgrößere Leerlaufdüse verwenden.
I Motor erreicht nicht volle Leistung	Anreicherungs-System arbeitet nicht. Bohrung oder Rohr verstopft.	Reinigen

Sorgt für Nachschub

In früheren Autozeiten war der Tank oft noch über dem Motor eingebaut, so daß der Kraftstoff durch sein eigenes Gewicht in den Vergaser fließen konnte. Auch der Unterdruck aus dem Saugrohr wurde als Förderkraft verwendet. Heute besitzen die meisten Personenwagen eine mechanisch angetriebene Pumpe, in verschiedenen Fällen, bei Sportwagen zum Beispiel, gibt es auch elektrisch angetriebene Kraftstoffpumpen.

Die Pumpe des Ford 12 M beansprucht wenig Aufmerksamkeit. Sie sitzt links unten vorn am Motor. Angetrieben wird sie durch einen Exzenter, eine Art Nocken, der auf der Nockenwelle angebracht ist. Von diesem Exzenter wird ein Stößel hin und her bewegt, der seinerseits – wie beim Ventil-Antrieb – eine Stößelstange betätigt. Letztere wiederum bewegt eine elastische Membrane aus Gummigewebe, durch die der Kraftstoff jeweils vom Tank her angesaugt und unter Druck in Richtung Vergaser gesetzt wird. Dies geschieht unter Mithilfe von zwei kleinen Ventilen im Pumpen-Oberteil, dem Saug- und dem Druckventil. Ersteres besteht aus Metall, das letztere aus Kunststoff.

Die für die Kraftstoffpumpe erforderlichen, sehr einfachen Pflege-Arbeiten hatten wir schon im Kapitel „Kraftstoff-Anlage" auf den Seiten 54/55 erläutert. Hier folgen Arbeiten, die handwerkliches Geschick voraussetzen.

Ausbau der Kraftstoffpumpe

Es kann vorkommen, daß Pumpenstörungen auftreten, wenn die hilfreiche Werkstatt noch weit entfernt ist. Da die Pumpe von der Deutschen Vergaser-Gesellschaft (Solex) hergestellt wird, kann man Hilfe und Ersatzteile auch in einer Solex-Vertretung bekommen. Sollte eine Prüfung nach unserem Störungsbeistand in der vorderen Buchklappe die Gewißheit ergeben, daß die Pumpe defekt ist, kann es sich um folgende Störungen handeln: festsitzendes (klebendes) Saug- oder Druckventil oder beschädigte Pumpenmembrane. In sehr kalten Wintern kam es vor, daß Kondenswasser in der Pumpe zu Eis wurde und die Membrane beschädigte. Störungen an der Kraftstoffpumpe gehören heute zu den Seltenheiten.

Zum Ausbau erst die Kraftstoff-Leitungen an der Pumpe abziehen. Wenn es mit der Hand nicht geht: Das Maul eines 10-mm-Schraubenschlüssels zu Hilfe nehmen und das Schlauchstück „abhebeln". (Hierzu muß aber hinter dem Schlauchende ein Spalt frei sein, in den man den Schlüssel stecken kann). Dann die beiden Schrauben im Unterteil der Pumpe lösen, die sie mit dem Motor verbinden (14 mm-Schlüssel, am besten Steckschlüssel). Pumpe nebst Dichtung abnehmen, Stößel aus dem Block ziehen. Wichtig: Um dem Stößel erneutes Einlaufen zu ersparen, muß er beim Einbau wieder mit dem gleichen Ende zur Nockenwelle hin eingesetzt werden. Ferner müssen beim Einbau eine neue Dichtung verwendet sowie Stößel und Stößelstange eingeölt werden.

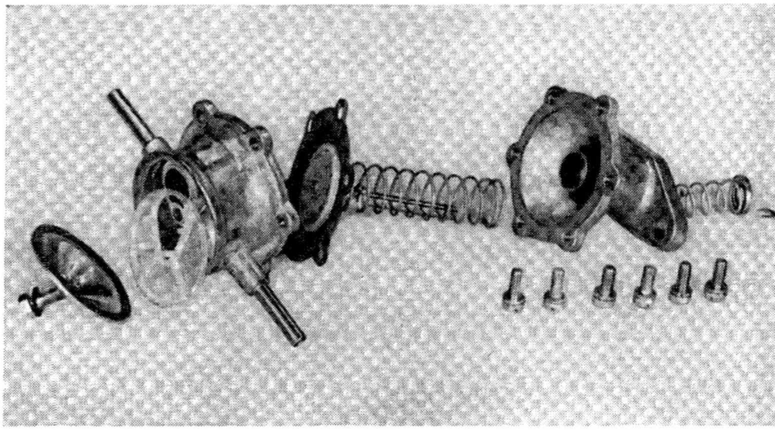

Die Teile der zerlegten Kraftstoffpumpe. Von links: Verschlußdeckel mit Schraube und Dichtring, Kunststoffsieb, Pumpen-Oberteil, Membrane mit angenietetem Stößel, Pumpen-Unterteil, Feder und Verbindungsschrauben für Ober- und Unterteil.

Zerlegen der Pumpe

Deckelschraube lösen, Deckel, Dichtung und Sieb entfernen. Ober- und Unterteil der Pumpe mit einem gemeinsamen Kratzer markieren, damit beim Zusammenbau beide Teile richtig verbunden werden. 6 Schlitzschrauben am Oberteil lösen, beide Teile auseinandernehmen. Das Oberteil soll nun nicht mehr weiter zerlegt werden. Sind die Ventile schadhaft, muß es als Ganzes erneuert werden. Die Ventilplättchen müssen leichtgängig sein. Prüfen durch Saug- und Druckprobe mit dem Mund.

Das Zerlegen des Unterteils ist an sich Werkstatt-Sache. Selber zerlegen kommt eigentlich nur in Frage, wenn man fern von jedem Werkstatt-Stützpunkt die Membrane auswechseln will – sofern man sie als Ersatzteil dabei hat.

Zunächst Pumpenunterteil mit der Membrane nach unten auf eine saubere, glatte Fläche stellen. Federteller der Rückzugfeder mit einem 10-mm-Gabelschlüssel niederdrücken, C-förmige Scheibe aus der Ringnut der Stößelstange nehmen. Pumpenunterteil gegen die Unterlage drücken, Schlüssel nach oben führen, bis die Rückzugfeder entspannt ist. Federteller und Feder abnehmen. C-Scheibe wieder in die Ringnut schieben. Pumpenunterteil aufnehmen, Membrane mit dem Daumen gegen Federdruck zum Verbindungsflansch hin drücken, C-Scheibe wieder abnehmen. Mit dem Daumen so weit nachgeben, bis die Membrane etwa 15 mm vom Verbindungsflansch absteht, Stift in der Stößelstange mit einer Nadel herausdrücken, Membrane und Druckfeder abnehmen. Nun die Stößelstange in Richtung Befestigungsflansch herausziehen. Aufpassen: Stößelstange auf keinen Fall in Richtung Pumpen-Oberteil durch den Dichtring herausziehen, da dieser sonst beschädigt wird. Ist er defekt, muß das ganze Unterteil ausgewechselt werden.

Zusammenfügen

Die Membrane wird auf eine glatte Fläche gestellt. Auf sauberen Arbeitsplatz achten. Dann die Stößelstange leicht einfetten, in die Membrane setzen und beide Teile mit dem Stift verbinden. Druckfeder über die Stößelstange schieben und in richtigem Sitz auf die Membrane setzen. Pumpenunterteil vorsichtig über die Stößelstange schieben (Sitz der Feder und des Verbindungsstiftes beachten) und dann fest gegen die Unterlage drücken. Rückzugfeder mit Federteller aufsetzen und mit einem 10-mm-Maulschlüssel soweit niederdrücken, bis die C-Scheibe eingesetzt werden kann. C-Scheibe in die Ringnut der Stößelstange setzen. Membrane vorsichtig nach den Bohrungen ausrichten. Pumpenober- und Unterteil richtig zusammensetzen (Markierung beachten). 6 Schrauben einsetzen und etwas eindrehen. Stößelstange bis zum Anschlag eindrücken, dann Schrauben mehrmals nacheinander über Kreuz festziehen. Filtersieb auflegen und Deckel mit Dichtung und Unterlegscheibe anschrauben. (Nicht zu fest anziehen, da sonst der Deckel zerstört wird.)

Unser Störungsbeistand
Kraftstoffpumpe

Die Störung	— ihre Ursache	— ihre Abhilfe
A Pumpe fördert nicht oder nicht ausreichend (Prüfung: Zuleitung am Vergaser lösen, Motor bei entferntem Verteilerfinger kurz starten, Kraftstoff tritt nicht oder nur zögernd aus Leitung).	1 Tank leer	Auftanken
	2 Leitungen zur Pumpe undicht oder unterbrochen	Leitung erneuern, notfalls abdichten
	3 Pumpensieb verstopft	Herausnehmen, reinigen Seite 55
	4 Pumpe undicht (Prüfen: Wagen nach vorn geneigt aufstellen, tritt Kraftstoff aus der Pumpe?)	
	a Schrauben des Pumpenoberteiles locker	Schrauben über Kreuz anziehen
	b Verschlußkappe undicht	Dichtung erneuern
	c Membrane eingerissen, durchlässig oder nicht geschmeidig	Membrane mit Stößel ersetzen
	5 Ventile klemmen	Pumpe zerlegen, Ventile gängig machen oder Pumpen-Oberteil auswechseln
	6 Pumpendruck schwach	Austauschpumpe einbauen lassen.
B Zu hoher Verbrauch	1 Pumpe undicht	Siehe A 4
	2 Pumpendruck zu hoch	Austauschpumpe einbauen lassen.

Öl unter Druck

Ohne Benzin läuft der Motor nicht, aber ohne Öl würde der laufende Motor sofort wieder stehenbleiben. Metall auf Metall verträgt sich nicht. Öl muß dazwischen sein. Welches Öl das sein muß und wann und wie es gewechselt wird, stand auf Seite 40–42. Immerhin ist der Motor so freundlich und gibt bei Ölmangel vorher eine Warnung: die Öldruck-Kontrollampe am Armaturenbrett leuchtet rot auf. Das bedeutet, daß hinter dem Öl nicht mehr genug Druck sitzt, um es zu den vielen Schmierstellen des Motors fließen zu lassen.

Kontrollämpchen

Wir haben beim Ford 12 M, wie bei praktisch jedem anderen Automobil, eine Druck-Umlaufschmierung. Auf Seite 110 haben wir uns schon mit der dazugehörigen Warnleuchte ausführlich befaßt. Ergänzend noch folgendes:
Das Wichtigste, wenn sie während der Fahrt aufleuchtet: sofort anhalten, wenn der Wagen nicht schon steht. Sonst Gefahr für den Motor. Dann: Ölpeilstab ziehen und Ölstand kontrollieren. Ist dieser unterhalb der unteren Markierung abgesunken, wäre die Ursache schon gefunden. Wenn Sie jetzt weiterfahren, auch wenn es sehr schonend geschieht, nehmen Sie ein erhebliches Risiko für den Motor auf sich. Deshalb: Vor längeren Fahrtstrecken, z. B. Autobahnfahrt, sollte man vorher nach dem Ölstand sehen.

Ölkreislauf

Wenn der Motor läuft, nimmt die Ölfüllung in der Kurbelwanne folgenden Weg: Die Ölpumpe preßt das aus der Kurbelwanne über ein Sieb geförderte Öl zum Hauptstrom-Ölfilter. Ein im Pumpengehäuse befindliches Ventil öffnet bei einem Überdruck von 3–4 atü. In der Ölfilterpatrone befindet sich ein Kurzschlußventil, das bei verschmutztem Filter öffnet und dann ungefiltertes Öl in den Motorkreislauf gelangen läßt. Durch die Mittelachse der Ölfilterpatrone fließt

Die von der verlängerten Verteilerwelle angetriebene Ölpumpe ist völlig wartungsfrei, da sie sich gewissermaßen selber schmiert. Sie sitzt tief unten im Kurbelgehäuse und man sieht sie selten so gut wie hier. Es ist eine Rotationskolbenpumpe. Durch die Drehung des Sterns und des ihn umgebenden Sternkörpers wird das Öl gefördert. Vor dem Einlauf der Pumpe sitzt noch ein Schutzsieb.

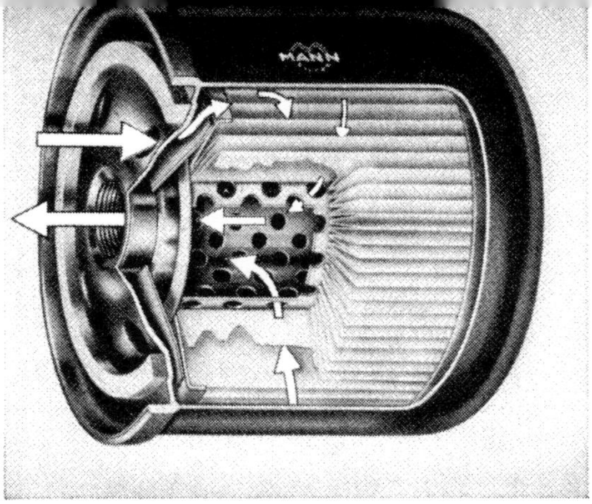

Das alte Öl fließt dem auswechselbaren Ölfilter zwischen dem Gewindestutzen und der Ringdichtung zu. Beim Durchströmen des Filters wird das Öl gereinigt und durch die Mitte wieder dem Motor zugeführt. Das Auswechseln des Filters wurde schon im Schmier-Kapitel beschrieben. Das eigentliche Filter-Element ist ein vielfach gefältelter Papierstern.

das gefilterte Öl zum Hauptölkanal und durch eine eigene Bohrung zum hinteren Lager der Ausgleichswelle. Der in den Zylinderblock gebohrte Hauptölkanal ist hinten durch einen Gewindestopfen und vorne durch die Nockenwellen-Halteplatte verschlossen.
Die drei Kurbelwellen- und Nockenwellenlager sind durch je eine senkrechte Bohrung mit dem Hauptölkanal verbunden. Vom hinteren Nockenwellenlager führt eine Ölbohrung zur Bohrung des Zündverteilers. Der vordere Lagerzapfen der Ausgleichswelle hat in der Mitte einen radialen Schlitz von etwa 30 mm Länge, über den die Spritzbohrung für die Stirnradschmierung schubweise mit Öl versorgt wird. Der mittlere Lagerzapfen der Nockenwelle besitzt am Umfang eine Ölrille, über die Drucköl durch zwei Bohrungen im Zylinderblock zur linken und rechten Kipphebelwelle gelangt. Die Pleuel haben im Pleuelfuß eine Spritzbohrung zur Kolbendruckseite.

Ölverbrauch

Öl kann sozusagen nur unter Aufopferung seiner selbst schmieren. Es muß zwangsläufig bei Kontakt mit den Brenngasen im Zylinder verdampfen und verbrennen. Da es während des Betriebes wesentlich heißer wird – die Öltemperaturen in der Kurbelwanne liegen zwischen 90 ° und 110 ° –, verdunstet immer etwas und entweicht über die Kurbelgehäuse-Entlüftung.
Bis zu einer Laufstrecke von rund 5000 km dürfte sich der Ölverbrauch noch nicht endgültig stabilisiert haben. Zwar bestehen keine Einfahr-Vorschriften für einen neuen Wagen, doch brauchen die aufeinandergleitenden Teile des Motors trotzdem ihre Zeit, um sich gegenseitig einzuschleifen und anzupassen. Das Werk hält einen Ölverbrauch von 0,2–0,4 Liter auf 1000 km für normal.
Nach einer Periode des gleichmäßigen Ölverbrauchs – falls der Wagen zwischendurch nicht ausgesprochen gejagt wird – steigt der Ölkonsum mit wachsendem Motoralter wieder an. Das kann ab 60 000 km, manchmal auch erst ab 80 000 km der Fall sein. Durch den nicht aufzuhaltenden Verschleiß von Kolben, samt seinen Ringen und der Zylinderwand, verbrennt dann auch mehr Öl.
Ölverlust kann auch durch schlechte Abdichtung in der Ölwanne erfolgen. Es muß aber nicht immer sein, daß sich dies durch Ölflecken unter dem stehenden Wagen verrät. Die Ölverluste während der Fahrt fallen sehr viel mehr ins Gewicht. Das Öl ist dann durch die Erwärmung dünnflüssiger und kriecht leichter durch die Dichtungen. Deswegen ist zum Beispiel die rechte Fahrbahn der Autobahn immer etwas schwärzer. Weil sich dort mehr Fahrzeuge bewegen, bleiben auch mehr Ölspuren zurück, vornehmlich von Lastwagen.

Verbindungsaufgaben

Verkuppelt, also verbunden werden der laufende Motor und das Getriebe. Auskuppeln bedeutet: Der Motor wird vom Getriebe und damit von den Vorderrädern getrennt. Nur in dieser Trennungszeit läßt sich schalten, nämlich zwei andere Zahnrad-Paare miteinander verbinden. Auf diese Weise wird im Getriebe jeweils eine andere Übersetzung hergestellt – je nachdem was Ihr Auto tun soll, Beschleunigen, Schnellfahren oder Bergsteigen.
Obwohl die Kupplung zu diesem Zweck ständig getreten wird, ist sie eines der anspruchslosesten Teile im Auto. Jedoch auch beim Treten kommt es auf das Wie an: Wer sich des Pedals nur bedient, wenn er wirklich schaltet, wird ihr zu hoher Lebenserwartung verhelfen. Die anderen Leute sind die „Kupplungsfahrer": Sie mogeln sich vor dem Einbiegen in eine andere Straße oder vor dem Passieren einer Kreuzung um das Schalten herum, indem sie die Kupplung so lange treten, bis sie wieder Gas geben. Resultat: Die Kupplung schleift, das heißt, die Kupplungsflächen reiben unter Hitze-Entwicklung aufeinander. Das gibt vorzeitigen Verschleiß.

Auskuppeln vor der Ampel?

Da wir gerade dabei sind: Schadet es der Kupplung, wenn man mit durchgetretenem Kupplungspedal und startbereitem, eingelegtem erstem Gang vor dem Rotlicht wartet? Direkter Schaden entsteht nicht, aber gut ist es auch nicht. Durch den auskuppelnden Fuß muß ein stehendes Lager (im Ausrücklager)

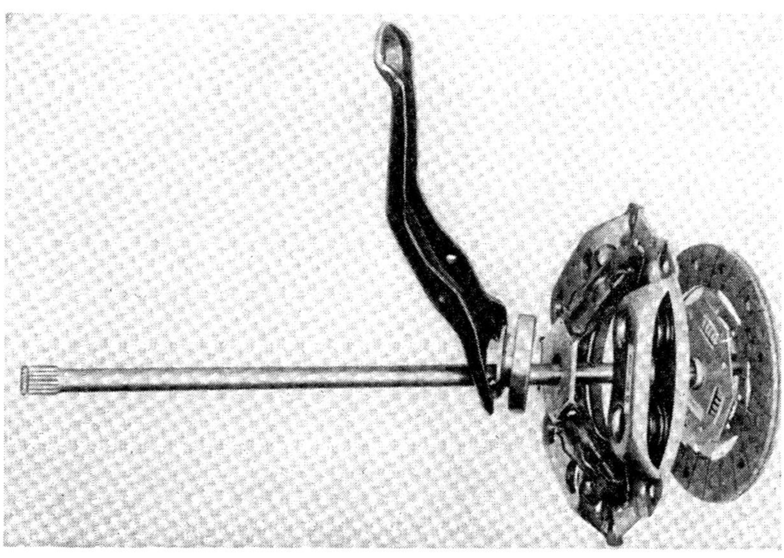

Was bei der Kupplung verschleißt, ist der Belag der ganz rechts erkennbaren Kupplungsscheibe. Sie wird in eingekuppeltem Zustand durch die Druckplatte, links von ihr, gegen die Stirnfläche der Schwungscheibe gepreßt. Der Hebel (Kupplungsschwinge) dient zum Auskuppeln. Er drückt gegen ein Drucklager, dieses verschiebt sich in Richtung Druckplatte und löst deren Anpreßfedern. Das Ganze ist von oben gesehen, in Fahrtrichtung nach rechts.

gegen ein rotierendes gedrückt werden, was notwendigerweise Verschleiß ergibt. Je länger das vor den vielen Ampeln geschieht, umso vorzeitiger die Abnutzung des Lagers. Noch mehr nutzt sich dabei ab: Der unmerklich ermüdende Fuß läßt die Kupplung meistens langsam wiederkommen, so daß die Kupplungsscheibe reibt und natürlich dabei verschleißt.

Kupplungs-Unarten

Zwei Unarten kann sich eine Kupplung im Laufe ihrer Betriebszeit aneignen: Sie fängt an durchzurutschen oder sie trennt nicht mehr richtig („sie bleibt nicht stehen"). In den einfach gelagerten Fällen liegt es an nicht einwandfreiem Kupplungsspiel. Das läßt sich selbst überprüfen und gegebenenfalls korrigieren. Bevor wir es erklären, noch zu diesen beiden Erscheinungen selbst.

Rutschende Kupplung

Durchrutschen – bei zu kleinem Kupplungsspiel – bedeutet, daß die Kupplung bei hoher Motorbelastung nicht mehr „faßt", also nicht mehr einwandfrei verbindet. Es läßt sich feststellen, wenn man nach Wechsel vom 1. in den 2. Gang und schnellem Einkuppeln bei gleichzeitig kräftigem Gasgeben den Motor aufheulen hört, ohne daß sich der Wagen beschleunigt. Die Kupplungsscheibe muß dann durch die Werkstatt ausgewechselt werden. Gleichzeitig ist die Abdichtung vom Motor oder vom Getriebe her zu überprüfen. (Verölte Kupplungsscheibe kommt nur selten vor). Bis zu einem gewissen Grad läßt sich der fortschreitende Kupplungsbelag-Verschleiß durch Nachstellen ausgleichen.

Kavalierstart

Eine recht wirksame Methode, die Beläge frühzeitig zu verschleißen, ist das Anfahren mit zu hoher Motordrehzahl, landläufig als Kavalierstart bekannt. Technisch gesehen bekommt man tatsächlich vom Halt weg eine größere Anfangsbeschleunigung, wenn man mit höherer Drehzahl und länger schleifender Kupplung anfährt. Sinnvoll ist das aber in keiner Weise, allenfalls bei sportlicher Betätigung.
Der stärkere Verschleiß rührt von der höheren Reibungswärme her, die sich dann bildet. Diese Wärme entsteht bis zu einem gewissen Grade immer beim Aus- und Einkuppeln, denn der Belag schleift ja stets, bevor die Kupplung faßt. Er schleift auf der einen Seite gegen die Reibfläche des Schwungrades, auf der anderen Seite gegen die Druckplatte.

Kupplung trennt nicht

Wenn eine Kupplung nicht richtig trennt, dann kratzt oder kracht es beim Schalten. Um festzustellen, daß es nicht am Getriebe liegt, müssen Sie die Probe mit einem nichtsynchronisierten Gang machen. Den haben Sie auch an Ihrem „vollsynchronisierten" Ford. Es ist der Rückwärtsgang. Lassen Sie den Motor laufen, kuppeln Sie aus, warten Sie etwa eine Sekunde und legen Sie den Rückwärtsgang ein. Kratzt es, trennt die Kupplung nicht sauber. Es kann auch daran liegen, daß das Kupplungsspiel zu groß ist.
Dann gibt es noch die Kriechprobe. Der Wagen darf sich bei eingelegtem ersten Gang, laufendem Motor, ganz durchgetretenem Kupplungspedal und gelöster Handbremse nicht in Bewegung setzen. Er darf nicht kriechen. Voraussetzung ebene Straße. Tut er es doch, trennt die Kupplung nicht einwandfrei. Das Kupplungsspiel ist zu groß.

Das Kupplungspedal muß in jedem Fall etwas Spiel aufweisen, damit der fortschreitende Verschleiß der Kupplungsscheibe ausgeglichen wird. Durch eine einfache Prüfung mit der Hand läßt sich das feststellen. Ist kein Spiel mehr vorhanden, muß die Kupplung nachgestellt werden. Auch das ist kein Problem.
Unser doppelt belichtetes Bild zeigt das Spiel des Kupplungspedals, wie es sein soll: 20 bis 25 mm.

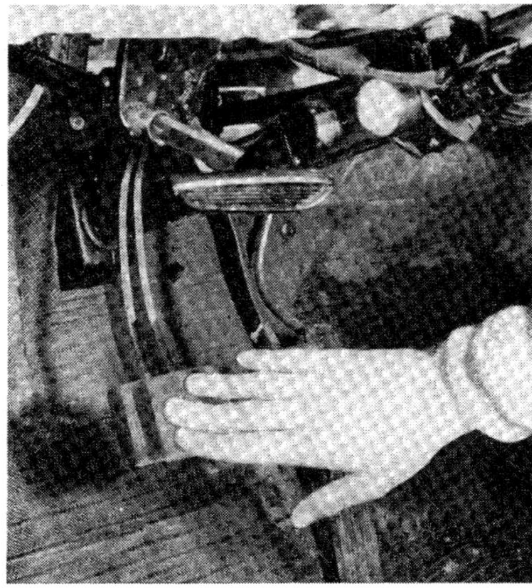

Was ist Kupplungsspiel?

Es bedeutet „Luft", also Abstand innerhalb der Teile der Kupplungsübertragung bei nicht betätigtem Kupplungspedal. Ist dieses Spiel nicht vorhanden, steht das Ausrücklager der Kupplung ständig unter einem gewissen Druck, der den Verschleiß fördert. Auch ist der Anpreßdruck für die Kupplungsscheibe unter Umständen nicht mehr groß genug, sie könnte rutschen. Ist das Spiel zu groß, geht etwas vom normalen „Kupplungs-Weg" verloren, d. h. die Kupplung wird beim Niederdrücken des Pedals nicht ganz zum Trennen gebracht. Gefahr für das Getriebe (Synchronisierung) beim Schalten.
Die übliche Entwicklung geht dahin, daß mit fortschreitender Abnutzung des Kupplungsbelages das Spiel kleiner wird (umgekehrt wie beim Bremspedal). Man möchte es eigentlich umgekehrt annehmen. Aber es verhält sich so: Durch die dünner werdende Kupplungsscheibe wandert auch die federbelastete Druckplatte nach. Das Ausrücklager wird aber durch die Feder entgegengesetzt gedrückt, was das Spiel verkleinert. Austauschen der Kupplungsscheibe ist bei zu großem Verschleiß zu empfehlen. Neubelegen einer Kupplungsscheibe wird bei Ford nicht mehr vorgenommen. Ältere Scheiben können einen Schlag haben oder die Dämpfungsfedern sind ermüdet.

Kupplungsspiel prüfen

Pflegearbeit Nr. 42

Gebraucht werden: 14 mm- und 15 mm-Schlüssel.
Das Kupplungsspiel soll am Pedal gemessen 20 bis 25 mm betragen. Die Trittplatte muß sich also um gut einen Fingerbreit niederdrücken lassen (am besten von Hand), bis Widerstand verspürbar wird. Ist das Spiel zu knapp oder ist es überhaupt nicht vorhanden, Motorhaube öffnen und dem dicken Schlauch nachgehen, der auf der linken Seite aus der Spritzwand kommt. Das ist die Hülle, die den Seilzug für die Betätigung der Kupplung enthält. Er ist oben mit einem kleinen Hebelarm des Kupplungspedals verbunden.
Auf der anderen Seite führt der Seilzug an die Kupplungsschwinge, einen Hebel, der im Kupplungsgehäuse das Drucklager betätigt.

Das Einstellen der Kupplung mit Hilfe von zwei Schlüsseln. Es müssen nicht unbedingt Ringschlüssel sein, doch fassen diese besser und schonen die Einstell-Muttern. Letztere findet man links hinten neben dem Motor. Das regelmäßige Nachstellen der Kupplung läßt Kupplungsscheibe und Drucklager länger leben. Für die Einstellmutter — auf unserem Bild hinten — braucht man Schlüsselweite 15, für die davor sitzende Kontermutter Schlüsselweite 14.

Am Ende des Seilzuges sitzt eine Gewindestange, die, durch zwei Muttern gesichert, mit der erwähnten Schwinge verbunden ist. Die Metall-Mutter (Kontermutter) mit dem Schlüssel lösen, dabei muß die andere Mutter festgehalten werden. Da es eine Kunststoff-Mutter ist, sollte man besser einen Ring- statt einen Gabelschlüssel verwenden, damit sie nicht beschädigt wird. Die Kunststoff-Mutter läßt sich dann von Hand verdrehen: Nach links ist Lösen, mehr Spiel geben. Nach rechts Spiel verkleinern. Nach dem Einstellen Pedal einige Male durchtreten und Spiel erneut überprüfen. Im übrigen sind Kupplungsdruckplatte und das Drucklager wartungsfrei.

Ausbau der Kupplung

Das ist Angelegenheit der Werkstatt. Da Motor und Getriebe nicht, wie meistens sonst üblich, ausgebaut werden müssen, hier nur für Notfälle die wichtigsten Handgriffe: Antriebswelle herausnehmen. Rechts neben dem Gaspedal unter der Fußmatte findet man einen Blechdeckel, der abgeschraubt werden kann. Dann wird die Verschlußkappe am Getriebe und die U-förmige Sicherung der Welle entfernt. Letztere läßt sich dann mittels einer eingeschraubten M-8-Schraube etwa 20 cm ins Wagen-Innere ziehen. Kupplungsschwinge von Kupplungszug freimachen. Dann ihre Halteschraube am Gehäuse entfernen und Schwinge mit Drucklager nach außen ziehen. Schrauben am Kupplungsgehäuse-Abdeckblech lösen. Blech abnehmen. Schrauben an der Druckplatte entfernen. Dann diese und darauf Kupplungsscheibe aus dem Gehäuse nehmen.

Beim Einbau beachten: Scheibe und Druckplatte zentrisch halten und Welle vorsichtig bis zum Anschlag einschieben. Schrauben an Druckplatte einsetzen und anziehen. Welle wieder 20 cm nach hinten ziehen. Dann sinngemäß umgekehrt wie beim Ausbau verfahren. Kupplungsspiel einstellen.

Warum sich die Antriebswelle so einfach herausziehen läßt, liegt an der Bauweise des Getriebes. Sie liegt in einer Getriebe-Hohlwelle, auf der die Getriebezahnräder gelagert sind. Vom Kegelrad am vorderen Ende der Hohlwelle wird das große Tellerrad des Differential angetrieben. Der Kraftfluß erfolgt also vom Motor über Kupplung und Getriebe wieder nach vorn zum Achsantrieb.

Wer sich für den Ausbau der Kupplung praktisch oder theoretisch interessiert, muß auf die Motor-Nummer seines Wagens achten. Ab Motor-Nr. 937 620 (gebaut ab 15. 4. 1964) wird die Kupplung nämlich nicht mehr nach der vorstehend beschriebenen Methode ausgewechselt, da das Abdeckblech zum Getriebe weggefallen ist. Ab dem genannten Datum gehe man wie folgt vor:
Die 4 Befestigungsschrauben der hinteren Getriebeaufhängung unterhalb des Wagens lösen. Dadurch kommt das Getriebe genügend weit herunter, so daß zur Kupplungsmontage die Getriebehauptwelle um ca. 20 cm herausgezogen werden kann.

Kupplungsseil ausbauen

Zum Ausbau des Kupplungsseiles Rückholfeder aushängen. Muttern an Gewindestange entfernen. U-förmige Sicherung am Seilzughalter mit der Zange herausziehen. Sicherungsklammer und Bolzen am Pedal entfernen. Seil aushängen. Um es zum Motorraum hin herausziehen zu können, muß vom Innenraum her ein kurzes Rohrstück (14 mm Innenweite und etwa 60 mm lang) auf die Sicherung des Seiles geschoben werden.

Kupplung fällt aus

Das Herausnehmen eines Ganges ohne zu kuppeln ist leicht: Gas wegnehmen und bei langsamer werdender Fahrt oder kurz vor Halt des Wagens Gang herausdrücken. Versierte Fahrer erleichtern sich auf diese Weise das Stadtfahren. Natürlich soll man versuchen, bei einem Kupplungsdefekt möglichst lang in dem Gang zu bleiben, der gerade eingelegt ist. Gangwechsel ohne zu kuppeln ist möglich, aber nicht einfach: Nach Gaswegnehmen und verlangsamter Fahrt Gang herausnehmen und dann aus der Getriebe-Leerlaufstellung den veränderten Gang genau in dem Augenblick eindrücken, wenn antreibende und angetriebene Welle im Getriebe etwa gleiche Drehzahl haben. Dieser Punkt liegt etwa in der Mitte des für den betreffenden Gang richtigen Geschwindigkeitsbereiches. Zum „kupplungsfreien" Anfahren zunächst den ersten Gang einlegen und dann Anlasser betätigen. Der Wagen setzt sich dann bockend in Bewegung – eine rauhe Methode, im Notfall aber unumgänglich.

Unser Störungsbeistand

Kupplung

Die Störung	— ihre Ursache	— ihre Abhilfe
A Kupplung rupft	1 Druckplatte zu stark abgenutzt (Riefenbildung)	Nachschleifen oder auswechseln
	2 Kupplungsscheibe hat Schlag	Korrigieren, besser auswechseln
	3 Verschmierte Kupplungsscheibe	Auswechseln, Dichtungen überprüfen
B Kupplung trennt nicht	1 Zu großes Kupplungsspiel	Korrigieren
	2 Kupplungsscheibe hat Schlag	Richten oder auswechseln
	3 Beläge gerissen	Scheibe auswechseln
C Kupplung rutscht	1 Kupplungsspiel zu gering (Beläge zu stark abgenutzt)	Korrigieren evtl. Scheibe auswechseln
	2 Kupplungsscheibe verschmiert	Dichtungen prüfen

Die Pferde ziehen vorn

Mit dem neuen Ford 12 M stellte der internationale Ford-Konzern erstmalig einen Wagen mit Frontantrieb vor. Obwohl damit die Vorderachs-Konstruktion etwas komplizierter wurde, konnte man doch auf die sonst zu den Hinterrädern führende Kardanwelle verzichten und zudem eine einfachere Hinterachse verwenden. Im ganzen gesehen wurde damit der Wagen einfacher und unempfindlicher gegenüber Seitenwind, innen geräumiger. Wer sich auf das Frontantriebsfahren versteht, kassiert noch einige fahrtechnische Vorzüge. Hierzu muß vor allem das zügige Durchfahren der Kurve unter Gas genannt werden sowie das bei entsprechender Fahrweise gute Durchziehen bei schlechten Straßenverhältnissen.

Wer seinen Ford 12 M, insbesondere die 1,5 Liter-Ausführungen, schon scharf gefahren hat, weiß aber, wie wichtig es ist, in der Kurve nicht plötzlich vom Gas zu gehen. Der Effekt ist nämlich der, als ob man die Vorderräder plötzlich abbremst, was ja dann auch durch den Motor erfolgt. Das Wagenheck neigt dann zum Ausbrechen nach der Kurven-Außenseite. In der Kurve soll man bekanntlich nicht bremsen. Der Ford 12 M soll also regelrecht durch die Kurve gezogen werden, oder wenn man es von der Bewegung des Gasfußes her sehen will, er soll mit dem Gaspedal durch die Kurve gedrückt werden. Am besten, man nimmt schon vor der Kurve das Gas weg, um bei Kurvenbeginn wieder Gas zu geben, wenn man nicht in richtiger Einschätzung der Kurvengeschwindigkeit das Gas stehen läßt oder es entsprechend dosiert. Bei feuchter oder glatter Straße sollten diese Grundregeln besonders beherzigt werden. Im Interesse guten Fahrverhaltens und Lenkgenauigkeit beim Kurvenfahren sollte man eher die empfohlenen, höheren Reifendruckwerte einhalten, also vorn/hinten 1,6/1,7 atü. Der Wagen verhält sich dabei besser.

Getriebe-Schaltgestänge prüfen

Pflegearbeit Nr. 40

Das Schaltgetriebe und das Ausgleichsgetriebe (Differential) liegen in einem gemeinsamen Gehäuse. Man erspart sich also eine Ölfüllung, nebst deren Kontrolle, wie das bei Heckantriebswagen an der Hinterachse sonst üblich ist. Über die Schmierung Näheres auf Seite 45, auch das erforderliche Abschmieren der Antriebs-Kreuzgelenke wurde schon früher, nämlich auf Seite 47, erklärt. Für den Eigenpfleger gibt es am Antriebsblock und am Rad-Antrieb nichts zu tun. Alle hier anfallenden Wartungsarbeiten oder Reparaturen betreffen die Werkstatt, darunter auch der Punkt Nr. 40 unseres Wartungsplanes „Getriebe-Schaltgestänge prüfen". Hier kann man unwissenderweise mehr Schaden als Nutzen anrichten. Die Werkstatt benutzt dazu einen besonderen Justierstift, der durch dafür vorgesehene Bohrungen am Schaltgestänge gesteckt wird.

Allerdings sollte man darauf achten, daß die Gummimanschetten an den beiden

Reparaturen am Getriebe übersteigen die Möglichkeiten der Eigenpflege. Hier trotzdem ein Blick von hinten unten in das geöffnete Getriebe. Unten im Bild das Kegelrad für den Antrieb der Halbwellen. Die Lagerung der Querlenker — links und rechts vom Getriebe-Gehäuse — ist wartungsfrei.

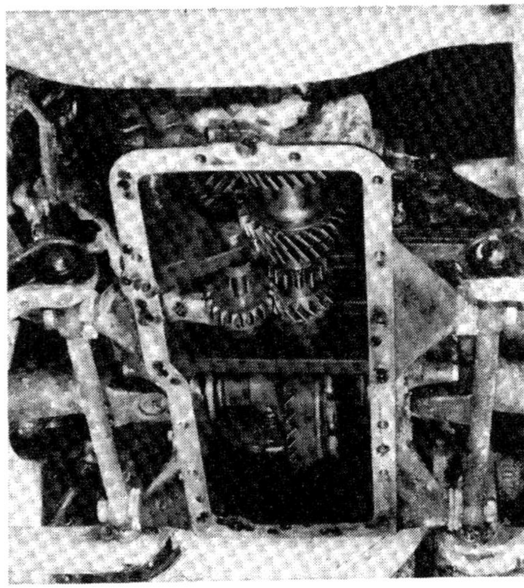

zu den Vorderrädern führenden Antriebswellen nicht beschädigt sind und richtig sitzen. Sie schützen die Schiebestücke der Antriebswellen. Beim Einfedern verändert sich der Abstand des Rades zum Antriebsgehäuse, so daß die Wellen verschiebbar sein müssen. Kommt Schmutz in die Schiebenuten, fängt das Metall an zu fressen. Vom Werk aus werden die Schiebestücke mit einem Spezialschmiermittel eingesetzt. Ausgeschlagene Antriebswellengelenke erkennt man daran, daß es bei plötzlichem Gasgeben oder Gaswegnehmen einen Ruck gibt. Die Gelenke haben dann zuviel Spiel.

Fingerzeige: *Schont man mit Zwischengas das Getriebe? Es hat nur dann eine mildernde Wirkung, wenn bei für den tieferen Gang hohen Geschwindigkeiten heruntergeschaltet wird (Notfälle, sportliches Fahren). Könner schalten damit schneller. Auch bei noch kaltem und steifem Getriebeöl wirkt es schonend.*

Man schont die Synchronisation des Getriebes, wenn man in der kalten Jahreszeit auf den ersten Kilometern den Schalthebel nicht durchreißt. Das Getriebeöl, das ja auch zwischen den Teilen der Synchron-Einrichtung zirkuliert, ist dafür noch zu dickflüssig.

Weil, wie in diesem Kapitel beschrieben, das Synchronisieren auf Reibung beruht, sind fremde Ölzusätze für das Getriebeöl nicht angebracht. Diese Zusätze sollen meistens die Reibung herabsetzen, was genau entgegengesetzt dem Prinzip der Synchronisation ist.

Ist man in einer rutschigen oder verschneiten Bergabkurve zu schnell und sieht die Sache bedrohlich aus, sollte man sofort auskuppeln. Wird bei Frontantriebswagen nämlich Gas weggenommen, werden durch das Bremsmoment des Motors auch die Vorderräder abgebremst. Bremsen soll man aber in der Kurve nicht.

Eine ölverschmierte Wagen-Unterseite kann seine Ursache in einer nicht einwandfreien Entlüftung des Getriebe-Gehäuses haben. Auf letzterem sitzt ein Entlüftungsröhrchen (für heiße Getriebeöldämpfe), das im Innern des Gehäuses nicht in die Ölfüllung tauchen darf.

Anspruchslos und abschmierfrei

Der Ford 12 M wurde schon in die Zeit der chronischen Werkstattüberlastung hineingeboren. Vorder- und Hinterrad-Aufhängung sind deshalb zur Pflegevereinfachung abschmierfrei. Alle Gelenke sind in Kunststoff- bzw. Gummi-Lagern beweglich angeordnet. Das macht vor allem den 5000-km-Pflegedienst so einfach, daß man ihn selbst machen kann. Denn Schmiernippel, wie bei anderen Fahrzeugen, sind dabei nicht zu versorgen.

Trotzdem kann man als Selbstpfleger auf die Anschaffung einer kleinen Hand-Fettpresse nicht verzichten, denn alle 10 000 km brauchen ja die Kreuzgelenke der Antriebswellen frisches Fett, was schon in unserem Schmierkapitel beschrieben wurde. Der Aufbau der Vorder- und Hinterachse geht weitgehend aus unseren Bildern auf den Seiten 177 und 216 hervor. Zu berücksichtigen ist jedoch, daß seit März 1964 der 12 M mit einer geänderten Vorderachsaufhängung gebaut wurde. Bei dieser Ausführung wird die Querfeder in zwei Stützböcken gehalten, die an einer neuen Quertraverse verschweißt sind. Vordem besaß die Feder nur einen Aufhängungspunkt. Die Zahl der Federblätter wurde auf 4 reduziert.

Vorderachse ab August 1964: Nicht bewährt hatte sich die starre Motoraufhängung, die nötig war, weil die unteren Querlenker direkt am Getriebegehäuse gelagert waren. Die Motorvibrationen übertrugen sich deswegen auf den Aufbau bis in das Lenkrad. Der Motor erhielt gesonderte Traversen, fest mit dem Aufbau verbunden, auf denen er elastisch gelagert wurde. Die Querlenker wurden an den Traversen angebracht und zwar mit breiterer Basis. Durch diese Maßnahme wurden ebenfalls Getriebedeckel, Motorölwanne, Ölpumpe und Ölpeilstab geändert.

An der Hinterachse fiel der Querstabilisator weg. Verstärkt wurden die Antriebswellen und die Radlager.

Blick von hinten auf die Vorderachse, wie sie ab September 1964 endgültig aussah. Nach verbreiterter Mittelbefestigung der Querblattfeder, Verringerung der Blattzahl (siehe auch Bild Seite 177) und der neuen Lagerung der Querlenker wurden nun auch Scheibenbremsen serienmäßig eingeführt.

Die obere Befestigung der hinteren Stoßdämpfer erfolgt vom Kofferraum aus. Auch hier ist eine gelegentliche Kontrolle auf festen Sitz ratsam. Doch dürfen die Befestigungsmuttern nicht gewaltsam angeknallt sein, weil sonst das Dämpfungsgummi zerquetscht wird. Hinweis: Seit März 1964 werden vorn und hinten wirksamere Stoßdämpfer serienmäßig eingebaut. Diese machten zusammen mit der Vorderachsänderung den hinteren Querstabilisator überflüssig.

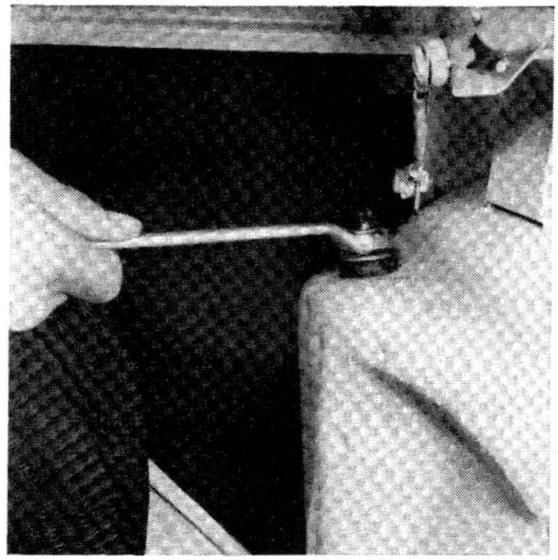

Schrauben der Federbefestigung

Pflegearbeit Nr. 41

Gelockerte Schrauben machen sich durch Geräusche während der Fahrt bemerkbar. Aber auch ohne diesen Anlaß ist es für die Fahrsicherheit gut, bei der alle 10 000 km fälligen Inspektion die Befestigung der beiden Blattfeder-Pakete an der Hinterachse und an der Karosserie zu kontrollieren. Hierzu bockt man den Wagen hinten auf und sichert ihn gut gegen Abrollen ab. Noch besser kommt man heran, wenn man den Wagen bei einer Tankstelle auf den Heber nehmen läßt. Mit dem Schlüssel kontrolliert man nacheinander jede der vier Muttern jeder Seite auf festen Sitz. Die vordere Befestigung der Hinterradfedern wird mit 17-mm-Ringschlüssel geprüft, hinten braucht man einen 15-mm-Gabelschlüssel. Für die vier mittleren Befestigungsschrauben der Vorderrad-Querfeder (durch den Motorraum heranzukommen) braucht man einen 24-mm-Schlüssel – nur Werkstattsache, da Drehmoment beachtet werden muß. Knakken aus Richtung Vorderachse (bis August 1964): Federbefestigung locker.

Stoßdämpferkontrolle

Stoßdämpfer werden wenig beachtet und doch sind sie entscheidend für gute Straßenlage und Federungskomfort. Sie dämpfen die Schwingungen der Federung und verhindern damit, daß die Räder vom Boden springen. Die hydraulisch wirkenden Stoßdämpfer sind wartungsfrei, an ihnen läßt sich nichts pflegen oder reparieren. Man hat wenig Malheur mit ihnen. Sie halten gut und gern rund 40 000 km. Mit zunehmendem Alter können sie in kaltem Zustand etwas klopfen. Deswegen müssen sie noch nicht gleich ausgewechselt werden. Die Dämpfer-Flüssigkeit wird bei der Fahrt dann warm und dehnt sich aus. Man sollte allerdings ihre Befestigung hin und wieder prüfen. Gelegentlich abgenommener Räder oder entlasteter Achsen läßt sich durch Rütteln feststellen, ob sie fest in ihrer Aufhängung sitzen und nicht klappern. Auf Feuchtigkeitsspuren achten. Geringe Leckverluste wiegen nicht schwer, da die Flüssigkeits-Reserve im Dämpfer im allgemeinen ausreicht. Bei größeren Flüssigkeitsverlusten ist die Abdichtung defekt, Stoßdämpfer erneuern.
Stoßdämpfer können aus zwei Gründen klappern: Wenn die Gummilager für ihre Befestigung gealtert oder gerissen sind oder wenn die hydraulische Flüssigkeit ausgelaufen ist. Der erste Fall ist häufiger, der zweite allenfalls nach Beschädigung des Dämpfers. Die Gummilager können ausgetauscht werden.

Die zittrigen Konturen des doppelbelichteten Bildes zeigen, daß an diesem Ford 12 M heftig gewippt wird. Das ist die bislang einfachste Methode, die Wirkung der Stoßdämpfer wenigstens ein wenig beurteilen zu können: Nach dem Loslassen des aufgeschaukelten Wagens müssen intakte Stoßdämpfer das Wippen sofort dämpfen. Wippt der Wagen weiter, sind die Stoßdämpfer bestimmt defekt und gefährden die Fahrsicherheit. Besser ist allerdings die Stoßdämpferprüfung auf dem Schocktester-Prüfstand von Boge und Sachs, den gut ausgestattete Werkstätten und TÜV-Dienststellen besitzen.

Prüfen der Wirksamkeit

Es gehört einige Erfahrung dazu, ihre Wirksamkeit während der Fahrt festzustellen. Die Federung ist unruhiger und die Straßenlage auf unebener Strecke schlechter. Kontrolle im Stand: Wagen an betreffendem Kotflügel von Hand aufschaukeln und plötzlich loslassen. Federbewegung müßte sofort gedämpft werden. Läßt sich der Wagen bis zum Anschlag der Federung zu leicht durchdrücken, dürfte der betreffende Dämpfer defekt sein.

Prüfung des ausgebauten Dämpfers von Hand – er muß senkrecht gehalten werden – gibt nur Aufschluß, ob er überhaupt noch arbeitet, aber nicht über den Grad der Wirksamkeit. Dämpfer muß sich leichter zusammenschieben als auseinanderziehen lassen.

Überbeanspruchte normale Dämpfer werden schnell heiß, lassen damit in ihrer Wirkung nach, sofern sie nicht defekt werden. Die Überlastung liegt darin, wenn auf schlaglochreicher Straße langanhaltend schnell gefahren wird, daher empfehlenswert: bei Ersatz strapazierfähigere Bilstein-Stoßdämpfer oder die individuell einstellbaren Koni-Stoßdämpfer Special „D" einbauen. Letztere kosten pro Paar einschließlich Mehrwertsteuer etwa 142 DM (für Vorderachse Typ 80 A – 1701, für Hinterachse der Limousinen Typ 80 A – 1707 und für Kombi Typ 80 – 1653).

Stoßdämpfer auswechseln

Hierzu müssen die jeweiligen Räder abgenommen werden. Den Befestigungsmuttern ist mit einem 17-mm-Schlüssel (am besten Ringschlüssel) beizukommen. Unterlegscheiben und Gummizwischenlagen dürfen nicht vergessen und müssen richtig wieder angeordnet werden. Die obere Befestigung der hinteren Dämpfer ist im Kofferraum oben auf den Radkästen zu finden. Zum Ausbau muß hier auch die betreffende Feder von der Achse gelöst werden, worauf die Achsstrebe hochgedrückt wird und die Befestigungsmuttern mit einem Steckschlüssel gelöst werden. Die Muttern für die Dämpfer sind selbstsichernd.

Querstabilisator

Mit der Hinterradbefestigung wurde bis März 1964 ein Querstabilisator kombiniert. Vielleicht haben Sie ihn noch nie gesehen. Er ist weiter nichts als eine elastische Rundstahlstange, deren Enden rechtwinklig abgebogen sind. Dadurch entsteht auf jeder Seite ein Hebelarm, der den Stab verdrillt, wenn eine Radseite einfedert. Man erreicht damit verringerte Kurvenneigung des Wagenkörpers und Verhärtung der (kurvenäußeren) Federn in der Kurve.

Die drei Pfeile weisen auf den Querstabilisator, der bei älteren 12 M an der Hinterachse eingebaut ist. Er ist viermal in Gummi gelagert. Überprüfung der Befestigung auf möglicherweise gelockerte Bolzen kann nichts schaden. Dem Gummi tut es nicht gut, wenn es Absprühöl ausgesetzt wird.
Der Querstabilisator fiel ab März 1964 weg.

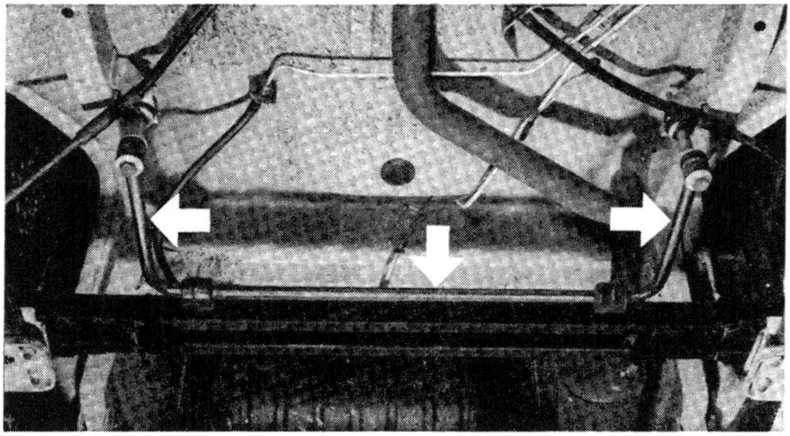

Zum Auswechseln werden an jeder Seite die an den Enden der Hebelarme sitzenden Bolzen mit einem 17 mm-Schlüssel gelöst. Oben gegenhalten mit 12 mm-Ringschlüssel. Dann sind die Lagerböcke an der Achsstrebe zu lösen und der Stabilisator kann abgenommen werden. Man muß sich aber genau die Reihenfolge der Zahn- und Unterlegscheiben und der Distanzbüchsen merken, damit der Einbau wieder richtig erfolgt.

Ausbau der Federn

Gebrochene Federn gehören heute zu den wirklichen Seltenheiten. Die quer liegende Vorderrad-Feder läßt sich nur mit Hilfe von Spezial-Werkzeugen ausbauen (Federspanner und Abzieher für die Traggelenke an den Feder-Enden vom Schwenkgehäuse), ist also Werkstatt-Sache. Zum Auswechseln der Hinterfeder wird zunächst der Stoßdämpfer der betreffenden Seite oben im Kofferraum gelöst. Dann: 2 Bolzen für Stabilisator abschrauben. Anschlagbock und Gummi am hinteren Federgehänge entfernen. Wagen anheben, bis hinteres Federauge am Längsträger (Bodengruppe) der Karosserie anliegt. Federgehänge entfernen. 4 Bolzen der Verbindung Feder-Achse abschrauben, Halteplatten abnehmen. Vordere Feder-Aufhängung entfernen. Beim Einbau der Feder muß vor dem Festziehen der 4 Muttern die Feder zum Längsträger der Bodengruppe ausgerichtet werden.
Noch ein Hinweis: Das Einstellen des richtigen Radlagerspiels sollte man der Werkstatt überlassen.

Steuer-Fragen

Es trifft sich gut, daß die Lenkung als recht lebenswichtige Einrichtung nicht sehr wartungsbedürftig ist. Deshalb fällt es leichter, sie – was praktische Arbeiten betrifft – aus Gründen der Sicherheit links liegen zu lassen. Der Ausbau von Spurstangen oder des Lenkrades kann ohnedies nur mit Sonderwerkzeug (Abziehvorrichtungen) ausgeführt werden.
Erwähnt sei, daß es sich beim Lenkgetriebe – dem Teil, der die drehende Lenkrad-Bewegung in eine hin- und hergehende Bewegung verwandelt – um eine sogenannte Kugelumlauf-Lenkung handelt. Hierbei laufen Präzisions-Stahlkugeln in den Gewindegängen, so daß die Lenkung leichtgängig erfolgt. Trotzdem wird der aufmerksame Ford-Fahrer aber schon gemerkt haben, daß die Lenkung etwas schwerer geht, wenn die Gelenke der Vorderrad-Antriebswellen „unter Last" stehen, das heißt, wenn man Gas gibt und die Räder kräftig ziehen läßt. Das ist eine Eigenart des Front-Antriebs, die aber beim 1,2 Liter- nicht so stark wie beim 1,5 Liter-Motor ausgeprägt ist. Um die Schwergängigkeit der Lenkung etwas zu mildern, erhielt sie eine für diese Wagengröße sehr hohe Übersetzung (sehr indirekte Lenkung), was viel Kurbelei in engen Kurven erfordert und wahrscheinlich nicht jedermanns Geschmack ist und anfangs viel Gewöhnung erfordert.
Noch ein anderes Frontantriebsmerkmal ist auch beim 12 M zu finden: der begrenzte Rad-Einschlag. Der Wendekreis-Durchmesser ist mit 11,8 m daher relativ groß. Wenn auch Arbeiten an der Lenkung der Werkstatt überlassen werden sollten, bleiben doch einige vorbeugende Prüfungen, die wir nachstehend erläutern.

Wartungsfreie Gelenke

Sämtliche Gelenke der Spurstangen sind mit wartungsfreien Gelenken versehen. Der stählerne Kugelkopf wird hierbei von Kunststoff-Schalen umfaßt, die sehr abriebfest sind. Eine Fett-Dauerfüllung sorgt für zusätzliche Reibungsverminderung und Abdichtung. Ein Gummibalg schützt das Fett und damit das ganze Lager gegen Eindringen von Staub und Feuchtigkeit. Gelegentlich muß überprüft werden, ob die Gummibälge nicht verletzt sind. Dann müssen sie erneuert werden. Bei Arbeiten an der Vorderachse dürfen sie nicht gewaltsam mit Werkzeug berührt werden. Wenn man schon die Spurstangen näher ansieht, sollte man sich auch dabei vergewissern, ob die Kronenmuttern der Gelenkbolzen noch ordnungsgemäß versplintet sind. In der ersten Zeit der Einführung wartungsfreier Spurstangen-Gelenke kam es vor, daß sie schwergängig wurden, was sie durch Quietschen signalisierten.
Tip: Lenkung möglichst nicht bei stehendem Wagen einschlagen, sonst bekommen die Lenkungsteile zu früh Spiel. Schon die geringste Wagenbewegung ist von Vorteil.

So sind wartungsfreie Spurstangengelenke beschaffen. Der hier aufgeschnittene Spurstangenkopf läßt die Kunststoffschalen erkennen, die den Kugelkopf des Gelenkes umschließen. Nach unten ist das Gelenk durch einen Gummibalg mit einer Dauerfüllung Fett abgedichtet. Der Gummibalg darf nicht beschädigt werden. Sein Zustand sollte gelegentlich geprüft werden. Rechts im Bild eine einzelne Kunststoff-Schale.

Spurstangen-Endstücke prüfen

Pflegearbeit Nr. 43

Alle 10 000 km sieht der Ford-Inspektionsplan ein Überprüfen der Spurstangen-Endstücke vor. Das sind Teile des Lenkgestänges, die mit den Rädern verbunden sind. Da das Lenkgestänge durch den Frontantrieb stärker beansprucht wird, ist diese Kontrolle wichtig. Zur Prüfung muß das Lenkrad festgehalten und durch einen zweiten Mann das Rad bewegt werden. Ist Spiel vorhanden, muß die Werkstatt nachstellen. Auch sind die Verbindungsstellen zu kontrollieren, also die Splinte der Kronenmuttern sowie die Muttern der Einstellbüchsen. Letztere verbinden die äußeren Spurstangen und dienen dazu, die Räder richtig einzustellen (Vorspur). Hierzu werden sie gegenläufig verdreht, wenn die Vorspur verkleinert oder vergrößert werden soll. Das ist aber unbedingt Sache der **Werkstatt**.

Vorspur prüfen

Pflegearbeit Nr. 44

Das ist eine Werkstatt-Maßnahme, weil dazu eine besondere Meß-Einrichtung gehört. Was ist Vorspur? Jedes der beiden Vorderräder hat die Tendenz, nach außen wegzulaufen, bewirkt durch ihre Schrägstellung (Sturz) und durch den Fahrwiderstand. Um das zu verhindern, stellt man sie vorn näher zusammen als hinten. Sie laufen also sozusagen aufeinander zu. Ist die Vorspur zu groß oder zu klein, verschleißen die Reifen schneller, auch wirkt es sich ungünstig auf das Lenkverhalten aus. Der Abstand der Vorderräder voneinander wird an den Felgen gemessen.

Bei Frontantrieb ist das Maß für die Vorspur im allgemeinen kleiner, als wenn die Vorderräder nicht angetrieben werden. Beim 12 M müssen sogar die Vorderräder völlig parallel stehen mit einer Toleranz von ± 1,6 mm. Vorbedingungen: Vorgeschriebener Reifendruck, Reifen mit gleichmäßig abgenutzten Laufflächen, einwandfrei eingestellte Lenkung, Radlager mit richtigem Spiel, Felgen ohne Seitenschlag und ebene Meßfläche. Die Vorspur nachzuprüfen empfiehlt sich stets nach irgendwelchen Kollisionen (z. B. unsanften Kantstein-Berührungen) oder Unfällen.

Die Lenkung für den Ford 12 M ist für einen Wagen dieser Größe sehr indirekt, man muß also viel kurbeln. Zu viel Spiel (toter Gang) am Lenkrad macht sich deswegen nicht angenehm bemerkbar. Etwa vier Fingerbreit sollte es bei stehenden Wagen höchstens betragen.

Lenkungsspiel

Die Lenkung sollte in Mittelstellung, untere Lenkradspeiche genau senkrecht, kein zu großes Spiel aufweisen. Wenn also das Lenkrad bewegt wird, sollte sich das mit wenig Spiel, also mit wenig „totem Gang", auf die Räder übertragen. Ein Spiel von etwa 20° (etwa vier Fingerbreit am Lenkrad außen) ist noch zulässig. Man muß das linke Vorderrad gleichzeitig beobachten: Man stellt sich neben den Wagen und bewegt die Lenkung. Da der Reifen elastisch ist, wird er zunächst einen Teil des Einschlages „schlucken", ehe er sich mit dem Rad bewegt. Die Felge sollte eigentlich gleich einen Einschlag zeigen. Das spürt man, wenn man das Lenkrad leicht mit zwei Fingern erfaßt.
Erst wenn das Lenkrad eingeschlagen wurde, darf Spiel bemerkbar werden. Ist das Spiel von Anfang an zu groß, so sollte man auch zwischendurch schon die Werkstatt aufsuchen, damit es beseitigt wird, ehe es sich noch mehr vergrößert. Das Nachstellen erfolgt am Lenkgetriebe und ist reine Werkstatt-Angelegenheit. Allerdings läßt sich beim 12 M nur bis zu einem gewissen Punkt das Spiel in der Lenkung beseitigen. Zwar ist Lenkungsspiel nicht schön, immerhin wirkt es sich bei Frontantrieb nicht ganz so ungünstig aus: Der Frontantrieb „zieht die Räder gerade".

Unser Störungsbeistand

Lenkung

Weil bei diesbezüglichen Störungen sehr viele verschiedene Ursachen mithineinspielen, haben wir nachstehend eine andere Form der Tabelle gewählt. Wenn man also Unregelmäßigkeiten an der Lenkung beanstandet, kann man sich hier schon über die möglichen Fehler orientieren. Man sieht, wie oft falscher Reifendruck die Ursache ist – hier kann man selbst abhelfen. Wiederholen möchten wir an dieser Stelle jedoch, daß alle Arbeiten an den Teilen der Lenkung dem Fachmann überlassen bleiben sollten. Trotzdem halten wir es für richtig, wenn man sich über mögliche Fehlerquellen orientiert.
Eine Ergänzung zum umseitigen Störungsplan: Einseitiges Ziehen des Wagens kann seine Ursache auch in schadhaften Antriebsgelenken haben.

Unser Störungsbeistand
Lenkung
Fortsetzung

Auftretende Fehler	Ursachen der Fehler											
	Ungleicher Reifendruck	Falsche Einstellung der Vorderradaufhängung	Falsche Einstellung der Vorderradlager	Unterschiedl. Reifengröße	Unwucht der Räder	Ausgeschlagene Kugelbolzen	Lenkgehäuse lose	Falsche Einstellung der Lenkung	Gefressene Kugelbolzen	Lenkhebel verbogen	Ungleichmäßige Bremseinstellung	Mangel an Schmierung
Stoßen in d. Lenkung		x	x		x	x		x	x			
Lenkung lose			x			x	x	x				
Schwergängigkeit der Lenkung	x	x		x				x	x			x
Schwergängigkeit der Lenkung im Stand	x			x			x	x	x			x
Lenkung rattert						x	x					x
Lenkung flattert	x	x	x	x	x	x	x	x				
Lenkung zieht einseitig	x	x	x	x						x	x	
Wagen schwimmt	x	x		x		x	x	x		x		
Schwingen und Rollen	x		x				x	x				
Übermäßiges Reifengeräusch in der Kurve	x	x								x		

Trommeln und Scheiben

Wie die hydraulische Bremse funktioniert, wissen Sie? Wenn der Fuß das Pedal niederdrückt, preßt eine vor dem Pedal liegende Verbindungsstange einen Kolben in den Hauptbremszylinder. Dadurch wird die Bremsflüssigkeit zu den Bremszylindern jeden Rades gedrückt. Dort geschieht das Umgekehrte: Die Flüssigkeit treibt die Kolben aus den Zylindern, womit die Bremsbacken gegen die Trommel gedrückt werden. Wird das Pedal entlastet, bringen Rückzugsfedern die Backen und damit die Kolben wieder in die Ausgangsstellung. Der Ford 12 M weist an den Vorderrädern je zwei Radbremszylinder auf. Jeder davon betätigt „seine" Bremsbacke (Duplex-Bremse). An den Hinterrädern, die beim Bremsen entlastet werden, findet man, wie in dieser Wagenklasse meistens üblich, nur einen Bremszylinder für die beiden Backen jedes Rades. Ab September 1964: Scheibenbremsen an den Vorderrädern, siehe Seite 230.

Nachstellen der Bremsen

Wagen gegen Abrollen sichern und hochbocken. Handbremse lösen, Radkappen abnehmen. Fußbremse mehrmals kräftig durchtreten (Bremsbacken müssen sich zentrieren). Bei dieser Gelegenheit läßt sich auch das Spiel der Radlager prüfen.
Zum Nachstellen wird durch Betätigen von Sechskant- bzw. Vierkant-Bolzenköpfen ein Exzenter in der Trommel gegen die Bremsbacken gedreht.

Vorderradbremsen

Hier sitzt je ein Sechskant-Bolzenkopf vorn und hinten (unten bzw. oben) an jeder Bremstrommel. 14-mm-Schlüssel zunächst auf vorderen Bolzen setzen. Während das Rad gedreht wird, bewegt man den Schlüssel am linken und am rechten Vorderrad im Uhrzeigersinn (also nach rechts). Der Bolzen wird so

Das Bild zeigt den Sitz der unteren Nachstellschrauben für die Bremsbacken der Vorderräder, hier die Nachstellschraube am rechten Vorderrad (Nachstellen nur im Uhrzeigersinn). Oben links erkennt man die Verbindungsleitung der beiden Radbremszylinder. Sie sollte regelmäßig auf Dichtheit geprüft werden. Scheibenbremsen siehe Seite 227.

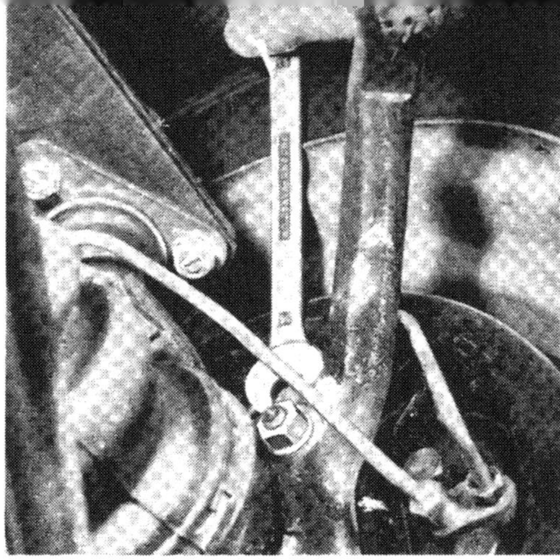

Hier soll ungefähr der Sitz der oberen Nachstellschraube für das rechte Vorderrad gezeigt werden. Sie sitzt hinter bzw. über der hier nur sichtbaren Mutter für die Befestigung des Schwenklagers mit dem Lenkhebel. Rechts in der Bremstrommel die Zuführungsleitung für den Radbremszylinder und die Verbindungsleitung zum zweiten Bremszylinder des Vorderrades (Duplex-Bremse).

weit gedreht, bis ein leichtes Schleifen der Bremsbacke an der Trommel zu spüren ist. Dann wird der Bolzen wieder soweit zurückgedreht, bis das Schleifen bei drehendem Rad gerade verschwindet. Die gleiche Regel gilt für den zweiten Bolzenkopf jedes Vorderrades.

Hinterradbremsen

Weil beide Bremsbacken nur von einem Bremszylinder betätigt werden, ist nur ein Einstell-Exzenter je Rad vorhanden. Hier wird ein 6-mm-Schlüssel auf einen Vierkantbolzen gesetzt, der unten an der Bremstrommel herausragt. Während das Rad mit der einen Hand gedreht wird, bewegt man den Schlüssel mit der anderen Hand so weit – jeweils im Uhrzeigersinn! –, bis das schon beschriebene Schleifen zu vernehmen ist. Dann wird der Bolzen wieder etwas zurückgeschraubt, bis das Rad ohne Schleifen gedreht werden kann.
Nach dem Bremseneinstellen Bremspedal mehrmals kräftig betätigen. Das Nachstellen findet seine Grenze bei zu starkem Verschleiß der Beläge. Dann sind neue Beläge fällig. Nach dieser Prozedur folgt das Einstellen der Handbremse, denn auch deren Weg hat sich ja durch Belagverschleiß vergrößert.

Handbremse nachstellen

Pflegearbeit Nr. 35

Gebraucht werden: Wagenheber, 14-mm-Schlüssel (Bordwerkzeug)
Der Wagen ist hinten hochzubocken und sorgfältig gegen Abrollen zu sichern oder auf Heber an der Tankstelle zu stellen. Zum Nachstellen wird eine Mutter

An den Hinterrädern ist nur je ein Radbremszylinder vorhanden. Dementsprechend ist die Bremse nur an einer Nachstellschraube nachzustellen, falls der Belagverschleiß dazu zwingt. Links mündet das Handbremsseil in die Trommel.

Die Teile der Handbrems-Nachstellung unter dem Wagen. Am rechten Ende des hellen Hebels (über dem Auspuffrohr) sitzt das zur Handbremse führende Seil. Links oben an diesem Hebel ist das Verteilerstück für die beiden Hinterräder angelenkt. An diesem wird die Handbremse nachgestellt. Ganz links die Rückzugfeder.

angezogen, die auf der Zugstange des Ausgleichstückes unter dem Wagenboden sitzt. Wenn beim Herausziehen der Handbremse diese in der vierten Raste einklinkt, ohne daß sich der Wagen verschieben läßt, stimmt die Einstellung. Beachten: Die Hinterräder müssen nach dem Einstellen frei drehbar sein, sonst Gefahr der heiß werdenden Bremse durch ständig schleifende Backen. Wenn man schon unter dem Wagen ist: Die sehr ungeschützt liegenden Teile der Handbremsanlage mit einem Sprühmittel oder Rostschutz behandeln.
Ein Tip: Ziehen Sie bei parkendem Wagen die Handbremse nicht mit aller Gewalt an, das leiert nur die Übertragungsteile aus.

Bremsbeläge und Bremstrommeln prüfen

Pflegearbeit Nr. 37

Zu dieser Arbeit nimmt die Werkstatt die Bremstrommeln ab. Das ist eine gute Maßnahme, die durchaus nicht beim Wartungsdienst jedes anderen Fabrikates üblich ist. Immerhin entsteht beim Bremsen schon nach kurzer Fahrstrecke feiner Belag-Abrieb, der hinausgeblasen wird. Dieser Bremsenstaub kann, wenn er sich mit Feuchtigkeit vermengt, zu ungleichmäßiger Bremswirkung führen. Feuchtigkeit entsteht durch Kondenswasser-Bildung, beispielsweise wenn die heiße Bremse nach der Fahrt abkühlt.
Die Vorderradbremstrommel läßt sich – nach Lösen von drei Schlitzschrauben – normalerweise ohne Bremstrommel-Abzieher abnehmen, wozu leichte Hammerschläge genügen. Bei der Hinterradbremstrommel ist das Abziehen der Trom-

Die Vorderradbremse mit abgezogener Bremstrommel.
Es bedeuten:
1 - Bremsbacken-Halterung
2 - Bremsbacke (obere und untere)
3 - Rückzugfeder
4 - vorderer Bremszylinder
5 - hinterer Bremszylinder (Duplex-Bremse).
Scheibenbremse siehe Seite 227.

Die Hinterradbremse mit abgezogener Bremstrommel. Die Zahlen bedeuten:
1 - Bremszylinder (Simplex-Bremse)
2 - Rückzugfeder
3 - Druckstange (f. Handbremse)
4 - Bremsbacke
5 - Hebel (f. Handbremsbetätigung)
6 - Bremsbacken-Halterung
7 - Hülle für Handbremsseil
8 - Einstellkegelgehäuse
9 - Einstellkegel.

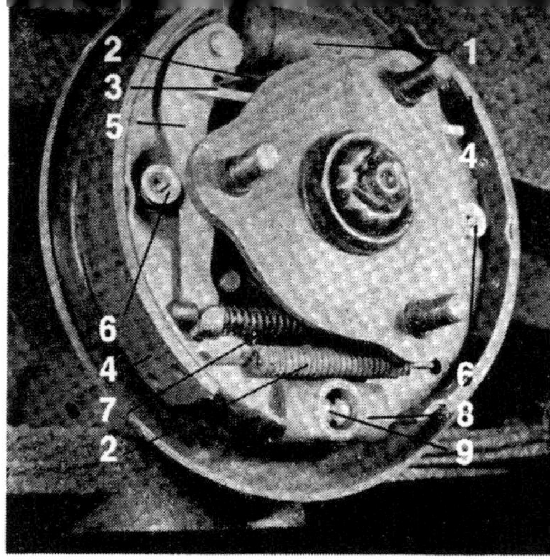

mel nach Abklopfen der Fettkappen und Lösen der Federklammern von den Radbolzen möglich. Handbremse lösen!
Geprüft wird, ob die Beläge nicht zu stark verschlissen sind. Sie dürfen nicht bis auf die Nieten abgenutzt sein. Die Trommeln werden ausgeblasen, bzw. mit einem nicht fettigen Lappen ausgewischt. Sind Riefen in der Trommel, so muß sie ausgedreht werden. Verschmierte (verölte oder fettige) Bremsbeläge müssen ausgewechselt werden. Reinigen mit Benzin oder Abschleifen ist wirkungslos. Bremsbeläge dürfen daher nicht mit öligen Fingern berührt werden. Das mindert die Bremswirkung, bzw. macht sie ungleichmäßig. Glatte Beläge aufzurauhen, um bessere Wirkung zu erzielen, ist zwecklos. Glätte – auch wenn sie schwärzlich erscheint – bedeutet, daß die Oberfläche gut trägt. Nur Original-Ford-Bremsbeläge sollten verwendet werden. Jede Automobilfabrik läßt sich mit anderen, speziell für ihre Fahrzeuge entwickelten Bremsbelägen, beliefern (Zusammensetzung und Reibwerte sind verschieden).

Neue Beläge

Bremsbeläge werden nach immer raffinierteren Rezepten aus den verschiedensten Teilen – Asbest, Metallpulver, Kunststoffe u. a. – zusammengesetzt. Ihre Standfestigkeit ist daher trotz des vielen Bremsens im modernen Verkehr im Durchschnitt nicht abgesunken. Trotzdem kann sie ein nervöser oder zu temperamentvoller Fahrer schon nach 20 000 km bis auf die Nieten abgefahren haben. Sie können aber auch 60 000 km und mehr leben – es kommt ganz darauf an. Hinausschieben des Neubelegens von Bremsen ist gefährlich und teuer. Unkontrollierte ungleichmäßige Bremswirkung, wenn Beläge zu weit abgenützt. Freiliegende Nieten beschädigen die Trommel. Es ist im allgemeinen üblich, die Bremsbacken neu zu belegen, was billiger ist, und nicht gleich die ganzen Backen auszutauschen. Wichtig ist, daß immer alle Beläge einer Achse – also jeweils immer vier, weil in jedem Rad zwei Bremsbacken vorhanden sind – gemeinschaftlich ausgewechselt werden. Das ist keine Geldschneiderei, sondern besser für gleichmäßige Bremswirkung.

Bremsen entlüften

Gebraucht werden: 10-mm-Schlüssel, ca. $\frac{1}{2}$ m dünnen Schlauch, ein durchsichtiges Gefäß und ein zweiter Mann.
Läßt sich das Bremspedal zu tief durchtreten, ist Luft in die Leitungen oder Bremszylinder eingedrungen. Es läßt sich auch feststellen, wenn das Pedal beim Betätigen sozusagen federt. Entlüftung ist stets auch nach allen Arbeiten an der hydraulischen Anlage nötig, was aber, wie schon gesagt, Angelegenheit

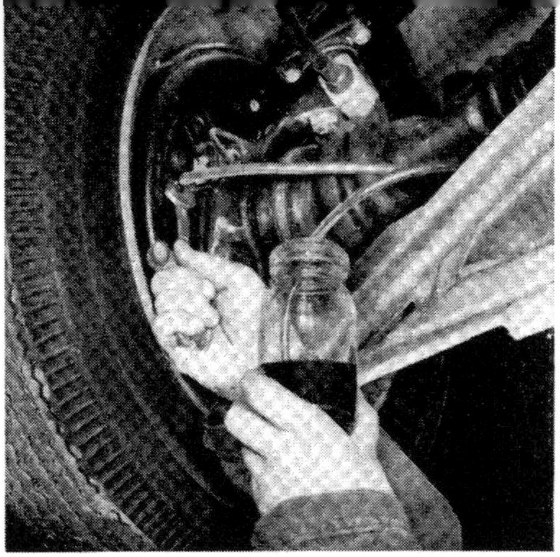

Vor dem Entlüften der Bremse müssen die Entlüfter-Ventile geöffnet werden. Das Bild zeigt, wo das Ventil Vorderrad sitzt. Vor dem Aufstecken des Entlüftungsschlauches ist der Ventilnippel von Schmutz zu säubern.

der Werkstatt ist. Erste Kontrolle vor dem Entlüften: Ist Bremsflüssigkeits-Behälter gefüllt? Möglicherweise war der Stand zu tief abgesunken, so daß von dort aus Luft eingedrungen ist. Während des Entlüftens muß der Behälter ständig ganz gefüllt gehalten werden. Entlüften allein ist zwecklos, wenn die Bremse nicht ordnungsgemäß, wie vorhin beschrieben, eingestellt ist. In der Praxis liegt vergrößerter Pedalweg meistens an Belagverschleiß.

Durch das Entlüften soll, wie schon der Name verrät, die Luft wieder aus der Bremsanlage herausgebracht werden. Der zweite Mann drückt mit dem Bremspedal pumpenderweise die Flüssigkeit aus den Leitungen und zwar so lange, bis sie keine Luftbläschen mehr mit sich bringt. Flüssigkeit muß an jedem Rad herausfließen können. Wichtig ist die Reihenfolge für das Entlüften: rechtes Hinterrad, linkes Hinterrad, rechtes Vorderrad, linkes Vorderrad.

Dann sieht der Gang der Handlung folgendermaßen aus: Entfernen der Schutzkappe von den dafür vorgesehenen Entlüfter-Ventilen. (Diese vorher mit Lappen von Schmutz säubern). – Schlauch über den Ventil-Nippel schieben. – Schlauch-Ende in Glasgefäß (altes Marmeladeglas, kleine Flasche) stecken. Das Gefäß muß schon mit Bremsflüssigkeit gefüllt sein, damit beim folgenden „Pedalpumpen" keine Luft in die Leitung zurückgesaugt wird. Das Schlauchende muß also in der Flüssigkeit liegen. – Mit 10-mm-Gabelschlüssel Entlüfter-Ventil etwa ½ Umdrehung lösen. – Auf Zuruf des Mannes am Rad fängt der Mann mit dem Bremspedal zu pumpen an (schnell treten, langsam zurück kommenlassen). – Beobachtet der erste Mann, daß mit der Flüssigkeit keine Luftblasen mehr herausgedrückt werden, ruft er „Halt". – Der zweite Mann muß das Pedal in seiner tiefsten Stellung getreten lassen. – Der erste schließt das Entlüfter-Ventil. – Schlauch abziehen, Staubkappe wieder aufsetzen. – Das gleiche bei den anderen drei Rädern wiederholen.

Wichtig: Beim Entlüften der Vorderradbremse soll der Nachstell-Exzenter für die oberen Bremsbacken ganz zurückgestellt werden, damit der Kolben des dazugehörigen hinteren Bremszylinders ganz zurückweichen kann. Dadurch wird unterhalb des Kolbens dieses Zylinders ein Luftpolster verhindert. Danach werden die Bremsbacken wieder eingestellt, wie auf Seite 223 beschrieben.

■ Nach jeder Radentlüftung ist der Bremsflüssigkeits-Vorratsbehälter wieder aufzufüllen. Luft gerät wieder in Leitungen, wenn Niveau zu weit absinkt.

■ Original Ford- bzw. ATE-Bremsflüssigkeit gibt es in der Werkstatt oder in jedem Zubehör-Geschäft zu kaufen, der Liter zu etwa 8,50 DM.

■ Ford empfiehlt, die beim Entlüftungsvorgang austretende Bremsflüssigkeit nicht wieder zu verwenden, weil sie möglicherweise zu Korrosion führende Feuchtigkeitsspuren enthalten kann.

Fingerzeige: *Arbeiten an der Bremshydraulik (Haupt- und Bremszylinder, Bremsschläuche und -leitungen) gehören in die Werkstatt.*
Am Bremslichtschalter, der am Hauptzylinder sitzt, kann nichts eingestellt oder repariert werden. Entsprechende Schäden gehören in die Werkstatt (Kontrolle auf Dichtheit wichtig).
Sitzen die Handbremsseile fest (bei älteren Wagen durch Schmutz und verharztes Fett), müssen die hinteren Bremstrommeln abgenommen werden und das Seil wird am Ausgleichsstück unter dem Wagen und am Hebel an der Bremsankerplatte ausgehängt. Dann wird das Seil, so weit es geht, aus der Hülle gezogen, gereinigt und wieder eingefettet.
Wagen möglichst nicht mit angezogener Handbremse abstellen, wenn Bremstrommeln durch vorhergehendes scharfes Bremsen heiß geworden sind. Abkühlende und sich dabei zusammenziehende Trommeln können sich dadurch verziehen und werden unrund, was unter Umständen zum Bremsenquietschen oder -schütteln führt.
Probieren Sie gelegentlich aus, wie man mit der Handbremse abbremst. Im Notfall – wenn die Hydraulik versagt – kann sie Ihre letzte Rettung sein. Beachten: Wenn nur die Hinterräder gebremst werden, kann der Wagen wegen ungleichmäßigen Ansprechens der Seilzugbetätigung hinten ausbrechen.

Unser Störungsbeistand

Bremsanlage

Die Störung	— ihre Ursache	— ihre Abhilfe
A Wagen zieht nach rechts oder links beim Bremsen	1 Reifendruck ungleichmäßig	Korrigieren bei kalten Reifen, siehe Seite 38 und 120.
	2 Bereifung ungleichmäßig abgenutzt	Reifen so untereinander auswechseln, daß auf jede Achse gleichmäßig abgenutzte Reifen kommen.
	3 Unrunde Bremstrommeln	Trommeln egalisieren oder erneuern
	4 Verschmierte Beläge	Beläge erneuern, jeweils bei beiden Rädern einer Achse
	5 Bremsträger lose an Achse	Festziehen
	6 Vorderrad-Antriebsgelenke schadhaft	Auswechseln
B Bremsen quietschen	1 Staub und Schmutz in der Trommel	Trommeln mit Preßluft ausblasen und mit Schmirgelleinen oder Drahtbürste säubern.
	2 Beläge liegen nicht gleichmäßig an Trommeln an	Bremsträgerplatte auf Verzug, Federn auf richtige Spannung prüfen. Evtl. Trommeln ausdrehen, wenn unrund, oder Beläge erneuern.
	3 Lose Nieten	Neu vernieten
C Pedalweg zu groß	Beläge abgenutzt	Bremsen nachstellen
D Pedalweg zu groß und federndes Durchtreten	Luft in Bremsanlage, evtl. Bremsflüssigkeit im Vorratsbehälter zu tief abgesunken	Bremsen entlüften Evtl. Vorratsbehälter auffüllen

Die Störung	— ihre Ursache	— ihre Abhilfe
E Pedalweg zu groß trotz richtiger Bremsen-Einstellung und Entlüftung	Ventil im Hauptzylinder verschmutzt oder beschädigt	Bodenventil austauschen Ventilsitz säubern
F Pedal läßt sich ganz durchtreten, Bremswirkung läßt nach	1 Undichtigkeit in der Leitung 2 Beschädigte Manschette in Haupt- oder Radzylinder	Anschlüsse kontrollieren evtl. Leitung auswechseln
G Bremstrommeln werden zu heiß	1 Verschmutztes Ausgleichsloch im Hauptbremszylinder	Zylinder säubern
	2 Erlahmte Rückzugfedern in der Trommel	Auswechseln
	3 Gummiteile gequollen (ungeeignete Bremsflüssigkeit)	Flüssigkeit ablassen, Bremsanlage mit Original-Flüssigkeit durchspülen Gummiteile, auch Bodenventil, erneuern
H Schlechte Bremswirkung bei hohem Fußdruck	Belag verölt	Radlager-Dichtung und Beläge erneuern Reinigen mit Benzin oder Petroleum ist nutzlos
I Bremse zieht von selbst	1 Ausgleichsbohrung im Hauptzylinder verstopft	Bohrung mit 0,7-mm-Draht reinigen (Werkstatt)
	2 Gequollene Manschetten, ungeeignete Bremsflüssigkeit	Bremsanlage spülen, Manschette auswechseln
	3 Veränderter Pedal-Anschlag	Anschlag des Pedals prüfen, richtig einstellen Ausgleichsbohrung muß in Ruhezustand der Bremse frei sein.
K Bremsen schütteln	1 Beläge abgenutzt, vorstehende Nieten	Beläge auswechseln oder neu vernieten
	2 Bremstrommeln unrund	Trommeln egalisieren oder auswechseln
	3 Trommeln laufen nicht zentrisch zur Nabe	Trommeln egalisieren (Werkstatt)

Scheibenbremsen

Eine recht einschneidende Änderung für einen voll in Produktion befindlichen Wagen stellt die serienmäßige Ausrüstung mit ATE-Scheibenbremsen an den Vorderrädern ab September 1964 dar.
Mancher Fahrer hat bei Paß-Abfahrten mit vollem Wagen schon die Grenzen der Trommelbremsen erlebt: Trotz größerem Pedaldruck reichte die Bremswirkung nicht mehr aus. Die Erklärung ist einfach. Die größer werdende Reibungswärme staute sich in den Trommeln, weil sie durch die kleinen Fahrgeschwindigkeiten nicht mehr gut genug gekühlt wurden. Die Trommeln dehnten sich stark (sie liefen sozusagen den Bremsbacken davon), und der Reibwert der Beläge wurde durch die hohen Temperaturen immer schwächer. Wichtige Bestandteile des Reibbelages schmolzen in diesem Fall weg.
Genau das Gleiche kann auch passieren, wenn man mit Trommelbremsen aus hohen Geschwindigkeiten eine Notbremsung vornehmen muß. Hier besteht die Gefahr vornehmlich darin, daß die Bremswirkung der linken und rechten Wagenseite infolge der plötzlichen Erwärmung so ungleichmäßig wird, daß der Wagen nicht mehr in der Spur gehalten werden kann.

Umgang mit der Scheibenbremse

Einer der großen Vorzüge der Scheibenbremse besteht neben ihrer größeren Wärmefestigkeit (bessere Kühlung!) darin, daß sie gleichmäßiger wirkt. Beim Bremsen muß man den Pedaldruck nicht vorsichtig dosieren, sondern kann wesentlich unbekümmerter drauftreten, ohne zu befürchten, daß der Wagen ausbricht.

Wenn man allerdings längere Zeit bei Nässe fuhr, ohne zu bremsen, kann es sein, daß die Bremswirkung um eine Idee später einsetzt – die zwischen Bremsscheibe und Bremsklotz befindliche Feuchtigkeit braucht einen Sekundenbruchteil, um durch die Reibungswärme zu verdunsten.

Ein Vorzug der Scheibenbremse ist, daß sie sich je nach fortschreitender Abnutzung der Beläge von selbst nachstellt, doch nutzen sich die Beläge schneller ab als bei Trommelbremsen.

Von außen läßt sich die noch vorhandene Belagdicke ohne Abnehmen des Rades erkennen. Dabei muß man beim Blick auf den Bremssattel unterscheiden zwischen Belag, Belagträger und Bremsscheibe. Am besten Wagen aufbocken, Vorderrad etwas einschlagen und bei der Prüfung etwas drehen. Die Bremsscheibe mit den Fingern auf beiden Bremsflächen auf Riefen untersuchen.

Unter Umständen können zwischen Scheibe und Belag Fremdkörper (Sandkörnchen) eindringen, was zum Bremsenquietschen führt. Verschwindet das Geräusch nicht, so hat sich der Sand in den Belag gefressen. In diesem Fall sollte die Werkstatt den Belag säubern oder auswechseln. Andere Ursachen für Bremsenquietschen: Einer der Kolben hat sich im Bremszylinder verdreht. Werkstatt muß dies mit einer speziellen Kolbendrehzange korrigieren.

Wir haben im Verlauf dieses Buches unter anderem auch empfohlen, die Wagen-Unterseite mit einem Korrosionsschutzmittel zu behandeln. Wird das bei einem Wagen mit Scheibenbremsen ausgeführt, müssen unter allen Umständen die Scheibenbremsen abgedeckt werden (altes Packpapier, alte Lappen). Während die Bremsscheiben zur Not noch mit Spiritus gereinigt werden können, müssen verschmierte Beläge unbedingt ausgewechselt werden. Sonst wird die Bremswirkung gefährdet. Das Absprühen der Wagen-Unterseite mit mineralischen Ölen haben wir ohnedies aus unseren Vorschlägen ausgeklammert.

Beim Betätigen des Bremspedals wird der im Hauptbremszylinder entstehende Druck auf die Kolben in den Bremszylindern beiderseits der Bremsscheibe geleitet. Die Kolben verschieben sich und drücken auf die Bremsbeläge.

Die Nachstellung eines Belages erfolgt durch den ihn betätigenden Kolben, wobei dieser den Belagträger um den jeweiligen Betrag der Abnutzung an die Bremsscheibe nachschiebt. Ein die Rückzugsbewegung begrenzender Gummiring hält den jeweiligen Kolben bzw. Reibklotz immer dicht an der Scheibe. Dabei wandern die Kolben je nach dem Grad der Abnützung des Belages allmählich weiter aus dem Zylinder heraus.

Entsprechend sinkt auch der Flüssigkeitsspiegel im Bremsflüssigkeitsbehälter etwas ab. Nachfüllen von Bremsflüssigkeit ist in diesem Fall nicht erforderlich. Beim Einsetzen neuer Bremsklötze wird der alte Flüssigkeitsstand durch die hineingedrückten Kolben wieder hergestellt. Zu schnelles Absinken des Flüssigkeitsstandes deutet dagegen auf Undichtigkeiten in der Bremsanlage hin. Von Werkstatt Bremsanlage überprüfen lassen.

Auswechseln der Beläge

Rein technisch gesehen, ist das Auswechseln der Beläge einfacher als bei der Trommelbremse. Trotzdem: Die Werkstatt kennt sich besser aus.

Zur genauen Kontrolle müssen der untere Haltestift und die Spannfeder entfernt werden (siehe Bild). Der eigentliche Bremsbelag sitzt auf einem Belagträger, der mit Ösen zur Halterung versehen ist. Beide – zusammen verklebt –

Die seit Sept. 1964 serienmäßig eingebaute ATE-Scheibenbremse (linkes Vorderrad). Die Zahlen bedeuten: 1 - Bremsscheibe, 2 - Abschirmblech gegen Staub und Nässe, 3 - Bremssattel, 4 - Verbindungsschrauben für Teile des Bremssattels, 5 - Führungsloch für äußeren Bremsbelagträger, 6 - unterer Haltestift (mit Sicherungsöse) für Belagträger, 7 - Führungsloch für inneren Belagträger, 8 - Spannfeder für Haltestifte, 9 - oberer Haltestift (mit Sicherungsöse), 10 - Anschluß der Bremsleitung.

sind in neuem Zustand ca. 15 mm dick, wobei der Belag 10 mm und die Trägerplatte 5 mm mißt. Wenn ein Belag innerhalb eines Bremssattels bis auf 1 bis 2 mm abgefahren ist (zusammen mit Trägerplatte also 6 bis 7 mm), sind die Beläge zu erneuern. Im allgemeinen nutzen sich alle vier Beläge gleichmäßig ab, doch sollte man auch auf einseitigen Verschleiß achten, bedingt durch einseitige Schmutzeinwirkung. Im Gegensatz zur Gepflogenheit bei Trommelbremsen kann es genügen, die Beläge nur einer Radbremse zu erneuern, falls die anderen noch in Ordnung sind. Verölte oder gerissene Beläge müssen ausgewechselt werden. Nun das Auswechseln selbst.

Der Gang der Handlung ist folgender:

1. Mit Rundzange Sicherungsösen für Haltestifte entfernen.
2. Unteren Haltestift für Bremsbeläge herausschieben, dann die kreuzförmige Spannfeder und danach den oberen Haltestift.
3. Jetzt können die Bremsbeläge herausgezogen werden. Mit einem speziellen Ausziehhaken geht es am besten.
4. Mit einer besonderen Zange werden in der Werkstatt beide Kolben gleichzeitig zurückgedrückt. Wenn diese Kolbenrücksetzzange nicht vorhanden ist, ist Selbsthilfe nur für den gewissenhaften Praktiker möglich (z. B. mit Schraubenzieher, ein Belag bleibt dabei jeweils in seinem Schacht). Um evtl. Überlaufen des Bremsflüssigkeitsbehälters beim Zurückdrücken des Kolbens zu vermeiden, muß ein zweiter Mann diesen überwachen.
5. Der neue Bremsbelag wird in den Gehäuseschacht eingeschoben.
6. Oberen Haltestift so einschieben, daß beide Bremsbeläge von ihm gehalten werden und Haltestift mit neuer Sicherungsöse fixieren.
7. Kreuzfeder unter oberen Haltestift führen. Dann unteren Haltestift einschieben. Neue Sicherungsöse einsetzen.
8. Räder aufsetzen und vor Inbetriebnahme des Wagens mehrmals im Stand Bremspedal soweit wie möglich durchtreten, damit Kolben und Bremsbeläge ihre richtige Stellung einnehmen.
9. Aus Sicherheitsgründen ist der Bremsflüssigkeitsstand im Vorratsbehälter zu kontrollieren.

Mit neuen Bremsbelägen sollen auf den ersten 200 km keine Gewaltbremsungen durchgeführt werden, da sonst die Lebensdauer der Bremsbeläge verkürzt wird. Die Beläge müssen also eingefahren werden, da sie sonst frühzeitig verdorben werden.

Das Entlüften der Trommel- und Scheibenbremsanlage entspricht im grundsätzlichen den Maßnahmen, die wir schon beschrieben hatten.

Unser Störungsbeistand
Scheibenbremsen

Die Störung	— ihre Ursache	— ihre Abhilfe
A Ungleichmäßiger Belagverschleiß	Unterschiedliche Bremsbelagarten	Bremsbeläge mit vorschriftsmäßiger Type erneuern
	Dichtring am Bremszylinder schadhaft	Dichtring prüfen, instandsetzen
	Verklemmter Bremssattel	Instandsetzen
	Schmutz im Bremssattel	Reinig., Schutzkappe prüf.
	Korrosion in den Bremssattelzylindern	Instandsetzen
B Bremse zieht einseitig	Bremse verölt	Bremsscheibe reinigen, Bremsbeläge erneuern
	Verklemmter Bremssattel	Instandsetzen
	Schmutz im Bremssattel	Reinigen
	Korrosion in den Bremssattelzylindern	Instandsetzen
C Bremse quietscht	Falsche Bremsbelagtype	Bremsbeläge erneuern
	Bremsscheibe „eiert"	Nachprüfen, instandsetzen
	Bremsscheibe hat unterschiedliche Stärke	Nachmessen, evtl. austauschen
	Verklemmter Bremssattel	Instandsetzen
D Bremse rattert	Bremsscheibe „eiert"	Nachprüfen, instandsetzen
	Dickentoleranz der Bremsscheibe zu groß	Nachmessen, evtl. austauschen
	Scheiben- oder Sattelbefestigung mangelhaft oder nicht „auf Flucht" sitzend	Nachprüfen und gegenseitige Fluchtprüfung
E Bremspedal läßt sich durchtreten	Dichtring am Bremszylinder schadhaft	Nachprüfen, instandsetzen, Bremsflüssigkeit nachfüllen
	Leckstelle im Bremssystem	Instandsetzen, Bremse entlüften
	Luft im Bremssystem	Bremse entlüften
F Pumpwirkung am Bremspedal	Bremsscheibe „eiert"	Nachprüfen, instandsetzen
	Dickentoleranz der Bremsscheibe zu groß	Nachmessen, evtl. austauschen
	Radlagerspiel zu groß	Nachstellen
	Scheiben- oder Sattelbefestigung mangelhaft oder nicht „auf Flucht sitzend" (nicht parallel)	Nachprüfen und gegenseitige Fluchtprüfung
G Festsitzende Bremsbeläge	Verklemmter Bremssattel	Instandsetzen
	Schmutz im Bremssattel	Reinig., Schutzkappe prüf.
	Spreizfeder schadhaft	Erneuern

Fingerzeige: *Wegen des höheren Drucks der Bremsbelag-Anpressung und wegen der kleineren Bremsfläche erreichen Scheibenbremsbeläge in der Regel nicht die Standzeiten der Beläge von Trommelbremsen. Man muß also früher nach dem Verschleiß-Stand der Scheibenbremsbeläge sehen. Ist der Belag heruntergebremst, läßt die Bremswirkung deutlich nach, da dann Metall auf Metall schleift. Sofortiger Belagwechsel ist dann nötig, sonst wird die Bremsscheibe zu riefig. Heruntergebremste Beläge merkt man auch am Knarren oder lautem Quietschen.*

Nach dem Ende der Winterperiode sind die Scheibenbremsen gründlich zu überprüfen. Das Streusalz hat der Anlage arg zugesetzt. Alle Teile der Scheibenbremse müssen von Korrosion und Schmutz befreit werden.

Die sportliche Frisur

Man kann sich natürlich mit einem völlig serienmäßigen Ford 12 M TS oder 12 M Coupé an Wettbewerben beteiligen. Bessere Chancen auf ein erfolgreiches Abschneiden hat man aber, wenn man diese Wagen entsprechend den nach Anhang „J" der Internationalen Sportgesetze erlaubten Änderungen versieht.
Die nachstehend in Stichworten angeführten Änderungen berücksichtigen diese Vorschriften. Die Fahrzeuge können mit diesen Änderungen nur in der Gruppe II (Tourenwagen) genannt werden. Aber auch, wer sich nicht an sportlichen Veranstaltungen betätigen will, kann seinen Wagen mit Hilfe der im folgenden beschriebenen Maßnahmen etwas frischer machen. Von Ford werden verschiedene Frisierstufen empfohlen.

Die „Kleine Hausfrisur"

Der Motor sollte eine Laufdauer von etwa 4000 bis 5000 km haben. Nach der Bearbeitung achte man darauf, 5500 U/min möglichst nicht zu überschreiten.
Zylinderköpfe: Diese abnehmen, Verbrennungsräume von Rückständen säubern und, falls nötig, egalisieren. Alle Brennräume müssen den gleichen Inhalt haben, deshalb alle nach dem größten ausrichten. Danach durch Abdrehen (nicht Schleifen!) der Zylinderköpfe den Inhalt der Brennräume wieder auf 38,5 ccm bringen. Die Oberflächenrauhigkeit muß mindestens 180 microinches betragen. 0,1 mm Abdrehen der Köpfe bedingt eine Verringerung des Brennraumvolumens von etwa 0,42 ccm. Soll also der Brennraum von z. B. 40 ccm auf 38,5 ccm verkleinert werden, so muß der Brennraum um 40 — 38,5 = 1,5 ccm kleiner werden und der Kopf somit um 1,5 × 0,42 = 0,6 mm abgedreht werden.
Zylinderköpfe aufsetzen: Nach Unterlage von neuen Dichtungen, Zylinderkopf-Schrauben mit 8,5 mkg anziehen. Nach 20minutigem Warmlaufen Kopfschrauben mit 9,0 mkg nachziehen (warm). Ventilspiel 0,45 mm, beim Nachstellen (nach etwa 500 km) Einlaß 0,40, Auslaß 0,45 einstellen.
Ansaugrohr: Beim Aufsetzen ist darauf zu achten, daß die Dichtung nicht in die Kanäle ragt. Sollten die Köpfe abgedreht sein, so muß das Ansaugrohr aufgepaßt werden. Hierzu am besten Schablone aus 0,5 mm starkem Aluminiumblech anfertigen und nach den Öffnungen im Zylinderkopf bearbeiten. Nach dieser Schablone das Saugrohr nacharbeiten.
Vergaser: Prinzipiell sind an den Vergasern keine Änderungen notwendig. Kleine Leistungsverbesserungen ergeben sich beim Vergaser 32 PDSI (ohne Startautomatik) bei Verwendung einer Hauptdüse 135 und einer Dichtung unter dem Schwimmernadelventil von nur 0,5 mm Stärke. Beim Vergaser 32 PDSIT-7 kann die Startautomatik ausgebaut werden, sofern das Thermostat im Ansaugrohr mit sechs Bohrungen 3 mm ø versehen wird. Hierdurch sinkt das Gesamttemperaturniveau. Unter Umständen muß die Hauptdüse eine Nummer größer gewählt werden. Originalfilter verwenden, aber drei Ausgleichsbohrungen 10 mm ø auf der Außenseite bohren. Bei staubfreien Straßen kann Einlauftrichter 45 mm hoch, oberer Durchmesser 50 mm, verwendet werden. Dabei aber Hauptdüse eine Nummer größer wählen (probieren).
Zündanlage: Grundeinstellung des Zündzeitpunktes 6° v OT. Zündkerzen Autolite AE 22 Power Tip. Abstand der Unterbrecherkontakte 0,4 mm. Die Zündung muß bei stehendem Motor mit der Lampe eingestellt werden, und nicht wie sonst üblich bei laufendem Motor mit Stroboskop.

„Große Rallye-Frisur"

Der Motor sollte mindestens 10 000 km gelaufen sein, bevor die Arbeiten ausgeführt werden. Danach 6000 U/min möglichst nicht überschreiten.

Kolben und Kurbeltrieb: Nach Zerlegen und Reinigen des Motors Kolben und Pleuel auswiegen. Dies geschieht am besten, indem man zunächst das Pleuel an einen Faden hängt und sodann den Kolben wiegt, danach einen Faden um den Kolben wickelt, diesen aufhängt und das Pleuel wiegt. Nachdem alle vier Kolben und Pleuel gewogen sind, müssen diese auf das niedrigst festgestellte Gewicht gebracht werden. Beim Pleuel wird das Material am Hauptlagerdeckel weggenommen, beim Kolben an der unteren Innenseite des Kolbenhemds.
Zylinderköpfe: Die Verbrennungsräume von Rückständen säubern, alle Unebenheiten glätten und die Brennräume nach dem größten Brennraum ausrichten. Danach Köpfe soweit abdrehen, daß die Brennräume 36 ccm haben (meist sind das 0,8 bis 0,9 mm, die abgedreht werden müssen). Die Oberflächen-Rauhigkeit muß mindestens 180 microinches betragen. Aufsetzen der Zylinderköpfe wie bei der „Kleinen Hausfrisur". Einlaß- und Auslaßkanäle von Unebenheiten reinigen und gut bearbeiten, besonders die Nase an der Ventilführung muß entgratet und abgerundet werden. Ventilsitze fräsen und Ventile einschleifen. Harte Ventilfedern verwenden. Ventilspiel 0,45 mm, beim Nachstellen (nach etwa 500 km) Einlaß 0,40, Auslaß 0,45 mm.
Ansaugrohr: Sofern der behandelte Motor keinen Doppelvergaser hat, ist das Ansaugrohr gegen ein solches mit der Teilnummer 11 425 922 auszuwechseln. Die Ansaugrohrdichtung muß so nachgearbeitet werden, daß sie nicht in die Ansaugkanäle ragt. Am besten hierzu eine Schablone aus 0,5 mm starkem Aluminiumblech anfertigen und nach den Öffnungen im Zylinderkopf bearbeiten.
Vergaser: Falls nicht montiert, Vergaser 32 DDIST (20 M P5) montieren. Vor der Montage ist die Betätigungsstange der Beschleunigerpumpe in das obere der beiden Löcher einzuhängen. Vollastanreicherungsdüse 140 verwenden. Einlauftrichter etw 50 mm hoch anfertigen und mit Fliegengaze überziehen.
Zündanlage: Grundeinstellung des Zündzeitpunktes 4 ° vor OT. Zündkerzen Autolite AE 22 Power Tip für normalen Betrieb, Autolite 903 für scharfen Betrieb, Zündspule Bosch TK verwenden.
Kupplung: Pedalspiel etwas vergrößern. Die benötigte Achsübersetzung der Antriebsachse ist 3,78:1 (9/34 Zähne). Am Getriebe hängt eine Lasche, auf der die Übersetzung eingeschlagen ist. Die drei am Getriebe befindlichen Schalthebel müssen um 20 mm gekürzt und sodann für die Schaltstangen neu gebohrt werden (kürzere Schaltwege).
Für scharfe Beanspruchung empfehlen sich Koni-Stoßdämpfer, vorne harte, hinten normale Einstellung. Der serienmäßige Stabilisator an der Hinterachse ist zu belassen. Bei Fahrzeugen ohne Stabilisator diesen einbauen. Beläge der vorderen Scheibenbremse gegen hitzebeständigere auswechseln. Diese erfordern höheren Pedaldruck (z. B. Textar TP 17/6).
Weitere Ausrüstung (nur für Coupé): Für Langstreckenveranstaltungen kann zusätzlich der Tank des 17 M mit 45 Liter eingebaut werden (Befüllung durch Originalstutzen oder Kofferdeckel). Für Veranstaltungen mit extrem hohen Temperaturen ist der Kühler des 12 M Kombi empfehlenswert. Bei Veranstaltungen auf schlechten Straßen empfiehlt sich ein Unterzug. Achtung, Ölwannenkühlung darf nicht leiden! Ebenfalls empfehlen sich Felgen mit 5-Loch-Befestigung. Alle diese Zusatzteile sind homologiert. Reifendruck vorn 0,1–0,2 atü größer als hinten.
Einstellung der Vorderachse: Fahrzeug mit je 75 kg auf den Vordersitzen belasten und Tank vollfüllen. Sturz — 1 °, Nachlauf: 0 °, Vorspur: 0 mm. Nach etwa 25 km Fahrtstrecke nachkontrollieren.

Technische Daten

Mit Maß und Spiel

Als „Technische Daten“ bezeichnet man nicht nur das, was sich wiegen, messen oder sonst irgendwie in Zahlen festlegen läßt. Auch die Kurzbeschreibung der einzelnen Teile des Motors und des Wagens zählt dazu. Diese Angaben, die eines Tages für Sie von Interesse sein könnten, finden Sie hier für die verschiedenen Modelle des Ford Taunus 12 M (vorbehaltlich von Änderungen durch das Werk nach Herausgabe dieses Buches).

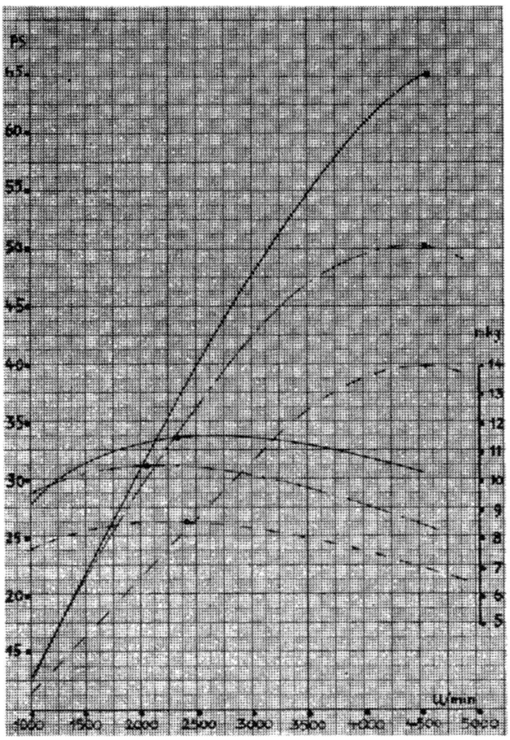

═══════════ = 65 PS — 1,5 Liter-Motor
— — — — — — = 50 PS — 1,5 Liter-Motor
- - - - - - - - - = 40 PS — 1,2 Liter-Motor

Diese Zeichnung zeigt die Leistungs- und Drehmoment-Kurven von Motoren für den Ford 12 M.

Typenübersicht

P 4 T	12 M 2türig, 1,2 Ltr.-Motor, 40 PS
P 4 TS	12 M 2türig, 1,5 Ltr.-Motor, 50 PS
P 4 TC	12 M/TS 2türig, 1,5 Ltr.-Motor, 65 PS
P 4 F	12 M 4türig, 1,2 Ltr.-Motor, 40 PS
P 4 FS	12 M 4türig, 1,2 Ltr.-Motor, 50 PS
P 4 FC	12 M/TS 4türig, 1,5 Ltr.-Motor, 65 PS
P 4 A	12 M Coupé, 1,5 Ltr.-Motor, 65 PS
P 4 KO	12 M Kombi, 1,2 Ltr.-Motor, 40 PS
P 4 KOS	12 M Kombi, 1,5 Ltr.-Motor, 50 PS
P 4 KA	12 M Kastenw., 1,2 Ltr.-Motor, 40 PS
P 4 KAS	12 M Kastenw., 1,2 Ltr.-Motor, 50 PS

Motor

	40 PS	50 PS	65 PS
Bauart	Wassergekühlter Viertakt-Motor		
Zylinder-anordnung	Vier Zylinder paarweise in V-Form 60°		
Farbe des Ventildeckels	Blau	Grün	Rot
Ab Sept. 1964	Grün	Blau	Rot
Bohrung	80 mm	90 mm	90 mm
Hub	58,86 mm	58,86 mm	58,86 mm
Hubraum (effektiv)	1183 ccm	1498 ccm	1498 ccm
Verdichtung	7,8:1	8,0:1	9,0:1
Kraftstoff	Normal	Normal	Super
Höchstleistung nach DIN bei 4500 U/min	40 PS	50 PS	65 PS
Literleistung nach DIN	33,8 PS/l	33,3 PS/l	43,4 PS/l
Größtes Drehmoment nach DIN	8 mkg	10,5 mkg	11,5 mkg
bei U/min	2400	2100	2300
Mittlere Kolben-geschwindigkeit bei 4500 U/min	8,83 m/sek	8,8 m/sek	8,8 m/sek

Seit Frühjahr 1964 ist der 12 M auch als viersitziges Coupé lieferbar, das im neuen belgischen Ford-Zweigwerk in Genk montiert wird.
Das Coupé entspricht in der Ausstattung der TS-Limousine (vordere Einzelsitze), unterscheidet sich aber von dieser durch die größere Windschutzscheibe und das flacher abfallende Dach sowie die seitliche Chrom-Zierleiste. Die Werkstatt kann übrigens die serienmäßige, sehr flache Sitzposition (das Coupé ist auch für große Fahrer gut geeignet) durch eine Holzleiste erhöhen.

Leerlaufdrehzahl	700 bis 850 U/min		
Motorgewicht, trocken (ohne Kupplung und Getriebe)	110 kg	112 kg	112 kg
Motor-aufhängung	Dreipunkt, in Gummi gelagert		
Zylinderblock	Grauguß, Block und oberes Kurbelgehäuse aus einem Guß		
Kolben	Leichtmetall (Bi-Metall), ovaler Querschnitt		
Kolbenringe	2 Abdichtungsringe 1 Ölabstreifring (3-teilig)		
Kurbelwelle	Dreifach gelagert, Kugelgraphitguß		
Kurbelwellenlager	In Lagerschalen		
Kolbenausbau	Nach oben		
Ausgleichswelle	Zweifach gelagert, über Zahnrad angetrieben		
Ventilanordnung	Parallel, hängend		
Ventilsteuerung	Kopfgesteuert, über Stößel, Stößelstangen und Kipphebel		
Ventilsitzwinkel	45 ° im Kopf		
Ventilteller Ø			
Einlaß	37,3 mm		
Auslaß	32,2 mm		
Ventilspiel	0,40—0,45 mm		
Ventilhub	9,7 mm		
Ventilfederlänge			
unbelastet	45,2 mm		
mit 52 kg belastet	31,04 mm		
Nockenwelle	Zentral im Kurbelgehäuse		
Nockenwellen-antrieb	Durch Zahnräder		
Nockenwellen-lagerung	Dreifach in Stahlschale mit Weißmetallbelag		
Steuerzeiten	(ab Dezember 1962)		
Einlaß öffnet	33 ° vor o. T.		
Einlaß schließt	89 ° nach u. T.		
Auslaß öffnet	29 ° vor u. T.		
Auslaß schließt	1 ° nach o. T.		
Kühlung	2-Kreis-Kühlsystem mit Radialgebläse		
Heizung	Warmwasserheizung mit Wärmetauscher		
Kühler	Stirnkühler und Wärmetauscher		
Thermostat	Öffnet bei 81 ° C, voll geöffnet bei 94 ° C		
Thermoschalter für Gebläsemotor	Einschalten bei 96 ° C ± 1 ° C Ausschalten bei 92 ° C ± 1 ° C		
Leistungsbedarf des Gebläse-motors	100 Watt (bis Sept. 63) 80 Watt		

Wasserpumpe	Kreiselpumpe	
Füllmenge mit Heizung	6,5 Liter, bis —37 ° C frostsicher	
Füllmittel	50 % Wasser + 50 % Spezialflüssigkeit (M 97 B-18 A)	
Siedebeginn	120 ° C	
Motorschmierung	Druckumlaufschmierung, Rotor-Ölpumpe	
Ölwanne	Stahlblech	
Ölfüllung des Motors	3,25 Ltr.	
Ölverbrauch nach Werksangabe	0,2—0,4 Ltr./1000 km	
Öldruck-Kontroll-Licht	bis 0,3 . . . 0,6 atü	
Öldruck	3—4 atü	
Ölfilter	Hauptstromölfilter (Wegwerffilter)	
Ölfiltertypen	Mann WF 9.16/1 o Knecht FO 355 Fram PH-964 Hengst H 8 W	
Zündung	**1,2 Ltr.-Motor**	**1,5 Ltr.-Motor**
Zündspule	Bosch TE 6 B 4	Bosch TE 6 B 4
Zündverteiler	Bosch ZV/JU 4 R 5 MS	Bosch ZV/JU R 6 (R 4 für TS)
Zündfolge	1 — 3 — 4 — 2 1. Zylinder vorne rechts	
Zündzeitpunkt	10 ° vor o. T.	10 ° vor o. T.
Höchste Frühzündung	25,5 ° vor o. T.	27 ° vor o. T.
Zündverstellung	Durch Unterdruck	Durch Unterdruck
Zündkerzen-Wärmewert	175	225 (TS: 240)
Zündkerzen-Gewinde	M 14 x 1,25	M 14 x 1,25
Elektrodenabstand	0,8—0,9 mm	0,8—0,9 mm
Einsetzbare Zündkerzen	Autolite AE 32 Beru 175/14 Bosch W 175 T 1 Champion L 87 Y	Autolite AE 22 Beru 225/14 Bosch W 225 T 1 (TS: W 240 T 1) Champion L 82 Y
Unterbrecher-kontaktabstand	0,4 - 0,5 mm	0,4 - 0,5 mm
Schließwinkel	38 ° — 42 °	38 ° — 42 ° (TS 50 °)
Batterie	6 V/77 AH	
Lichtmaschine	Bosch LJ/GEG 200/6-2400 L 37	
Nennleistung	200 Watt	
Übersetzung Kurbelwelle: Lichtmaschine	1:2,1	

Ladebeginn	805 U/min Kurbelwelle
Höchste Stromstärke	50 A
Anlasser	Bosch AL/EEF 0,45/6 R 10
Anlasserleistung	0,45 PS
Drehmoment	1,145 mkg
Regler	Bosch RS/UA 200/6 (50/1)
Einschaltspannung kalt	6,1—6,9 V
warm	5,9—6,7 V

Vergaser-Kennwerte	**40 PS-Motor**	**50 PS-Motor**	**55 PS-Motor**
Fallstromvergaser	Solex 28 PDSI	Solex 28 PDSI	Solex 32 PDSI
Saugweite	28 mm	28 mm	32 mm
Lufttrichter	23	23	24
Hauptdüse	125	125	125
Luftkorrekturdüse	115	115	80
Leerlaufdüse	45	45	50
Leerlaufbohrung	1,4	1,4	1,4
Schwimmergewicht	7,3 g	7,3 g	7,3 g

Kraftstoffpumpe	Solex Membranpumpe
Antrieb	Über Stößel von Nockenwelle
Förderdruck	0,17—0,27 atü
Luftfilter	Papiersternfilter
Luftfiltereinsätze	Knecht EL 461, Mann C 1633/1 o Hengst E 74 L
Vergaser ab Aug. 64:	Solex PDSIT-7 (siehe Seite 200)

Kraftübertragung

Kupplung	Einscheibentrockenkupplung
Kupplungspedalspiel	20—25 mm
Getriebe	Mechanisches Zahnradschubgetriebe mit Lenkradschaltung
Zahl der Gänge	4 Vorwärtsgänge, 1 Rückwärtsgang
Antrieb	Vorderachse, Hypoidverzahnung
Antriebswellen	Kardangelenk innen, Rzeppagelenk außen
Tachoantrieb	Antriebsritzel am Getriebegehäuse
Getriebeübersetzungen	1. Gang 4,06:1 2. Gang 2,33:1 3. Gang 1,48:1 4. Gang 1 :1 Rückwärtsgang 3,96:1
Achsübersetzung	Limousine 40 PS: 3,78:1 (auf Wunsch: 4,125:1) Limousine 50 und 65 PS: 3,56:1 Kombi 40 PS: 4,125:1 Kombi 50 PS: 3,78 :1

Vorderachse

Bauart	Einzelradaufhängung
Vorderradaufhängung	An Dreieckslenker und Querblattfeder
Federung	Querliegende Blattfeder, 8 Blätter (ab März 1964: nur 4 Blätter)
Stoßdämpfer	Doppelt wirkende Teleskop-Stoßdämpfer
Spurweite	1245 mm

Lenkung

Bauart	Kugelumlauflenkung
Spurstange	dreiteilig
Lenkraddrehungen	3,7 Umdrehungen von Anschlag zu Anschlag
Lenkrad Ø	406 mm
Lenkgetriebe-Übersetzung	22:1
Schmiermittel	175—225 g Fließfett

Spurkreis Ø	10,6 m
Wendekreis Ø	11,5 m
Vorspur	0 ± 1,6 mm
Nachlauf	1° ± 45′
Sturz	0° ± 30′
Einschlagwinkel Außenrad	30° 35′
Einschlagwinkel Innenrad	34°

Hinterachse

Bauart	Schleppachse, Starrachse
Hinterradaufhängung	An Halbelliptik-Längsblattfeder
Federung	Längsliegende Blattfedern, 4 Blätter (Kombi 5 Blätter)
Stoßdämpfer	Doppelt wirkende Stoßdämpfer
Stabilisator	Drehstab-Stabilisator (nur bis März 1964)
Spurweite	1245 mm
Bodenfreiheit unbelastet	155 mm

Bremsen

Bauart	Hydraulische Trommelbremsen, vorn ab Aug. 64 Scheibenbremsen
Bremstrommel Ø	vorn: 230 mm, hinten: 200 mm
Bremsbelagbreite	vorne 44,5 mm hinten 38 mm
Bremsbelagstärke	5 mm
Gesamtbremsfläche	650 cm²
Hauptbremszylinder	ATE
Radbremszylinder	Girling
Füllmenge	330 cm³ ATE-Bremsflüssigkeit
Handbremse, Bauart	Seilzugbremse auf die Hinterräder

Räder, Reifen

	12 M	12 M/TS	12 M Kombi Fünflochfelge
Felgengröße, Dreilochfelge	4 J x 13	4 J x 13	4 J x 13
Reifengröße, schlauchlos	5.60-13	5.60-13	5.90-13
Reifenbreite	145 mm	145 mm	150 mm
Statischer Halbmesser	280 mm	280 mm	284 mm
Dynamischer Halbmesser	285 mm	285 mm	290 mm
Luftdruck 2 Personen vorne/hinten	1,5/1,3	1,5/1,3	1,4/1,2
5 Personen vorne/hinten	1,6/1,7	1,7/1,7	1,5/2,5
Autobahn vorne/hinten	1,6/1,7	1,7/1,7	1,5/2,5

Karosserie

Bauart	Selbsttragende Karosserie mit Bodenplatte verschweißt
Scheinwerfer Ø	17 cm
Scheinwerferhöhe	72 cm
Scheinwerferabstand	122 cm von Mitte zu Mitte
Scheinwerferlampen	45/40 Watt asymmetrisch
Stoßstangenhöhe, vorne	41 cm an Vorderkante gemessen
hinten	47 cm
Scheibenwischer	Parallellaufend, 52 Perioden/min

Gewichte, zweitürige Limousine

	12 M / 40 PS	12 M / 50 PS	12 M / TS
Leergewicht nach DIN	845 kg	845 kg	870 kg
Zulässiges Gesamtgewicht	1245 kg	1245 kg	1270 kg
Maximale Nutzlast	400 kg	400 kg	400 kg
Leistungsgewicht pro PS, leer	21,1 kg	16,9 kg	15,8 kg
Leistungsgewicht pro PS, beladen	31,1 kg	24,9 kg	23,1 kg
Zulässiger Achsdruck vorne	630 kg	630 kg	650 kg
hinten	635 kg	635 kg	635 kg
Anhängelasten	400 kg, gebremst und ungebremst		

viertürige Limousine

Leergewicht nach DIN	865 kg	865 kg	890 kg
Zulässiges Gesamtgewicht	1245 kg	1245 kg	1270 kg
Maximale Nutzlast	380 kg	380 kg	380 kg
Leistungsgewicht pro PS, leer	21,6 kg	17,3 kg	16,2 kg
Leistungsgewicht pro PS, beladen	31,1 kg	24,9 kg	23,1 kg
Zulässiger Achsdruck vorne	630 kg	630 kg	650 kg
hinten	635 kg	635 kg	635 kg
Anhängelasten	400 kg, gebremst und ungebremst		

Abweichende Gewichte für Kombi- und Kastenwagen

	mit 40 PS-Motor	mit 50 PS-Motor
Leergewicht nach DIN		
Kombiwagen	990 kg	990 kg
Kastenwagen	955 kg	955 kg
Zul. Gesamtgewicht	1390 kg	1390 kg
Maximale Nutzlast		
Kombiwagen	400 kg	400 kg
Kastenwagen	435 kg	435 kg
Leistungsgewicht pro PS, leer		
Kombiwagen	24,7 kg	19,7 kg
Kastenwagen	23,8 kg	19,1 kg
Leistungsgewicht pro PS, vollbeladen	34,8 kg	27,8 kg
Zul. Achsdruck, vorne	630 kg	630 kg
Zul. Achsdruck, hinten	830 kg	830 kg

Abmessungen

Länge über alles	4248 mm	TS u. Coupé: 4322 mm
Breite über alles	1594 mm	
Höhe, unbelastet	1458 mm	Coupé: 1424 mm Kombi: 1465 mm
Radstand	2527 mm	
Bodenfreiheit	155 mm	Kombi: 160 mm
Spurweite, vorne und hinten	1245 mm	

Fahrleistungen

	40 PS-Motor	50 PS-Motor	65 PS-Motor
Höchstgeschw. (Werksangaben)	125 km/h	130 km/h	140 km/h
Kombiwagen	120 km/h	130 km/h	
Motordrehzahl bei 100 km/h	3320 U/min	3525 U/min	3320 U/min
Bergsteigefähigkeit (Limousine)			
1. Gang	35 %	44 %	51 %
2. Gang	20 %	23 %	26 %
3. Gang	11 %	13 %	15 %
4. Gang	6,5 %	8 %	9,5 %
Beschleunigungszeiten			
0— 60 km/h	ca. 9 sek	ca. 7 sek	ca. 6 sek
0— 80 km/h	ca. 15 sek	ca. 13 sek	ca. 10 sek
0—100 km/h	ca. 26 sek	ca. 20 sek	ca. 17 sek
0—120 km/h	ca. 46 sek	ca. 34 sek	ca. 28 sek
Bremsweg etwa			
aus 50 km/h	15 m		
aus 60 km/h	22 m		
aus 80 km/h	39 m		
aus 100 km/h	61 m		
aus 110 km/h	73 m		

Kraftstoffverbrauch nach DIN 70 030	40 PS-Motor	50 PS-Motor	65 PS-Motor
	7,5 Ltr.	7,8 Ltr.	8,4 Ltr.
Kombi:	8,5 Ltr.	8,8 Ltr.	—
Straßenverbrauch	ca. 9 Ltr.	ca. 9,5 Ltr.	ca. 10,0 Ltr
Reichweite einer Tankfüllung	ca. 425 km	ca. 400 km	ca. 380 km

Füllmengen

Tankinhalt	38 Liter
Motor-Ölinhalt	3,2 Liter
Getriebe-Ölinhalt	3,0 Liter
Lenkgetriebe	170—225 g Fließfett
Hauptbremszylinder	0,33 Liter Bremsflüssigkeit
Kühler	6,5 Liter (mit Heizung)

Anzugsdrehmomente

Mit den nachfolgenden Werten sind die in der Tabelle angegebenen Schrauben durch einen Drehmomentschlüssel anzuziehen. In der Regel ist dieses Spezialwerkzeug nur in Werkstätten verfügbar. Das Drehmoment wird in Meterkilogramm (mkg) gemessen.

Zylinderkopf am Block in 3 Arbeitsgängen festziehen:
1. 4,1—5,5 mkg
2. 5,5—6,9 mkg
3. 6,9—8,3 mkg

Ansaugkrümmer am Block in 4 Arbeitsgängen festziehen:
1. 0,4—0,8 mkg
2. 0,8—1,5 mkg
3. 1.5—2,2 mkg
4. 2,2—2,9 mkg

Stirnraddeckel an Zylinderblock	1,7—2,0 mkg
Ölpumpe an Zylinderblock	1,4—1,6 mkg
Ölwanne an Zylinderblock	0,4—0,7 mkg
Wasserauslaufstutzen an Ansaugkrümmer	1,6—2,0 mkg
Kipphebelbock auf Zylinderkopf	4,1—4,8 mkg
Zylinderkopfhaube an Zylinderkopf	0,4—0,7 mkg
Kupplungs-Druckplatte an Schwungrad	1,6—2,0 mkg
Wasserpumpe an Stirnraddeckel	0,8—1,2 mkg
Riemenscheibe an Ausgleichswelle	4,4—5,2 mkg
Stirnrad an Kurbelwelle	4,4—5,2 mkg

Stichwortverzeichnis

Erläuterungen zum Schaltplan in der hinteren Buchklappe

Lassen Sie sich von dem buntgedruckten Kabelgewirr unserer Zeichnung nicht erschrecken. Die Farben und die jeweiligen Breiten der Linien entsprechen den Kabelfarben und -stärken im Wagen. Außerdem sollen Ihnen die Buchstaben und Ziffern unserer Tabellen zur Übersicht verhelfen. Wenn Sie mit spitzem Stift einzelne Linien nachfahren, werden Sie rasch hinter die Kabelgeheimnisse des 12 M kommen.

- A - Anlasser
- B - Batterie
- D_1 - Blinkleuchte rechts vorne
- D_2 - Blinkleuchte links vorne
- D_3 - Kombinierte Schlußleuchte rechts
- D_4 - Kombinierte Schlußleuchte links
- D_5 - Blinker-Relais
- D_6 - Blinkerkontrolle
- D_7 - Bremslichtschalter
- E_1 - Sicherungskasten Nr. 1—6
- E_2 - Sicherungen Nr. 7 und 8
- F_1 - Innenraumleuchte
- F_2 - Türschalter links
- F_3 - Türschalter rechts
- H_1 - Heizungsgebläse
- H_2 - Heizungsschalter
- H_3 - Thermoschalter
- H_4 - Heizwiderstand
- H_5 - Kühlwasserthermometer
- H_6 - Temperaturkontrolle
- J_1 - Instrumentenbeleuchtung
- J_2 - Instrumentenbeleuchtung
- J_3 - Spannungsteiler für Instrumente
- K - Zündkerzen
- L - Lichtmaschine
- L_1 - Regler
- L_2 - Ladekontrolle
- M_1 - Geber zur Kraftstoffanzeige
- M_2 - Kraftstoffanzeiger
- O_1 - Öldruckschalter
- O_2 - Öldruck-Kontrolle
- P - Signalhorn
- R_1 - Schalter f. Rückfahrscheinwerfer
- R_2 - Rückfahrscheinwerfer
- R_3 - Kennzeichenleuchten
- S_1 - Scheinwerfer rechts
- S_2 - Scheinwerfer links
- S_3 - Standlicht rechts
- S_4 - Standlicht links
- S_5 - Blinker
- S_6 - Fernlichtkontrolle
- S_7 - Abblendrelais
- S_8 - Lichtschalter
- T - Rundfunkgerät mit Sicherung
- W_1 - Scheibenwischermotor
- W_2 - Scheibenwischerschalter
- W_3 - Stromkreisunterbrecher
- Y - Zigarrenanzünder
- Z_1 - Zünd-Anlaß-Schloß
- Z_2 - Zündspule
- Z_3 - Verteiler

Folgende, im Schaltplan schwarz mit weißen Querstreifen gedruckte Leitungen sind in Wirklichkeit braun isoliert: Von Sicherung Nr. 6 zum Thermoschalter (H_3) des Heizgebläses. Von Klemme 31 b des Scheibenwischerschalters (W_2) zum Spannungsteiler des Kombi-Instrumentes (J_3). Vom Scheibenwischermotor (W_1) zum Spannungsteiler (J_3) des Kombi-Instrumentes. Von Klemme D- der Lichtmaschine (L) zur Klemme D- des Reglers (L_1). Von Klemme SH des Blink-Abblend-Schalters (S_5) zur Klemme SH des Lichtschalters (S_8). Von Klemme SH des Blink-Abblend-Schalters zur Klemme SH des Abblendrelais (S_7). Rot-braun: von der Innenraum-Leuchte (F_1) zu den beiden Türschaltern (F_2 und F_3).

Genormte Klemmenbezeichnungen im Schaltplan

Die nachstehenden Klemmenbezeichnungen sind sowohl im nebenstehenden Schaltplan an den betreffenden Stellen eingedruckt wie auch auf den meisten Bauteilen im Auto eingeprägt. Diese Klemmenbezeichnung sind allgemeinverbindlich für alle Kraftfahrzeuge genormt.

Klemme	Kabel von — zu
1	Zündspule — Verteiler (Unterbrecher)
4	Hauptzündkabel Zündspule — Verteiler
15	Sicherung Nr. 5 (Klemme 54) — Zündspule
15X	Sicherung Nr. 5 — Blinker-Relais
16	Zündschloß (Klemme 54/16) — Sicherungskasten Klemme 54
30	Zündschloß — Anlasser
	Zündschloß — Sicherung Nr. 1 — Innenbeleuchtung
	Zündschloß — Lichtschalter
	Zündschloß — Abblendrelais
	Zündschloß — Regler Klemme B +
31	Blink-Abblend-Schalter — Signalhorn
	Scheibenwischer-Schalter — Wischermotor
31 b	Scheibenwischer-Schalter — Spannungsteiler
35 s	Batteriepol (—) — Masse
	Batteriepol (+) — Anlasser Klemme 30
49 a	Blink-Abblend-Schalter — Blinker-Relais Klemme 54 L
50	Zündschloß — Anlasser
53	Scheibenwischer-Schalter — Wischer-Motor
53 a	Scheibenwischer-Schalter — Wischer-Motor
	Scheibenwischer-Schalter — Stromkreis-Unterbrecher
54	Zündschloß — Verteilerschiene 54 am Sicherungskasten
	Verteilerschiene 54 — Zündspule Klemme 15
	Verteilerschiene 54 — Stromkreisunterbrecher
	Sicherung Nr. 4 — Lichtschalter Klemme 54
	Sicherung Nr. 4 — Kombi-Instrument
	Sicherung Nr. 4 — Bremslichtschalter
	Sicherung Nr. 4 — Abblendrelais Klemme 54
	Sicherung Nr. 5 — Blinker-Relais Klemme 15X
	Sicherung Nr. 5 — Rückfahrscheinwerfer
	Sicherung Nr. 6 — Signalhorn
	Sicherung Nr. 6 — Heizgebläseschalter Klemme 54
	Sicherung Nr. 6 — Thermoschalter
54 a	Heizgebläseschalter — Heizgebläse
54 b	Heizgebläseschalter — Heizungswiderstand
S 54	Lichtschalter Klemme S 54 — Abblend-Relais Klemme S 54
R 54	Blink-Abblend-Schalter — Blinker rechts hinten
L 54	Blink-Abblend-Schalter — Blinker links hinten
54 f	Blink-Abblend-Schalter — Bremslichtschalter
56 a	Abblend-Relais — Fernlichtanschluß Scheinwerfer
56 b	Abblend-Relais — Abblendlicht
57	Klemme an Zündschloß für weitere Stromverbraucher
58	Sicherungskasten — Lichtschalter Klemme 58
	Sicherung Nr. 2 — Kennzeichenbeleuchtung
	Sicherung Nr. 3 — Lichtschalter Klemme 58 a
	Sicherung Nr. 3 — Schlußlicht links
	Sicherung Nr. 3 — Standlicht
58 b	Lichtschalter — Instrumentenbeleuchtung
61	Reglerschalter — Ladekontrollampe
75	Zündschloß — Autoradio
S	Lichtschalter — Blink-Abblend-Schalter
SH	Lichtschalter — Blink-Abblend-Schalter
	Blink-Abblend-Schalter — Abblend-Relais

Erläuterungen zum Schaltplan siehe Seite 238

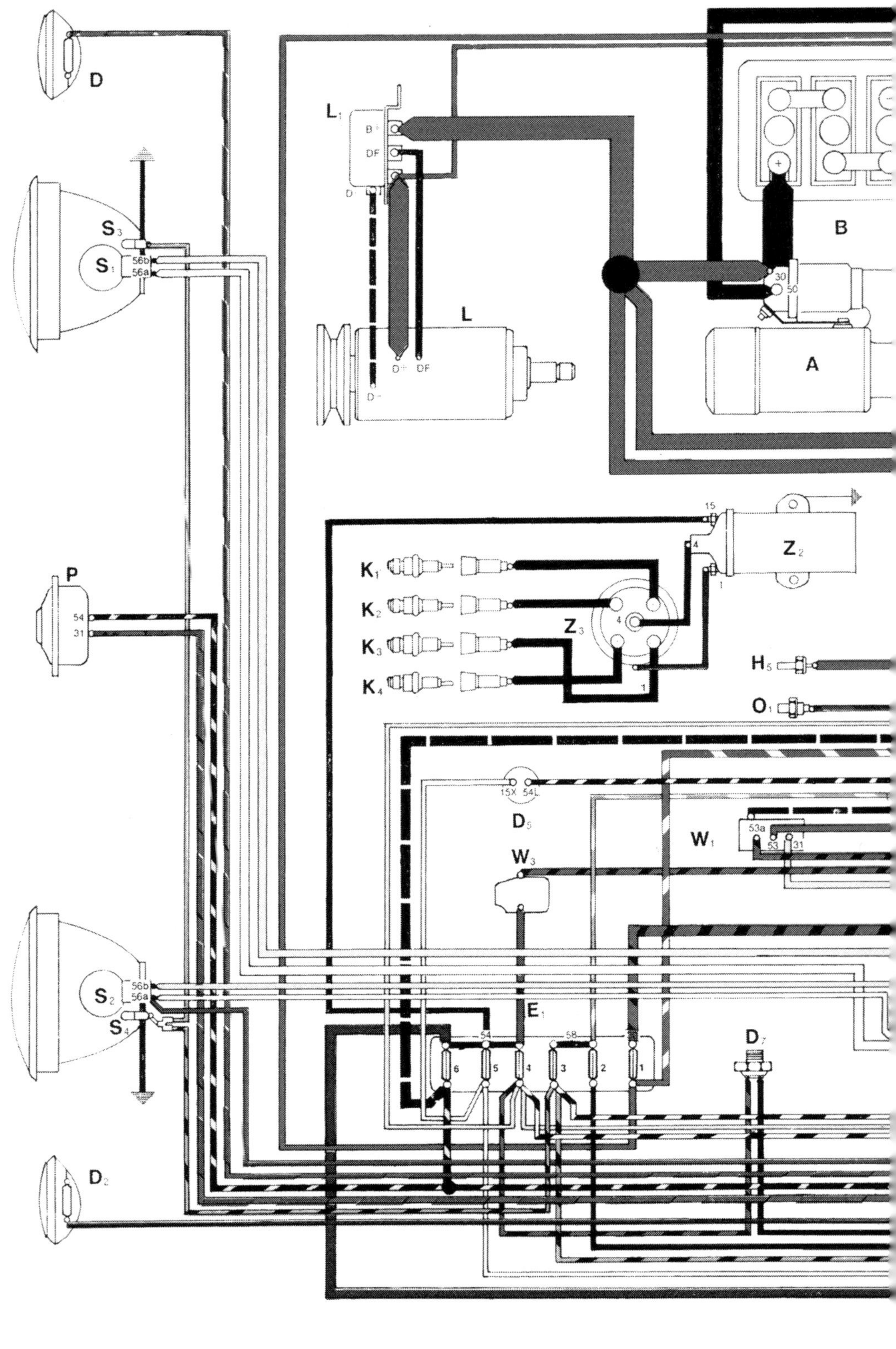

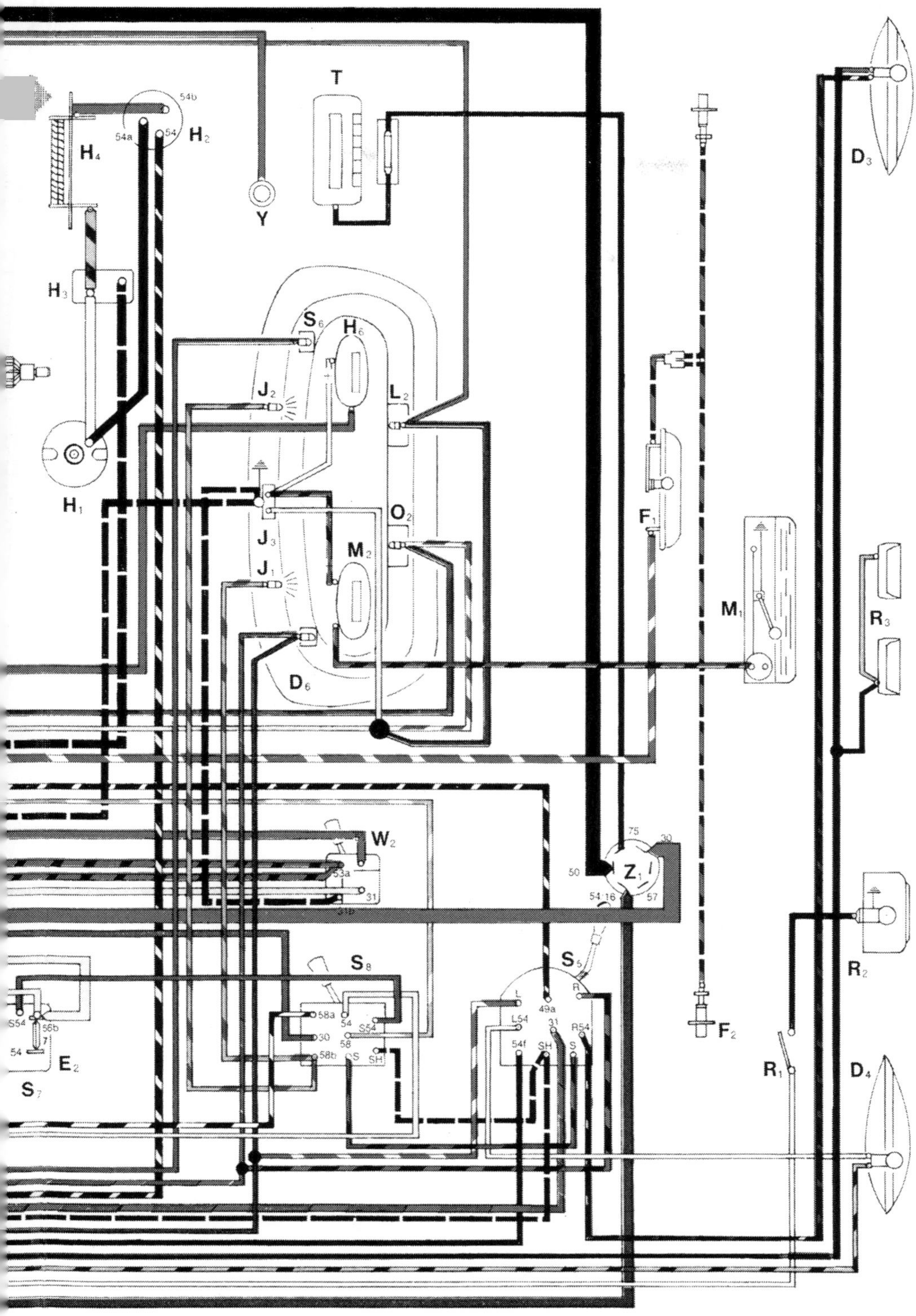
T
Y
H4
H2
54b
54a
54
H3
H1
S6
H6
J2
L2
J3
O2
M2
J1
D6
D3
F1
M1
R3
W2
53a
31
31b
75
30
50
Z1
54/16
57
S5
L
R
49a
L54
31
R54
54f
SH
S
S8
58a
54
S54
30
58
58b
S
SH
S54
56b
7
54
E2
S7
F2
R2
R1
D4